U0052996

機率導論

戴久永 

A First Course in Probability

國家圖書館出版品預行編目資料

機率導論 / 戴久永著. ——二版七刷.——臺北市: 三民, 2014

面; 公分

ISBN 978-957-14-0546-9 (平裝)

310

© 機率導論

著作人	戴久永
發行人	劉振強
著作財產權人	三民書局股份有限公司
發行所	三民書局股份有限公司 地址　臺北市復興北路386號 電話　(02)25006600 郵撥帳號　0009998-5
門市部	(復北店) 臺北市復興北路386號 (重南店) 臺北市重慶南路一段61號
出版日期	初版一刷　1983年10月 二版一刷　1987年9月 二版七刷　2014年6月
編號	S 310460

行政院新聞局登記證局版臺業字第〇二〇〇號

ISBN 978-957-14-0546-9 (平裝)

http://www.sanmin.com.tw 三民網路書店

修訂版序

本書自出版至今，已歷三年，讀者一般反應尚屬不錯。令人遺憾的是由於當初校訂不夠仔細，文內錯字不少，並非全是手民之誤。現在一一加以校正，希望能讓讀者閱讀時，感到更順暢。本次修訂，唯一對讀者感到抱歉的是仍無法提供習題解答。

前些時日，我國與美國進行智慧財產權的談判，以後對於美國所出版的大學教科書，除非取得美國出版公司授權，否則不得任意翻印，這件事將使國內大學生在購買教科書方面的負擔增重，自然會有更多學生購買中文教科書，使筆者益感責任的重大。本次修訂，雖然十分謹慎，但是未經發現的錯誤，必然仍有不少，希望讀者及海內外專家學者，不吝賜教，以利將來進一步的修訂。最後，筆者對於本校工業工程與管理系學生，協助修訂工作，尤其是吳明昌和杜瑩美二位同學的幫助，在此特致感謝之意。

戴久永 識於新竹

民國75年6月

序

這是一本機率理論的入門書，有人說，市面上這一類的教科書已有不少，有必要再加這一本嗎？首先我們看看科學先進國家的情形，以美國為例，到目前為止，這類入門性的機率教科書早已汗牛充棟，但是新的同一性質的書却仍然源源不斷地出版。這是為什麼呢？我們知道，教科書的任務是提供學生研習某一學科的基本知識，雖然本本的內容差不多，但是由於讀者的對象不同，程度不同，應用領域不同，教科書的編著人基於他們各人的教學經驗，認為某一種表達方式能使學生容易吸收教材的內容，將它寫了下來，就成了一本教科書。畢竟寫書的人只不過把前人累積的東西，設法做一個表達罷了。另一方面，機率理論的發展，相當迅速，其應用領域也逐漸擴大，自然其教科書的內容也有所改變。由於每個教師的教學方法，哲學思想和個人認為學生應該知道的基本知識都有所差異，因此形成新書源源不斷的現象。俗話說「真金不怕火」，好的教科書自然會經得起時間的考驗，脫穎而出。學生若有一本好的教科書，學習效果自然「事半功倍」。

本書以一般大專學生為對象，我們認為對於機率理論的學習，最重要的是要知道如何把問題改寫成機率模式。定理的嚴密證明並非首要之務，而應特別注重理解為什麼定理為真，必須在滿足那些先決條件下才能成立以及如何應用定理。基於以上的想法，本書有以下的特點：(1) 本書的編寫，儘量從直覺出發，注重引起動機。(2) 每章以「本章提要」結束，提綱挈領地總結該章要點。(3) 儘量附上表式及圖形，輔助讀者瞭解內文。(4) 在界定隨機變數之後，立卽討論累積分布函數的意義，而後利用分布函數將隨機變數分類。這種方式，使讀者對離散隨機變數和連續隨機變數的定義，能有明晰的體認。(5) 將單元隨機變數和多元隨機變數分章介紹，而不是將多元隨機變數附於單元隨機變數一章的後數節討論。我們認為若能先對單元隨機變數有所理解，有助於多元隨機變數的學習。(6) 強調理論與實用並重，希望能做到「以理論配合實務，以實務印證理論」。(7) 我們認為「真正的智慧不在於他知道多少，而在於當他遇到困難的時候，懂得如何動手解決」，因此本書對於解題方法非常重視，對於同類問題，往往提供多種不同解法，希望讀者能潛心比較研究，瞭解各種方法的優點與限制，以及在某種狀況下，以那一種方法解題，最為方便。(8) 學習數學如同學習游泳，必須要動手去做，正如游泳必須實地下水練習是一樣的道理，否則無法真正體認其中真義，陷入眼高手低，似懂非懂的境地。本書在各章末尾提供大量的習題，以供練習。

編寫教科書在國內是一件不為人所重視的寂寞工作。事實上，在一個各方面健全發展的社會裏，從事研究發展，發表論文，向上成長固然重要，然而，編寫教科書或概論性的文章，提高或普及一般人的知識水準這類往下紮根的工作也不可偏廢。教科書的編著絕非一般人所認為的只要找幾本書東抄西剪就可完成，它表達了編者對這門學科的一種看法。在美國編書有系上秘書代為打字，國內的情形，不但沒有人幫忙抄稿，更不用提什麼經費補助了。在這種狀況下，大多落得一個「有心者無力，有力者無心」的局面。另外更有人以用英文書為時髦，而認為沒有寫中文教科書的必要。我們認為研究所的用書為了趕上研究尖端潮流，為了便於取得最新研究資料，使用英文書也就罷了，而大學的課程多為基礎知識，若為了教師們貪圖一時方便，而沒有人從事中文教本的編著，實在說不過去。

這些年來的教學生涯使編者有很深的體驗，最害怕的要算是上課時或下課之後，學生們對所教的課程沒有任何反應，因而不知道學生們瞭解了多少和自己教學是否成功。編書也是一樣，並非閉門造車就算了事，既然花下去心血，自然希望自己編的書能對讀者們有所助益。曾經有人說過，一個樂觀的作者不會為他的書寫序言，因為他有信心書的本文會明白的表達自己，並且他深信讀者們不必他多加解釋就已能瞭解他所想說的一切。編者不是一個樂觀派，因此拉雜地說了許多話。由於不知到底完成多少自己最初的構想，所以非常懇切地希望海內外方家不吝賜教，以便於本書有機會修訂時，加以改進。

本書的編寫，歷時五年有餘，其間曾分別於交通大學運輸管理系，管理科學系，清華大學工業工程系，中原大學數學系及企業管理系試教，經由實際教學，對內文有重大改進。並曾經由許多同學協助抄稿，特此向這些熱心同學致謝。

戴 久 永

民國72年2月識於新竹

機率導論　目次

第一章　機率概論

第二章　有限樣本空間

第三章　條件機率與隨機獨立

第四章 隨機變數

第五章 隨機變數的期望值

第六章　常用機率分布舉隅

第七章　多元隨機變數的機率分布

第八章 多元隨機變數的函數

第九章 多元隨機變數的期望值

第十章　極限定理

第十一章　機率理論的一些應用

索引

第一章　機率概論

1-1　緒　　論

我們在日常生活中，經常可以聽到諸如下列的話：

(1) 這星期日不太可能會下雨；

(2) 某太太這次看樣子很可能會生個小壯丁；

(3) 某球隊在本次球賽中只有一半機會可能衞冕成功；

(4) 他到現在還不來，八成是忘了。

以上的每一個例子都是後果不十分肯定的狀況，並且每一句話都表達了對該件事情會被證實的程度。機率理論就是研討各種機遇 (chance) 現象的數學理論，它討論機遇現象所遵循的法則。

大多數的機率教科書都把機率理論的起源歸因於機遇遊戲 (games of chance) 的研討結果，但是美國數學史家 Dirk J. Struik 却在其名著中指出，人們對於探究與機率相關的問題發生興趣起始於保險業的發展。另一本專論機率歷史的書也曾提到機率的起始並非因由賭博而來，而是由於十七世紀歐洲社會的進步，生產力的提高，工商業的發達，以及各方面對機率的需求日殷而來。例如商業上的保險和統計都需以機率爲基礎。然而由於各門自然科學的發展還在萌芽之初，機遇遊戲確實有一段相當長的時間,似乎成爲發展機率理論的概念與方法的唯一具體基礎。

由於誤差論 (theory of error)，彈道學 (theory of ballistics) 等有關問題和人口統計（population statistics）對機率理論的迫切需求，使得機率有更深入的研究，並且引入許多高深的數學解析工具。

機率理論雖然曾經蓬勃發展，但是一直到本世紀二十和三十年代才開始公設化。機率理論的發展與成就多賴法國與俄國的數學家。尤其俄國數學家 A. N. Kolmogorov 在 1937 年出版的「機率理論之基礎」一書，以集合理論（set theory）和測度理論 (measure theory) 爲工具，奠定了機率的理論基礎。現代機率理論的發展中貢獻最大的數學家有 Kolmogorov, Levy, Feller, Gnedenko 和 Khinchine。二次大戰，隨機過程理論 (theory of random process) 的研究興起，爲機率理論帶來另一高潮，諸如馬可夫過程 (Markov process)，馬可夫鏈 (Markov chain)，隨機漫步（random walk），分生過程（branching process)，更新理論 (renewal theory) 等，都有專書討論。

近些年來，機率理論不但應用於工程方面，也普遍地應用於農業，管理，醫學，心理學，社會學與生物學，經濟學等方面。常常機率的應用又引發新的問題和研究領域，對機率理論本身的進展有所貢獻。

〔註〕馬可夫（A. A. Markov, 1856–1922）俄國數學家。

〔註〕對於機率論歷史有興趣的讀者，請參閱「機率挑戰名題展」一書，臺北，協進圖書公司印行。

〔註〕Emil Borel（1871–1956）法國數學家。

1-2　數學模式

人類文明能發展到今日這麼昌盛的地步，其重要原因之一就是人們採用科學的方法來探究與分析人類所處的環境，增進對自己生存空間的了解，近些年來，愈多的研究領域感受到科學方法挾其衆多工具和技巧的衝擊。例如：醫藥的研究導致較佳的診斷方式和對疾病的治療方法，工業的研究提供人們更新更好的產品；或促成經營管理和工廠操作更具效率；教育、社會學和心理學的研究在在使得我們對於人的行爲有更深入的了解。雖然這些研究的目的和結果彼此之間存有相當重大的差異，但是所採用的很多技巧却具有一些共同的特性，其中最重要的概念就是試驗 (experiment)。試驗不但形成大多數科學研究的基礎，而且也是本書研討的起點。

大致說來，任何試驗的根本目的均在於探求所研究主題中各重要因素之間的關係。科學家依據觀察試驗所得到的結果建立模式與理論，解釋現實眞象，這些模式或對事實眞象的解釋，在一些比較不數量化的學科，可能以口述形式表達，而在其他一些數理化學科中則以數學公式型態出現。譬如社會變遷理論可能在社會學中以口述表達，而熱傳理論則以嚴密確切的數學式子呈現於物理學。簡單的說，一個數學模式就是至少能部分解釋所研究自然現象的數學理論。科學家企望數學模式能與所考慮的現象相類似，因而經由數學理論以導出的結果能對該現象提供資訊 (information)。換言之，假若模式能以數學形式「忠實地」反映出自然現象過程的屬性，那麼我們必定可以由採用的模式，用數學方法推演出有關該過程的結論。

譬如我們可以從事研究某一類型，諸如與弦振動的現象相關的微分方程式，運用數學技巧得到微分方程的解，就是一個函數，經由這關係式，可以預測弦於任何時間的位置和其中點於任何時刻的速度。自然我們所得預測值的精確與否端賴所採用的微分方程式，和所考慮的物理現象的屬性相合程度而定。尋求這類微分方程的過程往往不容易，通常牽涉到必須簡化假設（例如假設弦爲均勻質量）和以往的經驗以及類似較簡單體系（例如已知弦之一質點受力的向量分析）的分析。

當然，決定一個模式是否「好」的終極準則在於其是否能提供有用的資訊。以實用觀點來判斷模式的觀念引發了利用數個不同的模式於同一現象的可能。這種情形並不罕見。例如對於光的現象通常有兩種模式——微波模式和微粒模式。每一種模式對於「解釋」另一種模式無法闡明的光的某些景象非常有用。因此兩種模式均不可偏廢。但是讀者請注意用某一種模式表示光， 並非聲稱光就是那種「東西」。對於讀者而說，切實明辨模式和實際眞象 (reality) 之間的分際實屬至要。

一般而言，模式可分爲兩大類，確定模式 (deterministic model) 和隨機模式或機遇模式 (stochastic or probabilistic model)。前者是指一個試驗的條件完全決定其結果。譬如我們想要測量一下某湖所涵蓋的面積。假設湖大致有呈圓形的湖岸線，則湖的面積 $A=\pi r^2$，其中 r 爲湖的半徑（例如：找若干湖邊相對的兩點，測其距離，而後採這些距離的平均值爲直徑）， 代入 $A=\pi r^2$ 的公式， 就可以決定湖的面積 。因此 $A=\pi r^2$ 就是一個確定模式 。由於湖岸線在某些部分必會有點不規則，

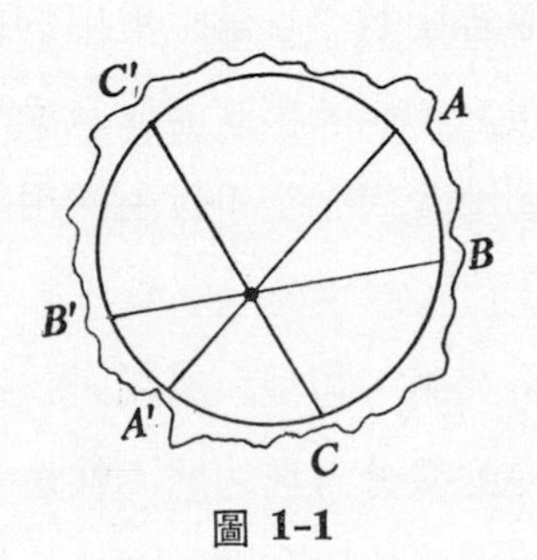

圖 1-1

不可能形成一個眞圓形，然而卽使湖並非呈眞正圓形，模式還是提供了我們一個有用的面積與半徑的關係，使我們輕易就可得到湖的面積。當然如果湖的形狀越不呈圓形，則模式與直值相差愈大，終至必須另找一

個新模式。

另外一個確定模式的實例就是歐姆定律 $I=\frac{E}{R}$。它描述電流 I 與電壓 E 成正比，而與電阻 R 成反比，將電池置於一個簡單的電路中，一旦獲知電壓和電阻的數值，就能測出電流量。即使重複上項試驗數次，只要保持同樣的電路（即 E 和 R 值不變），就會測出相同的電流量。在電阻爲一歐姆的電阻器的兩端，施以一伏特的電壓，然後測量通過的電流強度，即得一安培。若施以二伏特之電壓，必定量得電流強度爲二安培。在這個實驗中，決定電流強度的要件是電阻器兩端的電位差，由於我們能控制電位差，所以就能控制電流的強度。

〔註〕歐姆 (Georg Simen Ohm, 1787–1854) 德國物理學家。

確定模式對於自然界的許多現象，頗爲合適。例如重力法則精確地描述了在某種穩定情況下，落體運動的情形。刻卜勒定律刻劃了行星的運轉，早先提到的光的兩種模式代表着光的特性。

然而在另外一些狀況下，却需要另一種不同的模式來描述現象。例如：隨手丟擲一枚硬幣時，我們無法預先知道最後出現的是正面朝上還是反面朝上，因爲它是由硬幣擲出瞬時的狀態、所落地面以及硬幣的各種物理性質決定，而這些因素對於隨手拋擲硬幣的人來說，都是未知的或無法控制的因素。另外如觀察孕婦生男生女，拋擲骰子出現的點數也都是屬於此類性質的試驗，通稱爲隨機試驗。如我們有一種能放射 α 質點的放射性物質，藉助計數器，能記錄在一段時間內所放射的 α 質點數，然而即使我們知道這放射性物質的確定形狀、大小、化學成分及其質量，却仍然無法準確地預測出在一段時間內該物質放射出的質點數，因此似乎沒有合宜的確定模式能將放射出的 α 質點數 n 表爲放射物質的各種特性的函數，所以我們只有另行考慮機遇模式了。

我們可以把隨機試驗視爲對某一隨機現象的片面觀察。科學上只考慮能夠一再地予以獨立觀察的現象，因爲只有這種現象才有可能進行科學分析，我們所考慮的隨機現象也必須如此，我們知道試驗的目的是在瞭解現象，如果我們無法從試驗的各個出象（outcome）中找出任何規律，就無法對相關的現象，提出科學性的結論，這種現象對人們而言便是迷惑的現象，必須做進一步的觀察才行。

一般而言，隨機試驗有下列共通的特性：

(1) 在相同的條件下，隨機試驗可重複施行。

(2) 每次試驗的出象雖然無法預知，但是其所有可能的出象却可事先知道。

(3) 當大量重複試驗後，各出象所發生的次數逐漸趨向一定的比率。

總而言之，確定模式乃是指一試驗的條件完全決定其出象，而隨機模式則是指試驗的條件僅是決定其出象的機遇行爲。換句話說，在確定模式中，我們應用實質考慮，可以預測其出象，而於機遇模式中，相同的考慮却僅明示其出象的機率分布。

1-3 集合論簡介

1-3-1 集合的概念

集合論的概念是處理機率問題最重要的基礎，我們在此僅將其基本概念略加說明，想要深入研究的讀者可參考其他關於集合論的專著。

一個集合（set）可想成一堆具有某種共同特性的事物的聚合。這些事物稱爲集合的構成元素或份子，通常我們以大寫字母如 E、F、G 代表集合；以小寫字母如 a、b、c 表示元素。

若一元素 s 屬於集合 S，以符號「$s \in S$」表示，s 不屬於 S，則以「$s \notin S$」表示。一個集合若已界定 (well-defined)，我們必能隨即判定任一事物是否屬於該集合，例如 E 為由 1 到10的正整數所組成的集合，則 $3 \in E$, $\frac{3}{4} \notin E$。集合大致有兩種表示法，第一種是將其所有元素一一列舉出來，稱為集合的列表形式 (tabular form) 或陳列法 (roster method)；另一種則以該集合內元素特有的性質描述之，稱為該集合的建構形式 (set-builder form) 或陳性法 (property method)。通常當集合內元素很多時，宜用陳性法表示。

例 1-1　由英文字母中的母音所組成的集合可以用陳列法表為 $\{a、e、i、o、u\}$，或用陳性法表為 $\{x \mid x$ 為一母音字母$\}$。

例 1-2　若 E 為所有具有第一分量 (component) 為第二分量兩倍的有序對偶 (ordered pairs) 所組成的集合，則可表為

$E = \{(u、v) \mid u、v$ 為實數，$u = 2v\}$。

由所有實數所構成的集合是一個非常重要的集合，以 R 表示，

$R = \{x \mid x$ 為一實數，$-\infty < x < \infty\}$，以後我們將常用到下列集合，令 a 和 b 為實數，$a < b$，則

(i)　$[a, b] = \{x \mid x \in R, a \leq x \leq b\}$

(ii)　$(a, b) = \{x \mid x \in R, a < x < b\}$

(iii)　$[a, b) = \{x \mid x \in R, a \leq x < b\}$

(iv)　$(a, b] = \{x \mid x \in R, a < x \leq b\}$

(v)　$[a, \infty] = \{x \mid x \in R, a \leq x < \infty\}$

(vi)　$(a, \infty) = \{x \mid x \in R, a < x < \infty\}$

(vii)　$(-\infty, a] = \{x \mid x \in R, -\infty < x \leq a\}$

(viii)　$(-\infty, a) = \{x \mid x \in R, -\infty < x < a\}$

其中 (i) 稱爲閉區間 (ii) 爲開區間 (iii) 和 (iv) 爲半開區間。

定義 1-1 一個不含任何元素的集合稱爲空集合，以符號 ϕ 表示之。

例 1-3 以下的數個敍述均爲空集合

(1) 所有能被 4 整除的奇數所成的集合。

(2) 所有有一角等於 45° 的等邊三角形所構成的集合。

(3) $\{(x, y) \mid x, y \in R, |x| + |y| < 0\}$

(4) $\{x \mid x \in R, x^2 = -1\}$

(5) 所有生蛋的公鷄的集合。

定義 1-2 通常我們討論集合時，常先設討論所涉及的範圍，包含這範圍內所有元素的集合，稱爲宇集 (universal set)，以 U 表示之。

定義 1-3 假設集合 E 中的元素均爲集合 F 的元素，則稱 E 爲 F 的子集合 (subset)，以 $E \subseteq F$ 表示，如果 F 中有元素不在 E 內，則 E 爲 F 的眞子集合 (proper subset)，以 $E \subset F$ 表示。

例 1-4 設 $E = \{x \mid 0 \leq x \leq 1\}$, $F = \{x \mid -1 \leq x \leq 3\}$，則 $E \subset F$。

例 1-5 設 $E = \{(x, y) \mid 0 \leq x = y \leq 1\}$ 和 $F = \{(x, y) \mid 0 \leq x \leq 1, 0 \leq y \leq 1\}$ 則 E 爲正方形中對角線上的點，$E \subset F$。

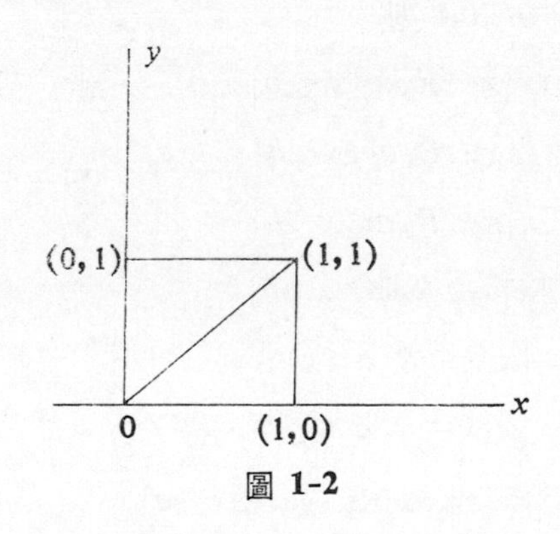

圖 1-2

1-3-2　集合運算(set operation)

定義 1-4　兩集合E與F的交集 (intersection)，以 $E\cap F$ 表示，爲所包含所有E與F共有元素的集合即

$$E\cap F=\{x|x\in E \text{ 和 } x\in F\}$$

例 1-6　若 $E=\{a、b、c、d\}$，$F=\{a、b、c、f、p\}$　則 $E\cap F=\{a、b、c\}$

例 1-7　若 $E=\{(x,y)|x,y\in R, x\geq 3\}$

$$F=\{(x,y)|x,y\in R, x\geq 3, y\geq -1\}$$

則 $E\cap F=\{(x,y)|x,y\in R, x\geq 3, y\geq -1\}$

定義 1-5　兩集合 E 和 F 若不含共同的元素，則稱爲不相交或互斥 (disjoint)，即 $E\cap F=\phi$。更進一步地說，假設 $E_1E_2\cdots\cdots E_n$ 爲一組集合，若當 $i\neq j$ 時，E_i 與 E_j 不相交，則稱爲成對不相交 (pair wise disjoint)。

定義 1-6　兩集合E與F的聯集 (union) 以 $E\cup F$ 表示，是由所有屬於E或屬於F（或同時屬於E或F）的元素組成的集合，即

$$E\cup F=\{x|x\in E \text{ 或 } x\in F\}$$

在此後，當我們說到「E或F」就是「E或F或兩者」的意思。

例 1-8　$E=\{a、b、c、d\}$, $F=\{a、b、c、f、p\}$

$E\cup F=\{a、b、c、d、f、p\}$

例 1-9　$E=\{(x,y)|x,y\in R, x\geq 3\}$

$$F=\{(x,y)|x,y\in R, y\geq -1\}$$

則 $E\cup F=\{(x,y)|x,y\in R, x\geq 3 \text{ 或 } y\geq -1\}$

因此 $(4,2)$、$(2,\frac{1}{2})$、$(5,2)$ 均爲 $E\cup F$ 的元素，而$(2,-3)\notin E\cup F$。

定義 1-7　設U爲宇集合，則在U內但不在E內元素的集合稱爲E的補集 (complement) 以 E' 表示，即 $E'=\{x|x\in U \text{ 和 } x\notin E\}$

於求一集合的補集時，必須視其宇集而定，例如當 $U=\{a、b、c、d\}$ 則 $\{a、c\}'=\{d、b\}$，而當 $U=\{a、b、c\}$ 時，則 $\{a、c\}'=\{b\}$

1-3-3　文氏圖 (Venn diagram)

文氏圖為一說明集合之間的關係的簡潔圖示法，通常我們以一圓代表一集合。

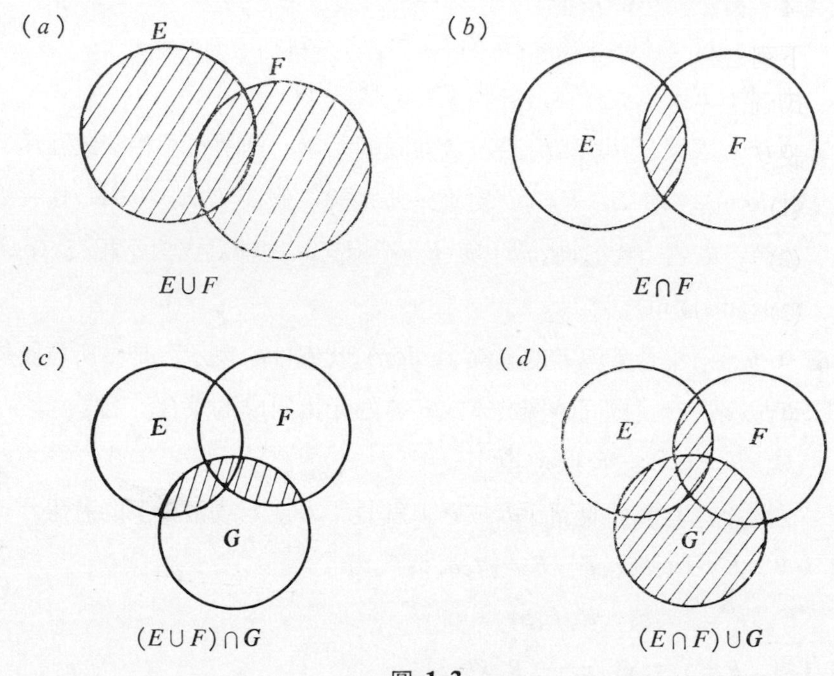

圖 1-3

〔註〕文氏 (John Venn 1834–1923)英國邏輯學家。

例 **1-10** 在一次勢均力敵的橄欖球賽後，雷神隊有下列統計報告：與賽的11位隊員中，8位傷及臀部，6位傷及手臂，5位傷及膝部，3位臂與臀皆受傷，2位臀與膝受傷，1位臂與膝受傷，沒有人三部份均受傷，試用文氏圖分析以上報告是否正確。

解: 設 E 表示手臂受傷者的集合。

設F表示臀部受傷者的集合。

設G表示膝部受傷者的集合。

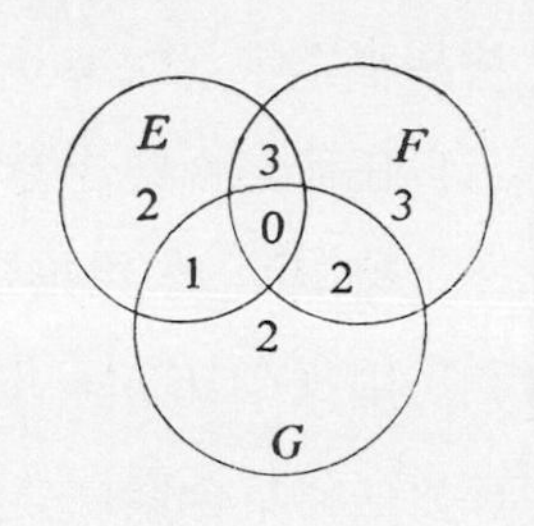

依據該報告，共有13人受傷，但實際與賽者僅11人，因此該報告不正確。

1-3-4　有關集合的定理

下列是關於交集、聯集和補集常見而較重要的等式，每一等式均可用文氏圖證明之。

設U為一宇集，E、F、G 均為其子集。

(1) 若 $E\subset F, F\subset G$ 則 $E\subset G$

(2) 交換律　$E\cup F=F\cup E$　　$E\cap F=F\cap E$

(3) 結合律　$E\cup (F\cup G)=(E\cup F)\cup G$

$E\cap (F\cap G)=(E\cap F)\cap G$

(4) 分配律　$E\cup (F\cap G)=(E\cup F)\cap (E\cup G)$

$E\cap (F\cup G)=(E\cap F)\cup (E\cap G)$

(5) 若 $E\subset F$，則 $E'\supset F'$

(6) $E\cup E=E$，$E\cap E=E$

(7) $E\cup\phi=E$，$E\cap\phi=\phi$

(8) $E\cup U=U$，$E\cap U=E$

(9) $E\cup E'=U$，$E\cap E'=\phi$

(10) $U'=\phi$

(11) $(E')'=E$

(12) $(E\cup F)'=E'\cap F'$，$(E\cap F)'=E'\cup F'$

(13) $E=(E\cap F)\cup (E\cap F')$

此外還有兩個定律值得一提

(1) 棣摩根定律 (DeMorgan's theorem)

(i) 任何集合聚合聯集的補集等於其各集合補集的交集，卽若 E_1、E_2……爲集合的「可數」聚合 (countable collection)，則 $(\bigcup_{i=1}^{\infty} E_i)' = \bigcap_{i=1}^{\infty} E'_i$

(ii) 任何集合聚合交集的補集等於其各集合補集的聯集，卽若 E_1、E_2……爲事件的「可數」聚合，則$(\bigcap_{i=1}^{\infty} E_i)' = \bigcup_{i=1}^{\infty} E'_i$

式 (12) 卽爲棣摩根定律 $n=2$ 時的形式。

〔註〕棣摩根 (Augustus de Morgan, 1801–1871) 英國數學家。

(2) 對偶原理 (principle of duality)

任何有關集合爲眞的結果，若 (i) 以交集取代聯集，(ii) 以符號 (inclusion symbol) $\subset$ 代 $\supset$，其結果仍爲眞。

對偶原理可由上列 (1)～(13) 中看出。

定義 1-8 集合 E 的冪集 (power set) 是由所有 E 的子集合 (包括 ϕ 和 E 本身) 所組成的集合。

例 1-11 設 $A=\{x, y\}$，則 $P(A)=\{\phi, \{x\}, \{y\}, \{x, y\}\}$。

一般而言，如果集合 A 含有 n 個元素，則其冪集有 2^n 個元素。

1-3-5 卡氏積 (Cartesian product) 或直積

定義 1-9 依據下述，兩個 (或兩個以上) 的集合可以形成另一個集合，設 E 和 F 爲兩集合，E 和 F 的卡氏積，以 $E \times F$ 表示，

$$E \times F = \{(x, y) \mid x \in E, y \in F\}。$$

換言之，是由所有有序對偶所組成的集合，其中前一個元素取自 E，後一個元素取自 F。

〔註〕笛卡兒 (Rene Descartes, 1596–1650) 法國哲學家與數學家。

例 1-12 設 $E=\{a、b、c\}, F=\{1, 2\}$

$$E \times F = \{(a, 1), (a, 2), (b, 1), (b, 2), (c, 1), (c, 2)\}$$

$$F\times E=\{(1,a),(1,b),(1,c),(2,a),(2,b),(2,c)\}$$

一般而言 $E\times F\neq F\times E$

兩個以上集合的卡氏積定義也是如上述推廣，即 $E_1, E_2, \cdots\cdots E_n$ 的卡氏積定義爲

$$E_1\times E_2\times\cdots\cdots\times E_n=\{(x_1,x_2\cdots x_n)\,|\,x_i\in E_i,\ i=1,2\cdots n\}$$

若 $E_1=E_2=\cdots\cdots=E_n=E$，我們將卡氏積 $E\times E\times\cdots\cdots\times E$ 以 E^n 表示，通常以 R^2 表示歐氏平面，以 R^3 表示歐氏空間。

1-3-6　函數的概念

定義 1-10 設 A、B 爲二集合，若對 A 的每一元素均以某種方式相對應於 B 的唯一元素，則稱這種對應爲函數，倘若以 f 表示這種對應，則寫成 $f:A\longrightarrow B$，讀爲 f 是 A 映至 B 的一函數，A 稱爲 f 的定義域 (domain)，B 稱爲 f 的值域 (codomain)。若 $a\in A$，則 B 內對應對 a 的元素稱爲 a 的影像 (image)，以 $f(a)$ 表示。

定義 1-11 設 $f:A\longrightarrow B$ 所有集合 A 內元素在集合 B 內的像所形成的子集合稱爲 f 的影域 (image)，以 $f(A)$ 表示之。

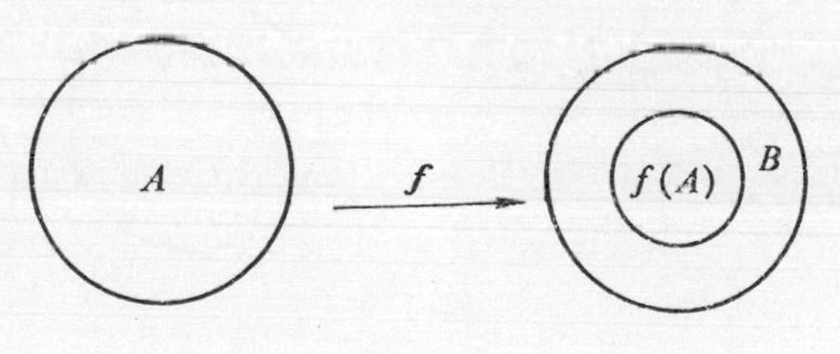

圖 1-4

例設 $f:R\longrightarrow R$ 定義爲 $f(x)=x^2$，則 f 的影域是由正實數點與 0 所構成的集合。

定義 1-12 設 $f:A\longrightarrow B$，若 B 內各相異元素均相對於 A 的相異元素，

則 f 稱爲嵌射函數 (injective function)

換句話說，若 A 內的兩相異元素不具有相同的像，則 f 爲嵌射。即若 $f(a)=f(b)$，則 $a=b$ 或若 $a \neq b$ 則 $f(a) \neq f(b)$

例 1-13 設 $f:R \longrightarrow R$ 定義爲 $f(x)=x^2$，則 f 不是嵌射函數，因爲 $f(2)=f(-2)=4$，即兩相異實數的像爲相同的數 4。

例 1-14 設 $A=\{1,2,3\}$，$B=\{a,b,c,d\}$ 若 $f:A \longrightarrow B$ 界定如下

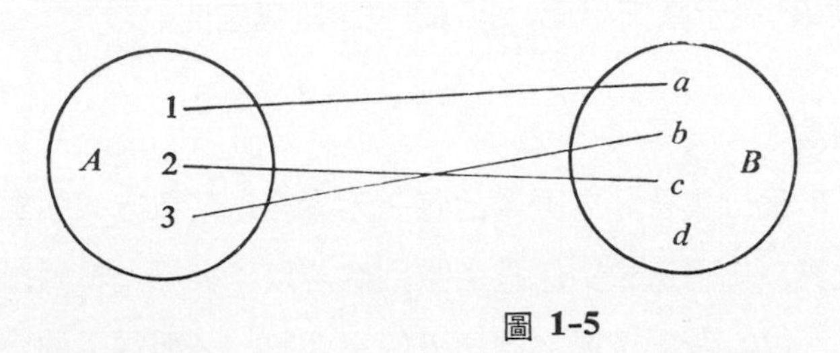

圖 **1-5**

則 f 爲嵌射

定義 1-13 設 $f:A \longrightarrow B$，則 $f(A) \subseteq B$，若 $f(A)=B$ 成立，則稱爲 f 一蓋射 (surjective function)

例 1-15 設 $A=\{a,b,c,d\}$，$B=\{x,y,z\}$，若 $f:A \longrightarrow B$ 界定如下

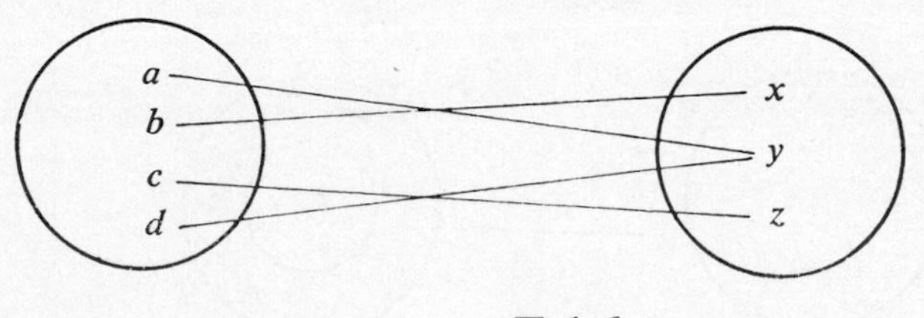

圖 **1-6**

則 f 爲一蓋射

例 1-16 設 $f:R \longrightarrow R$ 定義爲 $f(x)=x^2$，則 f 不是蓋射，因爲負數並不出現於 $f(A)$ 內。

定義 1-14 若 $f:A \longrightarrow B$ 爲嵌射並且爲蓋射，則稱 f 爲對射 (bijective)

且A和B爲對等（同義）(equivalent)，記作$A\sim B$

例 1-17 設 $S=\{1,2,5,8\}$，$T=\{$甲、乙、丙、丁$\}$ 界定如下

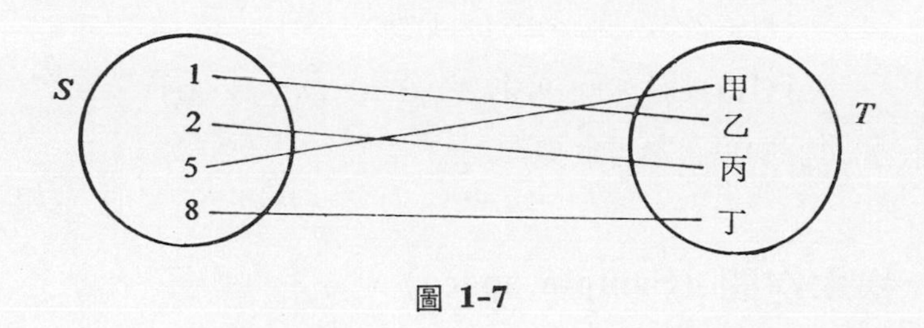

圖 **1-7**

則S和T爲對等（同義）。

例 1-18 設 $N=\{1,2,3\cdots\cdots\}$，$E=\{2,4,6\cdots\cdots\}$。$f:N\longrightarrow E$ 界定爲 $f(x)=2x$，則f爲對射函數，因此$N\sim E$。

由上例我們發現無限集合N與其眞子集合爲對等。這性質是無限集合的特徵。

定義 1-15 一個集合若能與其自身的一眞子集合對等，則爲無限集合，否則卽爲有限集合 (finite set)。

一般而言，兩個有限的集合對等的條件是二者含有相同個數的元素。

定義 1-16 若一集合 D 與自然數集合 N 對等，則稱 D 爲可計數集合 (denumerable set)。

定義 1-17 若集合爲有限或可計數，則稱其爲可數集合 (countable set)。若集合爲無限且不與N對等，則稱其爲不可數集合 (uncountable, non-denumerable)。

例 1-19 任何相異元素 $a_1,a_2,a_3\cdots\cdots$的任意無限序列 (sequence) 必爲可計數，因爲一序列實在是一函數 $f(n)=a_n$，其定義域爲N，因此，若 a_n 爲相異，則函數必爲對射。

以下各集合均爲可計數:

$$\{1,\ \frac{1}{2},\ \frac{1}{3},\cdots\cdots\frac{1}{n},\cdots\cdots\}$$

$$\{1,-2,3,-4,\cdots\cdots(-1)^{n}n,\cdots\cdots\}$$

$$\{(1,1),(4,8),(9,27),\cdots\cdots(n^2,n^3),\cdots\cdots\}$$

而〔0, 1〕則爲一不可數集合。

1-4 樣本空間 (Sample space)

定義 1-18 一個隨機試驗的所有可能出象的整體形成一個宇集，稱爲隨機試驗的樣本空間， 以 S 表示。其中每一元素稱爲它的樣本點 (sample point)。

以下爲一些隨機試驗及其樣本空間的例題。

例 1-20 投擲一枚一元硬幣一次以H代表人頭（正面）， T代表反面，則 $S=\{H,T\}$

例 1-21 投擲一粒骰子一次； 以朝上所現點數形成樣本空間， 則 $S=\{1,2,3,4,5,6\}$

例 1-22 投擲一粒骰子和一個硬幣各一次，將出象以有序對表示，第一部分表示骰子出現點數，第二部分表示硬幣的出象，則$S=\{(1,H),(2,H),(3,H),(4,H),(5,H),(6,H),(1,T),(2,T),(3,T),(4,T),(5,T),(6,T)\}$

我們必須注意到旣然「試驗」和「出象」爲未經定義的名詞，因此不同的人很可能對相同的現象採用不同的樣本空間。

例 1-23 假設進行投擲二粒骰子的試驗，其一爲紅色一爲綠色，有人可能只對兩骰所出現點數和感興趣，因此他的樣本空間爲集合 $S=\{2,3,\cdots\cdots12\}$， 另一人可能對記錄紅骰，綠骰每次的出象感興趣，我們可以用有序對 (x,y) 表示，第一分量表示紅骰出現的點數，第二分量表示綠骰出現的點數，因此所得樣本空間爲集合 $S=\{(1,1),(1,2),\cdots\cdots(2,1),(2,2),\cdots\cdots(6,6)\}$。

例 1-24 假設 S 代表三個子女的家庭構成的樣本空間。若以 B 代表男孩，G 表示女孩，則

$S=\{BBB,BBG,BGB,BGG,GBB,GBG,GGB,GGG\}$

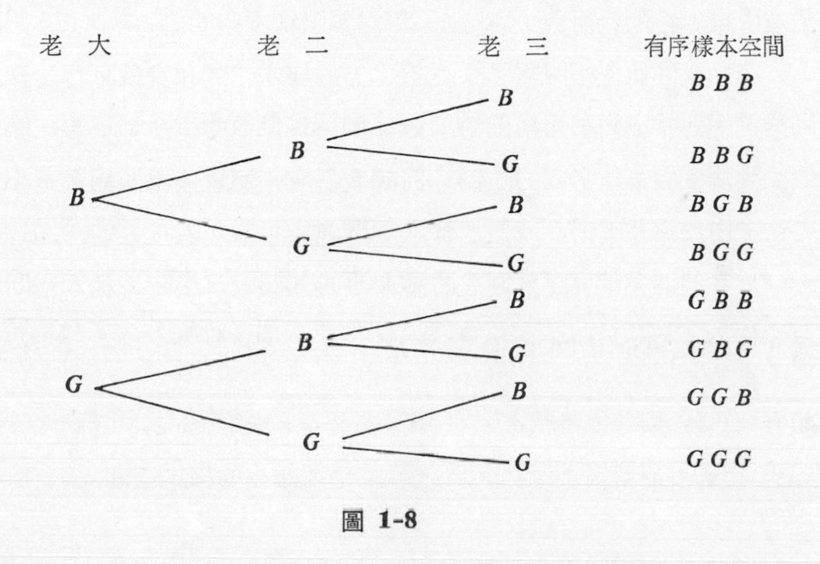

圖 1-8

假若有人只注意每一家庭內男孩個數，則樣本空間 $S_1=\{0,1,2,3\}$。由此可知隨機試驗的樣本空間描述的方式並非唯一。

例 1-25 在含 N 個產品的送驗批中有 $r\,(r<N)$ 個爲不良品則將該批產品一一檢驗至發現一個不良品爲止，若以 x 表示檢驗至發現一個不良品的次數，則 $S=\{x=1,2\cdots\cdots N-r+1\}$

例 1-26 在上例中，若檢驗至找出所有不良品爲止，若以 y 表示檢驗至找出所有不良品的次數，則 $S=\{y\,|\,y=r,r+1,\cdots\cdots N\}$

例 1-27 若某籃球隊員連續投籃至第一次投入爲止，以 s 代表投入，m

代表未投入，則 $S=\{s, ms, mms, mmms\cdots\cdots\}$，若設 x 表示至第一次投入為止的投籃次數，則 $S=\{x|x=1,2,3\cdots\cdots\}$ 。

例 1-28 某燈泡工廠的品管課進行燈泡壽命試驗，將燈泡插入插座直至其燒壞為止來測其壽命，則 $S=\{t\,|\,t>0\}$。

含有限個數出象的樣本空間稱為有限樣本空間，非有限樣本空間稱為無限樣本空間 (infinite sample space)。例如：例題 1-19 至 1-25 均為有限樣本空間，而例 1-26，1-27 為無限樣本空間。

在此或許值得指明數學「理想化」的樣本空間和實驗可行的樣本空間的差異。當我們試圖精確的記錄，例1-27燈泡的壽命 t 小時，顯然我們受到測度儀器精密度的限制。例如我們有一測量儀器能測量至小數第二位，由於這種限制，我們的樣本空間變成可數無限（0.00, 0.01, 0.02……）我們進一步可假設燈泡的壽命不可能超過 H 小時，樣本空間就成為有限樣本空間 $\{0.00, 0.01, \cdots\cdots H\}$，其元素共 $\frac{H}{0.01}+1$ 個。若 H 很大，如 $H=100$，則該值將相當大，為了數學上的簡便起見，我們假設所有 $t\geq 0$ 均為可能結果。這就成為一個數學理想化的樣本空間。

1-5　事　　件 (Event)

機率理論的另一個基本觀念就是事件的概念。

定義 1-19 一個事件就是樣本空間的子集合。

回想早先所討論的，我們知道 S 本身就是事件，空集合也是一個事件。譬如在例 1-20 中出現偶數點的事件

$$E=\{2,4,6\}$$

例 1-29 投擲二公正骰子一次，其出象以(x_1, x_2)表示，x_i代表第 i 骰子的出象，$i=1.2$，則樣本空間爲

$$S=\left\{\begin{array}{l}(1,1),(1,2)\cdots\cdots(1,6)\\(2,1),(2,2)\cdots\cdots(2,6)\\\cdots\cdots\cdots\cdots\cdots\cdots\cdots\cdots\cdots\\(6,1)\cdots\cdots\cdots\cdots\cdots(6,6)\end{array}\right\}$$

$E=\{(x_1, x_2)\,|\,x_1+x_2=10\}$

$F=\{(x_1, x_2)\,|\,x_1>x_2\}$ 爲二事件，也可表爲

$E=\{(5,5)(4,6),(6,4)\}$

$F=\{(2,1),(3,1),(3,2)\cdots\cdots(6,5)\}$

於隨機試驗中，假若任何屬於事件E的出象發生，則稱事件E發生。

例 1-30 設投擲骰子一次，則樣本空間 $S=\{1,2,\cdots\cdots,6\}$，若 $E=\{2,4,6\}$，則當投骰出現點數爲 2 或 4 或 6 時，稱事件E發生，若出現其他點數，則稱事件E未發生。

讀者若能明確地掌握以下的討論，對於有效的應用往後將談到的機率理論非常重要，我們的目的在於示範如何將口語描述化爲同義的集合符號。

已知一些事件的聚合，我們可將其重組，得到新的事件。例如，若E和F爲二事件，則我們能將其合併得到新的事件。如:「事件E或F發生」，「E和F發生」，「E發生而F不發生」，「E不發生」等等。我們如何以集合符號表示以上諸事件呢？要點在於一事件發生的定義。

事件E或F發生，若且唯若事件E內之一出象發生或F內之一出象

發生（或一屬於兩者的出象發生）。換言之，E 或 F 發生爲當一屬於 $E\cup F$ 內的出象發生，因此「事件 E 或 F 發生」，以集合表示卽事件 $E\cup F$。

同時我們也可得出：若 $E_1, E_2\cdots\cdots$爲事件的聚合，則這些事件中至少有一事件發生的事件爲當「至少屬於其中一事件的一出象發生」，因此事件「至少有一 E_i」相對於 $\bigcup_{i=1}^{\infty} E_i$。同理，「或」,「和」與「非」可分別在集合論中以∪（聯集），∩（交集），和補集表示。

例 1-31 若 S 爲樣本空間，E、F、G 爲三事件，試用集合符號表示下列諸事件。

(*a*) E、F、G 至少有一發生。

(*b*) E 與 F 發生，G 不發生。

(*c*) 恰有二事件發生。

(*d*) 僅 E 發生。

(*e*) E、F、G 恰有一事件發生。

(*f*) E、F、G 均不發生。

(*g*) 至多二事件發生。

(*h*) 至少有二事件發生。

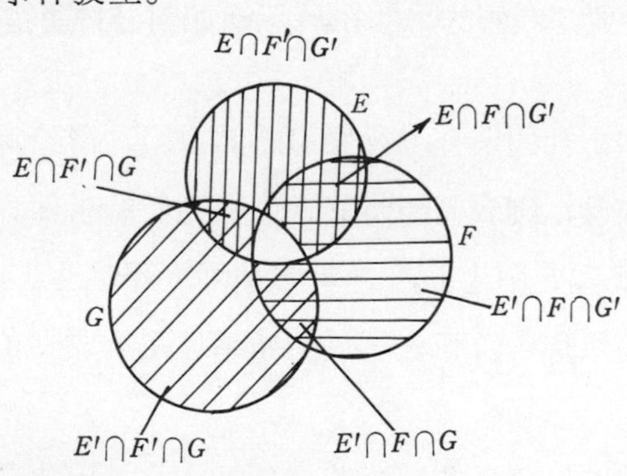

圖 **1-9**

解：

(*a*) 至少有一事件發生意爲（E發生或F發生或G發生），因此這事件以 $E \cup F \cup G$ 表示。

(*b*) E和F發生而G不發生意爲（E發生和F發生和非G發生），即 $E \cap F \cap G'$。

(*c*) 恰有二事件發生意爲（E與F發生G不發生）或（E與G發生，F不發生）或（F與G發生，E不發生）。亦即

$$(E \cap F \cap G') \cup (E \cap F' \cap G) \cup (E' \cap F \cap G)$$

(*d*) 僅E發生，即F、G不發生，因此以 $E \cap F' \cap G'$ 表示。

(*e*) E、F、G恰有一事件發生，即（僅E發生）或（僅F發生）或（僅G發生），即$(E \cap F' \cap G') \cup (E' \cap F \cap G') \cup (E' \cap F' \cap G)$。

(*f*) 三事件均不發生意爲（E不發生）和（F不發生）和（G不發生）以 $E' \cap F' \cap G'$ 表之。

(*g*) 至多有二事件發生意爲（均不發生）或（恰有一事件發生）或（恰有二事件發生）由(*c*), (*e*), (*f*)，可知表爲 $(E' \cap F' \cap G') \cup (E \cap F' \cap G') \cup (E' \cap F \cap G') \cup (E' \cap F' \cap G) \cup (E \cap F \cap G') \cup (E \cap F' \cap G) \cup (E' \cap F \cap G)$，同義地，一個比較簡捷的方式是把「至多有二事件發生」，視爲非（E, F與G同時發生）之事件，因此可以用 $(E \cap F \cap G)'$ 表示。

(*h*) 至少有二事件發生意爲（恰有二事件發生）或（恰有三事件發生），因此可以 $(E \cap F \cap G') \cup (E \cap F' \cap G) \cup (E' \cap F \cap G) \cup (E \cap F \cap G)$ 表示。

例 1-32 設 E、F、G 爲三事件，試用兩種方法以集合符號表示下列事件。

(*a*) 三事件均不發生

(*b*) 三事件不同時發生

解: (*a*) 本題的意旨在顯示可用兩種同義的方法審視一個事件，三事件均不發生意爲非（E發生或F發生或G發生），因此，可以變爲 $(E\cup F\cup G)'$。

另一方面，同義的表示法爲（E不發生）和（F不發生）和（G不發生），因此可以 $(E'\cap F'\cap G')$ 表示，所以

$(E\cup F\cup G)'=E'\cap F'\cap G'$

(*b*) 我們立即看出「非（所有事件同時發生）」可用 $(E\cap F\cap G)'$ 表示。同義地，本事件也可敍述爲「（E不發生）或（F不發生）或（G不發生）」，因此同義的表示法爲 $E'\cup F'\cup G'$ 總結可得 $(E\cap F\cap G)'=E'\cup F'\cup G'$。

1-6 各種機率界定法

談到機率的概念，我們有三大重要基本問題必須研討：

(i) 如何解釋機率。換言之，就是機率的哲學意義。

(ii) 如何獲得機率的數値，就是用什麼方法求出一事件發生的機率的確定數値。

(iii) 如何定義機率，就是規定機率所應符合的基本條件。

解決三大問題的機率理論約可分成以下四種：

(1) 先驗的或古典的機率理論 (a priori or classical theory of probability)。

(2) 後驗的或次數比的機率理論 (a posteriori or frequency ratio theory of probability)。

(3) 主觀的機率理論 (subjective theory of probability)。

(4) 機率的公設觀點 (axiomatic approach)。

現分別順序說明之:

(1) 先驗的或古典的機率理論

(i) 機率的定義: 設一隨機試驗有 n 種互斥且相等可能的出象，其中有 n_E 種滿足性質 E，則事件 E 發生的機率 $P(E)$ 爲 $P(E)=\dfrac{n_E}{n}$

(ii) 根據本理論，分別解答上述三大基本問題如下:

(a) 機率的哲學意義: 機率爲合乎某性質出象的個數與出象總個數之比。

(b) 求算機率的方法: 只須找出合乎某性質出象的個數及出象的總個數，純粹推理而不必經過實驗，即可求得該事件發生的機率。例: 一粒「公正」骰子有六面，$n=6$，設 E 爲出現 5 點的事件，由於骰子的對稱性，我們推理 $P(E)=\dfrac{1}{6}$。

(c) 機率的代數性質: (1) 若某一事件必定會發生，則其出象個數比爲 1，即其發生機率爲 1。(2) 若某一事件必不可能發生，則其出象個數比爲 0，即其發生機率爲 0；由此可知事件發生機率在 0 與 1 之間。(3) 設 E、F 爲二互斥事件，則其聯集 $E\cup F$ 發生的機率爲

$$P(E\cup F)=\frac{n_E+n_F}{n}=\frac{n_E}{n}+\frac{n_F}{n}=P(E)+P(F)。$$

(iii) 本理論的特點: 根據本理論，一隨機試驗不必試行，就可求得某事件發生的機率。本理論雖似非常容易使用，但需

對「互斥」「相等可能」和「隨機」等詞特別留意。如某人期望求得擲一枚公正硬幣二次均出現正面的機率。他可能認爲擲硬幣兩次， 有三種出象： 二正面、 二反面或一正一反，其中之一就是二正面；因此，出現二正面的機率爲 1/3。 這個似是而非的求法就是錯在這三種出象並非相等可能。因爲一正一反的出象有兩種可能，卽 *HT* 和 *TH*，而本例實際上有四種出象 (*HH*, *HT*, *TH*, *TT*) ，所以 $P(HH)=\frac{1}{4}$。又如某人想計算由一副「洗」得很勻 (well-shuffled) 的撲克牌中任抽一張，其爲10點或黑桃的機率，若他認爲10點有 4 張，黑桃有13張，因此出現10點或黑桃的事件有17種出象，他就犯了忽視「互斥」的錯誤；因爲其中一張黑桃10點，是10點又是黑桃。因此正確的答案應爲 16/52 或 4/13。

例 1-33　伯特蘭詭論 (Bertrand paradox)

假設有兩個給定的同心圓，大圓的半徑是 2 ，小圓半徑是 1 ，如今我們要在大圓上隨機畫一弦。試問這條弦會和小圓相交的機率是多少?

(i) 我們把具有同樣斜率的弦看成一類。由於在具有同樣斜率的弦中，有二分之一的弦會與小圓相交，所以就全體看來，也必然是有二分之一的弦會與小圓相交。(如圖 1-10)

〔註〕 Josoph Bertrand 19 世紀末法國數學家。

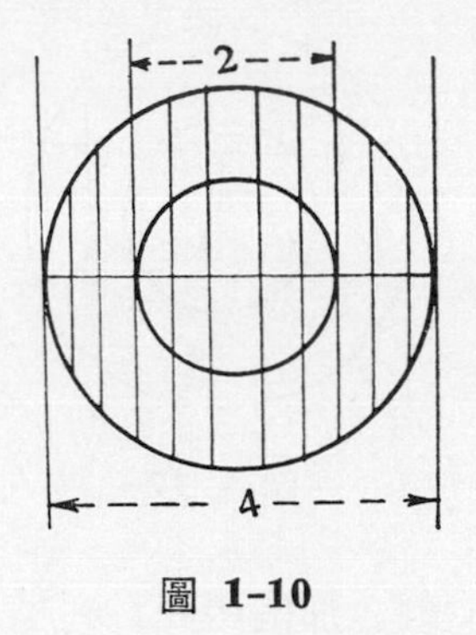

圖 **1-10**

(ii) 在所有通過大圓周上隨機一點的弦中，有三分之一的弦會與小圓相交，所以就全體看來，也必然是有三分之一的弦會與小圓相交。（如圖 1–10）

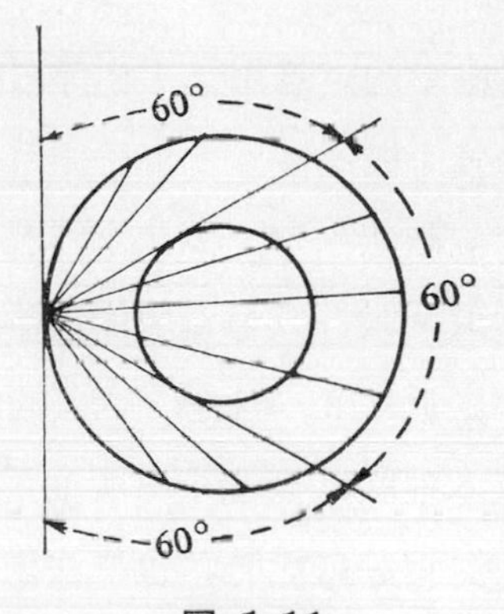

圖 **1-11**

(iii) 大圓之弦是否跟小圓相交全視其中點的位置而定。若某弦的中點落在小圓之內，則這弦必與小圓相交。反之亦然，因此，與小圓相交的弦的機率等於小圓的面積除以大圓的面積，即 1/4。（如圖 1–11）

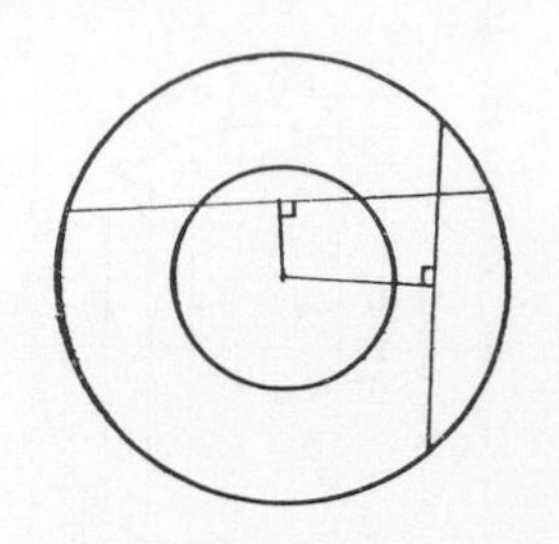

圖 1-12

上面三種解法都有道理，那個對呢？到底是什麼地方出了毛病？仔細檢查一下就可以發現原題中的「隨機」一辭極爲晦澀。這三種解法都是隱約的，想當然的將「隨機」兩字分別做了解說，然後再事計算。由於「隨機」一辭所作的解說不同，求得的答案自然不同。

(iv) 本理論的缺點

(*a*) 本理論對機率的定義用了「相等可能」的辭句，用「機遇性」來定義「機遇性」，犯了循環（circular）的毛病。

(*b*) 出象的總個數無限時，無法求得機率。例如由所有正整數中隨機選取一數，其爲奇數的機率爲若干？依直覺我們知道其機率應爲 1/2。但是，因爲正整數的個數爲無限個；因此根據本理論，無法求出所抽爲奇數的機率。

(*c*) 各出象不爲相等可能時，也無法求得機率。例如一枚不公正的硬幣，其出現正面的機率爲何？因爲該硬幣正面與反面出現不爲相等可能；因此，依本理論無法求得其出現正面的機率。

(*d*) 相等可能的假設，沒有理由被視爲當然，必須小心的加以證明。有些實驗，可以如此假設，但也有很多情況，這項假設會導致錯誤的結果，例如假定清晨 1 點到 2 點，打進總機交換臺的電話次數，和早上 8 點到 9 點打進的電話次數爲相等可能，顯然不太合理。

(*e*) 其他諸如某人參加普考，考取的機率爲何？或一男子於 50 歲前去世的機率爲何？公賣盃女籃賽中，國泰勝亞東的機率爲何？均不能依本理論求得答案。

(2) 後驗的或次數比的機率理論。

(i) 機率的定義：一試驗重複施行，則某事件發生的機率界定爲在長期的施行中，該事件出現的次數與實驗總次數之比。設事件爲 E，則事件 E 出現的機率爲

$$P(E)=\lim_{f\to\infty}\frac{f_E}{f}。$$

當實驗進行次數不斷增加時，某事件出現的次數與實驗總次數之比會趨於某定值。例如投擲一枚硬幣，若該硬幣爲公正，則最初出現正面的次數與投擲總次數之比在 1/2 附近的波動幅度較大，當實驗次數增加，其比值會漸趨穩定，而以 1/2 爲其極限。上述的概念有些含糊，簡單的說，本理論的直覺觀念，即觀察次數愈多，則相對次數愈來愈「穩定」，漸近於某一數值，但這和數學上收斂的觀念並不相同。事實上，在此所述的，並不是數學上的結論，只不過是個經驗的事實。雖然我們可能從未曾查驗過，但對於這種穩定之現象都有直覺上的體驗。需查驗這些要費相當長時間和耐力，因爲它需要相當多次的重複實驗。

(ii) 根據本理論解答上述三大問題如下：

(*a*) 機率的哲學定義：機率乃一事件長期實驗的結果。

(*b*) 求算機率的方法：將一事件實驗若干次，取其次數

比，即可求得該事件發生的機率。例如一枚硬幣投擲1000 次，其中出現正面 498 次，則該枚硬幣出現正面的機率為

$$P(E)=\frac{f_E}{f}=\frac{498}{1000}=0.498。$$

根據本理論，即使是非公正硬幣，也可得出該硬幣正面發生的機率。

(*c*) 機率的代數性質：①由上述定義知，若一事件必定發生，則其長期次數比為 1，即其機率為 1，②某一事件必定不發生，則其長期次數比為 0，即其機率為 0；由此知機率的所在範圍為〔0, 1〕。③若 E, F 為二互斥事件，則其聯集事件 $E\cup F$ 發生的機率為

$$P(E\cup F)=\frac{f_E+f_F}{f}=\frac{f_E}{f}+\frac{f_F}{f}=P(E)+P(F)$$

(iii) 本理論的特點：根據本理論，機率須經實驗後才可得到。因此又稱為統計的機率 (statistical probability) 或經驗機率 (empirical probability)。

(iv) 本理論的缺點：①本理論雖然沒有先驗理論的缺點，但是若一種事件無法重複試行時，即無法求得其機率。②即使一實驗可重複施行，仍有兩項不太合理的地方：

(*a*) 我們知道 p 之前，n 需多大不很明顯，是 1000?2000? 或是 10000 呢?

(*b*) 如果我們已完全知道了實驗，且已知事件 E，則我們需求的數據不該依實驗或憑運氣而定。（例如，對公正的硬幣，連投 10 次，可能得到 9 次正面，1 次反面，則事件 $E=\{出現正面\}$ 的相對次數為 9/10，但

很可能在下一次的投擲中,其結果剛好相反),我們所看的是不必經由實驗,即可得到此數值。對於我們所想求的數值要有意義起見,當重複相當多次的時候,任何連續的實驗應得到一很接近此要求數值的相對次數。

(3) 主觀的機率理論

(i) 機率的定義: 機率為人們相信某一事件發生的程度大小 (degree of confidence) 的測度。

例如拳擊賽前,某人預測某一選手會獲勝的程度大小。

(ii) 根據本理論解答前述三大問題如下:

(a) 機率的哲學意義: 機率乃是個人對一事件發生可能性的主觀判斷。

(b) 求算機率的方法: 個人主觀的評價。

(c) 機率的代數性質: ①若一事件必定發生,則其發生的相信度為 1,即其機率為 1。②若一事件必不發生,則其發生的相信度為 0,即其機率為 0,由此知機率的所在範圍為 $[0,1]$。③若 E, F 為二互斥事件,則其聯集 $E\cup F$ 發生的機率

$$P(E\cup F)=(E\text{發生的信賴度})+(F\text{發生的信賴度})$$
$$=P(E)+P(F)$$

(iii) 本理論的缺點: 主觀機率理論雖能適用於求取無法實驗的事件發生的機率,但因對同一事件,每個人對其發生相信度並不盡然相同,為引起爭論最多的缺憾。

(4) 現代機率理論始自 1933 年俄國數學家柯摩哥羅夫所著「機率理論之基礎」一書。該書首創由測度論之觀點探討機率,使機率論有一嶄新的面貌,不再以古典學派之相對次數的狹隘概念

爲主體，而改以公設機率 (axiomatic probability) 爲重心來研究機率。

1-7 機率公設

我們在上節中討論機率的各種界定法，發現雖然有不同的方法可定義「機率」，然而均各有缺憾，無法彌補。自從 1933 年俄國數學家柯摩哥羅夫(A. N. Kolmogorov)首創由測度論(measure theory)的觀點探討機率以來，舉世莫不景從，其機率定義如下：

定義 1-20 設 S 爲與隨機試驗相關的樣本空間，對於每一事件 E 相對一實數（即一測度值），稱爲事件 E 發生的機率，以 $P(E)$ 表示，必須滿足下列公設：

(P_1) $0 \leq P(E) \leq 1$ (1-1)

(P_2) $P(S)=1$ (1-2)

(P_3) 可數相加性 (countable additivity)

若 $\{E_i\}_1^\infty$ 爲一序列 (Sequence) 的互斥事件，即若 $i \neq j$ 則 $E_i \cap E_j = \phi$)，則

$$P\left(\bigcup_{i=1}^{\infty} E_i\right) = \sum_{i=1}^{\infty} P(E_i) \qquad (1\text{-}3)$$

雖然機率的測度定義並沒有明白表示我們如何去求得事件 E 發生的機率，但是我們知道機率 $P(E)$ 存在。爲了能求得各有關事件的機率起見，我們在此進一步地列出一些 $P(E)$ 所具有的性質，以便後面各節引用。

定理 1-1 若 ϕ 爲空集合，則 $P(\phi)=0$。

證：既然空集 ϕ 爲一事件，因此它必然有一機率。令 $E_i = \phi, i = 1, 2, 3$

……,則 E_1, E_2, E_3……自然互斥，而且$\phi=\bigcup_{i=1}^{\infty}E_i$。按公設$(P_1)$, $P(\phi)$ ≥ 0, 由公設(P_3)則$P(\phi)=P\left(\bigcup_{i=1}^{\infty}E_i\right)=\sum_{i=1}^{\infty}P(E_i)=\sum_{i=1}^{\infty}P(\phi)$

上式兩端要相等只有 $P(\phi)=0$。

讀者可注意，本結果的反逆定理不爲眞。卽若 $P(E)=0$, 一般我們無法得出 $E=\phi$ 的結論，因爲有時我們會指定一可能發生的稀有事件機率爲 0 。

依據本定理，立卽可以尋出公設 (P_3) 可應用於有限個集合的事實，稱爲有限可加性 (finitely additivity)

定理 1-2　若 $E_1, E_2, \cdots\cdots E_n$ 爲互斥事件，則

$$P\left(\bigcup_{i=1}^{n}E_i\right)=\sum_{i=1}^{n}P(E_i)$$

證：令 $E_i=\phi, i=n+1, n+2\cdots\cdots$

則 $\bigcup_{i=1}^{n}E_i=\bigcup_{i=1}^{\infty}E_i$ 由公設 (P_3)

$$P\left(\bigcup_{i=1}^{n}E_i\right)=P\left(\bigcup_{i=1}^{\infty}E_i\right)=\sum_{i=1}^{\infty}P(E)$$

$$=\sum_{i=1}^{n}P(E_i)+\sum_{i=n+1}^{\infty}P(E_i),$$

由定理 1-1

$$\sum_{i=n+1}^{\infty}P(E_i)=0$$

故得證。

定理 1-3　對於任意事件 $E, P(E')=1-P(E)$。

換言之，一事件不發生的機率等於一減去其可發生的機率。

證：依據 E' 的定義 $S=E\cup E'$; $E\cap E'=\phi$ 即 $P(E')=1-P(E)$

定理 1-4 單調性 (monotone property)

若二事件E和F中，$F\subset E$，則 $P(F)\leq P(E)$

證：已知 $F\subset E$，將E分成二互斥集合，則

$$E=F\cup(E\cap F'),\ P(E)=P(F)+P(E\cap F')$$

依據 (P_1) 知 $P(E\cap F')\geq 0$，因此 $P(E)\geq P(F)$

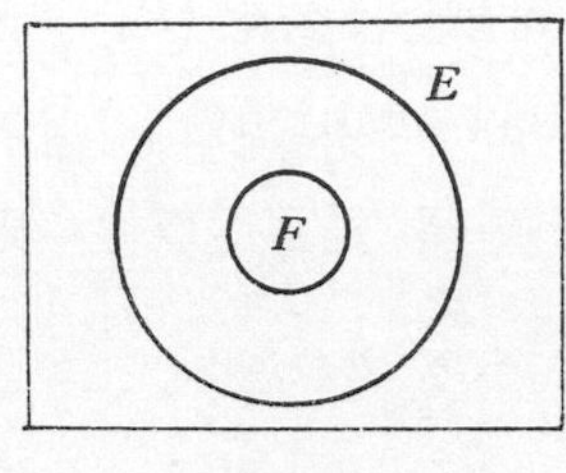

圖 **1-13**

例 1-34 某甲在新竹的機率不大於他在臺灣的機率，因爲新竹只是臺灣的一部份。

例 1-35 若由整數集合中抽取一數，其爲10的倍數的機率不大於爲 5 的倍數的機率，因爲由10的倍數所組成的集合是由 5 的倍數所構成集合的子集。

定理 1-5 對於任意二事件E與F

$$P(E\cup F)=P(E)+P(F)-P(E\cap F) \tag{1-5}$$

證：將F分成二互斥集合，

則 $F=(E\cap F)\cup(E'\cap F)$

$$P(F)=P(E\cap F)+P(E'\cap F)，\text{即}$$

$$P(E' \cap F) = P(F) - P(E \cap F) \qquad (1\text{-}6)$$

同法將 $E \cup F$ 分成二互斥集合，

$$E \cup F = E \cup (E' \cap F)$$

$$P(E \cup F) = P(E) + P(E' \cap F)$$

$$= P(E) + P(F) - P(E \cap F)$$

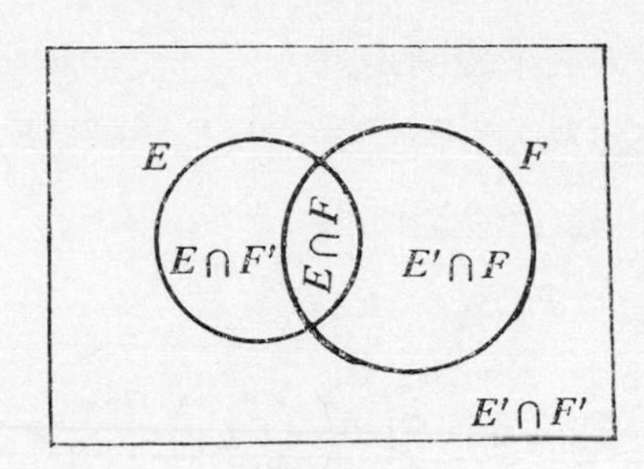

圖 **1-14**

另證： 設 $P(E \cap F) = a, P(E \cap F') = b$, $P(E' \cap F) = c$。則由圖1-15可知

$$P(E) = a+b\ ,\quad P(F) = a+c\ ,\quad P(E \cup F) = a+b+c$$

因此 $P(E) + P(F) - P(E \cap F)$

$$= (a+b) + (a+c) - a$$

$$= a+b+c$$

$$= P(E \cup F)$$

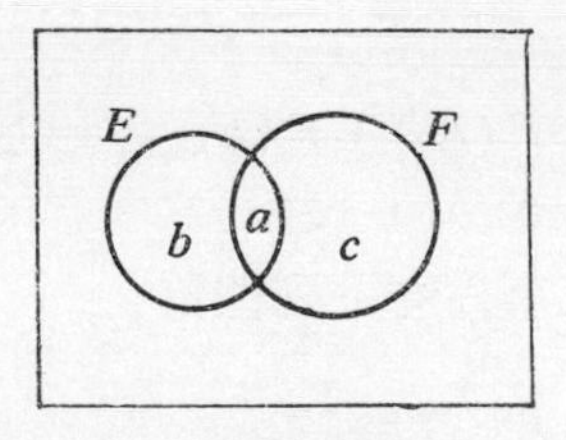

圖 **1-15**

定理 1-6　布爾不等式 (Boole's inequality)

若有任意事件 $E_i, i=1、2\cdots\cdots n$，則

$$P\left(\bigcup_{i=1}^{n} E_i\right) \leq \sum_{i=1}^{n} P(E_i) \tag{1-7}$$

〔註〕George Boole (1815-1864) 英國數學家及邏輯學家，現代符號邏輯創始人之一。

證： 我們利用數學歸納法來證明定理

若 $n=2$, 即 $P(E_1 \cup E_2) = P(E_1) + P(E_2) - P(E_1 \cap E_2)$

由公設 (P_1)　$P(E_1 \cap E_2) \geq 0$

因此, $P(E_1 \cup E_2) \leq P(E_1) + P(E_2)$

假設當 $n=k$ 時定理成立，即 $P\left(\bigcup_{i=1}^{k} E_i\right) \leq \sum_{i=1}^{k} P(E_i)$

考慮 $n=k+1$ 時，令 $F_k = \bigcup_{i=1}^{k} E_i$，則

$\bigcup_{i=1}^{k+1} E_i = F_k \cup E_{k+1}$, 如 $n=2$ 的情形，可得

$$P\left(\bigcup_{i=1}^{k+1} E_i\right) = P(F_k \cup E_{k+1}) \leq P(F_k) + P(E_{k+1})$$

但 $P(F_k) = P\left(\bigcup_{i=1}^{k} E_i\right) \leq \sum_{i=1}^{k} P(E_i)$

因此 $P\left(\bigcup_{i=1}^{k+1} E_i\right) \leq \sum_{i=1}^{k} P(E_i) + P(E_{k+1}) = \sum_{i=1}^{k+1} P(E_i)$

例 1-36　設 E、F、G 三事件有下列性質：

(1) $P(E) = P(F) = P(G) = \dfrac{1}{4}$

(2) $P(E \cap F) = P(F \cap G) = 0$

(3) $P(E\cap G)=\dfrac{1}{8}$

試求E、F和G至少有一事件發生的機率。

解: $P(E\cup F\cup G)=P(E)+P(F)+P(G)-P(E\cap F)-P(F\cap G)$

$$-P(E\cap G)+P(E\cap F\cap G)$$

右端各項中，僅 $P(E\cap F\cap G)$ 未知，但是 $(E\cap F\cap G)\subset(E\cap F)$，依機率的單調性

$$P(E\cap F\cap G)\leq P(E\cap F)=0$$

得 $P(E\cap F\cap G)=0$　　因此 $P(E\cup F\cup G)=\dfrac{5}{8}$

例 **1-37**　設E和F為二事件，試證恰有其一發生的機率為

$$P(E)+P(F)-2P(E\cap F)$$

解: E和F中恰發生其一事件可寫為

$(E\cap F')\cup(F\cap E')$，　因 $(E\cap F')\cap(F\cap E')=\phi$，即互斥。

$P[(E\cap F')\cup(F\cap E')]$

$=P(E\cap F')+P(F\cap E')$

$=P(E)-P(E\cap F)+P(F)-P(E\cap F)$

$$=P(E)+P(F)-2P(E\cap F) \qquad (1\text{-}8)$$

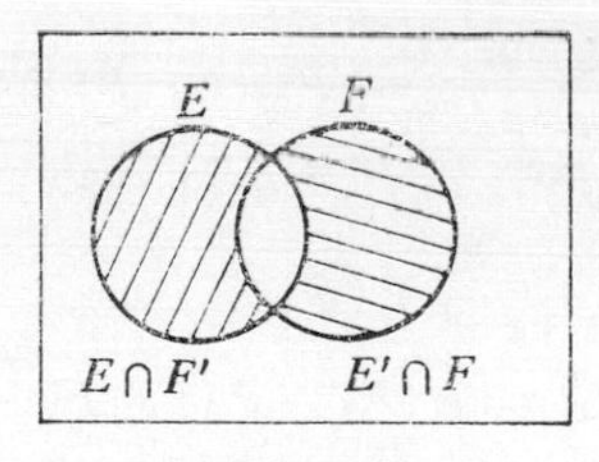

圖 **1-16**

我們可以導出 n 事件 $E_1E_2\cdots\cdots E_n$ 中恰有 k 事件 $(k\leq n)$ 發生的機率。然而該公式相當煩複，因此改為在下例中僅討論三事件 E、F 和 G 中恰有 k 事件 $(k=0, 1, 2, 3)$ 發生的機率。

例 1-38　事件 E、F、G 中恰有 k 事件 $(k=0, 1, 2, 3)$ 發生的機率如下

(a) $k=0$,就是 E、F、G 三事件均不發生，即 $E'\cap F'\cap G'$ 依據棣摩根定律 $E'\cap F'\cap G'=(E\cup F\cup G)'$

$$P(E'\cap F'\cap G')=P[(E\cup F\cup G)']=1-P(E\cup F\cup G)$$

因此 P（恰有 0 事件發生）

$$=1-P(E)-P(F)-P(G)+P(E\cap F)+P(F\cap G)$$
$$+P(E\cap G)-P(E\cap F\cap G) \qquad (1\text{-}9)$$

(b) $k=1$　P（恰有一事件發生）

$$=P[(E\cap F'\cap G')\cup(E'\cap F\cap G')\cup(E'\cap F'\cap G)]$$
$$=P(E\cap F'\cap G')+P(E'\cap F\cap G')+P(E'\cap F'\cap G)$$

由於以上三集合均為互斥，所以

$$P(E\cap F'\cap G')=P(E\cap(F'\cap G'))$$

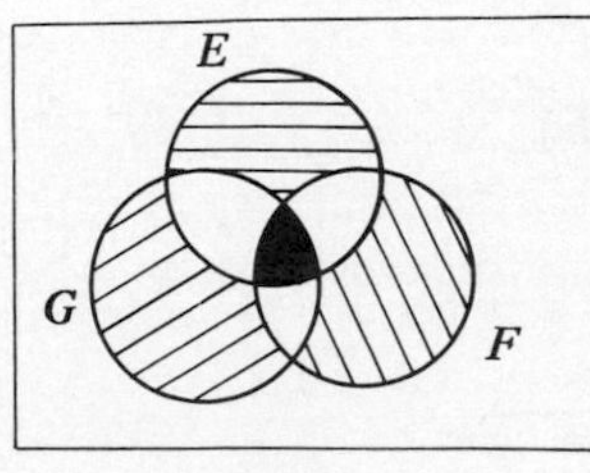

圖 1-17

$=P[E\cap(F\cup G)']$ 依棣摩根定律

$=P(E)-P[E\cap(F\cup G)]$ 依 (1-6) 式

$=P(E)-P[(E\cap F)\cup(E\cap G)]$ 依分配律

$=P(E)-[P(E\cap F)+P(E\cap G)$

$\quad -P[(E\cap F)\cap(E\cap G)]]$

因此, $P(E\cap F'\cap G')=P(E)-P(E\cap F)-P(F\cap G)$

$$+P(E\cap F\cap G)$$

同理, $P(E'\cap F\cap G')=P(F)-P(E\cap F)-P(F\cap G)$

$$+P(E\cap F\cap G)$$

$$P(E'\cap F'\cap G)=P(G)-P(E\cap G)-P(F\cap G)$$
$$+P(E\cap F\cap G)$$

所以 P（恰有一事件發生）

$$=P(E)+P(F)+P(G)-2[P(E\cap F)+P(F\cap G)+P(E\cap G)]+3P(E\cap F\cap G) \qquad (1\text{-}10)$$

(c) $k=2$，P（恰有二事件發生）

$$=P[(E\cap F\cap G')\cup(E\cap F'\cap G)\cup(E'\cap F\cap G)]$$

$$=P(E\cap F\cap G')+P(E\cap F'\cap G)+P(E'\cap F\cap G)$$

$$P(E\cap F\cap G')=P[(E\cap F)\cap G']$$

$$=P(E\cap F)-P(E\cap F\cap G)$$

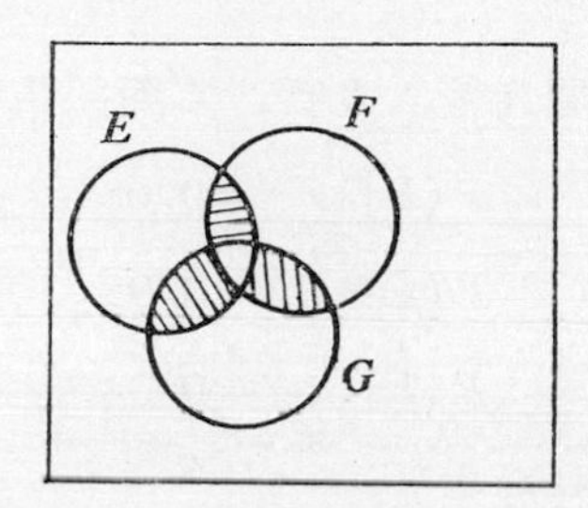

圖 **1-18**

同理 $P(E\cap F'\cap G)=P(E\cap G)-P(E\cap F\cap G)$

$$P(E'\cap F\cap G)=P(F\cap G)-P(E\cap F\cap G)$$

所以 P（恰有二事件發生）

$$=P(E\cap F)+P(E\cap G)+P(F\cap G)-3P(E\cap F\cap G) \qquad (1\text{-}11)$$

(c) $k=3$，P（三事件均發生）$=P(E\cap F\cap G)$

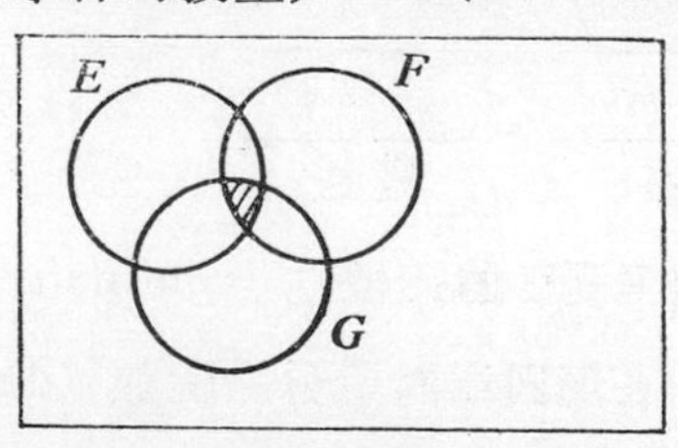

圖 **1-19**

例 1-39 某城市共有三種報紙 A、B、C 發行，依據最近的一次讀者調查中，結果如下

20%訂閱A，16%訂閱B，14%訂閱C

8%訂閱A、B，5%訂閱A和C

4%訂閱B和C及2%訂閱A、B、C

現隨機抽選一人，試計算下列各事件的機率

(1) 他不訂閱報紙

(2) 他訂閱一種報紙

解：設E、F、G各表訂閱A報，B報，C報的事件

已知 $P(E)=0.20$　$P(E\cap F)=0.08$　$P(E\cap F\cap G)=0.02$

$P(F)=0.16$　$P(E\cap G)=0.05$

$P(G)=0.14$　$P(F\cap G)=0.04$

(1) P（恰有0事件發生）

$$=1-0.2-0.16-0.14+0.08+0.05+0.04-0.02$$

$$=0.65$$

(2) P（恰有1事件發生）

$$=0.2+0.16+0.14-2(0.08+0.05+0.04)+3(0.02)$$

$$=0.22$$

定理 1-7 設 $\{E_n\}$ 爲事件的單調序列，則

$$\underbrace{P\Big(\underbrace{\lim_{n\to\infty}E_n}_{\text{集合}}\Big)}_{\text{實數}}=\underbrace{\lim_{n\to\infty}\underbrace{P(E_n)}_{\text{實數}}}_{\text{實數}} \tag{1-12}$$

這個性質稱爲機率測度的連續性 (continuity property of the probability measure)。在第四章討論分布函數 (distribution function) 時

相當有用。

(i) 設 $\{E_n\}$ 爲遞增序列 (expanding sequence)，即 $E_1 \subset E_2 \subset \cdots$ 則

$$\lim_{n\to\infty} E_n = \bigcup_{n=1}^{\infty} E_n。$$

這個極限可表爲互斥事件的可數聯集如下

$$\lim_{n\to\infty} E_n = \bigcup_{n=1}^{\infty} E_n = E_1 \cup (E_2 \cap E_1') \cup (E_3 \cap E_2') \cup \cdots\cdots$$

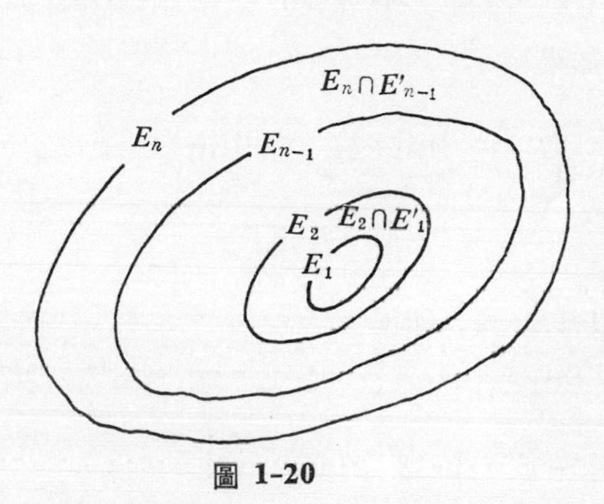

圖 **1-20**

由於上式可表成互斥事件的聯集，因此

$$P(\lim_{n\to\infty} E_n) = P(E_1) + P(E_2 \cap E_1') + P(E_3 \cap E_2') + \cdots\cdots$$

右式的首 n 項部份和爲

$$\begin{aligned} & P(E_1) + P(E_2 \cap E_1') + P(E_3 \cap E_2') + \cdots\cdots \\ & + P(E_n \cap E'_{n-1}) \\ & = P(E_1) + P(E_2) - P(E_1) + \cdots\cdots + P(E_n) - P(E_{n-1}) \\ & = P(E_n) \qquad\qquad \text{因 } E_{i-1} \subset E_i \end{aligned}$$

因此可得

$$P(\lim_{n\to\infty} E_n) = \lim_{n\to\infty} P(E_n)$$

(ii) 設 $\{E_n\}$ 爲遞縮序列 (contracting sequence)，卽 $E_1 \supset E_2 \supset \cdots$ 則

$$\lim_{n\to\infty} E_n = \bigcap_{n=1}^{\infty} E_n = \left(\bigcup_{i=1}^{\infty} E_n'\right)'。$$

因此

$$P(\lim_{n\to\infty} E_n) = P\left(\left(\bigcup_{n=1}^{\infty} E_n'\right)'\right) = 1 - P\left(\bigcup_{i=1}^{\infty} E_n'\right) \qquad (1\text{-}13)$$

由於 $\{E_n\}$ 爲遞縮序列，因此 $\{A_n'\}$ 爲遞增序列，所以可利用 (i) 的結果

$$P\left(\bigcup_{i=1}^{\infty} E_n'\right) = \lim_{n\to\infty} P(E_n') = \lim_{n\to\infty} (1 - P(E_n))$$

$$= 1 - \lim_{n\to\infty} P(E_n)$$

代入 (1-13) 式，卽得

$$P(\lim_{n\to\infty} E_n) = 1 - (1 - \lim_{n\to\infty} P(E_n)) = \lim_{n\to\infty} P(E_n)$$

例 1-40　假設對於 $S = [0,1]$ 的機率指派方式爲

當 $0 \leq a < b \leq 1$ 時，$P((a,b]) = b - a$，試求

(1) $P(\{r\})$，其中 r 爲在 $[0,1]$ 的任意實數

(2) $P(Q)$，其中 Q 表所有的有理數的集合

(3) $P([a,b])$，其中 $0 \leq a < b \leq 1$

解:

(1) 對於任意實數 r，$\{r\} = \bigcap_{n=1}^{\infty} (r - \frac{1}{n}, r]$，由於 $\{(r - \frac{1}{n}, r]\}$ 是一個區間的遞縮序列，因此

$$P(\{r\}) = P\left(\bigcap_{n=1}^{\infty} (r - \frac{1}{n}, r]\right) = \lim_{n\to\infty} P((r - \frac{1}{n}, r])$$

$$= \lim_{n\to\infty} (r - (r - \frac{1}{n})) = \lim_{n\to\infty} \frac{1}{n} = 0$$

也就是說，對於僅含單一元素的集合的機率爲 0。

(2) 既然有理數所構成的集合爲可數的，我們可將它們列出如 r_1, r_2, ……，因此，利用可數相加性

$$P(Q) = P(\bigcup_{n=1}^{\infty} \{r_n\}) = \sum_{n=1}^{\infty} P(\{r_n\}) = 0$$

(3) $P([a, b])$ 的計算方式至少有兩種

(i) $P([a, b]) = P(\{a\} \cup (a, b]) = P(\{a\}) + P((a, b]) = b - a$

(ii) $[a, b] = \bigcap_{n=1}^{\infty} [a - \frac{1}{n}, b]$，因此

$$P([a, b]) = P(\bigcap_{n=1}^{\infty} (a - \frac{1}{n}, b])$$

$$= \lim_{n\to\infty} P((a - \frac{1}{n}, b])$$

$$= \lim_{n\to\infty} (b - a + \frac{1}{n}) = b - a$$

1-8　本章提要

數學模式概略可分成確定模式和隨機模式，機率理論是研究隨機模式不可或缺的基礎。

機率理論以隨機試驗爲研究對象，隨機試驗的出象雖然無法預測，但是其所有可能情形却可預知。樣本空間和事件若用集合表示，相當便利

且簡潔，因此於 1-3 節中略加介紹。1-6節討論了各種機率理論，相信對讀者關於機率的明確認識有所助益。1-7節雖已界定了機率的意義，然而並非指出應如何計算，留待下一章中再詳加討論。

參考書目

1. Dirk J. Struik　*A concise history of mathematics*,3rd edition,Dover N. Y. 1967 中譯本「數學史」吳定遠譯，水牛出版社印行，71年9月
2. L. E. Maistrov　*Probability theory, a historical sketch* 英譯本由 Samuel Kotz 譯，Academic Press, 1974
3. A. N. Kolmogorov　*Foundations of the theory of probability*, Chelsea Publishing Co. 1956
4. W. Fellew　*An Introduction to probability theory and Its applications Vol. I. John Wiley, 1957*
5. B. V. Gnedenko　*The theory of probability*, Chelsea Publishing Co. 1942
6. J. L. Doob　*Stochastic processes*, John Wiley, 1953
7. S. Karlin　*A first course in stochastic processes*, Academic Press, 1966
8. Kai Lai Chung　*Markov chains with stationary transition probabilities* Springer-Verlag, 1967
9. T. Harris　*The theory of Branching Processes*, Springer-Verlag, 1963
10. F. Spitzer　*Principles of random walk*,Van Nostrand, 1964
11. Seymour Lipschutz　*Theory and problems of set theory and related topics*,McGraw-Hill, 1964
12. P. L. Meyer　*Introductory probability and statistical applications*, 2nd ed. Addison-Wesley, 1970
13. R. V. Hogg & A. T. Craig　*Introduction to mathematical statistics*, 4th edition MacMillian 1978
14. Ramakant Khazanie　*Basic probability theory and applications* Goodyear Publishing Co. 1976

習 題 一

1. 投擲二骰子一次，試以集合表示下列諸事件

 (i) E_1＝二骰子點數和為 7

 (ii) E_2＝二骰子出現相同點數

 (iii) E_3＝二骰子點數和為質數

2. 設一盒中有 5 個燈泡，其中三良品二不良品，現以不放回方式每次抽取一個燈泡，共取三次

 (i) 試寫出樣本空間

 (ii) 試以集合表示下列諸事件

  (*a*) E_1＝恰有一燈泡為良品

  (*b*) E_2＝至少有一燈泡為良品

  (*c*) E_3＝至多有一燈泡為良品

  (*d*) E_4＝沒有燈泡為良品

3. 某人投籃四次，試以集合表示下列諸事件

 (*a*) E_1＝每次均投入

 (*b*) E_2＝至少一次未投入

 (*c*) E_3＝恰投入兩次

 (*d*) E_4＝至多投入兩次

4. 由甲男、乙男、丙男、甲女、乙女五人中選出二人，試以集合表示以下集合

 (*a*) 樣本空間 S

 (*b*) E_1＝均為男性的事件

 (*c*) E_2＝恰有一人為女性的事件

5. 在某大學的校區中隨機任選一位學生，設事件 E_1 表示主修數學的學生，E_2 表輔修計算機的學生，E_3 表四年級學生，試用話語描述以下事件

 (*a*) $E_1 \cup E_2 \cup E_3$ (*b*) $E_1 \cap E_2 \cap E_3$

(c) $(E_1 \cap E_2)'$　(d) $(E_1 \cup E_3)'$

(e) $E_1' \cup E_2' \cup E_3'$　(f) $E_1' \cap E_2' \cap E_3'$

(g) $E_1' \cap E_2 \cap E_3$

6. 由一付 52 張樸克牌中任意抽取四張，設 E_1 爲人頭牌的事件，E_2 爲黑牌的事件，試以話語描述以下事件

(a) $E_1 \cap E_2$　(b) $E_1' \cap E_2'$　(c) $E_1' \cap E_2$

(d) $(E_1 \cup E_2)$　(e) $E_1 \cup E_2'$　(f) $E_1' \cup E_2'$

7. 設 E 及 F 爲二事件，已知若 E 不發生則 F 發生，若 F 不發生則 E 發生，試問 E 和 F 是否爲互補?

8. 設 E 和 F 爲二事件，已知 $P(E)=0.6$，$P(F)=0.7$ 和 $P(E \cap F)=0.4$，試求下列諸機率

(a) $P(E \cup F)$　(b) $P(E \cap F')$

(c) $P(F \cap E')$　(d) $P((E \cap F)')$

(e) $P((E \cup F)')$　(f) $P(E' \cap F')$

9. 設 E,F,G 爲三事件，在下列各條件下，試分別求 $P(E \cup (F' \cup G')')$

(1) 若已知 $P(E)=\frac{1}{2}$ 及 E,F,G 互斥

(2) 若已知 $P(E)=\frac{1}{2}$ 及 $P(F)=2P(F \cap G)=3P(E \cap F \cap G)$

(3) 若已知 $P(E)=\frac{1}{2}$, $P(F \cap G)=\frac{1}{3}$ 及 $P(E \cap G)=0$

(4) 若已知 $P(E' \cap (F' \cup G'))=0.7$

10. 設 E,F,G 爲互斥事件，$E \cup F \cup G=S$，若 $P(E)=2p(F)=3P(G)$，試求:

(a) $P(E \cup F)$　(b) $P(E \cap F')$

(c) $P(E' \cap F' \cap G')$　(d) $P(E' \cup F' \cup G')$

(e) $P(E' \cap (F \cup G))$　(f) $P(E \cap (F' \cup G'))$

11. (a) 若 $P(E \cap F \cap G)=0.2$ 及 $P(E)=0.8$，試求 $P(E \cap (F' \cup G'))$

(b) 若 $P(E)=0.6$ 及 $P(E \cap F)=P(E \cap G)=0.35$，$P(E \cap F \cap G)=0.2$

試求 $P(E\cap F'\cap G')$

12. 某大學有新生 1000 人，其中 400 人選數學課，359 人選統計學，125人二科均選，今自新生中任選一人，若每人被選中之機率相等，試求選中未修這兩科中任一科的學生的機率。

13. 某心理學家敎導一隻猴子認識顏色，方法爲敎牠將紅球黑球與白球各一分別各投入同色盒內，若猴子並非學會認色，而僅是隨機把各色球擲入各盒內，試求：

(1) 無色球投對的機率

(2) 至少有一球投對的機率

14. 設 E, F, G 爲三任意事件，試證明

$$P(P\cup F\cup G)=P(E)+P(F)+P(G)-P(E\cap F)-P(E\cap G)-P(F\cap G)+P(E\cap F\cap G)$$

15. 投擲三硬幣，若各種可能出現的機會相等，試求至少出現一正面之機率爲若干?

16. 自 1 至 999 之正整數中任選一數，若每數被選中的機會相等，試求被選中的數可被 3 或 5 或 7 整除之機率?

17. 自 1 至 1260 之整數中任選一數，若每數被選中的機會相等，試求被選中之數與 1260 互質（除 1 外無相同公因數）之機率爲若干?

18. 某品管檢驗員將送驗品一一檢驗，分爲良品 (N) 及不良品 (D)，這種程序進行至發生下列二種情形之一即停止：連續有二不良品或已檢驗完畢四產品，試寫出本隨機試驗之樣本空間?

19. 對 500 個學生作選課調查，在該學期中選數學、物理和統計學的人數如下

數學	329	數學和物理	83
物理	186	數學和統計	217
統計	295	物理和統計	63

試問有多少學生選 (1) 全部三科 (2) 數學而不選統計 (3) 物理而不選數學 (4) 統計而不選物理 (5) 數學或統計而不選物理 (6) 數學但不選物理或統計

20. 一花匠欲將其住宅前後院種花以美化環境。自藏有 3 鬱金香球， 4 水仙花球 3 與風信子球之盒中隨機抽取 5 球植於前院，其餘植於後院，試求前院所植者爲一棵鬱金香，兩株水仙花及兩棵風信子的機率?

21. 一盒內裝有標號爲 $1, 2, 3 \cdots\cdots n$ 的 n 個球，現自盒中隨機抽取二球，試問以 (1) 不放回方式 (2) 放回方式行之，則其爲連號的機率各爲若干?

22. 將 8 球隨機分置 5 袋中，試問每袋至少有一球的機率爲若干?

23. 甲袋中有 5 球，其中之一爲白球，乙袋中有 6 球，其中無白球，現自甲袋中隨機抽出 3 球置入乙袋， 再自乙袋中抽出 4 球置入甲袋， 試求白球在甲、乙二袋內之機率各爲若干?

24. 某隨機試驗有 N 可能出象。$e_1, e_2 \cdots\cdots e_N$。已知出象 e_{j+1} 的發生可能爲 e_j 的二倍，$j = 1, 2 \cdots\cdots N-1$，即 $p_{j+1} = 2p_j$，其中 $p_j = P[\{e_j\}]$。若 $E_k = \{e_1, e_2 \cdots\cdots e_k\}$，則 $P[E_k]$ 爲若干?

25. 王二擲一硬幣，若第一次出現正面（人頭），則再投硬幣一次，否則則改投骰子，試列出

(1) 樣本空間 S 的元素

(2) 若 E 爲骰子出現小於 4 的事件，試列出事件 E 的元素

(3) 若 F 是兩次均出現反面的事件，試列出事件 F 的元素

26. 陳大從事市場調查，詢問三個家庭主婦是否採用白雪牌清潔劑洗滌碗碟

(1) 以 Y 代表「是」，N 代表「否」，試列出樣本空間的元素

(2) 若 E 是至少有二主婦採用白雪牌的事件，試列出 E 的元素

(3) 試定義含有 (YYY)，(NYN)，(YYN)，(NYY) 等元素的事件

27. 王、張、陳三人競選議員職位，王、張二人當選的機會相等，而陳當選的機會是王、張中任何一人的 2 倍。試問陳當選的機率若干? 王不當選的機率若干?

28. 已知 E, F 兩事件，$P(E) = x$，$P(F) = y$，$P(E \cap F) = z$ 試以 x，y，z 表出下列機率

(1) $P(E' \cup F')$，(2) $P(E' \cap F)$，(3) $P(E' \cup F)$，(4) $P(E' \cap F')$

29. 從一副混洗得很好的撲克牌中隨機抽取一張牌，設 S_1 表所抽牌爲梅花的事件，S_2 表所抽牌爲人頭的事件，試求 $P(S_1)$，$P(S_2)$，$P(S_1 \cup S_2)$，$P((S_1 \cup S_2)')$。

30. 設 $E_1, E_2 \cdots\cdots E_n$ 爲 n 任意事件，試證

$$P(\bigcup_{i=1}^{n} E_i) = \sum P(E_i) - \sum P(E_i \cap E_j) + \sum P(E_i \cap E_j \cap E_k) + \cdots\cdots$$

$$+(-1)^n (P(\bigcap_{i=1}^{n} E_i),$$ 稱爲排容公式（inclusion-exclusion formula)。

31. A，B，C，D 四位小姐受邀參加週末的舞會，$P(A), P(B), P(C), P(D)$ 分別表各人屆時會參加的機率，若

$$P(A) = P(B) = P(C) = P(D) = 0.6$$

$$P(A \cap B) = P(A \cap C) = P(A \cap D) = P(B \cap C) = P(B \cap D) = P(C \cap D) = 0.36$$

$$P(A \cap B \cap C) = P(A \cap B \cap D) = P(A \cap C \cap D) = P(B \cap C \cap D) = 0.216$$

$$P(A \cap B \cap C \cap D) = 0.1296$$

試求恰有 k 人參加舞會的機率，$k = 0, 1, 2, 3, 4$

32. 試證下列各不等式

(1) $P(E \cap F) \geq 1 - P(E') - P(F')$

(2) $P(\bigcup_{i=1}^{\infty} E_i) \leq \sum_{i=1}^{\infty} P(E_i)$

(3) $P(\bigcap_{i=1}^{\infty} E_i) \geq 1 - P(\sum_{i=1}^{\infty} E_i')$

第二章　有限樣本空間

2-1　緒　　論

雖然在上一章中我們已學過了機率的定義，並且討論了一些有關機率的基本性質，然而我們仍然不十分清楚應如何來求一事件發生的機率值。我們將在本章討論有限樣本空間，解說事件發生的機率值的求法，以彌補前述缺憾。

早先我們曾經提到樣本空間 S 就是一個隨機試驗所有可能的出象的集合。假若某隨機試驗的出象有 n 種可能，則樣本空間含有 n 個元素，而 S 的冪集含 2^n 元素，亦即該試驗只有 2^n 個可能事件。倘若我們能界定一個函數 P，其賦予這些事件發生機率的數值的方式與機率公設 (P_1, P_2, P_3) 相合，則函數 P 就是一個機率測度 (probability measure)。至於如何選擇機率測度，實爲一個較爲困難的問題。有的全然是直覺假設，譬如相等可能，有的則是經驗的結果。

早期的機率論於尋求一事件發生的機率時，基於二大假設：(1) 隨機試驗的出象爲有限個 (2) 各基本事件 (elementary event) 發生的機率相等。本章將討論在上述假設下，如何求事件發生的機率的問題。

對於我們所感興趣的隨機試驗，最先必須確定的是隨機試驗有多少種可能的出象會發生，而事件E有多少種發生的可能？這個問題我們必須利用計數技巧來解決。就是本章介紹排列、組合之類計數技巧的原因。

2-2 有限樣本空間

假若樣本空間S含有n個出象，即樣本空間$S=\{e_1, e_2 \cdots\cdots e_n\}$。設$E$爲一任意事件，我們想計算$E$發生的機率。

爲了描述此模式中機率 $P(E)$ 的特性， 我們首先僅考慮單一出象 (single outcome)的事件稱之爲基本事件，例如$E=\{e_i\}, i=1, 2, \cdots\cdots n$。

對於每一基本事件 $\{e_i\}$，設定一數 p_i 稱爲 $\{e_i\}$ 的機率，且滿足下列條件:

(*a*) $p_i \geq 0, i=1, 2, \cdots\cdots n$

(*b*) $p_1+p_2+\cdots\cdots+p_n=1$

由於 $\{e_i\}$ 爲一個事件，這些條件必然與機率定義的公設 (P_1, P_2, P_3) 相一致，讀者不妨試着查證看看。

其次，假定一事件E包含r個出象，$1 \leq r \leq n$，如$E=\{e_{j1}, e_{j2}, \cdots\cdots e_{jr}\}$ 這裏 $j_1, j_2, \cdots\cdots j_r$ 代表由 $1, 2, \cdots\cdots n$ 中取出的任何r個指標，由定理 1-2 可知

$$P(E)=p_{j1}+p_{j2}+\cdots\cdots+p_{jr} \qquad (2\text{-}1)$$

總之，在上面的條件 (*a*) (*b*) 限制之下，$\{e_i\}$ 的機率 p_i 對任何事件E而言，都唯一決定 $P(E)$ 的值，這裏的 $P(E)$ 由 (2-1) 式中得到。爲了分別求得個別 p_i，對於各個結果，必須有某些假定。

例 **2-1**　假設一實驗出象只有三種可能 e_1, e_2, e_3，已知 e_1 發生的可能是 e_2 的二倍，而 e_2 又為 e_3 的二倍，試求各基本事件發生的機率:

解: $p_1=2p_2$，$p_2=2p_3$ 但 $p_1+p_2+p_3=1$，即 $4p_3+2p_3+p_3=1$

所以 $p_3=1/7$，$p_2=2/7$，$p_1=4/7$

例 **2-2**　設樣本空間 $S=\{e_1, e_2, e_3, e_4, e_5, e_6\}$，有下列的各機率 $P(\{e_1, e_2, e_3\})=P(\{e_2, e_4\})=P(\{e_4, e_5, e_6\})$

$P(\{e_2\})=2P(\{e_4\})$

試求　(1) $P(\{e_1, e_3\})$

　　　(2) $P(\{e_1, e_2, e_3, e_4\})$

解: 令 $P(\{e_4\})=x$

則 $P(\{e_2, e_4\})=P(\{e_2\})+P(\{e_4\})=3x$

因此 $P(\{e_1, e_2, e_3\})=3x$ 和 $P(\{e_4, e_5, e_6\})=3x$

$P(\{e_1, e_2, e_3, e_4, e_5, e_6\})=P(\{e_1, e_2, e_3\})+P(\{e_4, e_5, e_6\})$

故 $1=3x+3x$　　得 $x=1/6$

所以 $P(\{e_2\})=1/3$

(1) $P(\{e_1, e_2\})=P(\{e_1, e_2, e_3\})-P(\{e_2\})$

$$=\frac{1}{2}-\frac{1}{3}=\frac{1}{6}$$

(2) $P(\{e_1, e_2, e_3, e_4\})=P(\{e_1, e_2, e_3\})+P(\{e_4\})$

$$=\frac{1}{2}+\frac{1}{6}=\frac{2}{3}$$

在早先所提樣本空間中，如果基本事件的機率 $p_1=p_2=\cdots\cdots=p_n$,則由條件 (b) $p_1+p_2+\cdots\cdots+p_n=1$ 我們可得 $np_i=1$ 或$p_i=\dfrac{1}{n}$。由本結果，則任何事件E包含 r 個出象，我們得到 $P(E)=\dfrac{r}{n}$，亦即

$$P(E)=\frac{E\text{可能發生的方式個數}}{\text{實驗之所有可能發生的方式個數}}$$

例 2-3 假設我們有N個物品，$a_1, a_2 \cdots\cdots a_N$，「隨機」的意義如下：

(1) 由其中隨機抽取一個的意思就是每個物品都有相同被抽到的機率，也就是

$$P(\text{取 } a_i)=\frac{1}{N} \qquad i=1,2,\cdots\cdots N$$

(2) 由其中隨機抽取兩個的意思是任意兩個物品的成對(pair)都有相同被抽到的機率，例如由 a_1, a_2, a_3, a_4 中隨機抽取二物品，則得到 a_1 和 a_2 與得到 a_2 和 a_3 有相同可能，這時我們就會想到到底會有多少不同的成對。譬如共有 k 對，則每一對被抽到的機率爲$\frac{1}{k}$，我們將在下一節中討論如何計算k 值。

(3) 由其中任意選取 n 個 ($n \leq N$)，則每一任意 n 個物品的集合，$a_{i_1}, a_{i_2} \cdots\cdots a_{i_n}$，都有相同被抽到的機率。

如此，我們得到了古典機率中一個非常根本的公式；若樣本空間爲有限，並且出象均爲相等可能，則事件E發生的機率等於E中所含元素數和樣本空間內總元素數的比。

注意：我們常會用到一些辭句，像「投擲一公正骰子」，「投擲一不偏硬幣」，「隨機抽取一物」等等。這些辭句都是意指在樣本空間內的出象爲相等可能。事實上，在發展機率理論時，往往必須用到理想化的事物，並不足以引起困擾，因爲這是數學體系常見的要求。例如在幾何上，我們討論概念上完美的圓，沒有寬度的線等等，而幾何却是門有用的學問，可以應用於各式各樣的實用問題。

在日常生活中，往往想求某一事件發生的機率，有時可能無法利用先驗機率的方式來界定其值，這時我們或許可以採用後驗機率的方式求其值。例如，假設想要預測某一地區下一個嬰孩的性別，對於特定的個

人來說，這是一個未定事件，但是對於整個區域的生男或生女的機率結果却相當令人滿意。我們發現有某種長期規律性也就是大數法則（law of large numbers）存在，類似於擲硬幣時，出現人頭的相對次數比值的長期規律性。譬如我們查驗該地區醫院的出生紀錄，發現 51%的嬰兒爲男性，則可認爲該地區男嬰出生的機率爲 p，而以 0.51 爲其近似值。又如我們想瞭解臺北市騎機車的肇事機率，我們固然無法預測某一特定人是否會肇事，但由該市的機車肇事紀錄却可用事後機率的界定方式估計出在臺北市騎機車的肇事機率。

另外一些情況下，例如無法在相同的情況下進行一連串的觀察時，譬如國泰女籃與亞東的冠軍爭奪戰中獲勝的機率如何，就只好使用主觀機率了。這時，每個人所認爲國泰隊獲勝的機率大多爲相異，而瞭解兩隊現狀較清楚的人所估的值可能會較接近眞實結果。在統計中，我們求信賴區間，或進行檢定時，常用 95% 或 99% 這兩個數值，就是一種主觀的做法。

2-3　抽樣與計數技巧

於研討應用機率的問題時，我們經常會碰到由一堆 N 個不同的物品中，隨機抽取 n 個的情形，這種程序稱之爲抽樣，並稱所抽取產品是爲個數 n 的樣本。

抽樣程序的技巧相當重要，一種方法是於抽取其次一個之前，把原先抽取的物體放回，稱爲放回抽樣。在這個情形下，由於可能多於一次抽取同一物體，樣本數大小沒有限制，n 可以爲任意正整數。假若取出的物體不放回，則稱爲不放回抽樣，顯然這種抽樣的樣本數 n 有一上限 N。

有許多機率問題的答案，端賴計算屬於某一特定集合內元素的個數，當該集合內元素個數不多時，我們固然可以直接加以點計，然而當個數多時直接點計的方法顯然並不實際，這時我們就必須採用其他有效的方法處理。

例 2-4　某送驗批含 100 個產品，其中 80 個爲良品，20 個爲不良品，現以不放回方式隨機抽取 10 個產品，試問其中含 5 個不良品的機率爲若干？

爲了考慮分析上述問題，我們首先考慮其樣本空間 S，每一 S 的元素包含由批中取出的 10 個可能產品，設爲 $(e_{i_1}, e_{i_2}, \cdots\cdots, e_{i_{10}})$，則 S 有多少個這樣的元素呢？在這些元素中又有多少個爲含 5 個不良品呢？顯然我們必須先要能回答這些問題，方才能解決本題。其他有許多問題也與本題相類似，因此特於本節介紹一些計數技巧。

1. 樹形圖 (tree diagram)

樹形圖的概念對於分析某些問題相當有用。

例 2-5　甲乙二人比賽網球五局，約定最先連勝兩局或先勝三局的人爲贏家，試列出所有可能結果：

解：

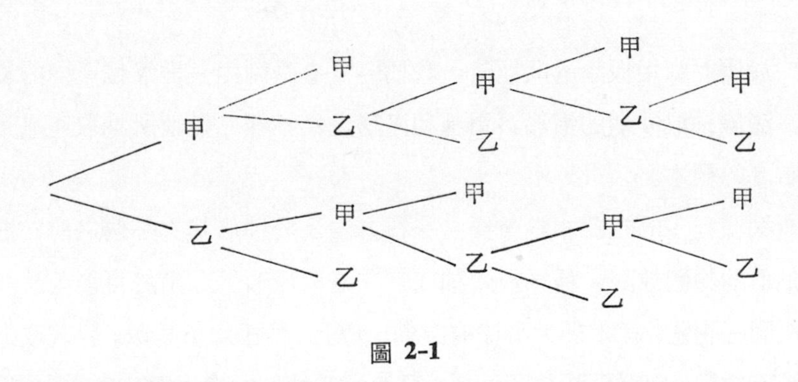

圖 **2-1**

本樹形圖共有 10 個終點 (endpoint)，相對於 10 種可能出象，甲甲、甲乙甲甲、甲乙甲乙甲、甲乙甲乙乙、甲乙乙、乙甲甲、乙甲乙甲甲、乙甲乙甲乙、乙甲乙乙、乙乙。其中每一樹枝 (path) 的終點就是贏家。

例 2-6　甲至賭城拉斯維加 (Las Vegas, Nevada) 觀光，臨時有急事發生，他至多僅有時間玩五次輪盤，每次甲贏或輸一元，他以一元參加賭局，若於五局前輸去他所有的本錢或贏 3 元（即共有四元）時就停止，試列出甲參加賭戲所有可能發生的出象。

解: 下圖中列出所有可能發生的出象，即甲的賭戲共有 11 種不同的可能，每一枝的終點即為甲最後所有。

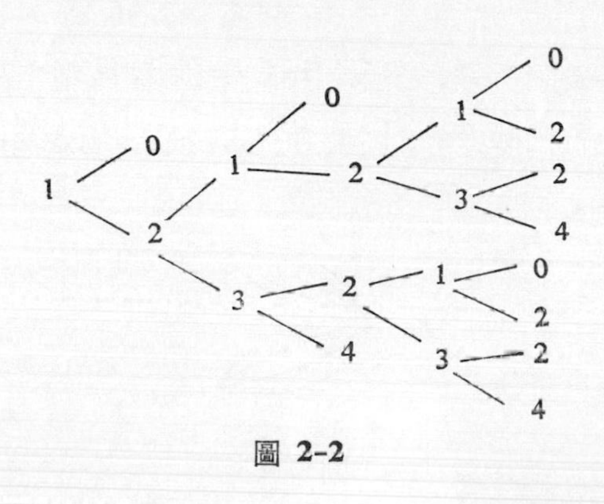

圖 2-2

注意：由圖可知甲於五局前結束賭戲，僅有三種情形。

當問題牽涉致個數增多時，樹形圖會變得相當繁複，而其有用性則相對減少。

2. 基本計數原理

A. 乘法原理

假設由 P 至 L_1 有 n_1 種走法，由 L_1 至 L_2 有 n_2 種走法，則由 P 至 L_2 共有 $n_1 \times n_2$ 種不同走法。

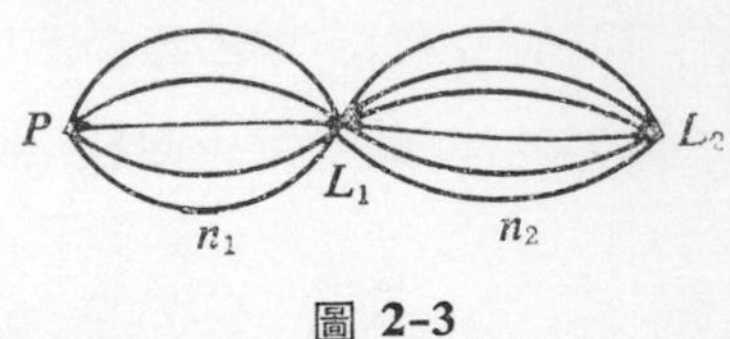

圖 2-3

我們可以將乘法原理推廣，如下：假設 P 至 L_1 有 n_1 種走法，由 L_i 至 L_{i+1} 有 n_i 種走法 $i=1,2,3\cdots\cdots k$ 則由 P 至 L_{k+1} 共有 $n_1\times n_2\times n_3\times\cdots\cdots\times n_k$ 種走法。

例 2-7 某人有三件不同上衣，6 條不同領帶和 5 條不同褲子，則他有 $3\cdot6\cdot5=90$ 種不同搭帶的穿法。

B. 加法原理

假設由 P 至 L_1 有 n_1 種走法，由 P 至 L_2 有 n_2 種走法，且假設定由 P 至 L_1 或 L_2 無法同時進行，則由 P 至 L_1 或 L_2 的走法共有 n_1+n_2 種。

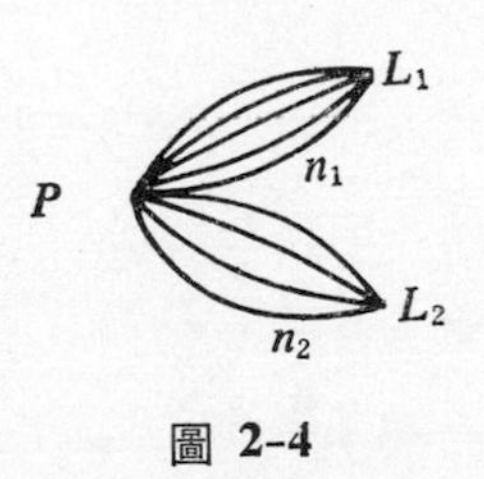

圖 2-4

本原理也可推廣如下，由 P 至 L_i 的走法為 n_i, $i=1,2,\cdots\cdots k$ 且假設無法同時進行，則由 P 至 L_1 或 L_2 或……L_k 的走法共有 $n_1+n_2+\cdots\cdots+n_k$ 種走法。

例 2-8 假設我們計劃去旅行，而且決定搭乘火車或是巴士，若有 3 種巴士路線，2 種火車路線，則旅行的可能不同路線有 $(3+2)$ 種。

3. 排　列

(*a*) 將 n 種不同的物品排列，則其排法數 ${}_nP_n$ 為多少？例如有三件

物品 a，b，c 則其可能的排列爲 abc, acb, bac, bca, cab 和 cba，一共是 6 種。排列 n 件物品，相當於按某一特定次序將它們放入有 n 個格子的盒子中。

圖 2-5

第一個格子有 n 種方法放入物品，第二個格子則有 $(n-1)$ 種方法，……，最後一格則只恰有一種方法。由乘法原理我們知道，將物品放入格子的方法有 $n\times(n-1)\times(n-2)\cdots\cdots\times 1$ 種。此數經常出現，我們賦予它一特別名稱和符號。

定義 2-1　如果 n 爲正整數，界定 $n!=n(n-1)(n-2)\cdots\cdots\times 1$，稱之爲 n 之階乘 (n-factorial)，且 $0!=1$

於是 n 件不同物品排列方法數爲 ${}_nP_n=n!$

(*b*) 考慮 n 件不同物品，由這些物品中，選取 r 件，$0\leq r\leq n$，加以排列，並以 ${}_nP_r$ 表示此種選取排列的個數。同樣將物品放入有 n 個格子的盒子內，這次我們在擺進第 r 個格子後就停止。於是第一個格子有 n 種方法放入物品，第二格子有 $(n-1)$ 種，……第 r 個格子有 $(n-r+1)$ 種，再利用乘法原理，所以其方法共有 $n(n-1)\cdots\cdots(n-r+1)$ 種，利用前面所介紹的階乘定義，可以記爲

$$ {}_nP_r=\frac{n!}{(n-r)!} \tag{2-2}$$

4. 組　　合

再考慮 n 件不同物品，同樣也是由其中選取 r 件，但不考慮其順序，稱爲組合。例如：有四件物品 a，b，c，d 令 $r=2$，則有 $ab, ac, ad, bc,$

bd, cd，請注意我們不考慮其先後順序。

再回想一下，由 n 件不同物品選取 r 件，而加以排列的方法數是 $\frac{n!}{(n-r)!}$ 設由 n 件不同物品取 r 件而不計其順序的方法數爲 C。只要 r 件物品被選出，排列的方法有 $r!$ 種，因此，由乘法定理及上面的結果，所以

$$C \cdot r! = \frac{n!}{(n-r)!}$$

亦即

$$C = \frac{n!}{(n-r)!\,r!}$$

這種形式的數值經常用到，我們特將其記爲

$$\frac{n!}{r!(n-r)!} = \binom{n}{r} \tag{2-3}$$

$\binom{n}{r}$ 有許多有趣的性質，此處僅提其中兩種，（除非特別聲明，我們假設 n 是正整數，r 是非負整數 $0 \le r \le n$)。

$$(a) \quad \binom{n}{r} = \binom{n}{n-r} \tag{2-4}$$

$$(b) \quad \binom{n}{r} = \binom{n-1}{r-1} + \binom{n-1}{r} \tag{2-5}$$

$$1$$

$$\binom{1}{0} \quad \binom{1}{1}$$

$$\binom{2}{0} \quad \binom{2}{1} \quad \binom{2}{2}$$

$$\binom{3}{0} \quad \binom{3}{1} \quad \binom{3}{2} \quad \binom{3}{3}$$

圖 **2-6**　巴斯卡三角形

〔註〕巴斯卡 (Blaise Pascal, 1623–1662) 法國哲學家、數學家及物理學家。

上述的兩項性質很容易用代數方法得證。

(*a*) $\binom{n}{r}$是由 n 件不同的物品中取出 r 件的組合方法數，當我們從 n 件物品中，取出 r 件時，我們也同時留下 $(n-r)$ 件，因此從 n 件中取 r 件，相當於從 n 件中取 $(n-r)$ 件，此即我們要證明的(2-4)式。換言之，由 n 件物品中選取 r 件的方法數，相當於由 n 件中剔除 $(n-r)$ 件的方法數。例如，我們想要由八本書中選出三本書，其方法數與由八本書中取五本不看的方法數相同。

(*b*) 首先由 n 件中選取一件，稱之為 a，則由 n 件物品中選取 r 件物品時，可能含 a，也可能不含 a。若不含 a，我必須由其餘的 $(n-1)$ 件中取出 r 件，有$\binom{n-1}{r}$種方法，若含 a，則只須由其餘的 $(n-1)$ 件中取出 $(r-1)$ 件，有$\binom{n-1}{r-1}$種方法。由加法原理，我們得到

$\binom{n}{r}=\binom{n-1}{r-1}+\binom{n-1}{r}$，即所要證明的 (2-5) 式

$\binom{n}{r}$通常稱為二項式係數 (binomial coefficients)，因為 $(x+y)^n$ 展開式的係數就如$\binom{n}{r}$。若 n 是正整數，則 $(x+y)^n=\underbrace{(x+y)\cdots\cdots(x+y)}_{n\text{ 次}}$ 展開時，每一項含有 r 個 x 與 $(n-r)$ 個 y 的乘積 $r=0,1,\cdots\cdots n$ 形如 $x^r y^{n-r}$ 有多少項？我們只要數一數由 n 個 x 中取 r 個，不計次序的方法數，但該數即為$\binom{n}{r}$。因此，即得著名的二項式定理 (binomial theorem)

定理 **2-1**　$$(x+y)^n=\sum_{r=0}^{n}\binom{n}{r}x^r y^{n-r} \tag{2-6}$$

另證：利用數學歸納法

$$n=1 \qquad (x+y)=\binom{1}{0}x^0 y+\binom{1}{1}x^1 y^0=x+y$$

設 $n=m-1$ 成立

$$(x+y)^{m-1}=\sum_{r=0}^{m-1}\binom{m-1}{r}x^r y^{(m-1)-r}$$

則 $n=m$ 時

$$\begin{aligned}(x+y)^m&=(x+y)(x+y)^{m-1}\\&=(x+y)\sum_{r=0}^{m-1}\binom{m-1}{r}x^r y^{m-1-r}\\&=\sum_{r=0}^{m-1}\binom{m-1}{r}x^{r+1}y^{m-1-r}+\sum_{r=0}^{m-1}\binom{m-1}{r}x^r y^{m-r}\end{aligned}$$

在右式第一項中含 $i=r+1$，第二項中令 $i=r$

則
$$\begin{aligned}(x+y)^m&=\sum_{i=1}^{m}\binom{m-1}{i-1}x^i y^{m-i}+\sum_{i=0}^{m-1}\binom{m-1}{i}x^i y^{m-i}\\&=x^m+\sum_{i=1}^{m-1}\left[\binom{m-1}{i-1}+\binom{m-1}{i}\right]x^i y^{m-i}+y^m\\&=x^m+\sum_{i=1}^{m-1}\binom{m}{i}x^i y^{m-i}+y^m\\&=\sum_{i=0}^{m}\binom{m}{i}x^i y^{m-i}\end{aligned}$$

故得證。

組合數 $\binom{n}{r}$ 於計算成數值時，並不容易，解決這個問題的方法之一是使用史廸林公式（Stirling formula），求得各階乘數的近似值。

史廸林公式為

$$n!\sim(2\pi n)^{\frac{1}{2}}n^n e^{-n} \qquad (2-7)$$

因當 $n\to\infty$，左右兩邊的比值會趨於 1

史廸林公式在早期機率論中曾扮演重要角色。

〔註〕史廸林（James Stirling, 1692-1770）蘇格蘭數學家。

例 2-9　試計算 50! 的值

解: 依史廸林公式

$$50! \sim \sqrt{2\pi(50)}\,50^{50}e^{-50} \equiv N$$

為了計算 N，兩邊取以 10 為底的對數

$$\begin{aligned}\log N &= \log(\sqrt{100\pi}\,50^{50}e^{-50})\\ &= \frac{1}{2}\log 100 + \frac{1}{2}\log 3.1416 + 50\log 50\\ &\quad -50\log 2.718\\ &= \frac{1}{2}(2) + \frac{1}{2}(0.4972) + 50(1.6990) - 50(0.4343)\\ &= 64.4836\end{aligned}$$

即　$N = 3.04\times 10^{64}$

又上文中，二項式係數 $\binom{n}{r}$ 只有在 n 為正整數，r 為非負整數，$0\leq r\leq n$ 時才有意義，然而如果我們寫成

$$\binom{n}{r} = \frac{n!}{r!(n-r)!} = \frac{n(n-1)\cdots\cdots(n-r+1)}{r!} \qquad (2\text{-}8)$$

則只要 n 為實數，r 為任意非負整數，就有意義。這時 $\binom{n}{r}$ 稱為概化的二項式係數 (generalized binomial coefficient)，這時 $\binom{n}{0}$ 仍然界定為 1。

例 2-10　(*a*) $\binom{\frac{1}{2}}{3} = \dfrac{\left(\frac{1}{2}\right)\left(\frac{1}{2}-1\right)\left(\frac{1}{2}-2\right)}{3!} = \dfrac{1}{16}$

(*b*) $\binom{1}{2} = \dfrac{(1)\ (0)}{2} = 0$

(*c*) $\binom{-1}{2} = \dfrac{(-1)\ (-2)}{2} = 1$

利用二項式係數的這種推廣，我們可以敍述二項式定理的推廣形式(generalized form of the binomial theorem)

$$(1+x)^{a}=\sum_{r=0}^{\infty}\binom{a}{r}x^{r} \tag{2-9}$$

稱爲牛頓的二項展開式 (Newton's binomial expansion)，這個級數在任何實數 a 及所有的 x，$|x|<1$ 的情況下爲有意義，若 a 是正整數 n，則無窮級數化減爲有限項，因爲若 $r>n$，則 $\binom{n}{r}=0$ 。

當 a 可爲任意實數時，二項式係數間另存有一種我們有時需要的關係。讀者可自證之

$$(c)\quad \binom{a}{r}=(-1)^{r}\binom{-a+r-1}{r} \tag{2-10}$$

上式在 6-2-5 節討論負二項分布中將會用到。

例 2-11 (*a*) 由 8 個人中任選 3 人可組成多少委員會？如果有任兩組委員會的組成分子相同，則視此兩委員會爲一，(卽不管委員會中委員的次序)，我們有 $\binom{8}{3}=56$ 個可能的委員會。

(*b*) 倘若委員會委員分別爲主席、副主席及記錄，則此時次序很重要，此時有 $\frac{8!}{5!}=336$ 種排法。

(*c*) 8 個人中有 5 位男士，3 位女士，問恰有 2 男、1 女的委員會有多少種方法？我們必須由 5 位男士中選出 2 人，3 位女士中選出一人，因此有 $\binom{5}{2}\binom{3}{1}=30$ 個委員會。

(*d*) 我們可以證明先前的一項敍述，該敍述說：一個含 n 個元素的集合有 2^n 個子集合 (包含空集合及該集合本身)。每一元素必然是或否包含於一子集合之內，若是則記爲 1，

否則記爲 0 。因爲每一元素有兩種記法，故由乘法原理，我們有 $2,2\cdots\cdots2=2^n$ 種記法，但每一種記法代表一個部份集合，例如 $(1,1,0\cdots\cdots0)$ 代表僅含 x_1,x_2 二元素的子集合，$(1,1\cdots\cdots,1)$ 代表 S 本身，而 $(0,0\cdots\cdots0)$ 代表空集合。

例 2-12　我們重新考慮例 2-4。由一堆含 20 件不良品，80 件良品的產品中，隨機選取 10 件，但不放回，其方法有 $\binom{100}{10}$ 種，因此恰含 5 件良品，5 件不良品的機率爲

$$\frac{\binom{20}{5}\binom{80}{5}}{\binom{100}{10}}$$

查表大約等於 0.021

例 2-12　將前面的問題予以推廣，假設有 N 件物品，以不放回方式隨意取 n 件則有 $\binom{N}{n}$ 不同的樣本數，每一種樣本被選取的機率相等。若 N 件中有 r 件，E，$N-r$ 件 F，則所取 s 件 E 和 $(n-s)$ 件 F 的機率爲：

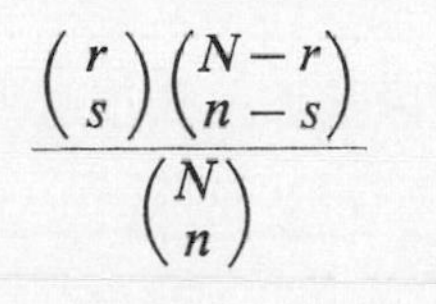

$$\frac{\binom{r}{s}\binom{N-r}{n-s}}{\binom{N}{n}}$$

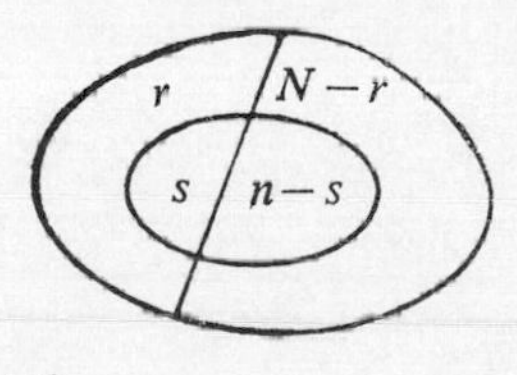

圖 **2-6**

上式稱爲超幾何機率 (hypergeometric probability)，在 6-2-6 節我們還會遇到它。

讀者請注意：隨機選取物品時，說明是否放回很重要，通常不放回比較合乎實際，例如當我們檢查產品時，通常同一產品不願檢查兩次，前面我們已經提過由 n 件中取 r 件，而不計其順序的方法數爲 $\binom{n}{r}$，而由 n 件物品中取出 r 件，每件放回的方法數則爲 n^r。（此處要計次序）。

例 2-14　一盒含有20張有數字的卡片，其中有8個負數，12個正數若以不放回方式隨機抽取6張卡片，試求其乘積爲正的機率？

解： 由20個數中抽取6數有$\binom{20}{6}$種方法。

6數的乘積爲正的情形爲① 6數均爲正② 4正數2負數③ 2正數4負數④ 6數均爲負數。各種情形均爲互斥。

令 E_i 爲6數中有 i 個正數的事件

則
$$P(E_i)=\frac{\binom{12}{i}\binom{8}{6-i}}{\binom{20}{6}} \qquad i=0,1,2,\cdots\cdots 6$$

P(6數乘積爲正)

$=P(E_6\cup E_4\cup E_2\cup E_0)$

$=P(E_6)+P(E_4)+P(E_2)+P(E_0)$

$$=\frac{\binom{12}{6}\binom{8}{0}+\binom{12}{4}\binom{8}{2}+\binom{12}{2}\binom{8}{4}+\binom{12}{0}\binom{8}{6}}{\binom{20}{6}}$$

例 2-15　由正整數 1, 2, 3……1000 中隨機抽取一個正整數，試求所抽取的數 (*a*) 可被6或8整除的機率 (*b*) 可被 6, 8, 10 中恰有二整數整除的機率。

解： (*a*) 令 E_6 爲由可被6整除的正整數的事件

E_8 爲由可被8整除的正整數的事件

$S=\{1,2,3\cdots\cdots 1000\}$ 有1000個出象

$E_6=\{6,12,18\cdots\cdots 990,996\}$ 有166個出象

$E_8=\{8,16,24\cdots\cdots 992,1000\}$ 有125個出象

$E_6\cap E_8$ 表示同時可被6和8整除的數的事件，即可看成被24整除，因此 $E_6\cap E_8=\{24,48,\cdots\cdots 984\}$，有41個出象，所以

$P(E_6)=\frac{166}{1000}$ $P(E_8)=\frac{125}{1000}$ $P(E_6\cap E_8)=\frac{41}{1000}$ 所抽取之數能被 6 或 8 整除的機率爲

$$P(E_6\cup E_8)=P(E_6)+P(E_8)-P(E_6\cap E_8)=\frac{1}{4}$$

(*b*) 令 E_{10} 爲數字能被 10 整除的事件，E_6, E_8 和 E_{10} 三事件，恰有二發生的機率爲

$P(E_6\cap E_8)+P(E_8\cap E_{10})+P(E_{10}\cap E_6)-3P(E_6\cap E_8\cap E_{10})$

類似於(*a*)，我們可得

$$P(E_6\cap E_{10})=\frac{33}{1000} \quad P(E_8\cap E_{10})=\frac{25}{1000}$$

和 $P(E_6\cap E_8\cap E_{10})=\frac{8}{1000}$

代入 (1-9) 式等於

$$\frac{41}{1000}+\frac{25}{1000}+\frac{33}{1000}-3\times\frac{8}{1000}=\frac{3}{40}$$

下述的「生日問題」就是一個放回抽樣而抽到樣本不重複的機率問題。

例 2-16 生日問題

在隨機組成的 5 人小組中，試求至少有 2 人生日相同的機率（二月二十九日不計）

解: 設 E 爲 5 人中至少有 2 人生日相同的事件， 則 E' 爲 5 人生日均不同的事件。我們想求 $P(E')$

假設一年有 365 天，由於任一天均可能爲 5 人中每一人的生日，由乘法原理，得出 $(365)^5$ 而 5 人中每人生日不同的排列數 ${}_{365}P_5$ 或 $365\cdot364\cdot363\cdot362\cdot361$ 因此

$$P(E') = \frac{365 \cdot 364 \cdot 363 \cdot 362 \cdot 361}{365 \cdot 365 \cdot 365 \cdot 365 \cdot 365}$$

$$= \left(1 - \frac{1}{365}\right)\left(1 - \frac{2}{365}\right)\left(1 - \frac{3}{365}\right)\left(1 - \frac{4}{365}\right)$$

$$\approx 1 - \frac{1+2+3+4}{365} = 0.973 \qquad (2\text{-}11)$$

所以 $P(E) = 1 - P(E') \approx 1 - 0.973 = 0.027$

註: (1) 在一隨機組成的 n 人團體 ($n \leq 365$)，求至少有二人生日相同的機率，若 $n > 7$，則 (2-11) 的近似法所得結果不太精確，因此必須使用對數表或計算器來算 $P(E')$。假若我們問任何人，最少 n 要等於若干，才會使 n 人中至少有 2 人生日相同的機率大於 1/2，大概多數人多會把 n 的數値猜想得很大，事實上，我們用上例的方法 $P(E) = 1 - \frac{{}_{365}P_n}{(365)^n} > 0.5$ 利用對數，求得 $n = 23$，表一的數値可供讀者參考。

本題顯示僅憑直覺可能會導引誤估機率的後果。

(2) 若由 M 不同物品中以放回方式隨機取 n 個 ($n \leq M$)，則所取 n 物品均不重複的機率爲 $\frac{{}_MP_n}{M^n}$

(3) 統計資料顯示，並非所有日子都是相等可能成爲生日，例如我們發現夏天出生的人比冬天出生的人爲多，這個事實對表一所示機率有什麽影響?

表　一

n	至少有二人生日相同的機率
5	0.027
10	0.117
15	0.253
20	0.411
21	0.444

22	0. 467
23	0. 507
24	0. 538
25	0. 569
30	0. 706
40	0. 891
50	0. 970
60	0. 994

假設有 n 個盒子以 1 至 n 號的順序排列，另在 n 個球上寫上 1 至 n 號。若於排列後發現第 i 數的球在第 i 個盒子，我們稱第 i 數爲固定。例如我們考慮1, 2, 3的排列，則 123 爲所有數均固定，213有一數固定，而 312 和 231 沒有任何數固定，在本例中顯然不可能有二數固定的情形（爲什麼？）

定義 2-2　若一排列沒有任何數固定，則稱此排列爲完全排列(complete permutation)

例 2-17　蒙莫特匹配問題（Montmort's matching problem)

若將正整數 1 至 n 隨機排列，則其爲完全排列的機率爲若干？這類問題的有趣問法如下：某粗心秘書小姐把寄給 n 不同人的信隨機放入 n 個預先打好的信封中，試求沒有人收到正確的信的機率爲若干？

〔註〕蒙莫特（Pierre Remand de Montmort, 1678–1719）法國數學家。

解；現以符號 $a_1, a_2, \cdots\cdots a_n$ 代表 n 個預先打好的信封， 並以此順序排列，然後考慮把信放入信封的所有可能方法，即共有 $n!$ 種不同的方法。

令 E_k 爲第 a_k 信封與信相合的事件，則至少有一信封與信相合的事

件發生的機率爲 $P\left(\bigcup_{k=1}^{n} E_k\right)$。由前節知

$$P\left(\bigcup_{k=1}^{n} E_k\right)=\sum_{i=1}^{n} P(E_i)-\sum_{i<j}^{n} P(E_i\cap E_j)$$
$$+\sum_{i<j<k}^{n} P(E_i\cap E_j\cap E_k)-\cdots\cdots$$
$$+(-1)^n P(E_1\cap E_2\cap\cdots\cdots\cap E_k)。$$

首先求 $P(E_i)$，若 a_i 信封與信相合，其他 $n-1$ 份信可爲任意順序，因此事件 E_i 的發生有 $(n-1)!$ 種不同方法

即 $$P(E_i)=\frac{(n-1)!}{n!}=\frac{1}{n}$$

在此 $P(E_i)=\frac{1}{n}$ 與 i 無關

現求 $P(E_i\cap E_j)$，若 a_i 與 a_j 分別與信相合，則其餘 $n-2$ 份信可爲任意順序。因此事件 $E_i\cap E_j$ 有 $(n-2)!$ 種不同方法，即

$$P(E_i\cap E_j)=\frac{(n-2)!}{n!}=\frac{1}{n(n-1)}$$

一般而言，

$$P(E_{i1}\cap E_{i2}\cap\cdots\cdots\cap E_{ir})=\frac{(n-r)!}{n!}$$

最後由於 $\sum_{i=1}^{n} P(E_i)$ 中有 $\binom{n}{1}$ 項，$\sum_{i<j}^{n} P(E_i\cap E_j)$ 有 $\binom{n}{2}$ 項，一般而言

$\sum_{i_1<i_2<\cdots\cdots<i_r}^{n} P(E_{i1}\cap E_{i2}\cap\cdots\cdots\cap E_{ir})$ 有 $\binom{n}{r}$ 項，故

$$P\left(\bigcup_{k=1}^{n} E_k\right)=\binom{n}{1}\frac{(n-1)!}{n!}-\binom{n}{2}\frac{(n-2)!}{n!}+\cdots\cdots$$
$$+(-1)^{n+1}\frac{1}{n!}=1-\frac{1}{2!}+\frac{1}{3!}+\cdots\cdots$$
$$+(-1)^{n+1}\frac{1}{n!}$$

沒有人收到「正確」的信的機率 p_n 為

$$1-P\left(\bigcup_{k=1}^{n} E_k\right)=\frac{1}{2!}-\frac{p_1}{3!}+\frac{1}{4!}-\cdots\cdots+\frac{(-1)^n}{n!}$$

當 n 增大時，p_n 趨近於 $1/e=0.367879$

n	p_n
2	0. 500000
3	0. 333333
4	0. 375000
5	0. 366667
6	0. 368056
7	0. 367857
8	0. 367882

接下來我們順便討論一下多項式係數和多項式定理。

若將 n 件相異物品分為 r 不同組，各組分別為 $n_1, n_2, \cdots\cdots n_r$ 件，而 $\sum_{i=1}^{r} n_i=n$，試問有多少種不同的可能的方法？第一組有 $\binom{n}{n_1}$ 種選法，對於第一組的每一選法，第二組有 $\binom{n-n_1}{n_2}$ 種可能選法對於前二組的每一種選法，第三組有 $\binom{n-n_1-n_2}{n_3}$ 種可能選法等等

依照乘法律，共有

$$\binom{n}{n_1}\binom{n-n_1}{n_2}\cdots\cdots\binom{n-n_1-n_2-\cdots\cdots-n_{r-1}}{n_r}$$

$$=\frac{n!}{(n-n_1)!n_1!}\ \frac{(n-n_1)!}{(n-n_1-n_2)!n_2!}\cdots\frac{(n-n_1-n_2-\cdots-n_{r-1})!}{0!n_r!}$$

$$=\frac{n!}{n_1!n_2!\cdots\cdots n_r!}$$ 種可能分法

符號:

若 $\sum_{i=1}^{r} n_i = n$, 定義

$$\binom{n}{n_1, n_2 \cdots\cdots n_r} = \frac{n!}{n_1! n_2! \cdots\cdots n_r!}$$

則 $\binom{n}{n_1, n_2 \cdots\cdots n_r}$ 表示將 n 相異物品分爲含 $n_1, n_2, \cdots\cdots, n_r$ 等 r 組的可能分法, 數值 $\binom{n}{n_1, n_2 \cdots\cdots n_r}$ 通稱爲多項式係數

定理 2-2　多項式定理:

$$(x_1 + x_2 + \cdots\cdots + x_r)^n$$

$$= \sum_{\substack{(n_1, n_2 \cdots\cdots n_r) \\ n_1 + n_2 + \cdots\cdots + n_r = n}} \binom{n}{n_1, n_2 \cdots\cdots n_r} x_1^{n_1} x_2^{n_2} \cdots\cdots x_r^{n_r}$$

證明從略

例 2-18　$(x_1 + x_2 + x_3)^2 = \binom{2}{2,0,0} x_1^2 x_2^0 x_3^0 + \binom{2}{0,2,0} x_1^0 x_2^2 x_3^0$

$$+ \binom{2}{0,0,2} x_1^0 x_2^0 x_3^2 + \binom{2}{1,1,0} x_1^1 x_2^1 x_3^0 + \binom{2}{1,0,1} x_1^1 x_2^0 x_3^1$$

$$+ \binom{2}{0,1,1} x_1^0 x_2^1 x_3^1$$

$$= x_1^2 + x_2^2 + x_3^2 + 2x_1x_2 + 2x_1x_3 + 2x_2x_3$$

例 2-19　將一副撲克牌洗混好後, 將 52 張牌平分給 4 個與賽者, 試求其中一人得到 13 張黑桃的機率

解: 將 52 張牌分給 4 人共有 $\binom{52}{13, 13, 13, 13}$ 種分法而其中一人有 13 張黑桃共有 $\binom{39}{13, 13, 13}$ 種分法, 因此所欲求之機率爲

$$\frac{4\binom{39}{13,13,13}}{\binom{52}{13,13,13,13}}\approx 6.3\times 10^{-12}$$

2-4　本章提要

本章主要在介紹於有限樣本空間中，如何在相等可能的假設下，計算事件發生的機率數值。我們經常見到如「投擲一不偏硬幣」，「投擲一公正骰子」，「隨機抽取一物」之類的用語，這些字句就是暗示在樣本空間中的出象為相等可能。有時候即使當我們已明知事件並非眞正相等可能，我們仍然可以用相等可能的假設為合理的近似值；因此明知由生育統計得知男嬰的出生率約為 51.6%，我們還是假設新生嬰兒的性別是男或是女各為 1/2，雖然我們這種假設僅為近似值。又如每個月的天數不同，但我們仍可假設一個人於任何一個月出生的機率為 1/12。

在許多應用中，N 種相等可能的假設經由長時間的經驗已全然確立。因此我們可安心採用先驗機率的定義界定事件發生的機率。例如「由含 b 黑球，r 紅球的袋中，隨機抽取一球，其為紅球的機率為 $\frac{r}{b+r}$」或「將一球隨機放置於 n 盒之一，其放置於第 k 盒的機率為 $\frac{1}{n}$」，又如「若一意外事件隨機發生於時間 $(0,T)$ 區間，則發生於 (t_1,t_2) 區間的機率為 $\frac{t_2-t_1}{T}$」，相等可能的假設的正確性實全繫於「隨機」一辭。

參考書目

1. P. L. Meyer *Introductory probability and statistical applications* 2nd edition Addision-Wesley, 1970
2. R. L. Scheaffer & W. Mendenhall *Introduction to probability: Theory and applications* 華泰書局翻印 1975
3. Ramakant Khazanie *Basic probability theory and applications* Goodyear Publishing Co. 1976
4. Sheldon Ross *A first course in probability* 華泰書局翻印 1976
5. D. R. Barr, & P. W. Zehna *Probability* 華泰書局翻印 1971
6. P. W. Zehna *Probability Distributions and statistics* Allyn and Bacon 1970
7. I. N. Gibra *Probability and Statistical inference for Scientist and Engineers* Prentice-Hall, 1973
8. F. Mosteller *Fifty challenging problems in probability,* Addison-Wesley, 1965 中譯本「機率挑戰名題展」，臺北協進出版公司印行。
9. Seymour Lipschutz *Theory and problems of finite mathematics, Schaum's outline series,* McGraw-Hill, 1966.

習　題　二

1. 設一樣本空間有 4 個出象，$S=\{e_1, e_2, e_3, e_4\}$，已知 $P(\{e_1\})=P(\{e_2\})$ 和 $P(\{e_3\})=P(\{e_4\})=2P(\{e_2\})$，試求

   (*a*) $P(\{e_1, e_3\})$　　(*b*) $P(\{e_1, e_2\}\cup\{e_1, e_3\})$

2. 由英文字母中隨機抽取一個字母，試求下列事件的機率

   (*a*) 該字母為 board 中之一

   (*b*) 該字母不為 board 中之一

   (*c*) 該字母在 card 或 board 中之一

   (*d*) 該字母恰為 board 和 card 中之一

3. 某袋中含有 9 個小球，其上有數字 2, 3, 7, 8, 12, 15, 17, 21, 28，現以不放回方式隨機抽取六球。試問其中第三大的數為 15 之機率為若干?

4. 某種獎券共 100 張，提供 5 個第一獎和 8 個第二獎，某人買了 4 張，試問下列各事件的機率

   (*a*) $E_1=$他中了一個第一獎和兩個第二獎

   (*b*) $E_2=$他未中獎

   (*c*) $E_3=$他至少中一個獎

   (*d*) $E_4=$他恰中一個獎

   (*e*) $E_5=$他中了 4 個獎

5. 試求 n，若　(*a*) $\binom{n}{10}=\binom{n}{16}$　　(*b*) $\binom{18}{n}=\binom{18}{n-6}$

6. 設 n 為非頁整數，利用下列事實，對於任意 x，$(1+x)^n=\sum_{i=0}^{n}\binom{n}{i}x^i$ 建立下列各等式

   (*a*) $\sum_{i=0}^{n}(-1)^i\binom{n}{i}=0$

   (*b*) $\sum_{i=0}^{n}(-1)^i\, i\binom{n}{i}=0$

(c) $\sum_{i=0}^{n}\binom{n}{i}^2=\binom{2n}{n}$

提示：考慮 $(1+x)^{2n}=(1+x)^n(1+x)^n$

7. 由 5 位律師，7 位會計師和 2 位醫生中選出組成一委員會，試求其中律師人數比醫生人數多的機率?

8. 有一 10 題是非題之考試中，某生每題都是用猜的，試求該生

(a) 全答錯之機率

(b) 至少答對一題之機率

(c) 恰有 r 題答對的機率，$r=0,1,2,\cdots\cdots 10$

9. 某建築工地發生一起工人爭吵事件，工頭被指控爲具有種族歧視，將20人不公平地分配同種工作，已知第一種職務（人人不愛幹）需要 6 人，第二、三、四種職務各需 4，5，5 個人，爭執是將某一種族的 4 人都指派第一種工作而引起，爲人決定指派是否有不公之處，仲裁小組希望知道將同種族的 4 個工人分列第一種職務的機率，設指派職務以隨機方式進行，試求該 4 人均分派第一種職務之機率。

10. 試證：(1) $\binom{n+m}{r}=\binom{n}{0}\binom{m}{r}+\binom{n}{1}\binom{m}{r-1}+\cdots\cdots+\binom{n}{r}\binom{m}{0}$

其中 $r\leq n$，$r\leq m$

(2) 利用 (1)，試證 $\binom{2n}{n}=\sum_{k=0}^{n}\binom{n}{k}^2$

11. 某甲嗜抽煙斗，常爲想抽煙時找不到火柴而惱，爲方便他買了兩盒火柴，每盒中有火柴 n 根分置於左右二袋，每次點火時，任選一口袋，取出一根火柴點火，月後，甲發現其中有一口袋內的一盒火柴已用盡，若選取左右口袋之機率相等，試問:

(1) 另一口袋中尙餘 k 支火柴之機率爲若干

(2) 利用 (1) 之結果證明:

$$\binom{2n}{n}+\binom{2n-1}{n}2+2^2\binom{2n-2}{n}+\cdots\cdots+2^n\binom{2n-n}{n}=2^{2n}$$

12. 在一副混洗好的撲克牌中，至少有一張 J 和一張 Q 相鄰的機率爲若干。

13. 兩袋中有大小相同的黑、紅球，甲袋 2 紅 1 黑，乙袋 101 紅球 100 黑。現隨機選取一袋由其中隨機抽取二球，如果旁觀者能正確說明該二球取自何袋便可得獎，其辦法是爲第一球取出之後，記下該球顏色，旁觀者可決定是否於取第二球之前要把第一球放回袋中，試問旁觀者應如何決定去抽取第二球，以及如何判定球是取自甲袋或乙袋?

14. 試問下列三事件：(1) 投擲 6 粒公正骰子一次至少出現一個 6，(2) 投擲 12粒公正骰子至少出現兩個 6，(3) 投擲 18 粒公正骰子至少出現 3 個 6。何者機率較大?

15. 一抽屜之中有紅，黑二色襪子，若設已知隨機抽取兩隻襪子，其均爲紅色之機率爲 1/2，試求

    (1) 此抽屜之中至少幾隻襪子?

    (2) 若已知黑色襪子爲偶數隻，則抽屜內至少多少隻襪子?

16. (1) 同時投擲六粒公正骰子，試求出現 6 種不同點數之機率?

    (2) 同時投擲 7 粒公正骰子，試問每種點數至少出現一次之機率。

17. 某一三人組成之陪審團內，其中二人各有機率 r 達成正確判斷，而第三人則以投擲硬幣方式達成判定，最後採服從多數原則出判之。某一僅有一人之陪審團，其達成正確判定的機率爲 r，試問二者那一個有較大機率達成正確判定。

18. 投擲 2 粒公正骰子，計算其出現之點數和，玩家若在第一次擲出 7 或11就贏，若擲出 2, 3, 12 就輸，擲出其他點數則之「得點」，假若第二次擲得「得點」，就連續投擲，直至擲出他的得點數就贏，但若擲出 7 就輸，試問玩家獲勝機率。

19. 試利用 (2-5) 式證明 $\binom{n}{r}=\sum_{i=1}^{r+1} r\binom{n-i}{r-i+1}$

20. 試利用下法證明 $\sum_{r=0}^{n} r\binom{n}{r}=n2^{n-1}$.

(1) 對第 6 題的等式兩邊微分，然後以 $x=1$ 代入

(2) 對 $\sum_{r=0}^{n}\binom{n}{r}=2^n$ 中以 $n-1$ 代 n，然後以 n 乘兩邊，再利用

$$n\binom{n-1}{r}=(r+1)\binom{n}{r+1}$$

21. 設 a 爲任意實數，r 爲任意非負整數，試證

$$\binom{a}{r}=(-1)^r\binom{-a+r-1}{r}$$

22. 利用推廣化的二項式係數試求下列各題

(1) 求 $\binom{\frac{1}{2}}{4}$ 和 $\binom{-3}{3}$ 之値

(2) 試證 $\binom{-1}{r}=(-1)^r$

(3) 試證 $\binom{-n}{r}=(-1)^r\binom{n+r-1}{r}$　　$n>0$

(4) 試求 $\sqrt{5}$ 之值　　提示 $\sqrt{5}=\sqrt{4\left(1+\frac{1}{4}\right)}=2\left(1+\frac{1}{4}\right)^{\frac{1}{2}}$

23. 一盒內裝有標明爲 1, 2, 3……n 號的 n 個球，現自盒中隨機抽取二球，試分別求出以不放回方式和放回方式行之，二球爲連號的機率。

24. 將 8 球隨機置入 5 袋中，試求每袋至少有 1 球的機率。

25. 甲袋中有 5 球，其中一爲白球，乙袋中有 6 球，其中無白球。今自甲袋中隨機抽出 3 球置入乙袋，再由乙袋中隨機抽出 4 球，置入甲袋，試問白球在甲乙二袋之機率各爲多少？

26. 某次網球錦標賽有 8 位高手參加，每一選手隨機抽取一籤來決定其初賽的出場順序及組別，假設最佳的選手總是擊敗次佳者，而後者也必擊敗其他選手，決賽中失敗者得亞軍杯，試問次佳者獲得亞軍杯之機率多少？

27. (1) 假設亞瑟王舉行御前馬上長槍大賽，每次都是成對比賽，順序如前題賽程梯階圖所示（下圖），現有 8 位武士出場，其中包括雙胞兄弟白林與白朗，試問二人在競技場上相較量的機率多少？

(2) 在 (1) 中若以 2^n 取代 8，則又如何？

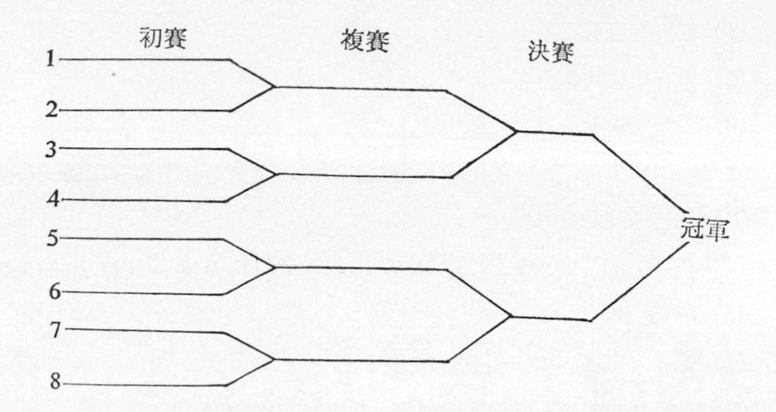

28. 某公司的經理欲給屬下甲、乙、丙、丁四位職員指定工作，他需要一人爲電話接線工作，一人做速記工作，一人打字，及一人整理檔案，已知僅甲、乙二人具電話接線技能，僅丙、丁二人會速記，四人均能打字及整理檔案，試問有多少種指定方式?

29. 一個由大學教授組成的評審會共有 20 位委員，其中 3 名來自數學系，現從這 20 位委員中選出 4 位擔任常務委員，則所選出的常務委員包括一位、二位、三位或不含數學系教授的機率各爲若干?

30. 興望商店進貨一批甲產品出售，有一天該店接到中盤商來電，聲稱該批貨有 30% 的不良品，若該店已售出 12 個甲產品，試求下列問題的機率

(1) 所有售出的甲產品均爲不良品

(2) 所有售出的甲產品均爲良品

(3) 少於 2 個爲不良品

(4) 多於 2 個而少於 6 個爲不良品

(5) 至少有 2 個爲不良品

31. 若有一位人事經理將募集儲備的推銷員分爲可僱用，可備用及不僱用三類。來申請工作的人被歸爲每一類的機率都相等，今若面談 13 位申請者，試求下列之機率

(1) 都沒有可僱用者

(2) 恰有四位可僱用者

(3) 有五位或五位以上可僱用者

32. 設N人中至少有二人在不同一個月份出生（不考慮年齡）的機率為 $P(N)$，下列敍述那些為眞:

(1) $P(13)\geq 1$ (2) $P(5)\geq 0.6$ (3) $P(4)\geq 0.5$ (4) $P(3)\geq 0.3$

(5) $P(2)>0$

33. (1) 5個人有多少種排列上車的方法。

(2) 若其中特定二人拒絕互相跟隨，則有多少排列方法。

34. 籃球比賽每隊必須5人上場，銀光隊的9名隊員均為全才，可打任何比賽位置，試問有多少調派的方式?

35. (1) 茲有 0，1，2，3，4，5 等六個數字，若每個數字僅用一次，試問可組成多少個三位數?

(2) 其中奇數的有多少?

(3) 其中大於330的有多少?

36. 十個人乘三輛車去滑雪，每輛車所載顧客依次為2人，4人及5人，試問欲載此10人去滑雪場，共有多少種載法?

37. 從 $\{1,2,3\cdots\cdots10\}$ 十個數字中以不放回方式每次任取一數，共連續三次，試問所得三個數的和為6的機率為何?

38. 設竹筒中有籤九枚，各以數字 1,2,3……9 標明，試問:

(1) 從中隨機任取二籤

(i) 其數字乘積為偶數者的機率為若干

(ii) 為奇數者之機率為若干

(2) 從中隨機任取5籤

(i) 1,2,3 三籤均被抽出的機率為若干

(ii) 1,2,3 任何一籤單獨被抽中的機率為若干

(iii) 不含 1,2,3 的機率為若干

39. 某試場有男生 46 人，女生 25 人，每人發試題一紙，其中兩張字跡不明，試問這兩張均爲男生所得的機率若干？又問男生只得一張的機率爲若干？

40. 有一竹筒內有 $2m+1$ 支籤，標以 1 至 $2m+1$ 號，現由此筒中取出 3 支籤，求其號碼成等差級數之機率？

41. 例 2-14 中求 (1) 可被 6 整除但不被 8 整除的機率，(2) 可被 6，8，10 中恰有一數整除的機率。

第三章　條件機率與隨機獨立

3-1　緒　　論

在本章中，　我們將介紹機率理論中最爲重要的概念之一：　條件機率。條件機率概念的重要性有雙重意義，第一是我們通常對於計算已有部分訊息的試驗出象的機率深感興趣，這種情形下所欲求的機率即爲條件機率。第二，即使我們並不知部分訊息，仍然常可利用條件機率爲工具，較爲容易地計算所欲求的機率。

當然，有時某一事件的發生與否與另一事件的發生全然沒有影響。例如，已知某籃球隊員罰球第一球投入，對其第二球是否投入並不發生影響。這種概念導致所謂「獨立事件」。

獨立與互斥這兩個概念，經常使人們感到混淆，二事件E與F能同時互斥且獨立嗎？在本章中均將有所說明。

3-2　條件機率

假設S爲與某隨機試驗相關的樣本空間，在應用問題中經常會碰到如「在已知事件F發生的狀況下，事件E發生的機率爲何？」的問題。

例 3-1　假設在 20 個產品的送驗批中有 16 個良品，4 個不良品。我們用兩種方法來抽取二產品 (*a*) 放回方式 (*b*) 不放回方式，定義E及F兩事件：

$$F=\{第一次抽樣是不良品\}$$

$$E=\{第二次抽樣是不良品\}$$

如果以(*a*)放回方式抽樣，則 $P(E)=P(F)=\dfrac{4}{20}=\dfrac{1}{5}$。

因爲在每次抽樣的羣體中，總有 4 個不良品存在。但是如果以 (*b*) 不放回方式抽樣，則其結果不大相同。很顯然的 $P(F)=\dfrac{1}{5}$，但 $P(E)=?$ 我們必須先知道第二次抽樣時，樣本的組成情形如何？亦即視事件F發生與否而定，因此我們需要一個新的機率概念。

由於已知事件F的發生，所以事件F以外的事件，我們全不考慮。換句話說，樣本空間由原先的S緊縮爲F，我們可定義一個新的機率函數Q於F。在解答$P(E)$的值爲若干之前，首先研究下一例題。

例 3-2　投擲一公正骰子二次，將其結果記錄爲 (x_1,x_2)，其中x_i代表第i次投擲骰子的出象，$i=1,2$。因此，我們可以將樣本空間S表示成下列的形式：

$$S=\left\{\begin{matrix}(1,1) & (1,2)\cdots\cdots(1,6)\\(2,1) & (2,2)\cdots\cdots(2,6)\\ \vdots & \\(6,1) & (6,2)\cdots\cdots(6,6)\end{matrix}\right\}$$

若同時有兩事件E和F

$$E=\{(x_1,x_2)\mid x_1+x_2=10\}$$

$$F=\{(x_1,x_2)\mid x_1>x_2\}$$

則 $$E=\{(5,5),(4,6),(6,4)\}$$

$$F=\{(2,1),(3,1),(3,2),\cdots\cdots,(6,5)\}$$

我們欲求在事件F發生的情況下，事件E發生的機率，因此我們可將樣本空間由原先含 36 個元素的S改爲以含 15 個元素的F，然後求 $Q(E)$ 的值

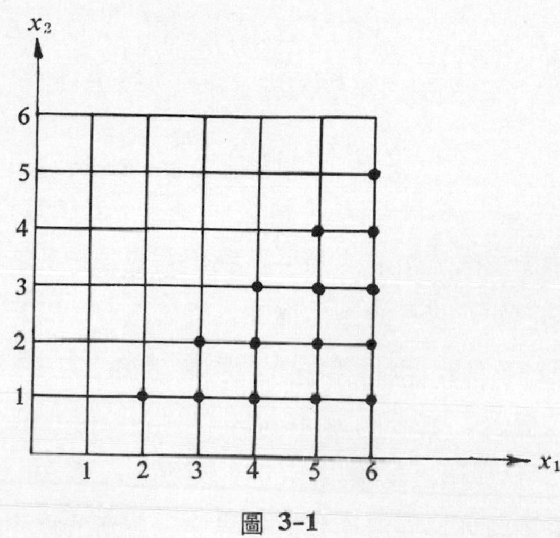

圖 3-1

由於 $$P(E)=\frac{3}{36},\qquad P(F)=\frac{15}{36}$$

$$P(E\cap F)=\frac{1}{36}$$

因此 $Q(E)=\dfrac{1}{15}=P(E\cap F)/P(F)$。因爲在樣本空間$F$中的出象 15 個與事件$E$相一致的僅一個，即 (6,4)。

現在來查證一下 $Q(E)=P(E\cap F)/P(F)$ 是否滿足機率函數的條

件?

(1) 對於所有 E, $0\leq Q(E)\leq 1$, 因爲 $P(E\cap F)\geq 0$, 而且已知 $P(F)>0, (E\cap F)\subseteq F$, 所以 $P(E\cap F)\leq P(F)$。

(2) $Q(F)=\dfrac{P(F\cap F)}{P(F)}=\dfrac{P(F)}{P(F)}=1$

(3) 設 $E_1, E_2, E_3, \cdots\cdots$爲互斥, 則 $E_1\cap F, E_2\cap F, \cdots\cdots$必爲互斥, 而且 $F\cap\left(\bigcup_{j=1}^{\infty} E_j\right)=\bigcup_{j=1}^{\infty}(F\cap E_j)$

$$Q\left(\bigcup_{j=1}^{\infty} E_j\right)=\frac{P\left(F\cap \bigcup_{j=1}^{\infty} E_j\right)}{P(F)}=\frac{P\left(\bigcup_{j=1}^{\infty}(F\cap E_j)\right)}{P(F)}$$

$$=\frac{\sum_{j=1}^{\infty} P(F\cap E_j)}{P(F)}=\sum_{j=1}^{\infty}\frac{P(F\cap E_j)}{P(F)}=\sum_{j=1}^{\infty} Q(E_j)$$

因此Q的確滿足機率函數的條件, 我們稱Q爲已知F的條件機率函數, $Q(E)$ 稱爲已知F時E的條件機率, 通常以 $P(E|F)$ 表示。在例 3-1 中 $P(E|F)=3/19$, 因爲第一次抽樣發生後, 只剩下 19 個物品, 而不良品數爲 3 個。

定義 3-1 若 S 爲與隨機試驗相關的樣本空間, E 和 F 爲二事件, $P(F)>0$, 則對於每一事件E, 可界定一個新的機率函數

$$P(E|F)=\frac{P(E\cap F)}{P(F)} \tag{3-1}$$

稱爲F已知時事件E發生的條件機率。

讀者請注意下列事項

(1) 若 $F=S$, 則 $P(E|S)=P(E\cap S)/P(S)=P(E)$

(2) 對於每一事件 $E\subset S$, 我們可相對地得出兩個數値非條件機率 $P(E)$ 和已知F時的條件機率 $P(E|F)$。一般而言, 這兩個數値不同, 正如上例所示。本章中我們將會討論 $P(E)$ 和 $P(E|F)$ 相等的重要特例。

(3) 在條件機率公式中, $P(F)>0$ 並不僅是因數學運算上分數分母不得爲

零的限制，同時也有常識的意義。例如擲骰子一次，得知出現偶數，這時如果我們想求 $P(2|奇數)$，顯然沒有意義。若 $P(F)=0$ 則 $P(E|F)$ 爲未定義 (undefined)。

條件機率和非條件機率所服從的機率法則全然相同，只是前者在緊縮樣本空間 (reduced sample space) F 中討論，而後者則在樣本空間 S 中討論。

定理 3-1　$P(\cdot|F)$ 的性質

(1) $P(\phi|F)=0$

(2) 若 $E_1, E_2, \cdots\cdots, E_n$ 爲互斥事件，則

$$P(E_1 \cup E_2 \cup \cdots\cdots \cup E_n|F)=\sum_{i=1}^{n} P(E_i|F) \tag{3-2}$$

(3) 若 E 爲一事件，則 $P(E'|F)=1-P(E|F)$

(4) 若 E_1, E_2 爲任意二事件，則

$$P(E_1 \cap E_2'|F)=P(E_1|F)-P(E_1 \cap E_2|F) \tag{3-3}$$

(5) 對於任意二事件 E_1 和 E_2

$$P(E_1 \cup E_2|F)=P(E_1|F)+P(E_2|F) -P(E_1 \cap E_2|F) \tag{3-4}$$

(6) 對於任意二事件 E_1 和 E_2，若 $E_1 \subset E_2$，則

$$P(E_1|F) \leq P(E_2|F) \tag{3-5}$$

(7) 對於任意 n 事件 $E_1, E_2, \cdots\cdots, E_n$

$$P(E_1 \cup E_2 \cup \cdots\cdots \cup E_n|F) \leq \sum_{i=1}^{n} P(E_j|F) \tag{3-6}$$

例 3-3　由整數 1, 2, 3……1000 中隨機抽取一數字，現已知該數字可被 4 整除，試求該數 (1) 可被 6 整除但不被 8 整除的機率 (2) 可被 6 或 8 整除的機率 (3) 恰被 6 或 8 之一整除的機率。

解： 請將本題與例 2-14 相比較。E_4 有 250 個出象，E_6 有 166 個出象，E_8 有 125 個出象，$E_4 \cap E_6$ 有 83 個出象，$E_6 \cap E_8$ 有 41 個出象。

(1) $P(E_6 \cap E_8' | E_4) = P(E_6 | E_4) - P(E_6 \cap E_8 | E_4)$

$$= \frac{83}{250} - \frac{41}{250} = \frac{21}{125}$$

(2) $P(E_6 \cup E_8 | E_4) = P(E_6 | E_4) + P(E_8 | E_4) - P(E_6 \cap E_8 | E_4)$

$$= \frac{83}{250} + \frac{125}{250} - \frac{41}{250} = \frac{167}{250}$$

(3) $P(E_6 \cap E_8' | E_4) + P(E_6' \cap E_8 | E_4)$

$= P(E_6 | E_4) + P(E_8 | E_4) - 2P(E_6 \cap E_8 | E_4)$

$$= \frac{83}{250} + \frac{125}{250} - \frac{2 \cdot 41}{250} = \frac{126}{250} = \frac{63}{125}$$

一般而言，我們有兩種方法求條件機率 $P(E|F)$

(1) 直接由緊縮的樣本空間 F，以求得 E 的機率。

(2) 利用上述的定義 3-1，直接由原來的樣本空間 S 而求 $P(E \cap F)$ 和 $P(F)$

例 3-4 假設一辦公室有 100 架打字機，有些是電動的 (E)，其餘的為手動的 (M)。其中有些是新的 (N)，而另外一些為舊的 (U)。表一中的每一項列出有關的說明。若有一個人進入這辦公室，隨機選一架打字機，發現它是全新的，則它是電動的機率為何？（若以所介紹的符號說明，即是求 $P(E|N)$。）

表 一

	E	M	總和
N	40	30	70
U	20	10	30
總和	60	40	100

解： (*a*) 若考慮緊縮的樣本空間 N（亦即全新的有 70 架）

則 $P(E|N)=40/70=4/7$

(*b*) 利用機率的概念，我們知道

$$P(E|N)=\frac{P(E\cap N)}{P(N)}=\frac{40/100}{70/100}=\frac{4}{7}$$

以上條件機率的定義，可以得出很重要的形式，如下所列：

$$P(E\cap F)=P(F|E)P(E) \qquad (3\text{–}7)$$

也可表爲 $$P(E\cap F)=P(E|F)P(F) \qquad (3\text{–}8)$$

有時稱此爲機率的廣義乘法法則 (general multiplication rule) 或複合機率定理(theorem of compound probability)。我們能用這定理，求出事件E和F同時發生的機率。

例 3-5 在例 3-1 中若以不放回的方式隨機選取兩件，求兩件均是不良品的機率爲何？

解： 如前我們定義事件E和F爲

$F=\{$所抽第一件爲不良品$\}$

$E=\{$所抽第二件爲不良品$\}$

因此我們需要 $P(E\cap F)$，由上面的公式我們能求出

$P(E|F)=3/19$，$P(F)=1/5$

故 $$P(E\cap F)=P(E|F)P(F)=\frac{3}{19}\cdot\frac{1}{5}=\frac{3}{95}$$

接着我們看一下定理 3-2

定理 3-2 設E_1, E_2, E_3爲樣本空間S的任意三事件，則若$(E_1\cap E_2)\neq\phi$，

$P(E_1\cap E_2\cap E_3)=P(E_1)P(E_2|E_1)P(E_3|E_1\cap E_2)$

證： 設 $E_1\cap E_2$ 以D表示，則

$$\begin{aligned}P(E_1\cap E_2\cap E_3)&=P(D\cap E_3)=P(D)P(E_3|D)\\&=P(E_1\cap E_2)P(E_3|E_1\cap E_2)\\&=P(E_1)P(E_2|E_1)P(E_3|E_1\cap E_2)\end{aligned}$$

上述的乘法定理也可以推廣到 n 事件如下:

定理 3-3 設 $E_1, E_2, \cdots\cdots E_n$ 爲樣本空間 S 的任意事件，則

$$P(E_1 \cap E_2 \cap \cdots\cdots \cap E_n)$$
$$= P(E_1) P(E_2 | E_1) P(E_3 | E_1 \cap E_2) \cdots\cdots$$
$$P(E_n | E_1 \cap \cdots\cdots \cap E_{n-1}) \qquad (3\text{-}9)$$

例 3-6 由 $1, 2, \cdots\cdots, 10$ 十個正整數中隨機選取一數，若該數爲 i，則由 $1, 2, \cdots\cdots, i$ 中隨機選取第二數，若該數爲 j，則由 $1, 2, \cdots\cdots, j$ 中隨機選取第三數，試求這三數爲相異質數的機率爲何？（1 不視爲質數）

解: 相異三質數的情形爲

$(7, 5, 3)$ 或 $(7, 5, 2)$ 或 $(7, 3, 2)$ 或 $(5, 3, 2)$。

在此僅示範求 $(7, 5, 3)$ 的機率，餘均類似。

令 E_1 爲第一次取到 7 的事件

E_2 爲第二次取到 5 的事件

E_3 爲第三次取到 3 的事件

$$P(E_2 | E_1) = \frac{1}{7}$$

$$P(E_3 | E_1 \cap E_2) = \frac{1}{5}$$

$$P(E_1 \cap E_2 \cap E_3) = P(E_1) P(E_2 | E_1) P(E_3 | E_1 \cap E_2)$$
$$= \frac{1}{10} \cdot \frac{1}{7} \cdot \frac{1}{5} = \frac{1}{350}$$

同理，得到 $(7, 5, 2)$ 的機率爲 $\frac{1}{350}$

(7,3,2) 的機率爲 $\frac{1}{210}$

(5,3,2) 的機率爲 $\frac{1}{150}$

因此得到三個不同質數的機率爲:

$$\frac{1}{350}+\frac{1}{350}+\frac{1}{210}+\frac{1}{150}=\frac{6}{350}=\frac{3}{175}$$

前面我們曾利用條件機率的觀念，以計算兩事件同時發生的機率。我們也能利用這觀念以另外一種方法， 計算事件 E 發生的非條件機率 (unconditional probability)。

定義 3-2　事件 $F_1, F_2, \cdots\cdots, F_k$ 若滿足以下三條件

(a) 對於任二相異事件, $F_i \cap F_j = \phi$,

(b) $\bigcup_{i=1}^{k} F_i = S$

(c) 對於每個事件 F_i, $P(F_i) > 0$

則 $F_1, F_2, \cdots\cdots, F_k$ 稱爲樣本空間 S 的一個分割 (Partition)。

例如, 投擲一粒骰子, $F_1=\{1,2\}$, $F_2=\{3,4,5\}$, $F_3=\{6\}$, 就是樣本空間的一個分割, 而 $G_1=\{1,2,3,4\}$, $G_2=\{4,5,6\}$ 則不是。

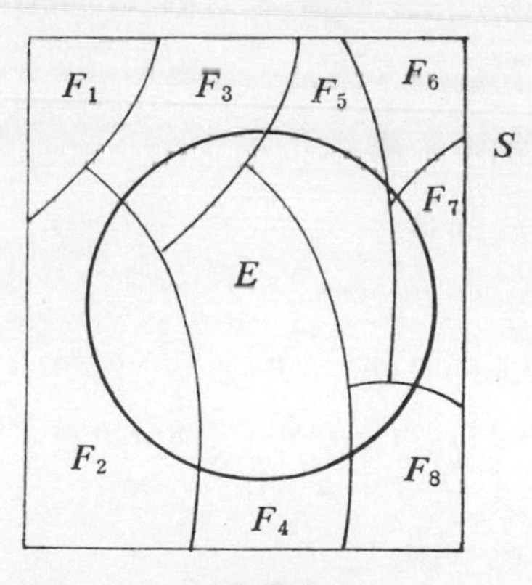

圖 3-2

設E表S的某事件，並且 $F_1, F_2, \cdots\cdots, F_k$ 是S的一個分割，圖 3-2 說明 $k=8$ 的情形，我們可以將E寫成

$$E=(E\cap F_1)\cup(E\cap F_2)\cup\cdots\cdots\cup(E\cap F_k)$$

當然，有些集合 $E\cap F_i$ 可能是空集合，但並不影響上式的正確性。最重要的是所有事件 $(E\cap F_1),\cdots\cdots(E\cap F_k)$ 均爲互斥。因此我們可以利用互斥事件的加法性質。

$$P(E)=P(E\cap F_1)+P(E\cap F_2)+\cdots\cdots+P(E\cap F_k) \quad (3\text{-}10)$$

然而每一項 $P(E\cap F_i)$ 均能表示爲 $P(E|F_i)P(F_i)$

因此，我們得到全機率 (total probability) 的定理。

$$P(E)=P(E|F_1)P(F_1)+P(E|F_2)P(F_2)+\cdots\cdots +P(E|F_k)P(F_k) \quad (3\text{-}11)$$

這結果相當有用，因爲需要 $P(E)$ 時，往往很難直接計算 $P(E)$。然而假設 F_i 爲已知，則我們可以計算 $P(E|F_j)$ 然後再利用上式求得$P(E)$。

當 $k=2$ 時，(3-11) 變成

$$P(E)=P(E|F)P(F)+P(E|F')P(F') \quad (3\text{-}12)$$

例 3-7 交大校慶書展會中，有某暢銷書只剩m本，而有 n 人搶購 ($n>m$)，爲了公平起見，主持人做了 n 個籤，其中只有m個中籤，試問最先抽與次抽孰爲有利?

解: 設F爲最先抽者抽中的事件

E爲次抽者中籤的事件

則 $P(F)=m/n$

$$P(E)=P(E|F)P(F)+P(E|F')P(F')$$

$$=\frac{m-1}{n-1}\times\frac{m}{n}+\frac{m}{n-1}\times\frac{n-m}{n}$$

$$=\frac{m(m-1+n-m)}{n(n-1)}$$

$$=\frac{m}{n}$$

因此抽籤的先後順序與是否抽中的機率無關。

例 3-8　50 個球（25 個白和 25 個黑）放入兩個袋內，每個袋中的球數不必相等。若首先隨機選取一袋，而後自該袋中隨機選取一球，試問黑球與白球應如何分配於兩袋，方能使抽到黑球的機率爲最大。

解： 方法如下：放一個黑球於袋Ⅰ，其餘的 49 個球均放入袋Ⅱ，如圖 3 所示

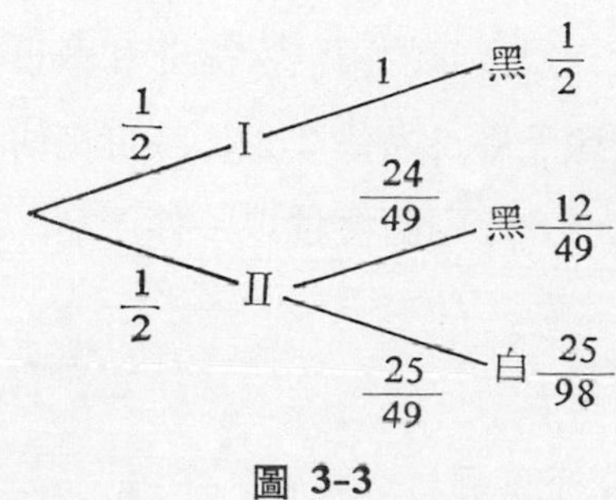

圖 3-3

設 E 爲抽到黑球的事件

$$P(E)=P(E|\text{Ⅰ})P(\text{Ⅰ})+P(E|\text{Ⅱ})P(\text{Ⅱ})$$

$$=\frac{1}{2}+\frac{12}{49}=\frac{73}{98}=0.745$$

這種安排爲最佳方式。理由如下：在以上安排中，若選取袋Ⅰ，則抽到黑球的機率爲 1 。考慮袋Ⅱ，設其中有 j 個黑球，爲了使抽到黑球的機率爲最大，我們只能放入 $j+1$ 個白球，則選到袋Ⅱ時，抽到黑球的機率爲 $\frac{j}{2j+1}$，當 j 增大時，$\frac{j}{2j+1}$ 也隨之增大。因此我們應選 j 爲愈大愈好，而在上述安排中我們已選用 $j=24$，所以無論選到那一袋均能使抽到黑球的機率爲最大。

例 3-9 在例 3-1 中第二次所抽爲不良品的機率爲何?

解: 我們可以計算 $P(E)$ 如下:

利用 (3-12)

$$P(E)=\frac{3}{19}\times\frac{1}{5}+\frac{4}{19}\times\frac{4}{5}=\frac{1}{5}$$

這結果可能有點令人驚訝! 特別是若回想例 3-1 時, 我們取物品而放回, $P(E)=\frac{1}{5}$

例 3-10 雲達公司的某產品由三個廠 Ⅰ, Ⅱ, Ⅲ 分別製造。已知在某一時期內廠Ⅰ的產量爲廠Ⅱ的兩倍, 廠Ⅱ和廠Ⅲ有同樣的產量。又知廠Ⅰ和廠Ⅱ所製產品不良品佔 2 %, 廠Ⅲ則佔 4 %, 所有產品都被儲入倉庫內, 現從倉庫內隨機抽取一件產品, 求其爲不良品的機率爲若干?

解: 首先我們設

$E=\{$產品爲不良品$\}$

$F_1=\{$產品來自廠Ⅰ$\}$

$F_2=\{$產品來自廠Ⅱ$\}$

$F_3=\{$產品來自廠Ⅲ$\}$

我們用上面的結果求 $P(E)$

$$P(E)=P(E|F_1)P(F_1)+P(E|F_2)P(F_2)+P(E|F_3)P(F_3)$$

現在 $P(F_1)=\frac{1}{2}$, $P(F_2)=P(F_3)=\frac{1}{4}$

同時 $P(E|F_1)=P(E|F_2)=0.02$ 而 $P(E|F_3)=0.04$

將這些數值代入上式, 我們可以求得

$P(E)=0.025$

3-3 貝氏定理 (Bayes' Theorem)

我們可以由例 3-11 得到其他重要的結果。

例 **3-11**　在例 3-10 中，假若從倉庫中隨機取一產品，發現它是不良品，試求該產品是來自廠 I 的機率爲何?

利用以前所介紹過的符號，我們所要求的是 $P(F_1|E)$，設 $F_1, F_2, \cdots\cdots, F_k$ 是樣本空間 S 的一個分割，而且 E 爲 S 的一事件，利用條件機率的定義，我們得到

$$S = \bigcup_{j=1}^{k} F_j$$

$$E = \bigcup_{j=1}^{k} (E \cap F_j)$$

$$P(E) = \sum_{j=1}^{k} P(E \cap E_j)$$

$$= \sum_{j=1}^{k} P(E|E_j)\,P(E_j)$$

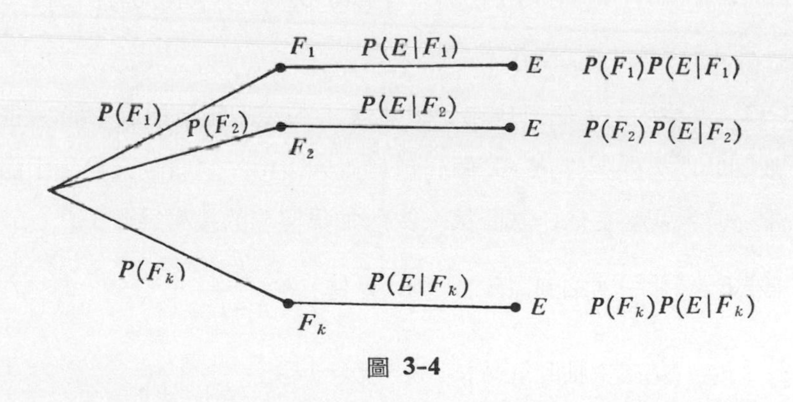

圖 **3-4**

因此

$$P(F_j|E)=\frac{P(E\cap F_j)}{P(E)}$$

$$=\frac{P(E|F_j)P(F^{f})}{\sum_{i=1}^{k}P(E|F_i)P(F_i)} \qquad (3\text{–}13)$$

$$j=1,2,\cdots\cdots,k$$

這個結果稱爲貝氏定理 (Bayes' Theorem)

假若我們把事件 F_j 視爲關於某一事情的可能「假設」，則貝氏定理可以解釋爲如何依據試驗所得證據來修正試驗前所做關於假設成立的意見。

貝氏定理是統計學上貝氏統計推論(Bayesian statistical inference)的理論基礎，其中 $P(F_j)$, $j=1,2,\cdots\cdots$, k 稱爲先驗機率(prior probability)。利用貝氏定理最大的困難在於確立 $P(F_j)$ 的數值，通常是根據過去的經驗來指定，但是這種方式也常引起爭議。

依據貝氏定理，例 3-11 可表示如下:

$$P(F_1|E)=\frac{(0.02)\left(\frac{1}{2}\right)}{(0.02)\left(\frac{1}{2}\right)+(0.02)\left(\frac{1}{4}\right)+(0.04)\left(\frac{1}{4}\right)}$$

$$=0.4$$

例 3-12 某袋內有 b 個黑球和 r 個紅球。由袋中隨機抽取一球，但於放回時，另外多加 $c>0$ 個同色球置入袋中，現假設又自袋中隨機取一球發現爲紅球，試問第一次所抽爲黑球的機率爲若干?

解: 設 $E=\{$第一次抽到黑球$\}$ 則 $P(E)=\frac{b}{b+r}$

$F=\{$第二次抽到紅球$\}$ $\qquad P(F|E)=\frac{r}{b+r+c}$

假設每一球被抽到的機率相同，利用貝氏定理

$$P(E|F)=\frac{P(F|E)P(E)}{P(F|E)P(E)+P(F|E')P(E')}$$

$$=\frac{\dfrac{r}{b+r+c}\cdot\dfrac{b}{b+r}}{\dfrac{r}{b+r+c}\;\dfrac{b}{b+r}+\dfrac{r+c}{b+r+c}\;\dfrac{r}{b+r}}$$

$$=\frac{b}{b+r+c}$$

例 **3-13**　假設袋中有四枚硬幣 C_1, C_2, C_3, C_4，已知硬幣 C_j 出現正面的機率為 $\dfrac{j}{j+2}$，$j=1,2,3,4$。現隨機自袋中取一枚硬幣投擲 5 次 (i) 試求出現 3 次正面的機率，(ii) 已知在 5 次投擲中恰好出現 3 次正面，試求所取硬幣為 C_3 的機率。

解：(i) 設 F_j 為選取硬幣 C_j 的事件，$j=1,2,3,4$，E 為擲 5 次出現 3 次正面的事件，依全機率定理

$$P(E)=\sum_{j=1}^{4}P(E|F_j)P(F_j)$$

因為 $P(F_j)=\dfrac{1}{4}$，同時若已知事件 F_j 發生，即選取硬幣 C_j，其出現正面的機率為 $\dfrac{j}{j+2}$，因此依據二項式機率的公式可得

$$P(E|F_j)=\binom{5}{3}\left(\frac{j}{j+2}\right)^3\left(1-\frac{j}{j+2}\right)^{5-3}$$

$$=\binom{5}{3}\frac{2^2j^3}{(j+2)^5}\quad j=1,2,3,4$$

所以

$$P(E)=\sum_{j=1}^{4}\binom{5}{3}\frac{4j^3}{(j+2)^5}\cdot\frac{1}{4}$$

$$=10\sum_{j=1}^{4}\frac{j^3}{(j+2)^5}$$

(ii) 我們想求 $P(F_3|E)$，依據貝氏定理

$$P(F_3|E)=\frac{P(E|F_3)P(F_3)}{P(E)}$$

$$=\frac{\binom{5}{3}\frac{2^2\cdot 3^3}{(3+2)^5}\cdot\frac{1}{4}}{10\sum_{j=1}^{4}\frac{j^3}{(j+2)^5}}=\frac{27}{5^5\sum_{j=1}^{4}\frac{j^3}{(j+2)^5}}$$

例 3-14 假象問題 (Problem of the false positives)

自強社區的居民接受某種疾病檢驗，若檢驗結果顯現「+」，表示可能受到疾病感染，若結果為「−」，表示沒有受到感染，然而檢驗結果並非絕對可靠，其能偵察出感染的機率僅為 0.95，檢驗結果顯示為「+」，而事實並未受感染的機率為 0.01，現若 0.2%的社區居民為可能接受感染。試問假「+」的機率為何?

解： 我們有

$$P(\text{未感染}|+)$$

$$=\frac{P(+|\text{未感染})P(\text{未感染})}{P(+|\text{未感染})P(\text{未感染})+P(+|\text{受感染})P(\text{受感染})}$$

$$=\frac{(0.01)(0.998)}{(0.01)(0.998)+(0.95)(0.002)}\approx 0.84$$

這個數字由醫藥觀點來看似頗為偏高，但這是無可避免的，因為社區絕大部份的人都是「健康」的。

例 3-15 某大學新生必須於數學、物理、化學和生物中選取一門為主科，依據某生所表示的興趣，選課指導教授指定其選修以上各科的機率依次各為 0.4,0.3,0.2 和 0.1。指導教授並不知道他後來到底選了那一門課，但於學期終了時聽說他得了 A。根據課程困難的程

度，指導教授認爲該生選數、理、化、生得 A 的機率分別爲 0.1, 0.2, 0.3, 0.9，試問選課指導教授如何利用這些資訊訂正他早先對該生可能選修各門課程的機率?

解：利用貝氏定理，可求得

$$P(\text{選數}\mid\text{得}A)$$

$$=\frac{(0.4)(0.1)}{(0.4)(0.1)+(0.3)(0.2)+(0.2)(0.3)+(0.1)(0.9)}$$

$$=\frac{4}{25}=0.16$$

其他三科都可利用這種方式分別求出其機率爲 0.24, 0.24 與 0.36。因此該生成績爲 A 的新資料對於他選修物理或化學的機率並沒有太大影響，但顯示該生不可能是選修數學，却很可能是選修生物。我們把指導教授認爲該生依學期開始與結束時，可能選修各科的機率列表如下，可以幫助瞭解。

選　修	數	理	化	生
事　前	0.4	0.3	0.2	0.1
事　後	0.16	0.24	0.24	0.36

在某些情形下，我們可以假設各種事件在開始時都具有相同的機會，譬如若例 3-13 中四枚硬幣有相同被抽取的機率，則上述公式 (3-13) 中的 $P(F_1),\cdots\cdots P(F_k)$ 等因子均可取消，結果貝氏定理變成下列特殊形式

若 $P(F_1)=P(F_2)=\cdots\cdots=P(F_k)$，則

$$P(F_i\mid E)=\frac{P(E\mid F_i)}{P(E\mid F_1)+P(E\mid F_2)+\cdots\cdots+P(E\mid F_k)} \qquad (3\text{-}14)$$

例 3-16　設有某種社會學實驗，若每位對象均發予四張封口的信封，其中均含有一個問題。每位對象應拆開一封，並限於十分鐘內回答信中的問題。舉辦實驗者根據以往的經驗，獲悉解出最難題目的機率爲 .1。至於解出其他問題的機率分別爲 .3，.5 與 .8。設實驗的對象在限定的時間內解出問題。試求其選中最難問題的機率應爲若干?

解: 由於實驗的對象事先無法獲悉信封內的問題，只有任意選擇，故各種問題的選擇機率應相等。由此可見，得利用上述簡易公式，求出選中最難問題的機率爲

$$\frac{.1}{.1+.3+.5+.8}=\frac{1}{17}$$

貝氏機率的第二種計算方法，係先繪一種樹形圖，然後再按不同順序重繪該樹形圖。玆利用下述實例說明之。

例 3-17　設有三袋。每袋均含有一白球。另外，第Ⅰ袋尙裝有一黑球，第Ⅱ袋裝有二黑球，而第Ⅲ袋裝有三黑球。今任選一袋再由其中任選一球。選中第Ⅰ、第Ⅱ、第Ⅲ袋的機率分別爲 $\frac{1}{6}$, $\frac{1}{2}$ 與 $\frac{1}{3}$，(例如依轉動如圖 3-5 的輪盤的指針決定)，若已知選得白球，試問此項新資料對各袋的選取機率是否有所影響?

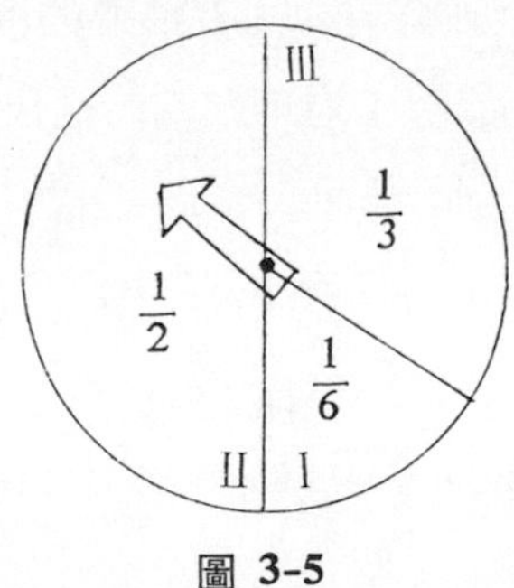

圖 3-5

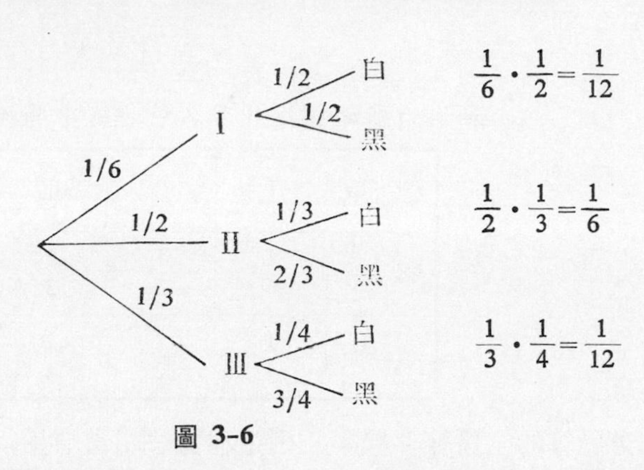

圖 3-6

解：先在圖 (3-6) 繪出樹形圖與樹形測度。其次變更順序，以選球作第一階段，而以選袋作爲第二階段，再將樹形圖重繪一次。各種進行的途徑仍相同，惟順序有異而已。故各途徑的權數（weight）與圖 (3-6) 相同，而選中白球的機率爲

$$\frac{1}{12}+\frac{1}{6}+\frac{1}{12}=\frac{1}{3}$$

現在只要再計算第二階段的權數。我們利用除法即可求出。由白球出發的各分支，其權數應分別爲 $\frac{1}{4}$, $\frac{1}{2}$ 與 $\frac{1}{4}$。因此若確知選中白球，則由第 I 袋選出的機率增至 $\frac{1}{4}$，而由第 III 袋選出的機率降至 $\frac{1}{4}$，而由第 II 袋選出的機率保持不變。

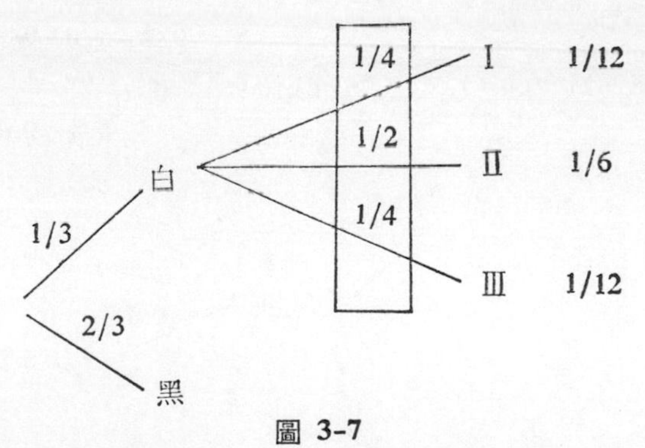

圖 3-7

表 三

抽取白球之前後抽取各袋之機率的比較

選 取	Ⅰ	Ⅱ	Ⅲ
事 前	$\frac{1}{6}$	$\frac{1}{2}$	$\frac{1}{3}$
事 後	$\frac{1}{4}$	$\frac{1}{2}$	$\frac{1}{4}$

若計算的全係條件機率，則這種方法相當有用，現在將其應用至例3-15。

例 3-18 首先以圖 (3-8) 表示該實例按自然順序排列的樹形圖與樹形測度。

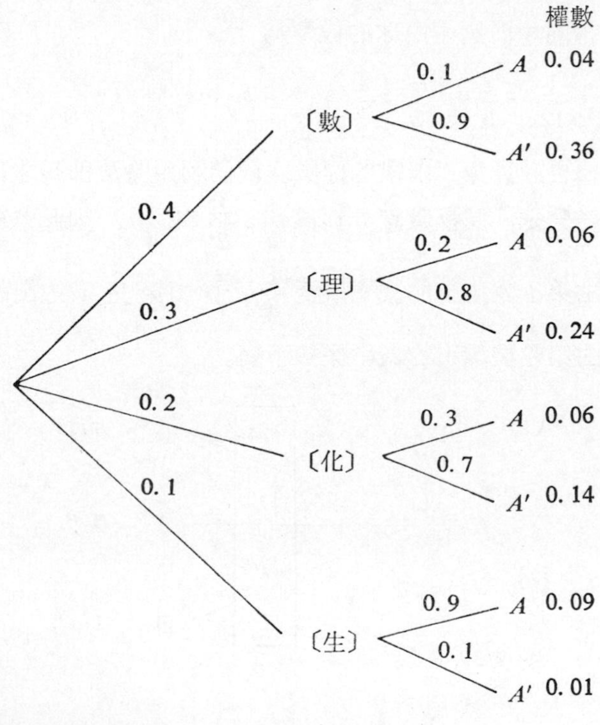

圖 **3-8**

現將該樹形圖顚倒次序重新繪於圖 (3-9)

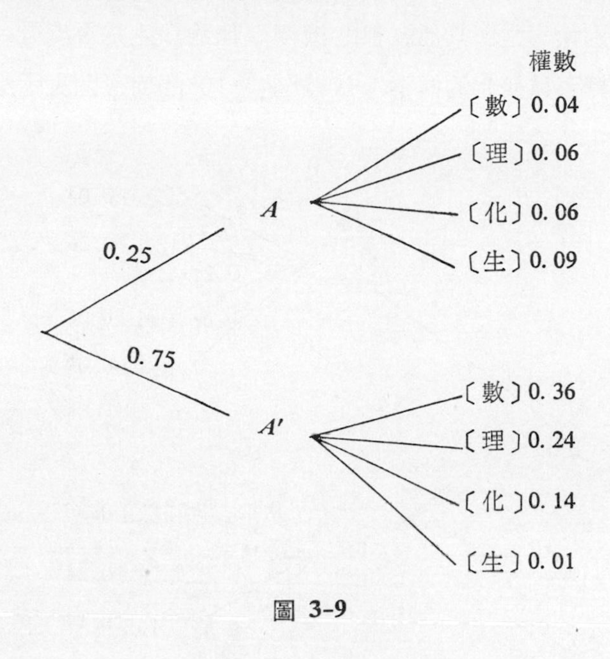

圖 3-9

該樹形圖的每一途徑均與原樹形圖的途徑相等。故新樹形圖中各途徑的權數與原樹形圖對應的途徑權數亦相等。而圖 (3-9) 第一階段的兩個分支，爲代表該生獲得 A 等與非 A 等的機率。這類機率根據原樹形圖很容易求出。

$$P(A)=0.04+0.06+0.06+0.09=0.25$$

$$P(A')=1-0.25=0.75$$

目前我們已擁有充分的資料，足可求出第二階段的各項權數，因爲各分支的權數乘積必等於各該途徑的權數，例如，得利用下列方式求出 $P_{A,(數)}$

$$0.25\cdot P_{A,(數)}=0.04 \quad 則 \quad P_{A,(數)}=0.16$$

但是 $P_{A,(數)}$ 係已知某生獲得 A 等後，選修數的條件機率。就是該生獲得

A等後，選修各種課程的一種新機率。其他分支的機率也可藉同樣方式求出，並分別代表選修其他課程的機率。無論該生是否獲得A等，均可利用本法計算各種變化的機率，玆以圖 3-10 的樹形圖表示此項結果。

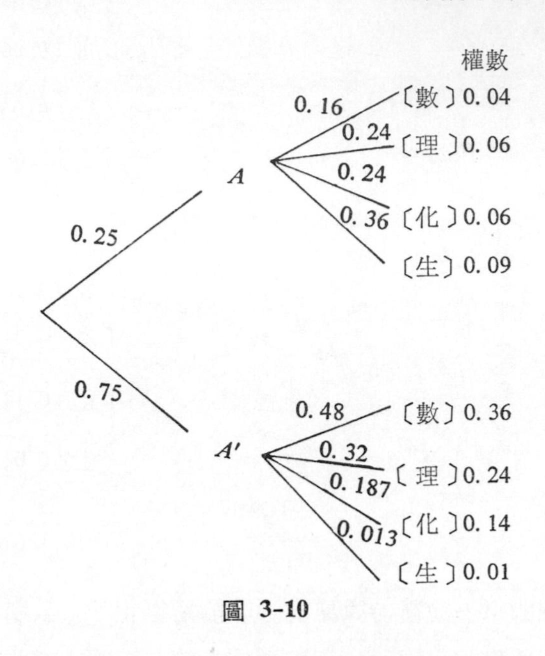

圖 3-10

3-4　獨立事件 (Independent Events)

我們知道倘若事件E, F互斥，則$P(E|F)=0$，因爲F發生，則E就不可能發生。在其他情形中，如$F \subset E$，此時$P(E|F)=1$。

以上兩種情形下，已知F發生，就能明確地指示E發生的機率，然而實際上却有很多情況，雖然已確實知道F發生，但E發生與否却與之毫無關係。

例 3-19　假若我們投擲均勻骰子兩次，定義事件E, F如下:

$$E=\{第一次出現偶數\}$$

$F=\{$第二次出現 5 或 6$\}$

似乎事件E和F沒有任何關係，知道F發生並未能告訴我們E是否發生。事實上，下面的計算能幫助我們更深入瞭解眞象。本例中的樣本空間S有 36 個相等可能的出象，依題意可得

$$P(E)=\frac{18}{36}=\frac{1}{2},\ P(F)=\frac{1}{3},\ P(E\cap F)=\frac{6}{36}=\frac{1}{6}$$

因此

$$P(E|F)=\frac{P(E\cap F)}{P(F)}=\frac{1/6}{1/3}=\frac{1}{2}$$

我們發現，正如所期望的，非條件機率等於條件機率

即　　$P(E|F)=P(E)$

同樣

$$P(F|E)=P(E\cap F)/P(E)=\frac{1}{3}=P(F)$$

因此，我們可以嘗試的說：E和F互爲獨立的充要條件是 $P(E|F)=P(E)$ 和 $P(F|E)=P(F)$。

以上式子在本質上雖然合適，但是還有另外一種定義法能使我們避免以上討論中所遭遇的困難，即爲了使上式有意義，必須假設 $P(E)$ 和 $P(F)$ 均不爲零的條件。

考慮 $P(E\cap F)$，倘若上列的條件機率等於相對應的非條件機率，我們知道

$$P(E\cap F)=P(E|F)P(F)=P(E)P(F)$$

$$P(E\cap F)=P(F|E)P(E)=P(F)P(E)$$

於是我們發覺若 $P(E),P(F)$ 均不爲零，非條件機率等於條件機率的充要條件爲 $P(E\cap F)=P(E)P(F)$。我們有以下的定義。(若 $P(E)$，$P(F)$ 兩者中有一爲零，此定義仍成立)

定義 3-3　二事件E和F爲隨機獨立 (Stochastic independent) 的條件

爲

$$P(E\cap F)=P(E)P(F) \tag{3-15}$$

本定義和前一定義在實質上是同義的，即若E，F爲獨立，則$P(F|E)=P(F)$ 及 $P(E|F)=P(E)$。非正式的定義似乎比較直覺些，因爲它說出了以前我們所想說的：若E的發生並不影響F發生的機率，則E, F爲獨立。

我們所使用的正式定義，也有某些程度的直覺，如下例所示。

例 3-20 再考慮例 3-3，參看圖(3-11)，它只給我們邊際值，亦即有 60 架電動打字機(E)和 40 架手動打字機(M)。而這 100 架中有 70 架是全新的(N)，30 架是舊的(U)。

	E	M	
N			70
U			30
	60	40	100

圖 3-11

填此表有好多種方法，我們列舉三種如下：

	E	M	
N	60	10	70
U	0	30	30
	60	40	100

(a)

	E	M	
N	30	40	70
U	30	0	30
	60	40	100

(b)

	E	M	
N	42	28	70
U	18	12	30
	60	40	100

(c)

圖 3-12

考慮表 (a)，此情況中，所有電動的打字機都是新的，而所有舊的打字機，都是手動的。因此電動的和全新的特性有明顯的關係（不必是因果關係）。同樣表 (b) 所有手動的打字機都是新的，而所有舊打字機都是電動的，因此似乎有某種明顯的關係存在這些特性之間。然而當我們再看表 (*c*) 時，就大有不同了，此時沒有明顯的關係存在，例如所有打字機中 60% 爲電動，舊的打字機中有 60% 是電動的。同樣，70% 的打字機是全新的，而手動的打字機中有 70% 是新的……等等，因此，新的和電動的之間沒有明顯的關係，當然本表是爲說明此種性質而設計的，表內的項是如何得到的呢？利用 (3-15) 式即可，因爲 $P(E)=60/100$，$P(N)=70/100$ 而且彼此獨立，我們必須有

$$P(E\cap N)=P(E)P(N)=\frac{42}{100}$$

因此表內全新電動的打字機應爲 42 架，其他各項同理可得到。

例 3-21　已知吸煙與得癌症的各種機率如下表所示:

	得癌症	未得癌症	總和
吸煙者	0.5	0.2	0.7
不吸煙者	0.1	0.2	0.3
總和	0.6	0.4	1

現隨機選一人試問其爲吸煙者的機率和其得癌症的機率各爲若干? 這兩事件是否爲獨立?

解: 令 E 爲所選的人爲吸煙者的事件

F 爲所選的人爲得癌症的事件

$$P(E\cap F)=0.5\qquad P(E\cap F')=0.2$$

$$P(E'\cap F)=0.1\qquad P(E'\cap F')=0.2$$

則

$$P(E)=P(E\cap F)+P(E\cap F')=0.7$$

$$P(F)=P(E\cap F)+P(E'\cap F)=0.6$$

由於 $P(E\cap F)=0.5\neq(0.7)(0.6)$，因此 E 和 F 並非獨立。

在很多應用裏，我們可以假設兩事件 E, F 爲獨立，然後利用此項

假設以 $P(E)P(F)$ 求得 $P(E\cap F)$，通常實驗進行時的實際條件，可以決定此項假設是否可全部獲得證實，或大略地可以證實。

例 3-22 設有 10,000 件產品，其中 10%爲不良品，其餘 90%爲良品，現連續隨機選取 2 件，試求 2 件均爲良品的機率爲若干?

解: 設 E, F 兩事件如下:

$E=${所抽第一件是良品}

$F=${所抽第二件是良品}

如果我們假定在抽取第二件之前，放回第一件，則事件 E, F 自然是獨立事件，因此 $P(E\cap F)=0.9\times 0.9=0.81$。更實際的情況，如果第一件不放回，則

$$P(E\cap F)=P(F|E)P(E)=\frac{8999}{9999}(0.9)$$

事實上該值很接近於 0.81。因此，雖然明知 E, F 並非獨立，但我們仍然可以假設它們爲獨立而簡化計算，所得出的誤差很小。但是倘若僅有少數件物品時，譬如只有 30 件時，則獨立事件的假設會導致錯誤的可能性較大。因此建立各種事件獨立的假設是否可行，必須仔細檢查試驗的各種條件。

獨立與互斥這兩個觀念若依字義解釋，很可能引起混淆。事實上，獨立是以機率函數來定義，並且深賴該特定機率函數，而互斥事件的概念則僅是集合的關係。

例 3-23 設投擲五元及一元硬幣各一個一次，其出象以 (x, y) 表示。x 代表五元硬幣的出象，y 代表一元硬幣的出象。則樣本空間

$$S=\{(H,H),(H,T),(T,H),(T,T)\}$$

設 E 爲五元硬幣出現正面的事件

F 爲一元硬幣出現正面的事件

並且假設出象爲相等可能。即

$$P(\{(H,H)\})=P(\{(H,T)\})$$
$$=P(\{T,H\})$$
$$=P(\{T,T\})=\frac{1}{4}$$

則　$E=\{(H,H),(H,T)\}\quad P(E)=\frac{1}{2}$

$F=\{(H,H),(T,H)\}\quad P(F)=\frac{1}{2}$

$E\cap F=\{(H,H)\},P(E\cap F)=\frac{1}{4}$

$$P(E\cap F)=\frac{1}{4}=\frac{1}{2}\cdot\frac{1}{2}=P(E)P(F)$$

現今假設出象並非相等可能，例如五元硬幣爲偏於出現正面，某人發覺適切的機率應爲

$P(\{(H,H)\})=0.5$

$P(\{(H,T)\})=0.4$

$P(\{(T,H)\})=0.05=P(\{(T,T)\})$

則　$P(E)=0.9\qquad P(F)=0.55$

因此　$P(E)P(F)=0.495$ 而 $P(E\cap F)=0.5$

所以　$P(E\cap F)\neq P(E)P(\Gamma)$

由上例可知兩事件是否獨立實與其機率函數有極大關係。

或許有人會問：二事件E和F能同時互斥而且獨立嗎？我們先來看一個例子。

例 3-24　投擲一公正骰子一次，則此爲相等可能模式

令　$E=\{1,2\},F=\{2,4,6\},G=\{1,3,5\}$

則　$E\cap F=\{2\},F\cap G=\phi$

$$P(E\cap F)=\frac{1}{6}=\frac{1}{3}\cdot\frac{1}{2}=P(E)P(F)$$

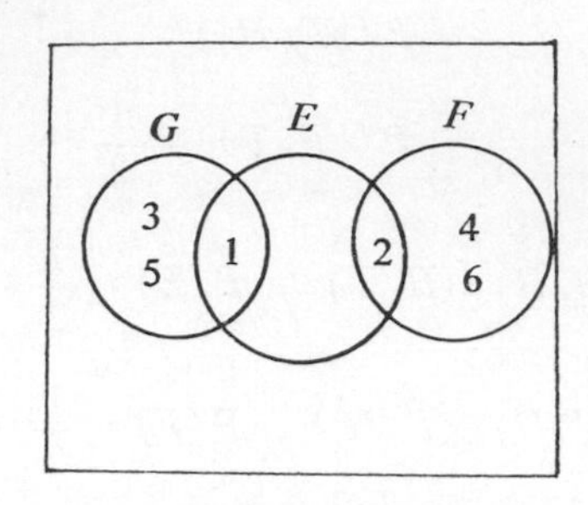

圖 3-13

雖然E與F並非互斥，但E和F爲獨立事件。另一方面

$$P(F\cap G)=0\neq\frac{1}{2}\cdot\frac{1}{2}=P(F)P(G)$$

雖然F和G爲互斥，但却不是獨立事件。

一般而言，若E, F爲二事件，$P(E)>0$，$P(F)>0$ 倘若E和F爲獨立，則

$$P(E\cap F)=P(E)P(F)>0$$

即　$E\cap F\neq\phi$

E與F不互斥。

反之，若E和F互斥，則兩事件不可能同時發生，亦即E若發生，F必不可能發生，反之亦然，因此E與F不爲獨立，所以二事件不可能同時互斥又獨立。若二事件爲獨立，則其一的發生並不影響另一事件的發生。這時，我們可以想像得到，顯然其中之一的不發生也不影響另一事件的發生。同時，其中之一的不發生也不應影響另一事件的不發生。換句話說，若E和F爲獨立事件，則

(i)　E和F'爲獨立，即 $P(E\cap F')=P(E)P(F')$

(ii)　E' 和 F 為獨立，即 $P(E'\cap F)=P(E')P(F)$

(iii)　E' 和 F' 為獨立，即 $P(E'\cap F')=P(E')P(F')$

現在僅證明(i)，其他留為習題。

$$
\begin{aligned}
P(E\cap F') &= P(E)-P(E\cap F) \\
&= P(E)-P(E)P(F) \qquad E\text{和}F\text{為獨立} \\
&= P(E)(1-P(F)) \\
&= P(E)P(F')
\end{aligned}
$$

將上述獨立的觀念，推廣到兩事件以上相當重要。我們首先考慮與試驗有關的事件 E, F, G。若 E 和 F，E 和 G，F 和 G 均是成對獨立或稱兩兩獨立 (pairwise independent)，並不一定滿足

$$P(E\cap F\cap G)=P(E)P(F)P(G)$$

反之，$P(E\cap F\cap G)=P(E)P(F)P(G)$，也不能保證 E, F, G 之間兩兩獨立。下面例題說明了這一點。

例 3-25　假設投擲一公正骰子兩次，且定義事件 E, F, G 為

$E=\{$第一次骰子出現偶數$\}$

$F=\{$第二次骰子出現奇數$\}$

$G=\{$兩次出現均是偶數或均是奇數$\}$

我們得到

$$P(E)=P(F)=P(G)=\frac{1}{2}$$

且
$$P(E\cap F)=P(E\cap G)=P(F\cap G)=\frac{1}{4}$$

因此，此三事件為兩兩獨立，但

$$P(E\cap F\cap G)\neq P(E)P(F)P(G)$$

例 3-26　設樣本空間 $S=\{1,2,\cdots\cdots,16\}$，設出象為相等可能。若

$$E=\{1,2,3,4,5,6,7,8\} \qquad P(E)=\frac{1}{2}$$

$$F=\{1,2,3,4\} \qquad P(F)=\frac{1}{4}$$

$$G=\{1,9,10,11,12,13,14,15\} \qquad P(G)=\frac{1}{2}$$

因　$E\cap F\cap G=\{1\}$

$$P(E\cap F\cap G)=\frac{1}{16}=\frac{1}{2}\cdot\frac{1}{4}\cdot\frac{1}{2}=P(E)P(F)P(G)$$

但　$E\cap F=F \qquad P(E\cap F)=\frac{1}{4}\neq P(E)P(F)$

$$E\cap G=\{1\} \qquad P(E\cap G)=\frac{1}{16}\neq P(E)P(G)$$

$$F\cap G=\{1\} \qquad P(F\cap G)=\frac{1}{16}\neq P(F)P(G)$$

因此E,F,G非兩兩獨立。

設E,F,G爲三事件，若E,F,G爲獨立，我們直覺上要求下列式子要成立

$$P(E|F\cap G)=P(E|F)=P(E|G)=P(E) \tag{3-16}$$

$$P(F|E\cap G)=P(F|E)=P(F|G)=P(F) \tag{3-17}$$

$$P(G|E\cap F)=P(G|E)=P(G|F)=P(G) \tag{3-18}$$

由以上要求可得

$$P(E\cap F)=P(E)P(F) \tag{3-19}$$

$$P(E\cap G)=P(E)P(G) \tag{3-20}$$

$$P(F\cap G)=P(F)P(G) \tag{3-21}$$

$$P(E\cap F\cap G)=P(E)P(F)P(G) \tag{3-22}$$

定義 3-4　三事件E,F,G爲相互獨立 (mutually independent) 的充

要條件爲滿足條件(3-18)至(3-21)。我們將此種觀念推廣到下面的 n 事件的情形。

定義 3-5　n 個事件 $E_1, E_2, \cdots\cdots, E_n$ 爲相互獨立的充要條件爲 $k=2,3,\cdots\cdots,n$，我們得到

$$P(E_{i_1}\cap E_{i_2}\cap\cdots\cdots\cap E_{i_k})$$
$$=P(E_{i_1})\cdot P(E_{i_2})\cdots\cdots P(E_{i_k}) \qquad (3\text{-}23)$$

總共要列出 2^n-n-1 個條件。

因　$P(E_i\cap E_j)=P(E_i)P(E_j)$　$1\leq i<j\leq n$ 共有 $\binom{n}{2}$ 個

$P(E_i\cap E_j\cap E_k)=P(E_i)P(E_j)P(E_k)$

$1\leq i<j<k\leq n$ 共有 $\binom{n}{3}$ 個

$P(E_1\cap E_2\cap\cdots\cdots\cap E_n)=P(E_1)P(E_2)\cdots\cdots P(E_n)$

共有 $\binom{n}{n}$ 個

即必須有　$\binom{n}{2}+\binom{n}{3}+\cdots\cdots+\binom{n}{n}=2^n-\binom{n}{1}-\binom{n}{0}=2^n-n-1$ 個條件必須滿足。

直覺地看起來，似乎相當合理，期望若 $E_1, E_2, \cdots\cdots, E_n$ 爲相互獨立事件，則一些這類事件的發生不應影響其餘事件的不發生。換句話說，在上述事件中任取 k 個 $(k\leq n)$ 和取其餘 $n-k$ 事件的補集，則所取這 n 個事件應爲相互獨立。事實上，這種想法確實正確。例如：若 E，F 和 G 爲相互獨立事件，則 E', F' 和 G' 或 E, F' 和 G' 也均爲相互獨立。

我們曾經在 $n=2$ 時證明過類似的結果。現在僅證明若 E, F, G 爲相互獨立，則 E', F' 和 G' 也必爲相互獨立，其他各種變化留待讀者自證之。

證:

因爲 E, F, G 相互獨立，它們是必然成對獨立，因此 E', F' 和 G' 必然也是成對獨立。

其次，我們要證明

$$P(E'\cap F'\cap G')=P(E')P(F')P(G')$$

$$\begin{aligned}P(E'\cap F'\cap G')&=P((E\cup F\cup G)') \qquad \text{由棣摩根定律}\\&=1-P(E\cup F\cup G)\\&=1-[P(E)+P(F)+P(G)-P(E\cap F)\\&\quad -P(E\cap G)-P(F\cap G)+P(E\cap F\cap G)]\\&=1-P(E)-P(F)-P(G)+P(E)P(F)\\&\quad +P(E)P(G)+P(F)P(G)\\&\quad -P(E)P(F)P(G) \qquad \text{因爲 } E, F, G \text{ 相互獨立}\\&=(1-P(E))(1-P(F))(1-P(G))\\&=P(E')P(F')P(G') \qquad (3\text{-}24)\end{aligned}$$

因此 E', F', G' 爲相互獨立。

例 3-27　若 E, F 和 G 爲相互獨立的三事件，已知

$P(E)=0.5$，$P(F)=0.6$ 和 $P(G)=0.3$

試求　$P(E\cup F'\cup G')$

解:

$$\begin{aligned}P(E\cup F'\cup G')&=P(E)+P(F')+P(G')-P(E\cap F')\\&\quad -P(E\cap G')-P(F'\cap G')+P(E\cap F'\cap G')\\&=P(E)+P(F')+P(G')-P(E)P(F')\\&\quad -P(E)P(G')-P(F')P(G')\\&\quad +P(E)P(F')P(G')\\&=0.91\end{aligned}$$

另解: $P(E\cup F'\cup G')=1-P(E'\cap F\cap G)$　（爲什麼）

$$=1-P(E')P(F)P(G)$$

$$=0.91$$

例 **3-28**　設 E, F, G 爲三相互獨立事件，$P(E)=P(F)=P(G)=p$

試求　(i) 恰有 k $(k=0,1,2,3)$ 事件發生的機率。

(ii) 至少有一事件發生的機率。

解: (i) 我們在此僅計算 $k=2$ 的情形

$P(E,F,G$ 中恰有二事件發生$)$

$$=P[(E\cap F\cap G')\cup(E\cap F'\cap G)\cup(E'\cap F\cap G))$$

$$=P(E\cap F\cap G')+P(E\cap F'\cap G)+P(E'\cap F\cap G)$$

$$=P(E)P(F)P(G')+P(E)P(F')P(G)$$

$$+P(E')P(F)P(G)$$

$$=p^2(1-p)+p^2(1-p)+p^2(1-p)$$

$$=3p^2(1-p)$$

另解: 回想早先我們曾證明

$P(E,F,G$ 中恰有二事件發生$)$

$$=P(E\cap F)+P(E\cap G)+P(F\cap G)-3P(E\cap F\cap G)$$

$$=P(E)P(F)+P(E)P(G)+P(F)P(G)$$

$$-3P(E)P(F)P(G)$$

$$=3p^2-3p^3$$

$$=3p^2(1-p)$$

(ii) $P(E,F,G$ 至少有一發生$)$

$$=P(E\cup F\cup G)$$

$$=P(E)+P(F)+P(G)-[P(E\cap F)+P(F\cap G)+P(E\cap G)]$$

$$+P(E\cap F\cap G)$$

$=3p-3p^2+p^3$ 因爲 E, F, G 爲互相獨立

另解: $P(E\cup F\cup G)$

$=1-P((E\cup F\cup G)')$

$=1-P(E'\cap F'\cap G')$

$=1-P(E')P(F')P(G')$

$=1-(1-p)^3$

$=3p-3p^2+p^3$

現在我們把上例的結果推廣至「n 獨立事件至少有一件發生」和「n 獨立事件恰有 k 件發生」的機率。

在第二章中，我們曾得出 $E_1, E_2, \cdots\cdots, E_n$ 事件中至少有一件發生的機率的一般公式爲:

$$P\left(\bigcup_{i=1}^{n} E_i\right)=\sum_{i=1}^{n} P(E_i)-\sum_{i<j}^{n} P(E_i\cap E_j)+\cdots\cdots$$
$$+(-1)^{n+1}P(E_1\cap E_2\cap\cdots\cdots\cap E_n)$$

倘若事件爲獨立，則對於任意部份事件 $E_{i_1}, E_{i_2}, \cdots\cdots, E_{i_k}$

$$P(E_{i_1}\cap E_{i_2}\cap\cdots\cdots\cap E_{i_k})=P(E_{i_1})P(E_{i_2})\cdots\cdots P(E_{i_k})$$

因此若 $E_1, E_2, \cdots\cdots, E_n$ 爲相互獨立，則

$$P\left(\bigcup_{i=1}^{n} E_i\right)=\sum_{i=1}^{n} P(E_i)-\sum_{i<j}^{n} P(E_i)P(E_j)+\cdots\cdots$$
$$+(-1)^{n+1}P(E_1)\cdots\cdots P(E_n) \qquad (3\text{-}25)$$

當 $E_1, E_2, \cdots\cdots, E_n$ 爲相互獨立，$P\left(\bigcup_{i=1}^{n} E_i\right)$ 有另一種表示法

$$P\left(\bigcup_{i=1}^{n} E_i\right)=P\left(\left(\bigcap_{i=1}^{n} E_i'\right)'\right)$$

$$=1-P\left(\bigcap_{i=1}^{n} E_i'\right) \quad \text{依棣摩根定律}$$

$$=1-P(E_1{}')P(E_2{}')\cdots\cdots P(E_n{}')\quad \text{依獨立定義}$$

因此，我們得到如下結果:

若 $E_1, E_2, \cdots\cdots, E_n$ 爲獨立，則

$$P\left(\bigcup_{i=1}^{n} E_i\right)=1-(1-P(E_1))(1-P(E_2))\cdots\cdots(1-P(E_n)) \tag{3-26}$$

以上兩種 $P\left(\bigcup_{i=1}^{n} E_i\right)$ 的表示法實爲同義。

若 $E_1, E_2, \cdots\cdots, E_n$ 爲相互獨立事件，且 $P(E_i)=p\ i=1,2,\cdots\cdots,n$

則

$$P\left(\bigcup_{i=1}^{n} E_i\right)=1-(1-p)^n \tag{3-27}$$

例如某人投籃的命中率爲 $\frac{1}{3}$，倘若投 10 次，則至少命中一次的機率爲

$$1-\left(1-\frac{1}{3}\right)^{10}=1-\left(\frac{2}{3}\right)^{10}$$

例 3-29　某人打靶的命中率爲 0.6，試問他必須射擊多少發子彈，方足以保證至少命中一次的機率大於或等於 0.99。

解：假設他必須射擊 n 發子彈，則至少命中一次的機率爲 $1-(1-0.6)^n$，依題意爲

$$1-(0.4)^n \geq 0.99 \quad \text{即} \quad 0.01 \geq (0.4)^n$$

$$n \geq \frac{-2}{\log_{10} 0.4} \approx 5$$

即他應射擊 5 次。

3-5 本章提要

本章主要在於介紹機率理論中非常重要的基本概念——條件機率和其重要的特例，即二事件獨立的意義。若E和F爲二事件，已知F發生的情況下 E 發生的機率通常以 $P(E|F)$ 表示，從另一個角度來說，$P(E|F)$ 可視爲以F爲樣本空間，事件E發生的機率。如果採用這個觀點，則非條件機率 $P(E)$ 實即 $P(E|S)$。

談到條件機率，不可避免地必然會提起貝氏定理，該定理是紀念英國哲學家 Thomas Bayes (1702–1761) 而命名。貝氏定理能利用事後機率修正事前機率，其常引起爭論的癥結在於如何確立事前機率的數值。另一個重要的式子是全機率定理，它利用條件機率以求得非條件的機率。

隨機獨立是本章的第二個重心所在，也是統計學理論上很重要的假設。滿足隨機獨立的條件的問題使計算簡化不少。同時讀者將於第六章討論常用的重要機率分布時，看到在模式的假設中均列有獨立試行的條件。

	加法律 (addition rule) $P(E\cup F)$	乘法律 (multiplication rule) $P(E\cap F)$
一般定理	$=P(E)+P(F)-P(E\cap F)$	$=P(E)P(F\|E)$
特殊情形	若E與F爲互斥 即　$E\cap F=\phi$ 則　$=P(E)+P(F)$	若E與F爲獨立 即　$P(F\|E)=P(F)$ 則　$=P(E)P(F)$

可存於二事件間之關係的型態

相依		獨立
互斥	不互斥	
一事件的發生自動導致另一事件發生的條件機率爲 0	事件發生與否，雖然不排除其他事件的發生，即不會導致其他事件發生的條件機率爲 0，但却會影響其他事件的條件機率	一事件是否發生不影響其他事件的條件機率
$P(F\|E)=0$	$P(F)\neq P(F\|E)$ $\neq P(F\|E')$ $\neq 0$	$P(F)=P(F\|E)$ $=P(F\|E')$

參考書目

1. P. L. Meyer *Introductory probability and statistical applications* 2nd edition Addison-Wesley 1970
2. S. Lipschutz *Theory and problems of probability* McGraw-Hill 1968
3. R. Khazanie *Basic probability theory and applications* Goodyear Publishing Co. 1976
4. I. N. Gibra *Probability and Statistical inference for Scientists and Engineers* Prentice-Hall 1973
5. R. L Scheaffer & W. Mendenhall *Introduction to probability: Theory and applications* 華泰書局翻印 1975
6. S. Ross *A first course in probability* 華泰書局翻印 1976

習　題　三

1. 假設 E，F，G 爲三事件，其中 E 和 G 爲獨立，F 與 G 爲獨立，試證若 $E \cap F$ 和 G 爲獨立，則 $E \cup F$ 和 G 亦爲獨立，反之亦然。
2. 一盒內有三枚硬幣，C_1 的兩面均爲正面，C_2 爲公正的硬幣，C_3 出現正面的機率爲 P，現隨機選取一枚投擲一次，則
   (1) 試求出現正面的機率?
   (2) 若已知出現正面，試求該枚硬幣爲 C_2 的機率?
3. 爲增加國庫稅收，政府決定進行稅務改革。可能禮聘甲，乙，丙三位海外學人之一，回國主持其事。設若已知甲乙丙各被延聘的機率分別爲 0.55, 0.25 和 0.20，並且得知甲乙丙受聘，則中下級公務員增加所得稅的機率分別爲 0.7, 0.1，和 0.4，試求:
   (1) 中下級公務員增加所得稅的機率?
   (2) 若中下級公務員於稅務革新後的所得稅已增加，試問稅務改革主持人爲甲的機率爲若干?
4. 若 E, F, G 爲三相互獨立的事件，已知:
   $P(E)=0.5$，$P(F)=0.6$，$P(G)=0.3$，試求:
   (1) $P((E \cap F') \cup G)=?$
   (2) $P((G' \cap (E \cup F))')=?$
5. 設 E, F 爲二事件，已知:
   (1) $P(E)>0, P(F)>0$
   (2) $P(E)+P(F)=3/4$
   (3) $P(E|F)+P(F|E)=1$
   試將 $P(E \cap F')$ 以 $P(E)$ 表之。
6. 中原小學六年級的優等生中有男 8 人，女 7 人，現欲自其中，隨機選取 4 人爲「小老師」，已知至少入選一男生，試求恰入選 3 男生的機率?
7. 依據在某醫療中心對患者等候的觀摩發現，一新到病患爲緊急情況的機率

爲 1/6，設若各病患的到達爲獨立，試求第 r 個病患爲第一個緊急狀況病患的機率?

8. 東海保險公司深信駕駛人可分成有肇事傾向者和無肇事傾向者之兩大類，依據該公司的統計資料顯示，一有肇事傾向者在一年期內會肇事的機率爲 0.4，而另一類人會肇事的機率則僅爲 0.2，設若羣體中有 30 %的人爲屬於第一類

(1) 試求一新投保人於購買保險的一年內會肇事的機率爲若干?

(2) 已知一新投保人於一年內肇事，試求其爲屬於肇事傾向者的機率?

9. 已知袋Ⅰ內有 2 白球與 4 紅球，袋Ⅱ內有 1 白球與 1 紅球，現自袋Ⅰ中隨機取一球放入袋Ⅱ，然後再由袋Ⅱ中隨機取一球放入袋Ⅰ

(1) 試求由袋Ⅱ中所抽取的球爲白球的機率?

(2) 已知由袋Ⅱ中所取的球爲白色，試求由袋Ⅰ中取出放入袋Ⅱ的球爲白色的機率?

10. 設有三張卡片大小相同，但是第一張兩面均爲紅色，第二張兩面均爲黑色，而第三張則一面爲紅色，另一面爲黑色，現將三張卡片於一帽內混合，然後隨機抽取一張卡片置於桌面，若該卡片朝上的爲紅色，試求其另一面爲黑色的機率?

11. 某甲有三個外表相似的盒子Ⅰ,Ⅱ,Ⅲ，每個盒子內各有二小盒，盒Ⅰ的二小盒內各有一枚金幣，盒Ⅱ的二小盒，其中一小盒爲金幣，另一爲一銀幣，盒Ⅲ的二小盒內各有一枚銀幣，

(1) 若隨機抽取一盒，然後再隨機取一小盒，試問得到金幣的機率爲若干?

(2) 若已知所得爲金幣，試問同一盒中另一小盒也裝有金幣的機率爲若干?

12. 將劃有「+」號的紙條給甲，甲可能將之改爲「−」然後再交給乙，乙也可能將符號改變然後再交給丙，丙又可能將符號改變然後把紙條交給丁，丁又同樣地可能把符號改變最後遞給戊，設若戊發現紙條上的符號爲「+」號，設甲乙丙丁改變紙條上符號之機會相等，同時各人的決定爲獨立，試求甲未改變「+」號的機率?

13. 某城市人口中，男性佔 40 %，女性佔 60 %，設若男性中有 50 %的人抽煙，女性中有 30 %的人抽煙，試求任選一人，抽煙者爲男性的機率爲何?

14. 袋中有 M 個球，其中有 n 個爲黑球，現從袋中任取 m 個球 ($m \leq n$)，且設每次取後不再放回，若每球被抽中機會相同，試求抽中 m 個黑球的機率爲何?

15. 設甲袋中有 10 個燈泡，其中 4 個是壞的，乙袋中有 6 個燈泡，其中 1 個是壞的，丙袋中有 8 個燈泡，其中 3 個壞的，現若隨機選一袋，然後隨機任選一個燈泡，試求抽中一壞燈泡的機率爲若干?

16. 已知袋中有 4 個白球 6 個黑球，現隨機以不放回方式從袋中取出 3 球，試求第 4 球爲白球的機率?

17. 某醫院有 0.5 %的病人患癌症，已知患癌症的人經過某種檢驗可發現其有癌症的機率爲 0.95，而正常的人經過相同的檢驗而判定未患癌症的機率爲 0.95，試問該檢驗方法的正確性爲何?

18. 甲乙丙三人參加打靶比賽，設若三人命中目標的機率分別爲1/6, 1/4, 1/3，每人只射一次且互不影響，試求恰有一人擊中目標之機率爲何? 在僅有一人擊中之條件下，其爲甲之機率爲何?

19. 某種火箭命中目標的機率爲 0.3，若每次射擊並不互相影響，試求應發射多少枚火箭，才可使命中目標的機率大於 0.8?

20. 投擲公正硬幣三次，試 A, B 分別表示第一次，第二次投擲出現正面事件，C 表三次投擲中連續兩次出現正面的事件，若各種出象出現的機會相等，試證 A, B 爲獨立，又 A, C 及 B, C 的關係爲如何?

21. 從註有數字 1，2，3，4，5 的五張卡片的盒中，先由甲隨機抽取一張，乙由其餘的四張中隨機抽取一張，試求:

(1) 甲所抽出卡片上的數字大於乙所抽卡片數字恰爲 2 的機率

(2) 甲所抽出卡片上的數字大於乙所抽卡片數字的機率

22. 從 $\{1, 2, \cdots\cdots 10\}$ 十數字中每次任取一數，以不還原方式連取三次，所得三數的和爲 6 的機率爲何?

23. 袋內有球 10 個， 大小完全相同， 5 黑， 3 紅， 2 白，現以不放回方式任抽出四球，試問抽出之第一球爲黑，第二球爲白，第三球爲白，第四球爲黑的機率爲若干?

24. 某廠商檢驗某種產品，已知其爲良品而被誤判爲不良品的機率爲0.1，其爲不良品而被誤判爲良品的機率爲 0.05，已知該批產品中，不良品佔 20%，良品佔 80%，今抽出一件產品檢驗之，試求:

(1) 被檢驗爲良品的機率

(2) 檢驗結果錯誤的機率

25. 茲有男女兩種襪子，其中男襪 60 雙，女襪 35 雙，顏色如下所示

	咖啡色	白 色	黑 色	總 和
男 襪	20	10	30	60
女 襪	10	10	15	35

現自其中隨機抽一雙，試問:

(1) 所抽得襪子爲咖啡色或爲男襪之機率

(2) 先抽色，然後再從該色襪子中抽取襪子，則抽得爲男襪的機率

26. 一盒內有三枚硬幣，其中一枚兩面均爲正面，一枚爲公正硬幣，另外一枚出現正面的機率爲 p，現隨機抽取一枚投擲，

(1) 試求出現正面的機率

(2) 若已知出現正面，試求該枚硬幣爲公正的機率

27. 通常於隨機試驗中，每次試驗得出一個出象，稱爲一個試行 (trial)，在投擲二粒公正骰子的獨立試行中，若其每次出象爲二骰子點數和，試求於出現 7 點之前出現 5 點的機率。

28. 假設 E, F, G 爲某隨機試驗中的三事件，其中 E 和 G 爲獨立，F 和 G 爲獨立，試證明若 $E\cap F$ 和 G 爲獨立，則 $E\cup F$ 和 G 爲獨立，反之亦然。

29. 有甲乙二袋，其中甲袋有 6 白球， 4 紅球，乙袋中有 3 白球， 6 紅球。現

自甲袋任意取出一球放入乙袋，然後再後乙袋隨機取出一球放入甲袋。而後擲一硬幣，若出現正面則取甲袋，否則取乙袋，由袋中任取一球，試問取到白球的機率爲若干?

30. 若A,B,C互爲獨立事件，其機率分別爲p，q，r，試求下列各事件的機率

(1) $A\cap B'$　(2) $A\cup B$　(3) $A\cup B\cup C$　(4) $(A\cup B)\cap C$

(5) $(A\cap B)\cup C$

31. 設對某產品以良品與不良品加以區分，已知對良品判斷正確的機率爲0.8，對不良品判斷正確的機率爲 0.9，現由良品和不良品的比率爲 $p:q$ 的產品批中隨機抽取1個，試求判斷正確的機率。

32. 在上題中，試求判斷爲良品的產品，但事實上爲不良品的機率以及判斷爲不良品的產品事實上爲不良品的機率。

33. 從甲乙二公司以1:4的比例購入同一種產品，已知甲公司產品的不良率爲5%，乙公司產品的不良率爲2%，現隨機抽取一產品，發現其爲不良品，試問該產品屬於甲乙二公司的機率各爲若干?

34. 金山學院有男生250人，女生150人，已知男生當中有120人爲台北人，女生中也有 120 人爲台北人，由 400 位學生中隨機選出一人，已知爲男生，試求這位學生是台北人的機率爲若干?

35. 紙牌52張遺失一張，從剩餘51張隨機抽取二張，發現均爲紅心，試求所遺失一張爲紅心的機率。

36. 袋中有大小相同的黑球 99 個，白球1個，隨機自袋中取出一球時，旁有人猜所取爲白球，而此人的預測十次有九次猜中，試求所取的球果爲白球的機率。

37. 甲的猜測4次可中3次，乙的猜測6次可中5次。今袋中有大小相同的白球1個，黑球9個，隨機自袋中取一球，甲乙二人均說取出者爲白球，試求其果爲白球的機率。

38. 擲三硬幣，已知無三正面或三反面，求其正面出現之個數爲奇數的機率。

39. 以一枚不偏硬幣連續擲二次而放入袋中二球，規定硬幣出現正面時，放入白球，反面則放入黑球，現自該袋中隨機抽取一球，設爲白球，試求另一球也是白球的機率。

40. 設 E, F 爲二互斥事件，E' 表非 E 事件，試證 $P(F|E')=\dfrac{P(F)}{1-P(E)}$。

若 E 與 F 不爲互斥事件，上述證明是否一定正確。

41. 假設事件 E 與 F 爲獨立，試證明

(1) E' 與 F 爲獨立事件

(2) E' 與 F' 爲獨立事件

42. 已知 $P(A)=0.7$，$P(B)=0.6$，$P(A|B)=0.56$，$P(B|A)=0.48$ 試問 A，B 二事件是否獨立？是否互斥？

43. 神速電腦公司有打卡員丁、王、李三小姐，依過去紀錄顯示各人打卡的錯誤率分別是丁爲 3 %，王爲 2 %，李爲 1 %。又昨天各人打卡張數的比例分別爲丁是 20%，王是 30%，李是 50%。從昨天所打卡片中隨機抽取一張，發現該張卡片打錯了。試問這張卡片是丁小姐所打的機率爲多少？

44. 三人駕一車出外旅行，已知甲乙丙肇事的機率分別爲 1 %，0.5% 和 0.2%。現知此次旅行並未發生車禍，試問由甲乙丙駕駛的機率各爲多少？

45. 投擲紅綠二不偏骰子各一次，設 E 表紅骰擲出 1 點的事件，F 爲綠骰擲出 6 點的事件，G 爲二骰和爲 7 點的事件，試問 E, F, G 三事件是否獨立？

46. 某箱內含有 5 個黑球，3 個白球，現若採放回方式抽取 3 球，試問三球均爲同色的機率？每種顏色均有的機率？

47. 某房地產商有八把鑰匙啓開其對應的新房子，若這些房子中有 40 % 經常不上鎖。設該房地產商在離開辦公室前，任取 3 把鑰匙，試問他可進入某一特定房子之機率若干？

48. 擲一對骰子，若已知有一個骰子出現 4，試問:

(1) 另一個骰子出現 5 的機率若干?

(2) 兩個骰子總和大於 7 的機率若干?

49. 已婚男人對某電視節目的收視率爲 0.4，而已婚婦女對該節目的收視率爲 0.5，已知妻子看後，丈夫再收看的機率爲 0.7，試求:

(1) 一對夫婦收看該節目的機率

(2) 已知丈夫看了，妻子再收看的機率

(3) 一對夫婦中，至少有一人收看該節目的機率

50. 已知二獨立事件 G 和 H 的機率分別爲 $P(G)=0.8$ 和 $P(H)=0.4$，試決定以下各機率

(1) $P(G\cap H)$　(2) $P(G\cap H')$

(3) $P(G'\cap H)$　(4) $P(G'\cap H')$

(5) $P(G|H)$　(6) $P(G|H')$

(7) $P(G'|H')$　(8) $P(G'|H)$

51. 已知二互斥事件 F 和 G 的機率分別爲 $P(F)=0.4$ 和 $P(G)=0.5$

(1) 試計算以下各機率

(i) $P(F\cup G)$　(ii) $P(F\cup G')$

(iii) $P(F|G')$　(iv) $P(G|F)$

(v) $P(G'|F)$

(2) F 與 G 是否爲獨立事件，試解釋之。

52. 爲了鼓勵小達成爲象棋高手，他父親立了一個辦法: 倘若小達能於他和象棋社冠軍交替三局比賽中至少連勝二局，就送給他一個獎品，至於順序是父冠父或者是冠父冠則由他自己擇取。已知象棋冠軍棋藝高於小達的父親，試問小達如何決定方是上策。

第四章　隨 機 變 數

4-1 緒　　論

早先我們曾經提到隨機試驗是我們討論的起點。一般而言，我們可以定性地(qualitative)或定量地 (quantitative) 來描述一個試驗的出象。例如工廠的每日生產量就是一個量或數值，而所製造產品為良品或不良品則為質的敘述。一個試驗的所有可能出象所組成的集合就是第二章中所提及的樣本空間。通常對於一個試驗，我們所關切的往往不是每一個樣本點的詳情，而是一個出象的數值描述。例如一對夫婦計劃要生育三個子女，他們可能對男孩個數感興趣，而不是各種男女孩順序的情形。在本例中，男孩個數可為 0，1，2，3。這種隨機觀測數值，稱為隨機變數 (random variable)，也就是本章所研討的重心。隨機變數的概念，實為現代機率理論的基石，讀者應確實掌握。

4-2 隨機變數的一般概念

在許多隨機試驗的情況下，對於樣本空間S中的每一元素，我們給予一個實數，亦卽 $x=X(s)$ 是由樣本空間S對映到實數R的函數X的值。我們現在爲隨機變數 $X:S\to R$ 下一個正式的定義。

定義 4-1　設S爲一隨機試驗有關的樣本空間，對於每一元素 $s\in S$，函數X賦予一個實數 $X(s)$，這個函數稱爲隨機變數。

讀者應注意，並不是任意一個函數都可視爲隨機變數，然而一般而言，對於每一實數x，事件$\{X(s)=x\}$和每一區間I，事件$\{X(s)\in I\}$大多可滿足機率的基本公設。請參閱參考書目(3)的第 110 頁。

有時樣本空間的出象s已具有我們想要記錄的數值特性時，我們取 $X(s)=s$

例 4-1　投擲一公正骰子一次，其樣本空間 $S=\{1,2,3,4,5,6\}$ 我們卽取 $X(1)=1$，$X(2)=2$ 等等。

隨機變數的數值依試驗的出象而決定，然而卽使同一試驗，其隨機變數可依我們所關心的對象不同而改變，例如投擲三枚硬幣一次，並沒有人規定其隨機變數必得是出現正面的枚數，它也可能是任意兩枚硬幣間之最大距離，或其他實驗者感興趣的與試驗有關的數量特性。

例 4-2　甲，乙，丙三人參加開心俱樂部舉行的晚會，將他們的外套交給衣帽間的管理員保管，散會時，管理員將外套隨機取出，依甲，乙，丙的順序每人退還一件，試列出該三件外套所有可能退還順序，並且求出代表正確四配數的隨機變數M之值。

解:　現以A，B，C分別代表甲，乙，丙的外套，則退還外套的所有可能排列數及正確配對數爲

s	$M=m$
$A\ B\ C$	3
$A\ C\ B$	1
$B\ A\ C$	1
$C\ B\ A$	1
$B\ C\ A$	0
$C\ A\ B$	0

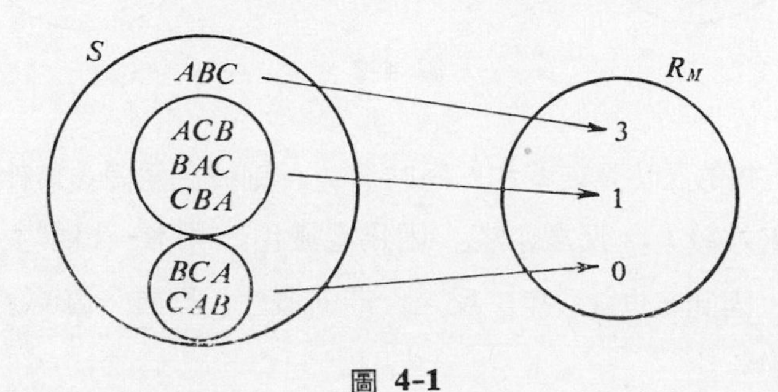

圖 **4-1**

在上題中，所有 $A\ B\ C$ 的可能排列構成一個樣本空間 S。每一個 $s\in S$ 剛好對應一值 $M(s)$，但是不同元素 s 可能對應相同數值。例如 $M(ACB)=M(BAC)=M(CBA)=1$，空間 R_M 是所有M可能數值的集合，有時稱爲值域（range space）。R_M 是與隨機變數M有關的樣本空間。

通常我們採用大寫X, Y, Z等來表示隨機變數，但若提到隨機變數的值時，則用小寫的 x，y，z 表示。

此外，爲了討論與樣本空間S有關的事件，我們必須討論關於隨機變數X的事件，亦即值空間的部分集合。

定義 4-2　設S是隨機試驗的樣本空間，現界定X爲S的隨機變數，R_X爲其值域。設F是與 R_X 有關的事件，即 $F\subset R_X$。若事件E定義爲 $E=\{s\in S|X(s)\in F\}$，換句話說，E是由所有滿足 $X(s)\in F$ 的 s

所組成的集合，則稱E與F爲同義事件 (equivalent event)。

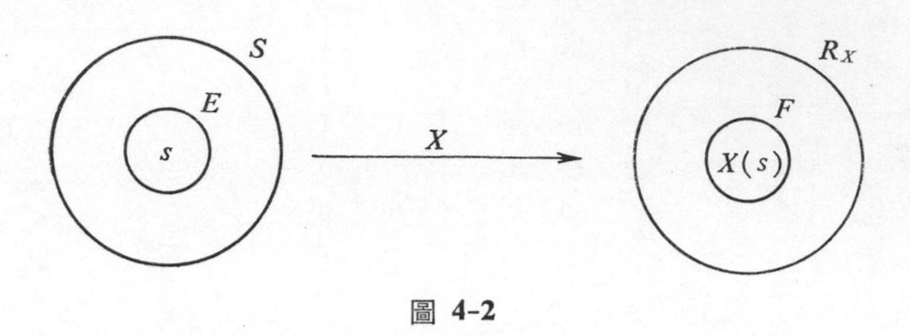

圖 4-2

較非正式的說法是若E和F同時發生，則彼此爲同義事件。亦即E發生時，F亦發生， 反之亦然。因爲E發生， 則有一出象s發生， 使$X(s)\in F$，因此F也就發生。反之，若F發生，則有一値$X(s)$使$s\in E$，因此E亦發生。

例 4-3 一對新婚夫婦計劃要生育三個子女，若以B表男孩，以G表女孩，則其樣本空間

$$S=\{BBB, BBG, BGB, GBB, BGG, GBG, GGB, GGG\}$$

設若隨機變數X代表男孩的個數

即 $$R_X=\{0, 1, 2, 3\}$$

若 $F=\{1\}$，因爲

$$X(BGG)=X(GBG)=X(GGB)$$
$$=1$$

因此，

$$E=\{BGG, GBG, GGB\}$$

與F爲同義事件。

有了上述同義事件的定義之後，我們就可界定同義事件的機率了。

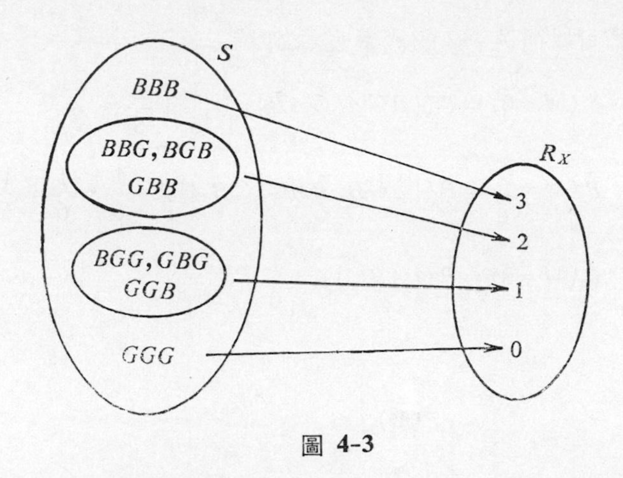

圖 4-3

定義 4-3　令 F 表值域 R_X 中的一個事件，若

$$E=\{s\in S\,|\,X(s)\in F\}$$

則定義　$P(F)$ 爲 $P(F)=P(E)$

任何與值域 R_X 有關的機率，我們均可以利用定義 4-3 以界定於樣本空間 S 上的機率表示它。

由於事件 E, F 屬於不同的樣本空間，本來我們應使用不同的符號。如 $P(E)$ 和 $P_X(F)$，但在不會引起混淆的情形下，仍僅用 $P(E)$ 和 $P(F)$ 表示。

例 4-4　若例 4-3 中所有出象爲相同發生可能，因此

$$P(BGG)=P(GBG)=P(GGB)=\frac{1}{8}$$

$$P(\{GGB, GBG, BGG\})=\frac{1}{8}+\frac{1}{8}+\frac{1}{8}=\frac{3}{8}$$

因事件 $\{X=1\}$ 與事件 $\{BGG, GBG, GGB\}$ 爲同義。因此

$$P(X=1)=P(\{BGG, GBG, GGB\})=\frac{3}{8}$$

例 4-5　我們可以把例 4-2 的機率表示如下

$$P(M=0)=P(\{BCA, CAB\})=\frac{1}{6}+\frac{1}{6}=\frac{1}{3}$$

$$P(M=1)=P(\{ACB, BAC, CBA\})=\frac{1}{6}+\frac{1}{6}+\frac{1}{6}=\frac{1}{2}$$

$$P(M=3)=P(\{ABC\})=\frac{1}{6}$$

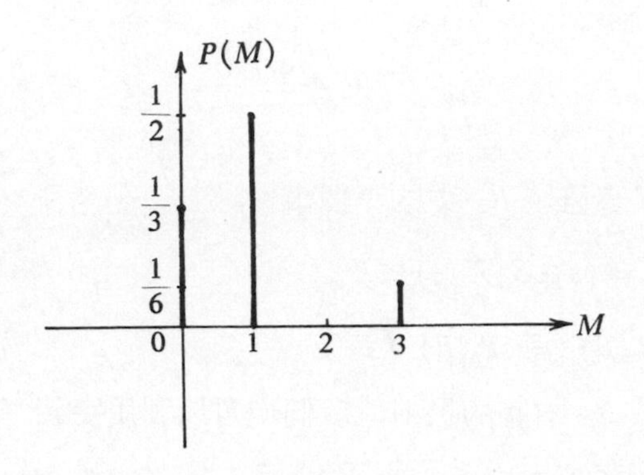

圖 4-4

一旦決定了與值域 R_X 的各事件的機率之後，通常我們即對原樣本空間 S 均略而不談。例如於上例我們關心 $R_M=\{0,1,3\}$ 和其相關機率 $\left(\frac{1}{3}, \frac{1}{2}, \frac{1}{6}\right)$，假若只對於研究隨機變數 X 的值有興趣的話，則我們不再關切這個機率爲由原樣本空間 S 的機率函數所決定的事實。

4-3 累積分布函數

我們經常必須計算與已知隨機變數相關的事件的機率。例如投擲一粒骰子一次，出現點數小於或等於 4 的機率，或投擲三枚硬幣至多出現二正面的機率，或例 4-5 中至多一人取回自己的外套的機率。設 X 爲定義於樣本空間 S 的隨機變數，事件 $E=\{X\leq x\}$，對於任意實數 x，我們能求 $P(E)=P(X\leq x)$，通常以一個新的函數 F 表示，稱爲累積分布函數 (cumulative distribution function) 或簡稱分布函數，寫爲

$$F(x)=P(X\leq x) \tag{4-1}$$

累積分布函數在機率理論中扮演一個非常重要的角色，因爲知道隨機變數 X 的累積分布函數，就能完全決定 X 的機率分布。

下面我們列出一些分布函數的特性：

(1) $0\leq F(x)\leq 1$，因爲 $0\leq P(X\leq x)\leq 1$

(2) 單調性

$F(x)$ 爲非遞減函數，即若 $a<b$ 則 $F(a)\leq F(b)$ 爲了證明(2)，設

$$\{x\mid x\leq b\}=\{x\mid x\leq a\}\cup\{x\mid a<x\leq b\}$$

$$P(X\leq b)=P(X\leq a)+P(a<X\leq b)$$

即 $F(b)-F(a)=P(a<X\leq b)\geq 0$

(3) $\lim\limits_{x\to\infty}F(x)=1$ 和 $\lim\limits_{x\to\infty}F(x)=0$

爲了證明(3)，

(i) 設 $\{x_n\}$ 爲遞增實數序列，而 $\lim\limits_{n\to\infty}x_n=\infty$ 則 $\{(-\infty,x_n]\}$

爲遞增區間序列，並且

$$\lim_{n\to\infty}(-\infty,\ x_n] = \bigcup_{n=1}^{\infty}(-\infty, x_n] = (-\infty, \infty)，因此$$

$$\lim_{n\to\infty} F(x_n) = \lim_{n\to\infty} P((-\infty, x_n)]$$

$$= P\left(\bigcup_{n=1}^{\infty}(-\infty,\ x_n]\right) 因機率測度連續性$$

$$= P((-\infty, \infty)) = 1$$

(ii) 考慮 $\{x_n\}$ 爲遞減實數序列 $\lim_{n\to-\infty} x_n = -\infty$，則

$\{(-\infty, x_n]\}$ 爲遞減的區間序列，並且

$$\lim_{n\to\infty}(-\infty,\ x_n] = \bigcap_{n=1}^{\infty}(-\infty, x_n] = \phi，因此$$

$$\lim_{n\to\infty} F(x_n) = \lim_{n\to\infty} P((-\infty, x_n])$$

$$= P\left(\bigcap_{n=1}^{\infty}(-\infty,\ x_n]\right) 機率測度的連續性$$

$$= P(\phi) = 0$$

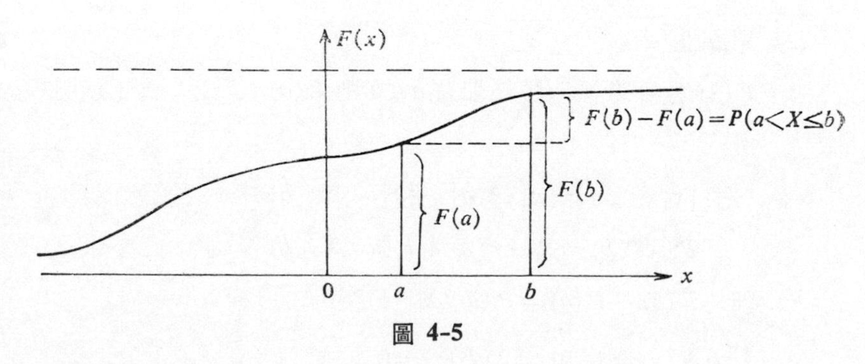

圖 4-5

(4) 對於每一點 x，$F(x)$ 爲右半連續 (everywhere continuous to the right)。

由(2)的證明可見當 $a<b$ 則　　(參見圖 4-5)

$$P(a<X\le b) = F(b) - F(a) \tag{4-2}$$

假若我們要用 $F(x)$ 來計算機率 $P(X=a)$，考慮

$$\lim_{n\to\infty} P\left(a-\frac{1}{n}<X\leq a\right)=\lim_{n\to 0}\left[F(a)-F\left(a-\frac{1}{n}\right)\right]$$

直覺上似乎 $\lim_{n\to\infty} P\left(a-\frac{1}{n}<X\leq a\right)$ 應存在，並且等於 $P(X=a)$。因為$\frac{1}{n}$趨於 0，集合 $\{x|a-\frac{1}{n}<x\leq a\}$ 的極限就是僅含一點 $x=a$ 的集合。其極限爲 $P(X=a)$ 的事實，我們把它視爲一個定理看待，不擬予證明。

因此　$P(X=a)=F(a)-F(a^-)$　(4-3)

其中 $F(a^-)$ 爲 $F(a)$ 在 $x=a$ 的左極限，亦卽 $X=a$ 的機率爲 $F(x)$ 於點 $x=a$ 時的跳距(amount of jump)，參見圖4-6。因此，當分布函數$F(x)$在 $x=a$ 爲連續，則 $P(X=a)=0$

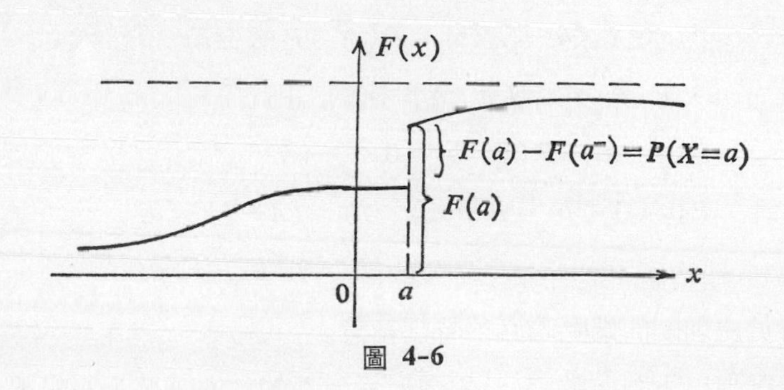

圖 4-6

現在我們研究一下如何證明 (4-2)式。考慮

$$\lim_{n\to\infty} P\left(a<X\leq a+\frac{1}{n}\right)=\lim_{n\to\infty}\left[F\left(a+\frac{1}{n}\right)-F(a)\right]$$

我們利用下述定理

$$\lim_{n\to\infty} P\left(a<X\leq a+\frac{1}{n}\right)=0$$

因此　$F(a^{+})-F(a)=0$　　即　$F(a^{+})=F(a)$

其中 $F(a^{+})$ 爲 $F(x)$ 對於 $x=a$ 的右邊極限，因此 $F(x)$ 爲在每一點 $x=a$ 均右半連續。

我們把分布函數的性質總結如下:

(1) 對於任何實數 $x, 0 \leq F(x) \leq 1$。

(2) F 爲非遞減函數即若 $a<b$，則 $F(a) \leq F(b)$。

(3) $\lim_{x\to\infty} F(x)=1$， $\lim_{x\to-\infty} F(x)=0$。

(4) $F(x)$ 爲右半連續。即 $F(a^{+})=F(a)$。

換句話說，$F(x)$ 爲一有界單調函數

早先我們已知 $P(a<X\leq b)=F(b)-F(a)$，另外我們可輕易證明

$$P(a\leq X\leq b)=F(b)-F(a)+P(X=a)$$

$$P(a\leq X<b)=F(b)-F(a)+P(X=a)-P(X=b)$$

$$P(a<X<b)=F(b)-F(a)-P(X=b)$$

若分布函數 $F(x)$ 在端點 a，b 爲連續，則

$$P(X=a)=P(X=b)=0$$

我們得
$$P(a<X\leq b)=P(a\leq X\leq b)=P(a\leq X<b)$$
$$=P(a<X<b)=F(b)-F(a)$$

否則讀者於處理區間端點時必須特別留意。

例 4-6　試指出下列函數 $F(x)$的圖形爲何不能代表一個分布函數。

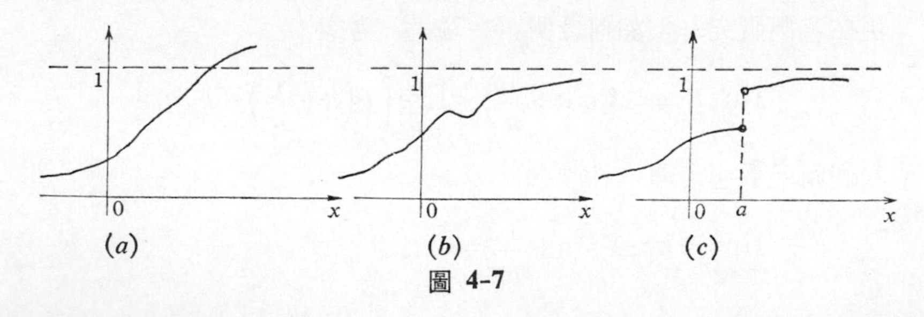

圖 4-7

解: 圖 (a) 對於某一點 x, $F(x)>1$, 圖 (b) $F(x)$ 並不是非遞減函數, 圖 (c) $F(x)$ 在 $x=a$ 並非右半連續。

例 4-7　設函數 $F(x)$ 定義爲

$$F(x)=\begin{cases} 0 & x\leq 1 \\ \dfrac{1}{2} & 1<x<3 \\ 1 & x\geq 3 \end{cases}$$

試問 $F(x)$ 是否爲分布函數

解: 我們發現對每一個 $x, 0\leq F(x)\leq 1$, $\lim\limits_{x\to\infty} F(x)=1$, $\lim\limits_{x\to-\infty} F(x)=0$

並且 F 爲非遞減, 然而 $\lim\limits_{x\to 1^+} F(x)=\dfrac{1}{2}$, 但 $F(1)=0$

因此 $F(1^+)\neq F(1)$ 卽 F 在 $x=1$ 時並非右半連續, 所以 $F(x)$ 不能代表一個分布函數。

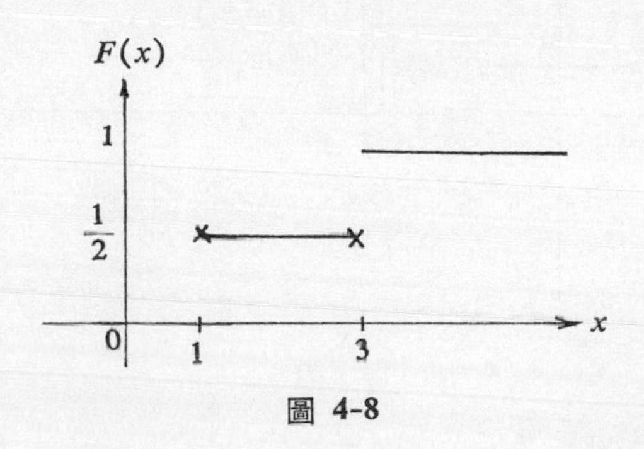

圖 4-8

4-4 隨機變數的分類

在上節中, 我們討論了分布函數, 特別是若分布函數在 $x=x_0$ 爲連續, 則 $P(X=x_0)=0$, 而若在 $x=x_0$ 不連續, 則 $P(X=x_0)>0$, 並且等於在該點的跳距, 基於上述現象我們將隨機變數加以劃分爲離散和連續兩大類型。

4-4-1　離散隨機變數

依據實變數分析(real analysis) 得知「一個有界單調函數 (bounded monotone function) 至多有可數無限多點不連續。」由於分布函數是有界單調函數，因此至多能有可數無限 (countably infinite) 多點爲不連續。

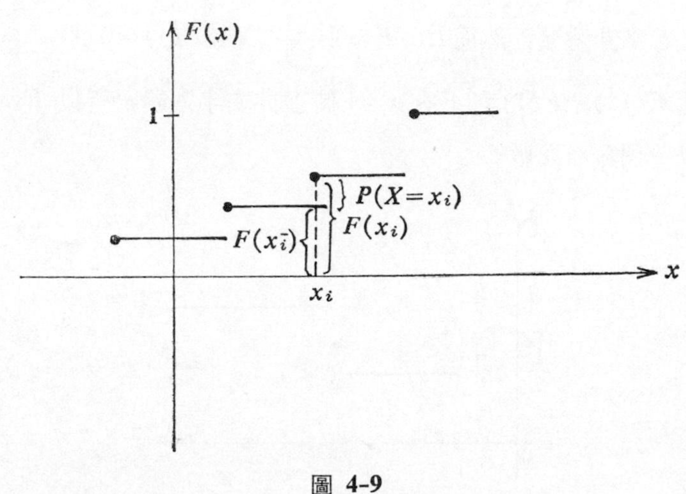

圖 4-9

倘若一個隨機變數的分布函數爲不連續，如圖 4-9 所示的階梯形式，則該隨機變數稱爲離散隨機變數。

定義 4-4　若隨機變數X累積分布函數的不連續點爲有限個或可數無限多個，則稱之爲離散隨機變數。

假設$F(x)$至多於x_1, x_2……爲不連續，則 $P(X=x)$至多於 $x=x_1, x_2$……爲正值，對於其它 x 值均爲 0 。若我們設 $p(x)=P(X=x)$，則 p 爲

一個除了 $x=x_1, x_2\cdots\cdots$之外，對於其它 x 值均爲 0 的非負函數，因此我們對離散隨機變數又可另行定義如下:

定義 4-5 對於一個隨機變數，若存有一個非負函數 p，除了有限多點或可數無限多點之外的點，其值均爲 0，則稱該隨機變數爲離散隨機變數。

在這種情況下，X的分布函數可用 p 表示如下，對於任意實數 x

$$F(x) = \sum_{x_i \le x} p(x_i) \tag{4-4}$$

界定 $p(x)=P(X=x)$ 的函數 p 稱爲 X 的機率函數（probability function 或 probability mass function)，而所有 $(x_i, p(x_i))$, $i=1,2\cdots\cdots$的集合稱爲X的機率分布（probability distribution)。

定義 4-6 設X爲一離散隨機變數，則X的可能值至多爲由可數無限點 x_1，$x_2\cdots\cdots x_n\cdots\cdots$所組成。對於其中每一個 x_i 有一數值 $p(x_i)= P(X=x_i)$ 稱爲 x_i 的機率。

數值 $p(x_i)$, $i=1,2,3\cdots\cdots$必須滿足下列條件:

(*a*) 對於所有 i $\quad p(x_i)\geq 0$

(*b*) $\displaystyle\sum_{i=1}^{\infty} p(x_i)=1$ (4-5)

其中 (*b*) 是得自分布函數有 $\lim\limits_{x\to\infty} F(x)=1$ 的性質，由於

$$\lim_{x\to\infty} F(x) = \lim_{x\to\infty} \sum_{x_i \le x} p(x_i) = \sum_{x_i < \infty} p(x_i)\text{，因此可得}$$

$$\sum_{x_i < \infty} p(x_i) = \sum_{i=1}^{\infty} p(x_i) = 1$$

若X僅有有限個可能值 $x_1, x_2\cdots\cdots x_N$，則對於 $i>N$，$p(x_i)=0$。即 (4-5) 變爲有限項之和。

例 4-8 某放射性物質放射 α 質點，在一段預定時間區間內放射出的質

點數可用一計數器觀測之。若隨機變數 X 爲計數器所測到的質點數，則X的可能值爲多少呢？我們顯然可假設可能值包括所有非負整數，即 $R_X=\{0,1,2,\cdots\cdots n\cdots\cdots\}$。有人或許會說在一特定有限時間區間內，不可能觀測多於N質點，其中N爲一相當大的正整數，因此X的可能值應爲 $0,1,2,\cdots\cdots N$，然而爲了數學上的方便，通常我們把X的可能值視爲正數無限多，即將X理想化。

例 4-9　試問當常數 c 爲何值時，下述函數

$$P(X=k)=c\cdot\frac{1}{k!}\qquad k=0,1,2,\cdots\cdots$$

方能代表一機率函數。

解: 常數 c 必須爲正值，並且使

$$\sum_{k=0}^{\infty}p(k)=1,\text{ 即 }\sum_{k=0}^{\infty}c\cdot\frac{1}{k!}=1$$

由於 $\displaystyle\sum_{k=0}^{\infty}\frac{1}{k!}=e$　因此 $c\cdot e=1$　即 $c=\dfrac{1}{e}$

若已知一個隨機變數X的分布函數，我們知道

$$P(a<X\leq b)=F(b)-F(a)$$

現在由於

$$F(x)=\sum_{x_i<x}p(x_i)$$

所以

$$P(a<X\leq b)=\sum_{x_i\leq b}p(x_i)-\sum_{x_i\leq a}p(x_i)$$

$$=\sum_{a<x_i\leq b}p(x_i)$$

若X爲離散隨機變數，其可能值爲 $x_1,x_2\cdots\cdots x_n\cdots\cdots$

設 $x_1<x_2<\cdots\cdots<x_n<\cdots\cdots$，若 $F(x)$ 爲X的累積分布函數，則

$$p(x_j)=P(X=x_j)=F(x_j)-F(x_{j-1})$$

因爲 $x_1<x_2<\cdots\cdots<x_n<\cdots\cdots$，我們有

$$F(x_j)=P[(X=x_j)\cup(X=x_{j-1})\cup\cdots\cdots\cup(X=x_1)]$$
$$=p(x_j)+p(x_{j-1})+\cdots\cdots+p(x_1)$$
$$F(x_{j-1})=P[(X=x_{j-1})\cup(X=x_{j-2})\cup\cdots\cdots\cup(X=x_1)]$$
$$=p(x_{j-1})+p(x_{j-2})+\cdots\cdots+p(x_1)$$

因此　$F(x_j)-F(x_{j-1})=P(X=x_j)=p(x_j)$

讀者請注意下列事項:

(1) 倘若離散隨機變數 X 僅有有限個可能值 $x_1, x_2\cdots\cdots x_N$, 並且若每一個可能出象均有相同發生可能，則

$$p(x_1)=p(x_2)=\cdots\cdots=p(x_N)=\frac{1}{N}$$

(2) 若 X 有可數無限多可能值，則必無相等發生可能，因若對每一 i，$p(x_i)=c$，則 $\sum_{i=1}^{\infty} p(x_i)=1$ 不可能成立。

(3) 在每一有限區間內，至多含有限個 X 的可能值。若某些區間不含 X 的可能值，則含 X 於該區間之機率為 0，即若 $R_X=\{x_1, x_2\cdots\cdots x_n\}$ 中無 $x_i\in[a,b]$，則 $P[a\leq X\leq b]=0$

(4) 離散隨機變數 X 的分布函數與相對的機率函數有下列的關係:

(i) $F(x)=\sum_{x_i\leq x} p(x_i)$

(ii) $p(x_j)=F(x_j)-F(x_{j-1})$

例 4-10　已知隨機變數 X 的機率函數

$$p(x)=\begin{cases}1/3 & x=0\\ 1/6 & x=1\\ 1/2 & x=2\\ 0 & \text{其他}\end{cases}$$

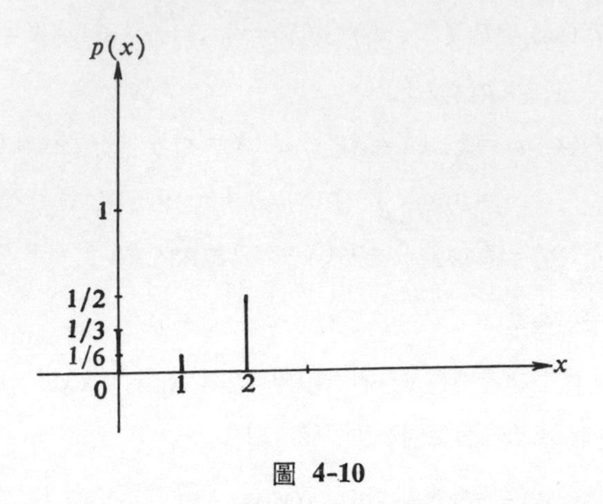

圖 4-10

則

$$F(x)=0 \quad 當\ x<0$$
$$=1/3 \quad 當\ 0\leq x<1$$
$$=1/2 \quad 當\ 1\leq x<2$$
$$=1 \quad 當\ x\geq 2$$

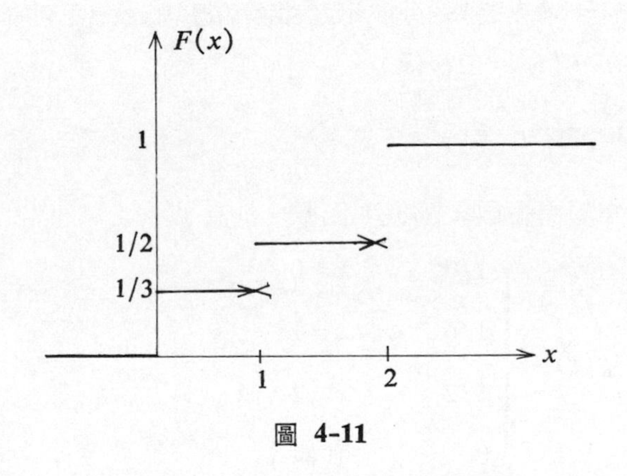

圖 4-11

在本題中 $F(x)$ 爲一階梯函數 (Step function)，即在每一區間均爲常數（不包括0，1或 2），並且在這些點的高度分別為 1/6, 1/3 和 1/2, 我們還見到 $F(x)$ 為向右連續。

例 4-11　設將一電子管插入插座，其出現正反應的機率是 3/4，負反應的機率為 1/4。若試驗進行至首次有一電子管發生正反應為止，設 X 表停止試驗所需次數，則與本實驗有關的樣本空間為

$$S=\{+,-+,--+,---+,\cdots\cdots\}$$

即 X 的可能值為 $1,2,\cdots\cdots,n,\cdots\cdots$（我們將樣本空間理想化）。假定試驗互不影響，則

$$p(n)=P(X=n)=\left(\frac{1}{4}\right)^{n-1}\left(\frac{3}{4}\right) \qquad n=1,2,\cdots\cdots$$

倘若 $E=\{$試驗重複進行偶數次後停止$\}$，則

$$P(E)=\sum_{n=1}^{\infty}p(2n)=\frac{3}{16}+\frac{3}{256}+\cdots\cdots$$

$$=\frac{3}{16}\left(1+\frac{1}{16}+\cdots\cdots\right)$$

$$=\frac{3}{16}\ \frac{1}{1-\frac{1}{16}}=\frac{1}{5}$$

例 4-12　某盒內有 20 個球，編以 1 至 20 號，現以不放回方式隨機由其中取出 3 球，倘若某甲與人打賭所取 3 球中的最大號數必然至少為 17，試問某甲獲勝的機率為若干？

解： 設 X 表示所取 3 球中最大的號數，則 X 為一隨機變數，其值可能為 $3,4,5,\cdots\cdots,20$，此外，如果我們假定 $\binom{20}{3}$ 種可能每一種均為相同發生可能，則

$$p(i)=P(X=i)=\frac{\binom{i-1}{2}}{\binom{20}{3}} \qquad i=3,4,\cdots\cdots,20$$

因爲事件 $\{X=i\}$ 發生的各種可能數即等於選取 i 號球及由其他 $i-1$ 球任意取 2 球的各種不同方法數，即共 $\binom{1}{1}\binom{i-1}{2}$ 種方法，所以，

$$p(20)=P(X=20)=\frac{\binom{19}{2}}{\binom{20}{3}}=\frac{3}{20}=0.150$$

$$p(19)=P(X=19)=\frac{\binom{18}{2}}{\binom{20}{3}}=\frac{51}{380}=0.134$$

$$p(18)=P(X=18)=\frac{\binom{17}{2}}{\binom{20}{3}}=\frac{34}{285}=0.119$$

$$p(17)=P(X=17)=\frac{\binom{16}{2}}{\binom{20}{3}}=\frac{2}{19}=0.105$$

因此　$P(X\geq 17)=\sum_{i=17}^{20} P(X=i)=0.508$

例 4-13　由一含 3 紅球，3 白球和5黑球的盒中隨機抽取3球，倘若抽到一白球可贏 1 元，而抽到一紅球則輸 1 元，抽到黑球無輸贏。令 X 表我們由此遊戲所贏的總錢數，則 X 可能爲0，± 1，± 2，± 3的機率各爲

$$p(0)=\frac{\binom{5}{3}+\binom{3}{1}\binom{3}{1}\binom{5}{1}}{\binom{11}{3}}=\frac{55}{165}$$

$$p(1)=p(-1)=\frac{\binom{3}{1}\binom{5}{2}+\binom{3}{2}\binom{3}{1}}{\binom{11}{3}}=\frac{39}{165}$$

$$p(2)=p(-2)=\frac{\binom{3}{2}\binom{5}{1}}{\binom{11}{3}}=\frac{15}{165}$$

$$p(3)=p(-3)=\frac{\binom{3}{3}}{\binom{11}{3}}=\frac{1}{165}$$

以上的計算，如 $\{X=0\}$ 爲所取 3 球均爲黑球或三色各取一球，$\{X=1\}$ 爲取 1 白 2 黑或 2 白 1 紅。

我們贏錢的機率爲

$$\sum_{i=1}^{3} P(X=i)=\frac{55}{165}=\frac{1}{3}$$

4-4-2　連續隨機變數

在離散隨機變數的情形，整個機率都集中在有限個或可數無限點上。現在要討論另一類隨機變數稱爲連續隨機變數(continuous random variable)。

如果讀者靜心地想一下眞實環境中所遭遇的問題，必定不難明白並非所有隨機變數都能適用離散隨機變數的定義。例如檢驗在 N 個產品的送驗批中的不良品個數，自然是一個離散隨機變數，因爲不良品數可能是 $0,1,2,\cdots\cdots,N$。然而諸如一個人的身高或體重，某地區的年降雨量，燈泡的壽命則可能爲一實數區間內任意不可數無限多 (uncountably infinite) 的數值之一。在第二章中我們曾提到於測量燈泡的壽命時受到測度儀器的精密度的影響，儀器可測至小數點後二位，我們所得的樣本空間成爲可數無限 $\{0.0,0.01,0.02,\cdots\cdots\}$。另外，燈泡的壽命可能至多爲

H小時，則樣本空間成爲有限 $\{0.0, 0.01, \cdots\cdots, H\}$ 即共 $\frac{H}{0.1}+1$ 個出象。例如 $H=100$，則上述樣本空間內的元素非常多，對於這些值均有一相關的非負數。

$p(x_i)=P(X=x_i), i=1,2,\cdots\cdots$，其總和爲 1，這情勢可用圖形表示如下:

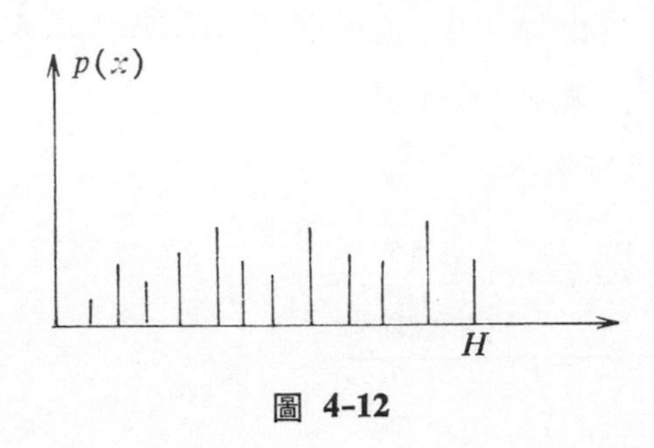

圖 4-12

我們曾經提到上述的情形於描述一燈泡壽命X的機率時，在數學上將其理想化假設可能爲某區間內的任意值比較容易處理。如果我們有了上述假設，對於機率 $p(x_i)$ 有什麼影響呢？因爲這時X的可能值爲不可數，我們無法說X的第 i 個值爲若干？因此其機率 $p(x_i)$ 爲無意義。

定義 4-7　隨機變數X若對於所有實數 x 存在一個界定於實數直線的非負函數 f，滿足

$$F(x)=\int_{-\infty}^{x} f(u)\,du \tag{4-6}$$

則稱X爲連續隨機變數。其中非負函數 f 稱爲機率密度函數 (probability density function)。

我們討論一下連續隨機變數的一些性質:

(1) 由於 $F(x)=\int_{-\infty}^{x} f(u)\,du$，因此

$$\int_{-\infty}^{\infty} f(u)\,du = \lim_{x\to\infty} \int_{-\infty}^{x} f(u)\,du = \lim_{x\to\infty} F(x) = 1 \quad (4\text{-}7)$$

從幾何的觀點來說，這個結果意爲在機率密度函數 f 之下的圖形總面積爲 1 。

(2) $P(a<X\leq b) = F(b) - F(a)$

$$= \int_{-\infty}^{b} f(u)\,du - \int_{-\infty}^{a} f(u)\,du$$

$$= \int_{a}^{b} f(u)\,du$$

這個結果只是說 $P(a<X\leq b)$ 爲曲線 f 之下，介於 a 和 b 間的面積。(參見圖 4-13)

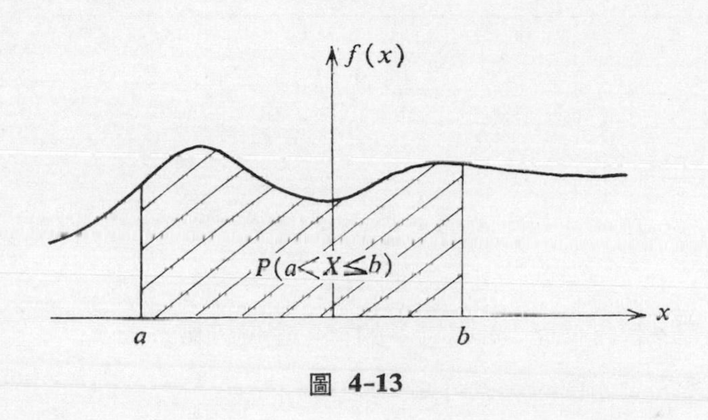

圖 **4-13**

尤其是對於任意實數 x_0

$$P(X=x_0) = P(x_0\leq X\leq x_0) = \int_{x_0}^{x_0} f(u)\,du = 0$$

讀者注意，$f(x)$ 本身並不代表任何機率，惟有在對一上下限積分時，才代表機率。

例 **4-14**　設隨機變數 X 的機率密度函數爲

$$f(x) = 2/x^3 \qquad 1<x<\infty$$
$$= 0 \qquad 其他$$

則X的分布函數爲

$$F(x)=\int_{-\infty}^{x} 0du=0 \qquad x<1$$

$$=\int_{1}^{x} 2/u^3du=1-1/x^2 \qquad x\geq 1$$

其圖形如圖 (4-14) 所示

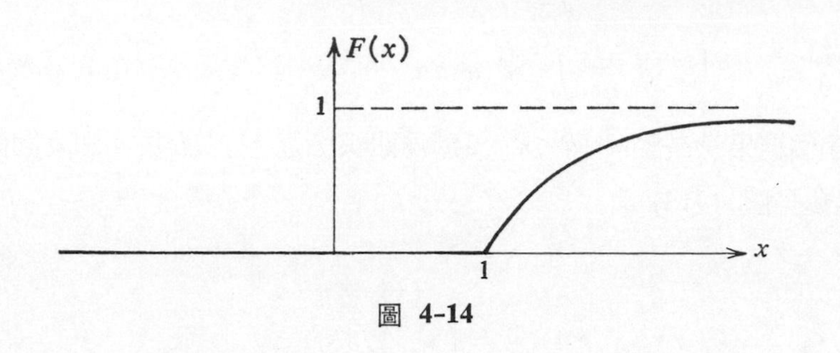

圖 4-14

例 4-15　已知函數

$$f(x)=1/x \qquad 1-c\leq x\leq 1+c$$

$$=0 \qquad \text{其他區域}$$

試決定 c 值，使 $f(x)$ 成爲X的機率密度函數。

解: 由機率密度函數的定義可知

$$\int_{-\infty}^{\infty} f(x)dx=1$$

$$1=\int_{1-c}^{1+c}\frac{1}{x}dx=(\ln x)_{1-c}^{1+c}=\ln(1+c)-\ln(1-c)$$

$$=\ln\frac{1+c}{1-c}$$

即　$$\frac{1+c}{1-c}=e \qquad \therefore \quad c=\frac{e-1}{e+1}$$

例 4-16　在以上對於一個連續隨機變數的討論中， 我們均假設機率密度函數爲存在，在此我們看一個簡單的例子，如何對隨機變數給予適切的機遇行爲的假設，而決定其機率密度函數。假設在區間 $(0, 1)$ 中選取一點，令 X 代表所取該點之 x 坐標的數值。

假設：若 I 爲 $(0,1)$ 內之任意區間，則 $P(X\in I)$ 與 I 之長度 $L(I)$ 成比例，即 $P(X\in I)=kL(I)$，k 爲比例常數(若令 $I=(0,1)$ 則

$$L((0,1))=1,\ P[X\in(0,1)]=1, \text{即 } k=1)。$$

設若 X 爲 $(0,1)$ 內的任意一點，則其機率密度函數爲何？亦即我們能找到一個函數 f，使 $P(a<X<b)=\int_a^b f(x)\,dx$ 嗎？

注意：若 $a<b<0$，或 $1<a<b$，$P(a<X<b)=0$，因此 $f(x)=0$。若 $0<a<b<1$，$P(a<X<b)=b-a$，因此 $f(x)=1$

故 $$f(x)=\begin{cases}1 & 0<x<1\\ 0 & \text{其他}\end{cases}$$

這種機率分布稱爲均等分布 (uniform distribution)

例 **4-17**　設 X 爲一連續隨機變數，其機率密度函數爲

$$f(x)=2x \qquad 0<x<1$$
$$=0 \qquad \text{其他}$$

試求　$P\left(X\le\frac{1}{2}\right)$

解:
$$P\left(X\le\frac{1}{2}\right)=\int_0^{\frac{1}{2}}(2x)\,dx=\frac{1}{4}$$

第三章中所提及的條件機率也可應用於隨機變數，例如在本例中，我們可計算

$$P\left(X\le\frac{1}{2}\,\middle|\,\frac{1}{3}\le X\le\frac{2}{3}\right)$$

$$P\left(X\leq\frac{1}{2}\,\middle|\,\frac{1}{3}\leq X\leq\frac{2}{3}\right)=\frac{P\left(\frac{1}{3}\leq X\leq\frac{1}{2}\right)}{P\left(\frac{1}{3}\leq X\leq\frac{2}{3}\right)}$$

$$=\frac{\int_{\frac{1}{3}}^{\frac{1}{2}}2xdx}{\int_{\frac{1}{3}}^{\frac{2}{3}}2xdx}$$

$$=\frac{5/36}{1/3}=\frac{5}{12}$$

若連續隨機變數X的機率密度函數爲$f(x)$，累積分布函數爲$F(x)$，則對於$F(x)$可微分的所有x點

$$f(x)=\frac{d}{dx}F(x) \tag{4-8}$$

因爲 $F(x)=P(X\leq x)=\int_{-\infty}^{x}f(u)\,du$，利用微積分的基本定理卽得

$$F'(x)=f(x)$$

若X爲連續隨機變數，則其機率密度函數 $f(x)$ 和累積分布函數 $F(x)$ 之間有如下關係

(1) $F(x)=\int_{-\infty}^{x}f(u)\,du$

(2) $f(x)=\frac{d}{dx}F(x)$

回想累積分布函數$F(x)$的導數的定義爲

$$F'(x)=\lim_{h\to 0}\frac{F(x+h)-F(x)}{h}$$

$$=\lim_{h\to 0}\frac{P(X\leq x+h)-P(X\leq x)}{h}$$

若h大於0而且非常小，則

$$F'(x)=f(x)\approx\frac{P(x<X\leq x+h)}{h}$$

亦即 $f(x)$ 近乎等於「每單位 h 在區間 $(x,x+h)$ 的機率量」。因此 $f(x)$ 獲得機率密度函數的稱謂。

例 4-18　設隨機變數 X 的分布函數為

$$F(x)=\begin{cases}0 & \text{當 } x<-1\\ a+b\sin^{-1}x & \text{當 } -1\leq x<1\\ 1 & \text{當 } x\geq 1\end{cases}$$

試求 a，b 的數值。

解:

$$f(x)=F'(x)=b\frac{1}{\sqrt{1-x^2}}\qquad -1<x<1$$

$$\int_{-\infty}^{\infty}f(x)\,dx=1,\ \int_{-1}^{1}\frac{b}{\sqrt{1-x^2}}dx=2b\int_0^1\frac{1}{\sqrt{1-x^2}}dx$$

$$=2b(\sin^{-1}x)_0^1=1$$

即　$$2b\left(\frac{\pi}{2}-0\right)=1\qquad\therefore\ b=\frac{1}{\pi}$$

又　$$F(x)=\int_{-\infty}^{x}f(t)\,dt$$

$$=\int_{-1}^{x}\frac{1}{\pi}\frac{1}{\sqrt{1-t^2}}dt$$

$$=\frac{1}{\pi}(\sin^{-1}t)_{-1}^{x}$$

$$=\frac{1}{\pi}\left[\sin^{-1}x-\left(\frac{-\pi}{2}\right)\right]$$

$$=\frac{1}{2}+\frac{1}{\pi}\sin^{-1}x$$

與已知的分布函數相比較得 $a=\frac{1}{2}$

例 4-19　設隨機變數 X 的分布函數爲

$$F(x)=\begin{cases}0 & x<0\\ \dfrac{x+1}{2} & 0\leq x<1\\ 1 & x\geq 1\end{cases}$$

試求　(1) $P\left(-3<X\leq\dfrac{1}{2}\right)$

(2) $P(X=0)$

解:

$$P\left(-3<X\leq\frac{1}{2}\right)=F\left(\frac{1}{2}\right)-F(-3)=\frac{3}{4}-0=\frac{3}{4}$$

$$P(X=0)=F(0)-F(0^-)=\frac{1}{2}-0=\frac{1}{2}$$

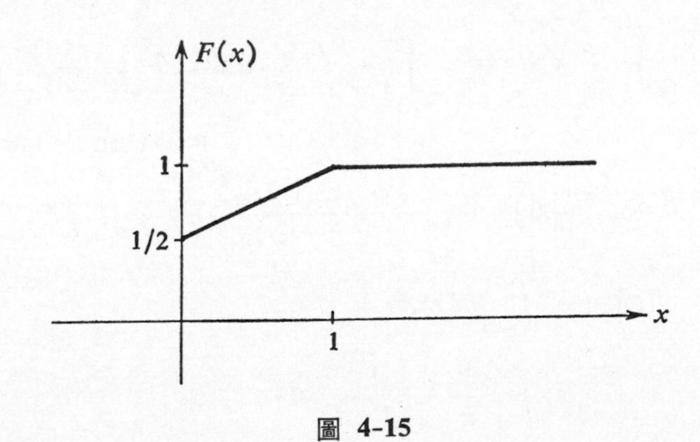

圖 4-15

例 4-19 的分布函數 $F(x)$ 如圖 4-11 所示，我們看到 $F(x)$ 並非一直連續，也不是一個階梯函數，因此這個分布函數既不屬於連續型，也不是離散型，而是二者的混權型式。

混權分布就是隨機變數 X 有一部分的機率在離散點，其餘部分的機率則分布於區間。若 $F(x)$ 代表一個混權分布的分布函數，任何混權分布函數 $F(x)$ 均可唯一表爲

$$F(x)=c_1F_1(x)+c_2F_2(x)$$

其中 $F_1(x)$ 爲一階梯分布函數，$F_2(x)$ 爲一連續分布函數，c_1 爲所有離散點的累積機率，$c_2=1-c_1$ 爲所有連續部分的機率。

例 4-20　設隨機變數 X 表示某種電子元件的壽命（以百小時爲單位），這些元件時常於置入系統時，立卽燒壞。據觀察發現這種機率爲 1/4。若元件不立卽燒壞，則其壽命分布的機率密度函數爲

$$f(x)=\begin{cases} e^{-x} & x>0 \\ 0 & \text{其他} \end{cases}$$

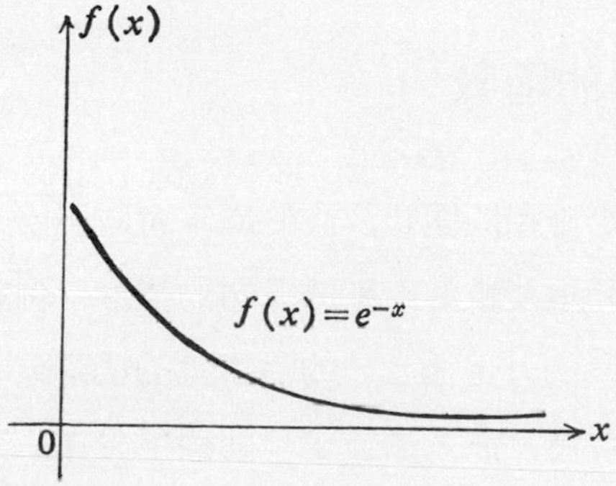

圖 4-16

(1) 試求 X 的分布函數

(2) 計算 $P(X>10)$

解: (1) 由於僅只一個離散點 $X=0$，而該點的機率爲 1/4，因此

$c_1=1/4$，$c_2=3/4$

$$F_1(x)=\begin{cases} 0 & \text{若 } x<0 \\ 1 & \text{若 } x\geq 0 \end{cases}$$

$$F_2(x)=\int_0^x e^{-u}du=1-e^{-x},\quad x>0$$

$$F(x)=1/4\,F_1(x)+3/4\,F_2(x)$$

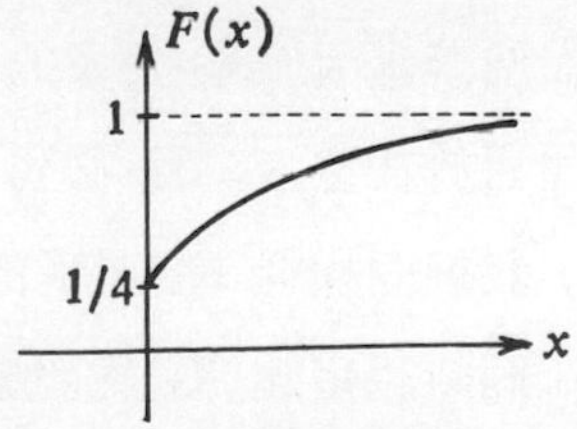

圖 4-17

(2) $P(X>10)=1-P(X\leq 10)$

$$=1-F(10)$$

$$=1-\left[\frac{1}{4}+\frac{3}{4}(1-e^{-10})\right]$$

$$=\frac{3}{4}[1-(1-e^{-10})]=\frac{3}{4}e^{-10}$$

當我們討論連續隨機變數時累積分布函數尤其重要，因爲這時我們無法以計算 $P(X=x)$ 的方式來研究X的機遇行爲，然而我們却可計算 $P(X\leq x)$，然後再求出X的機率密度函數。

4-5 隨機變數的函數

另外在解決實際應用問題時，我們經常會碰到已知一隨機變數的分布，却必須求出該隨機變數的函數的分布的情形。例如工業工程師已知在某一固定長的時間內，某種產品的需求量的機率分布，但是可能希望知道當時間長度變動時，該產品需求量的機率分布。又如假設已知一個經過精密校正的試管開口半徑X和其機率分布，可能有人想知道其開口的剖面積 $A=\pi X^2$ 的機率分布。以下各節就是要討論這類問題。

在研習如何計算的技巧之前，我們先把隨機變數的函數的概念以較嚴密的方式陳述如下:

假設 S 是與隨機試驗相關的樣本空間。X爲定義在 S 上的隨機變數。倘若 $Y=h(X)$ 爲X的實數函數，則 $Y=h(X)$ 也是一個隨機變數。因爲對於任意 $s\in S$，必可確定一個Y值 $y=h(X(s))$，如圖 (4-18) 所示。我們同樣稱 R_X 是X的值域，就是函數X的所有可能的值所成的集合。同時也定義 R_Y 爲隨機變數Y的值域，即函數Y的所有可能的值所成的集合。

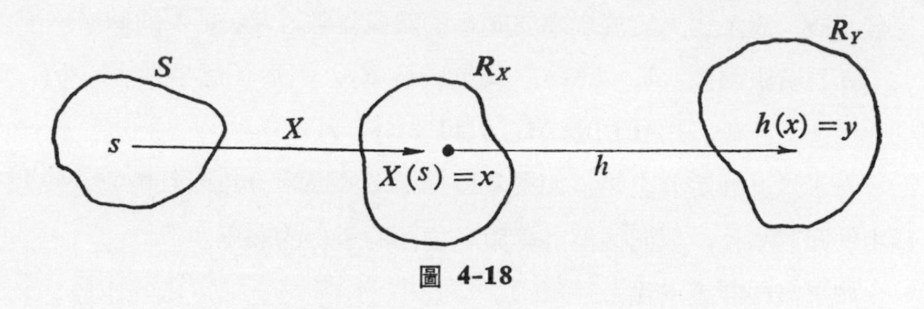

圖 4-18

早先我們曾經界定 S 和 R_X 內事件的同義概念，現在把這概念再加以推廣。

定義 4-8　設 G 爲與 Y 的值域有關的一個事件，令 $F \subset R_X$ 爲

$$F=\{x \in R_X \mid h(x) \in G\} \tag{4-9}$$

即 F 爲 $h(x) \in G$ 的所有值所成的集合，倘若 F 和 G 存有這種關係，則稱 F 和 G 同義，亦即 F 和 G 爲同義事件。

例 4-21　設 $h(x)=\pi x^2$，則事件 $F=\{X>2\}$ 與 $G=\{Y>4\pi\}$ 爲同義。因爲 $Y=\pi X^2$，而 X 不可能爲負值，因此 $\{X>2\}$ 發生的充要條件爲 $\{Y>4\pi\}$ 發生。事實上我們應該分別寫爲 $\{s \mid X(s)>2\}$ 和 $\{x \mid Y(x)>4\pi\}$。

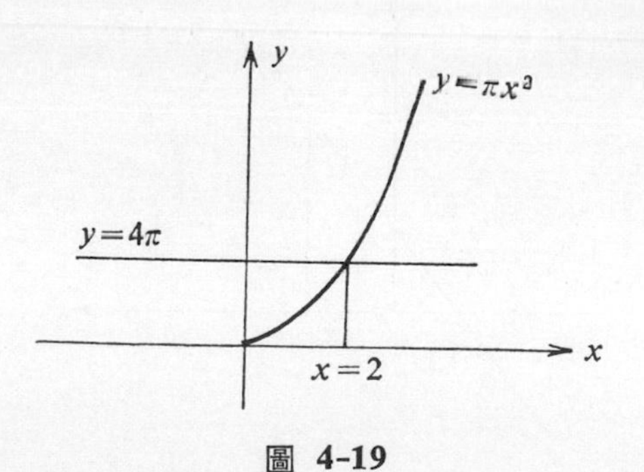

圖 4-19

定義 4-9　設X為界定於樣本空間S的隨機變數，R_X 是X的值域。設 h 為實數函數，$Y=h(X)$，其值域為 R_Y。對於任意事件 $G\subset R_Y$

$$P(G)=P[\{x\in R_X \mid h(x)\in G\}]$$

有了以上的定義之後，如果我們知道X的機率分布而且能夠決定問題中的同義事件，我們便能計算與Y有關的事件的機率。

如果寫得詳細一點

$$\begin{aligned}P(G)&=P[\{x\in R_X \mid h(x)\in G\}]\\&=P[\{s\in S \mid h(X(s))\in G\}]\end{aligned} \tag{4-10}$$

例 4-22　已知連續隨機變數X的機率密度函數是

$$f(x)=\begin{cases}e^{-x} & x>0\\ 0 & \text{其他}\end{cases}$$

若 $Y=2X+1$，　試求 $P(Y\geq 3)$

解：倘若 $y=h(x)=2x+1$，則 $R_X=\{x \mid x>0\}$，$R_Y=\{y \mid y>1\}$

由於 $y\geq 3$，若且唯若 $2x+1\geq 3$ 卽 $x\geq 1$，

因此 $(Y\geq 3)$ 與 $\{X\geq 1\}$ 爲同義事件。

利用 (4-9) 式：

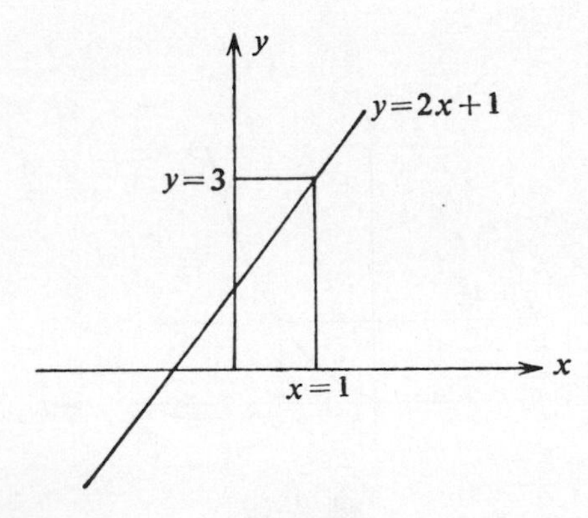

圖 4-20

$$P(Y \geq 3) = P(X \geq 1)$$
$$= \int_1^{\infty} e^{-x} dx = \frac{1}{e}$$

4-6 隨機變數函數的機率分布

我們把隨機變數函數的機率分布的求法分成離散型和連續型說明如下:

4-6-1 離散隨機變數

若X是一個離散隨機變數，則 $Y=h(X)$ 也是離散隨機變數。在這種情況之下，Y的機率函數的求法相當簡單。以下的例子足以說明一切。

例 4-23 設X的機率函數如下所示:

X	$P(X=x)$
-1	1/3
0	1/6
1	1/6
2	1/3

試求隨機變數 $Y=X^2$ 的機率分布。

解: 設 $h(x)=x^2$

x	-1	0	1	2
$h(x)$	$(-1)^2$	0^2	1^2	2^2

$\{Y=1\}$ 的同義事件爲 $\{X=\pm 1\}$

因此　$P(Y=1)=P(X=1)+P(X=-1)=1/6+1/3=\frac{1}{2}$

同理　$P(Y=0)=1/6,\ P(Y=4)=1/3$

總結Y的機率分布如下:

y	$P(Y=y)$
0	1/6
1	$\frac{1}{2}$
4	1/3

在一般情形下，若X的可能值爲 $x_1, x_2, \cdots\cdots$，則 $h(X)$ 的可能值爲 $h(x_1), h(x_2), \cdots\cdots$，設 $x_{i1}, x_{i2}, \cdots\cdots$爲滿足 $h(x_{ik})=y_i$ 的X的值，$k=1,2,\cdots\cdots$，則

$$P(Y=y_i)=P(X=x_{i1})+P(X=x_{i2})+\cdots\cdots$$

X的機率函數

x	$P(X=x)$
⋮	⋮
x_{i1}	$P(X=x_{i1})$
⋮	⋮
x_{i2}	$P(X=x_{i2})$
⋮	⋮
x_{ik}	$P(X=x_{ik})$
⋮	⋮

y的機率函數

Y	$P(Y=y)$
	⋮
y_i	$P(X=x_{i1})+P(X=x_{i2})+\cdots$
	⋮

例 4-24　設隨機變數X的機率函數爲

$$P(X=x)=\begin{cases} \dfrac{e^{-\alpha}\alpha^x}{x!} & x=0,1,2,\cdots\cdots \\ 0 & \text{其他} \end{cases}$$

設若　$Y=\begin{cases} 1 & \text{當}X\text{爲偶數} \\ -1 & \text{當}X\text{爲奇數} \end{cases}$

試求Y的機率分布。

解: Y有兩個數值 1 和 -1

$$P(Y=1)=\sum_{r=0}^{\infty}P(X=2r)=\sum_{r=0}^{\infty}e^{-\alpha}\frac{\alpha^{2r}}{(2r)!}$$

$$=e^{-\alpha}\sum_{r=0}^{\infty}\frac{\alpha^{2r}}{(2r)!}$$

和

$$P(Y=-1)=\sum_{r=0}^{\infty}P(X=2r+1)=\sum_{r=0}^{\infty}e^{-\alpha}\frac{\alpha^{2r+1}}{(2r+1)!}$$

$$=e^{-\alpha}\sum_{r=0}^{\infty}\frac{\alpha^{2r+1}}{(2r+1)!}$$

因為　$e^{\alpha}=\sum_{r=0}^{\infty}\frac{\alpha^{r}}{r!}$　和　$e^{-\alpha}=\sum_{r=0}^{\infty}(-1)^{r}\frac{\alpha^{r}}{r!}$

因此　$e^{\alpha}+e^{-\alpha}=2\sum_{r=0}^{\infty}\frac{\alpha^{2r}}{(2r)!}$　和　$e^{\alpha}-e^{-\alpha}=2\sum_{r=0}^{\infty}\frac{\alpha^{2r+1}}{(2r+1)!}$

所以

$$P(Y=1)=e^{-\alpha}\left(\frac{e^{\alpha}+e^{-\alpha}}{2}\right)=\frac{1}{2}(1+e^{-2\alpha})$$

$$P(Y=-1)=e^{-\alpha}\left(\frac{e^{\alpha}-e^{-\alpha}}{2}\right)=\frac{1}{2}(1-e^{-2\alpha})$$

例 4-25　若隨機變數X的機率函數為

$$P(X=j)=(1/2)^{j}\qquad j=1,2,3,\cdots\cdots$$

試求 $Y=\sin\left(\frac{\pi}{2}X\right)$ 的機率分布。

解: Y的可能值為 $1,0,-1$

$\{Y=1\}$ 的同義事件為

$$\{X=1,5,9,\cdots\cdots\},\text{ 即 }\{X=4k+1\,|\,k=0,1,2,3\cdots\cdots\}$$

$\{Y=0\}$ 的同義事件為

$$\{X=2,4,6,\cdots\cdots\}，\text{即}\ \{X=2k\,|\,k=1,2,3,4\cdots\cdots\}$$

$\{Y=-1\}$ 的同義事件爲

$$\{X=3,7,11,\cdots\cdots\}，\text{即}\ \{X=4k+3\,|\,k=0,1,2,3\cdots\cdots\}$$

因此

$$P(Y=1)=\sum_{k=0}^{\infty}P(X=4k+1)=\sum_{k=0}^{\infty}\left(\frac{1}{2}\right)^{4k+1}$$

$$=\frac{1}{2}\ \frac{1}{1-\frac{1}{16}}=\frac{8}{15}$$

$$P(Y=0)=\sum_{k=1}^{\infty}P(X=2k)=\sum_{k=1}^{\infty}\left(\frac{1}{2}\right)^{2k}$$

$$=\sum_{k=0}^{\infty}\left(\frac{1}{4}\right)^{k}=\frac{1}{4}\sum_{k=0}^{\infty}\left(\frac{1}{4}\right)^{k}=\frac{1}{3}$$

$$P(Y=-1)=1-P(Y=0)-P(Y=+1)$$

$$=1-\frac{1}{3}-\frac{8}{15}=\frac{2}{15}$$

4–6–2 連續隨機變數

當隨機變數 X 爲連續時，Y 可能是離散隨機變數，例如假設 X 的值爲所有實數值，而當 $X\geq 0$ 時 $Y=1$，當 $X<0$ 時，$Y=-1$。爲了要求 Y 的機率分布，我們首先決定對應於不同的 Y 值的同義事件，則 $P(Y=1)=P(X\geq 0)$，$P(Y=-1)=P(X<0)$。一般而言，倘若 X 的機率密度函數 $f(x)$ 爲已知，並且 $\{Y=y\}$ 在 R_X 內的同義事件爲 E，則

$$P(Y=y)=\int_E f(x)\,dx$$

最重要而且最常遇到的情形是 X 爲連續，而其機率密度函數爲 $f(x)$，若 $h(x)$ 爲連續函數，則 $Y=h(X)$ 是連續隨機變數。我們的任務是求 Y

的機率密度函數 $g(y)$。

一般的解法如下:

(i)　首先找出同義於 $\{Y\leq y\}$ 的事件 E (在 R_X 內), 求得 Y 的分布函數 $G(y)$, $G(y)=P(Y\leq y)$,

(ii)　將 $G(y)$ 對 y 微分, 以求出 $g(y)$,

(iii)　決定出使 $g(y)>0$ 的 y 值。

例 4-26　假設 X 的機率密度函數爲

$$f(x)=\begin{cases} 2x & 0<x<1 \\ 0 & \text{其他} \end{cases}$$

試求 $Y=3X+1$ 的機率密度函數。

解: (方法 1)

$$\begin{aligned} G(y) &= P(Y\leq y) \\ &= P(3X+1\leq y) \\ &= P\left(X\leq \frac{y-1}{3}\right) \\ &= \int_0^{(y-1)/3} 2x\,dx=\left(\frac{y-1}{3}\right)^2 \end{aligned}$$

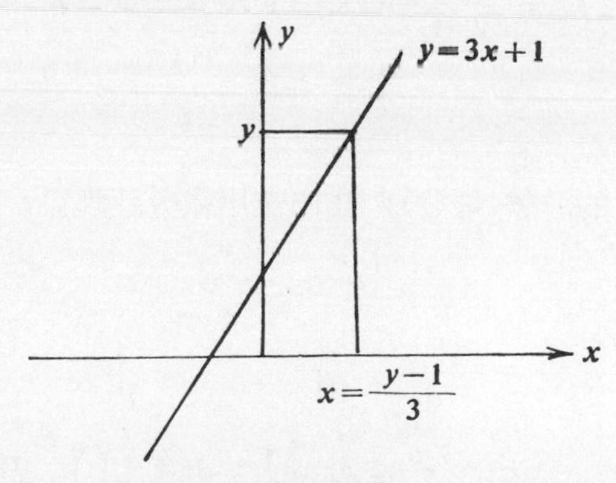

圖 4-21

於是 $g(y)=G'(y)=\frac{2}{9}(y-1)$

由於 $0<x<1$ 時，$f(x)>0$，我們得知 $1<y<4$ 時，$g(y)>0$

(方法 2)

$$G(y)=P(Y\leq y)$$
$$=P\left(X\leq\frac{y-1}{3}\right)$$
$$=F\left(\frac{y-1}{3}\right)$$

其中 $F(x)$ 是X的分布函數，亦卽

$$F(x)=P(X\leq x)$$

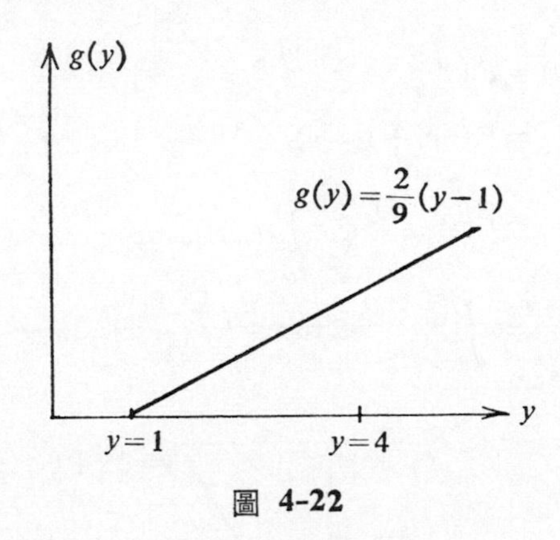

圖 4-22

爲了計算G的導數 $G'(y)$，我們使用微分連鎖律。設 $x=\frac{y-1}{3}$ 則 $G(y)=F(x)$

$$\frac{dG(y)}{dy}=\frac{dF(x)}{dx}\ \frac{dx}{dy}$$

因此 $G'(y)=F'(x)\frac{1}{3}=f(x)\frac{1}{3}=2\left(\frac{y-1}{3}\right)\cdot\frac{1}{3}=\frac{2}{9}(y-1)$

得出相同結果。

例 **4-27** 假設連續隨機變數X的機率密度函數與上例相同,試求$Y=e^{-X}$的機率密度函數 $g(y)$。

解: (方法 1)

$$\begin{aligned} G(y) &= P(Y \le y) \\ &= P(e^{-X} \le y) \\ &= P(X \ge -\ln y) \\ &= \int_{-\ln y}^{1} 2x dx \\ &= 1-(-\ln y)^2 \end{aligned}$$

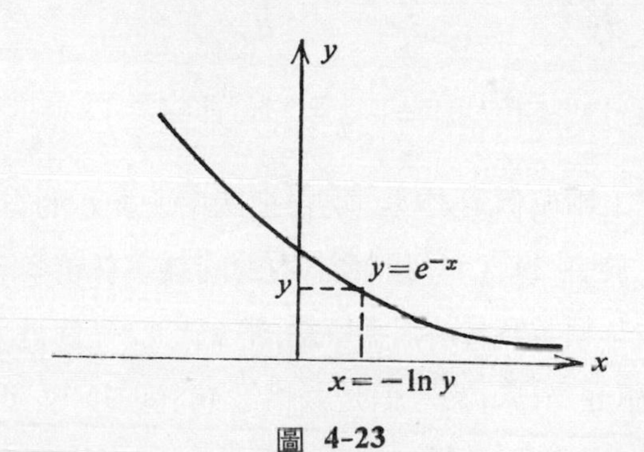

圖 **4-23**

因此,　$g(y)=G'(y)=\dfrac{-2\ln y}{y}$

因爲當 $0<x<1$ 時 $f(x)>0$, 所以 $\dfrac{1}{e}<y<1$, $g(y)>0$

(方法 2)

$$\begin{aligned} G(y) &= P(Y \le y) = P(X \ge -\ln y) \\ &= 1-P(X \le -\ln y) \\ &= 1-F(-\ln y) \end{aligned}$$

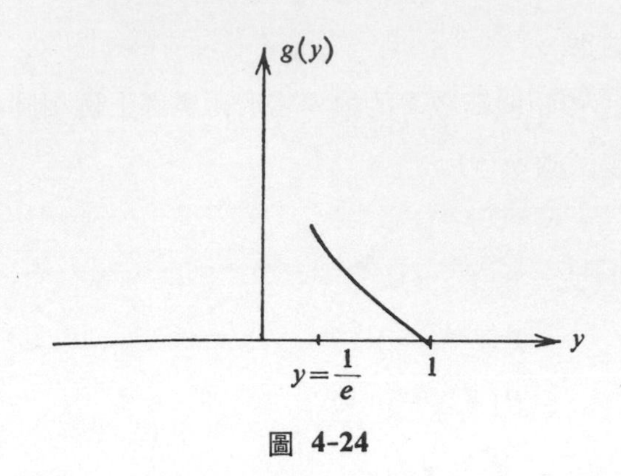

圖 4-24

設 $x=-\ln y$ 則 $G(y)=1-F(x)$

$$\frac{dG(y)}{dy}=\frac{d[1-F(x)]}{dx}\frac{dx}{dy}$$

因此 $$g(y)=-F'(x)\left(-\frac{1}{y}\right)=2\ln y\left(-\frac{1}{y}\right)$$

討論完畢以上兩個例題之後，現在把例中所提示的方法加以推廣。最重要的步驟在於將 $\{Y\leq y\}$ 以 R_X 內的同義事件替換 。這項工作在以上兩個例題中都相當容易，因爲所給的 $h(x)$，一個是 X 的嚴格遞增(strictly increasing)函數，另一個是嚴格遞減 (strictly decreasing) 函數。

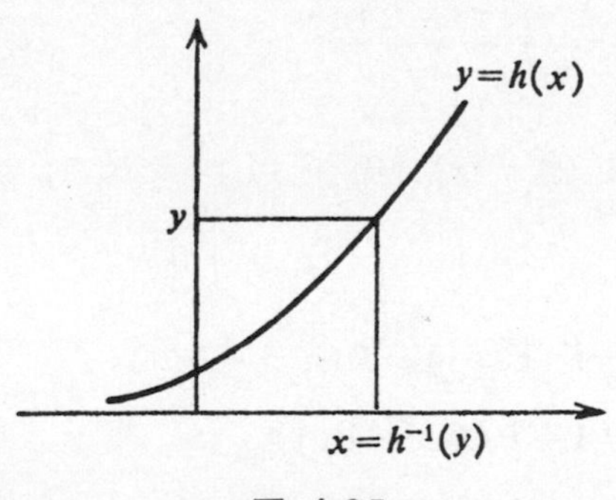

圖 4-25

在圖(4-25)中，y 是 x 的嚴格遞增函數。因此，若

$$y=h(x), x=h^{-1}(y),$$

其中 h^{-1} 稱爲 h 的逆函數 (inverse function)。所以倘若 h 爲嚴格遞增函數，則 $\{h(x)\leq y\}$ 與 $\{x\leq h^{-1}(y)\}$ 爲同義事件。

定理 4-1　設連續隨機變數X的機率密度函數爲 $f(x)$, $f(x)>0$, 於區間 $a<x<b$。倘若 $y=h(x)$ 是嚴格單調 (strictly monotone) 函數，並且對所有 x 而言，該函數爲可微分(因此是連續函數)，則

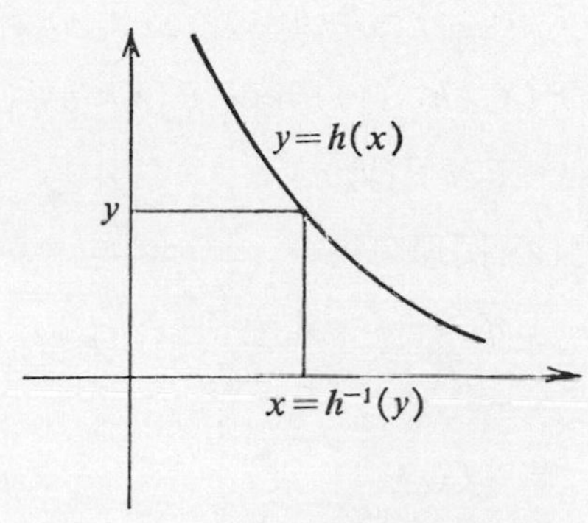

圖 4-26

隨機變數 $Y=h(X)$ 有機率密度函數 $g(y)$

$$g(y)=f(x)\left|\frac{dx}{dy}\right| \tag{4-10}$$

若 $h(x)$ 爲遞增，則對於所有滿足 $h(a)<y<h(b)$ 的 y 值，$g(y)$ 不爲零；若 $h(x)$ 爲遞減，則對於所有滿足 $h(b)<y<h(a)$ 的 y 值，$g(y)$ 不爲零。

證明: (*a*) 假定 h 爲嚴格遞增函數，則

$$G(y)=P(Y\leq y)=P(h(x)\leq y)$$
$$=P(X\leq h^{-1}(y))=F(h^{-1}(y))$$

設 $x=h^{-1}(y)$ 則 $G(y)=F(x)$

對於 $G(y)$ 微分，利用微分連鎖律

$$\frac{dG(y)}{dy}=\frac{dF(x)}{dx}\ \frac{dx}{dy}$$

因此

$$G'(y)=\frac{dF(x)}{dx}\ \frac{dx}{dy}=f(x)\frac{dx}{dy}$$

(*b*) 假若 h 爲嚴格遞減函數，則

$$\begin{aligned}G(y)&=P(Y\leq y)=P(h(X)\leq y)\\&=P(X\geq h^{-1}(y))=1-P(X\leq h^{-1}(y))\\&=1-F(h^{-1}(y))\end{aligned}$$

設 $x=h^{-1}(y)$ 同理可得

$$\frac{dG(y)}{dy}=\frac{dG(y)}{dx}\ \frac{dx}{dy}=\frac{d}{dx}[1-F(x)]\frac{dy}{dx}$$

$$=-f(x)\frac{dx}{dy}$$

上式的 $g(y)>0$，因爲 y 若對 x 是遞減函數，x 也是 y 的遞減函數，因此 $\frac{dx}{dy}<0$，所以如果採用絕對值，我們就可以把 (*a*) 與 (*b*) 的結果合併，得到如定理所敍述的結論。

例 4-28 我們利用定理 4-1，重新考慮例 4-26 和例 4-27

(*a*) 對於例 4-26，$f(x)=2x\ \ 0<x<1$，而 $y=3x+1$

因此 $x=\frac{y-1}{3}\quad \frac{dx}{dy}=\frac{1}{3}$

所以 $g(y)=2\left[\frac{y-1}{3}\right]\cdot\frac{1}{3}=\frac{2}{9}(y-1)\qquad 1<y<4$

(*b*) 對於例 4-27，我們有 $f(x)=2x$，$0<x<1$，而 $y=e^{-x}$

因此　$x=-\ln y,\quad \dfrac{dx}{dy}=-\dfrac{1}{y}$

所以　$g(y)=\dfrac{-2(\ln y)}{y}\qquad \dfrac{1}{e}<y<1$

以上結果與先前所得全然相同。讀者請注意假若 $y=h(x)$ 並非 x 的單調函數，就不能直接採用上述方法。

例 4-29　已知隨機變數 X 的機率密度函數爲

$$f(x)=x+\frac{1}{2}\qquad 0\leq x\leq 1$$

$$=0\qquad 其他$$

(1) 試求 X 的分布函數 $F(x)$

(2) 若 $Y=X^2$，試求 Y 的分布函數 $G(y)$ 和其機率密度函數 $g(y)$

(3) 試求 $P(Y>0.36)$

解： (1) X 的分布函數爲

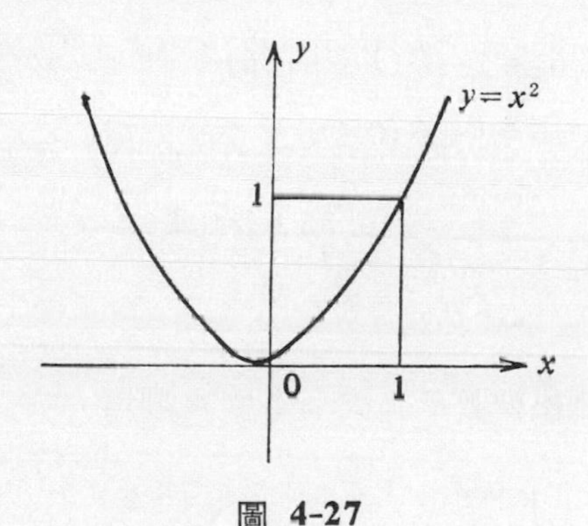

圖 4-27

$$F(x)=\begin{cases} 0 & x<0 \\ \displaystyle\int_0^x\left(t+\frac{1}{2}\right)dt & 0\leq x<1 \\ 1 & x\geq 1 \end{cases}$$

$$=\begin{cases} 0 & x<0 \\ \frac{1}{2}(x+x^2) & 0\le x<1 \\ 1 & x\ge 1 \end{cases}$$

(2) $G(y)=P(Y\le y)=P(X^2\le y)$

由於 $y=x^2$ 在 $0\le x\le 1$ 中爲嚴格單調遞增函數，所以

$$G(y)=P(X\le \sqrt{y})=F(\sqrt{y})$$

$$=\begin{cases} 0 & y<0 \\ \frac{1}{2}(y+\sqrt{y}) & 0\le y<1 \\ 1 & y\ge 1 \end{cases}$$

因此 $Y=X^2$ 的機率密度函數爲

$$g(y)=\frac{1}{2}\left(1+\frac{1}{2\sqrt{y}}\right) \qquad 0<y<1$$

$$=0 \qquad\qquad 其他$$

(3) $P(Y>0.36)=1-P(Y\le 0.36)$

$$=1-G(0.36)$$

$$=1-\frac{1}{2}(0.36+\sqrt{0.36})$$

$$=0.52$$

例 4-30 設連續隨機變數 X 的機率密度函數爲

$$f(x)=\begin{cases} 1/2 & -1<x<1 \\ 0 & 其他 \end{cases}$$

試求 $Y=X^2$ 的機率密度函數 $g(y)$。

解： 設 $Y=X^2$，由於這函數在 $(-1,1)$ 顯然不是單調函數，因此用下面的方法求 $Y=X^2$ 的機率密度函數。

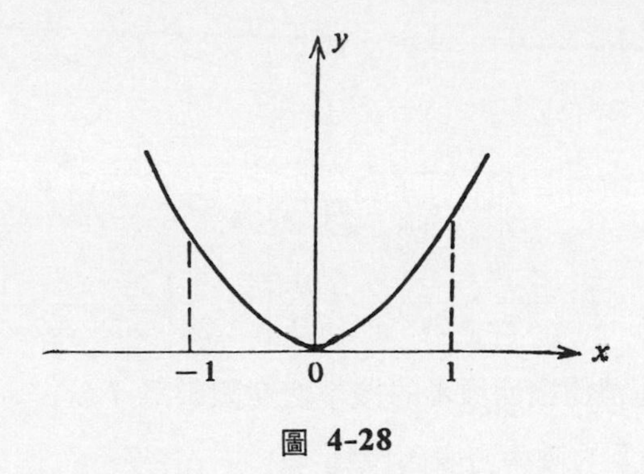

圖 4-28

(1) $G(y)=P(Y\leq y)=P(X^2\leq y)$

$=P(-\sqrt{y}\leq X\leq\sqrt{y})$

$=F(\sqrt{y})-F(-\sqrt{y})$

$$g(y)=\frac{f(\sqrt{y})}{2\sqrt{y}}-\frac{f(-\sqrt{y})}{-2\sqrt{y}}$$

$$=\frac{1}{2\sqrt{y}}(f(\sqrt{y})+f(-\sqrt{y}))$$

$$=\frac{1}{2\sqrt{y}}\left(\frac{1}{2}+\frac{1}{2}\right)$$

$$=\frac{1}{2\sqrt{y}}\qquad 0<y<1$$

(2) 在本例中 $\{Y\leq y\}$ 在 R_X 的同義事件爲 $\{-1<X<1\}$

我們將它分成兩部份 $\{-1<X<0\}$ 和 $\{0<X<1\}$

則在這兩個集合 $y=x^2$ 均爲嚴格單調函數。

所以

$$g(y)=\begin{cases}\dfrac{1}{2\sqrt{y}} & 0<y<1\\ 0 & \text{其他}\end{cases}$$

(i) $-1<x<0 \qquad x=-\sqrt{y}$

(ii) $0<x<1 \qquad x=\sqrt{y}$

因此　$g(y)=f(\sqrt{y})\dfrac{d\sqrt{y}}{dy}+f(-\sqrt{y})\left|\dfrac{d(-\sqrt{y})}{dy}\right|$

$$=\frac{1}{2}\cdot\frac{1}{2\sqrt{y}}+\frac{1}{2}\left|-\frac{1}{2\sqrt{y}}\right|=\frac{1}{2\sqrt{y}}$$

定理 4-2　若連續隨機變數X的機率密度函數爲 $f(x)$，$-a<x<a$ 而且 $Y=X^2$，則Y的機率密度函數爲

$$g(y)=\frac{1}{2\sqrt{y}}[f(\sqrt{y})+f(-\sqrt{y})] \qquad 0<y<a^2 \quad (4-11)$$

例 4-31　設連續隨機變數X的機率密度函數爲

$$f(x)=\begin{cases}1/3 & -1<x<2\\ 0 & \text{其他}\end{cases}$$

試求 $Y=X^2$ 的機率密度函數。

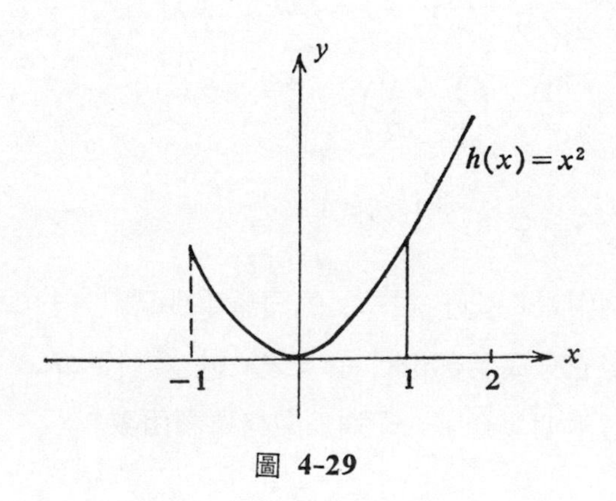

圖 4-29

解:　當 $-1<x<1$ 由定理 4-2 知

$$g(y)=\frac{1}{2\sqrt{y}}[f(\sqrt{y})+f(-\sqrt{y})]$$

$$=\frac{1}{2\sqrt{y}}[1/3+1/3]=\frac{1}{3\sqrt{y}} \qquad 0<y<1$$

當 $1<x<2$, $Y=X^2$ 為單調遞增函數，此時

$$x=\sqrt{y},$$

$$g(y)=f(x)\left|\frac{dx}{dy}\right|=f(\sqrt{y})\left|\frac{1}{2\sqrt{y}}\right|$$

$$=\frac{1}{6\sqrt{y}} \qquad 1\leq y<4$$

因此

$$g(y)=\begin{cases}\dfrac{1}{3\sqrt{y}} & 0<y<1\\ \dfrac{1}{6\sqrt{y}} & 1\leq y<4\\ 0 & \text{其他}\end{cases}$$

4-7 本章提要

隨機變數的優點在於:

(1) 對某些屬質事件進行研究分析時，可藉隨機變數將其數量化。

(2) 當原事件的樣本空間相當繁雜時，可藉隨機變數將其簡化為較小的樣本空間，便於解決一切有關的問題。

隨機變數實際上是一種函數，它是現代機率理論中的基石，一般而言，隨機變數可分為三大類型: 離散型，連續型和混合型，但是以前二者較為重要，因此在往後的章節中，我們僅專注於這兩大型態隨機變數的探討。

本章同時介紹了累積分布函數的概念，對於隨機變數的分類正是以

分布函數的特性爲準則。本章並且研究了單一隨機變數的函數及其機率分布的求法。多元隨機變數的情形將另章研討之。

參考書目

1. P. L. Meyer *Introductory probability and statistical applications* 2nd edition Addison-Wesley 1970
2. Seymour Lipschtz *Theory and problems of probability* McGraw-Hill Book Co. 1968
3. Ramakant Khazanie *Basic probability theory and applications* Goodyear Publishing Co. 1976
4. I. N. Gibra *Probability and statistical inference for scientists and engineers* Prentice-Hall 1973
5. C. P. Tsokos *Probability Distributions: An introduction to probability theory with applications* Duxbury Press 1972
6. L. Breiman *Probability and stochastic processes wlth a view toward applications* Houghton Mifflin 1969
7. Ben Noble, *Applications of undergraduate mathematics in engineering,* The Mathematical Association of America, 1967
8. W. Mendenhall, R. L. Scheaffer, D. D. Wackerly, *Mathematical statistics wlth application,* 2nd ed., Duxbury press, 1981

習 題 四

1. (1) 何謂隨機變數，試定義之。

   (2) 隨機變數的好處何在。

2. 設隨機變數X的機率密度函數為:

$$f(x)=k(1+x^2)^{-\frac{n}{2}} \qquad -\infty<x<\infty$$

試定義k的值

3. 設隨機變數X的機率密度函數為:

$$f(x)=\begin{cases} kx^2e^{-kx} & k>0 \quad 0<x<\infty \\ 0 & \text{其他} \end{cases}$$

   (1) 試求k的值

   (2) 試求累積分布函數 $F(x)$

   (3) 試求 $P\left(0<X<\frac{1}{k}\right)$

4. 設k為常數，隨機變數X的機率函數

$$f(x)=\begin{cases} k & x=0 \\ 2k & x=1 \\ 3k & x=2 \\ 0 & \text{其他} \end{cases}$$

   (1) 試求k的值

   (2) 試求 ① $P(X<2)$ ② $P(X\leq 2)$ ③ $P(0<X<3)$

   (3) 當 $P(X\leq x)>0.5$ 時，x的最小值為何?

   (4) 確定X的分布函數

5. 設有甲、乙、丙三袋。甲袋內有紅球3個，白球2個；乙袋內有紅球2個，黑球3個，白球4個；丙袋內有紅球1個，黃球2個，白球3個。今於任一袋內抽出2球，得一紅一白，試求該2球抽自乙袋之機率。

6. 隨機自含黑球白球各一的袋中抽取一球，倘若所得為白球就停止，但若所

抽得爲黑球，則將黑球放回，同時再加入一個黑球，然後再抽一球。若爲白球就停止，否則就把黑球放回，並再加入一黑球。如此不斷進行，直至抽到白球爲止。設若X爲抽到白球所需次數，試寫出其機率函數。

7. 已知含 10 件製品的送驗批中有 2 件不良品，現隨機一一檢驗這些製品，若欲剔除所有不良品，設X表所需檢驗次數，試寫出其機率函數。

8. 投擲一公正硬幣三次，設隨機變數X表出現正面的次數
   (1) 試列出一表，顯示X的機率分布。
   (2) 試繪圖表示其分布。
   (3) 試求X的分布函數並繪圖表示之。

9. 一袋中有 5 白球及 3 黑球，若以不放回方式隨機取出兩球，以X表白球個數
   (1) 試求X的機率分布。
   (2) 試繪圖表示其分布。
   (3) 試求 $F(x)$ 並繪圖表之。

10. 上題若改以放回方式
   (1) 試求X的機率分布並繪圖表示之。
   (2) 試求 $F(x)$ 並繪圖表示之。

11. 已知隨機變數X的分布函數爲：

x	1	2	3	4
$F(x)$	$\frac{1}{8}$	$\frac{3}{8}$	$\frac{3}{8}$	1

試求 (1) X的機率函數
　　(2) $P(1\leq X\leq 3)$
　　(3) $P(X\geq 2)$
　　(4) $P(X<3)$
　　(5) $P(X>1.4)$

12. 已知隨機變數X的機率密度函數

$$f(x)=\begin{cases} ke^{-3x} & x>0 \\ 0 & x\leq 0 \end{cases}$$

試求 (1) 常數k的值。

(2) $P(1<X<2)$

(3) $P(X\geq 3)$

(4) $P(X<1)$

(5) $F(x)$

(6) 繪圖表示 $f(x)$ 和 $F(x)$

13. 已知隨機變數X的機率密度函數

$$f(x)=\begin{cases} kx^2 & 1\leq x\leq 2 \\ kx & 2<x<3 \\ 0 & \text{其他} \end{cases}$$

試求 (1) 常數k的值

(2) $P(X>2)$

(3) $P\left(\frac{1}{2}<X<\frac{3}{2}\right)$

(4) $F(x)$

14. 已知隨機變數的分布函數爲

$$F(x)=\begin{cases} 0 & x<0 \\ kx^3 & 0\leq x<3 \\ 1 & x\geq 3 \end{cases}$$

若 $P(X=3)=0$ 試求

(1) 常數k的值

(2) 機率密度函數 $f(x)$

(3) $P(x>1)$

(4) $P(1<X<2)$

15. 試問函數

$$F(x)=\begin{cases} k(1-x^2) & 0\leq x\leq 1 \\ 0 & \text{其他} \end{cases}$$

可以爲一分布函數嗎？請詳釋

16. 設隨機變數X的機率密度函數

$$f(x)=\begin{cases} kx & 0\leq x\leq 2 \\ 0 & \text{其他} \end{cases}$$

試求　(1) 常數k的值

(2) $P\left(\frac{1}{2}<X<\frac{3}{2}\right)$

(3) $P(X>1)$

(4) 分布函數 $F(x)$

17. 投擲一公正硬幣一次，設X表出現正面的次數，試寫出其累積分布函數。並繪圖表示之。

18. 投擲二公正骰子一次，設 X_k 表第 k 骰子出現朝上的點數，$k=1,2$，則 X_1，X_2 爲不同的隨機變數，但二者有相同的機率函數和累積分布函數，試寫出 X_1 的機率函數及其累積分布函數，並繪圖表示之。

19. 在上題中，設隨機變數 $Y=|X_1-X_2|$，試寫出 Y 的機率函數和累積分布函數。

20. 某新婚夫婦計劃生育三子女，若隨機變數X表男孩數；假設生男孩與女孩的機率相等。

(1) 試求X的機率函數，並以圖繪之。

(2) 試求X的分布函數 $F(x)$，並以圖形表示。

21. 設隨機變數X的機率密度函數爲

$$f(x)=k/x^2+1 \qquad -\infty<x<\infty$$

(1) 試求k之值。

(2) 試求 $P(1/3\leq X^2\leq 1)$。

(3) 試求X的分布函數 $F(x)$。

22. 設隨機變數X的分布函數爲

$$F(x)=\begin{cases} 0 & x<0 \\ 1-e^{-2x} & x\geq 0 \end{cases}$$

試求 (1) X的機率密度函數。

(2) $P(X>2)$。

(3) $P(-3<X\leq 4)$。

23. 設隨機變數X的機率函數爲

$$f(x)=\begin{cases} 2^{-x} & x=1,2,3\cdots\cdots \\ 0 & \text{其他} \end{cases}$$

試求 $Y=X^4+1$ 的機率函數。

24. 設隨機變數X的機率密度函數爲

$$f(x)=\begin{cases} x^2/81 & -3<x<6 \\ 0 & \text{其他} \end{cases}$$

試求 (1) $Y=1/3(12-X)$ 的機率函數。

(2) $Y=X^2$ 的機率函數。

25. 設隨機變數X的機率密度函數爲

$$f(x)=\begin{cases} 6x(1-x) & 0<x<1 \\ 0 & \text{其他} \end{cases}$$

試求 $Y=X^3$ 的機率密度函數

26. 若 $Y=|X|$，試證

$$g(y)=\begin{cases} f(y)+f(-y) & y>0 \\ 0 & \text{其他} \end{cases}$$

27. 設X表投擲一公正硬幣 4 次所得正面次數

(1) 試求 $Y=\dfrac{1}{1+X}$ 的機率分布。

(2) 試求 $Z=(X-2)^2$ 的機率分布。

28. 設X的機率密度函數爲

$$f(x)=\begin{cases} e^{-x} & x>0 \\ 0 & \text{其他} \end{cases}$$

試求 $Y=\sqrt{X}$ 的機率密度函數。

29. 設X的機率函數爲

$$g(x)=\begin{cases} \frac{1}{3}\left(\frac{2}{3}\right)^{x-1} & x=1,2,3,\cdots\cdots \\ 0 & \text{其他} \end{cases}$$

試求 $Y=4-5X$ 的機率分布。

30. 試檢定下列函數是否爲一機率函數，若符合條件，則計算 $P(3<X<4)$ 的機率

$$f(x)=\begin{cases} \frac{1}{18}(3+2x) & 2<x<4 \\ 0 & \text{其他} \end{cases}$$

31. 設隨機變數X的機率密度函數爲

$$f(x)=\begin{cases} 4x^3 & 0<x<1 \\ 0 & \text{其他} \end{cases}$$

(1) 試求數値 a，使 x 大於和小於 a 的機率相等

(2) 試求數値 b，使 x 大於 b 的機率爲 0.05

32. 設隨機變數X的累積分布函數爲

$$F(x)=\begin{cases} 0 & x<0 \\ \frac{1}{8}(x+1) & 0\leq x<1 \\ \frac{1}{2} & 1\leq x<2 \\ \frac{1}{8}x+\frac{1}{2} & 2\leq x<4 \\ 1 & x\geq 4 \end{cases}$$

(1) 試繪出 $F(x)$ 的圖形

(2) 試求下列各機率的値

(i) $P(X=2)$　　(ii) $P(X=3)$

(iii) $P(X>0)$　　(iv) $P(X>2)$

(v) $P(1<X<3)$　　(vi) $P(X>2|X>0)$

(vii) $P(X<3|X>1)$

33. 已知隨機變數X的機率函數爲

$$f(x)=\begin{cases} \frac{1}{3} & x=1,2,3 \\ 0 & \text{其他} \end{cases}$$

試求隨機變數 $Y=2X-1$ 的機率函數。

34. 已知隨機變數X的機率分布爲

$$f(x)=\begin{cases} \frac{1+x}{2} & -1<x<1 \\ 0 & \text{其他} \end{cases}$$

試求隨機變數 $Y=X^2$ 的機率分布

35. 對於某一危險性高的行業，在全國各地，經長期數據的蒐集顯示，以長期平均數値來說，在該行業中，每月有一致命意外的發生。設X表在一個月中致命事件發生的次數，其累積分布函數如下表所示

x	$F(x)$
0	0.36788
1	0.73576
2	0.91970
3	0.98101
4	0.99634
5	0.99941
6	0.99992
7	0.99999
8	1.00000

試回答下列問題

(1) 在一個月中，致命事件不多於 3 件的機率

(2) 在一個月中，致命事件至多發生 2 件的機率

(3) 在一個月中，致命事件發生少於 4 件的機率

(4) 在一個月中，致命事件發生多於 4 件的機率

(5) 在一個月中，致命事件發生不少於 2 件的機率

(6) 在一個月中，致命事件發生至少 4 件的機率

(7) 在一個月中，致命事件發生恰為 2 件的機率

(8) 在一個月中，致命事件發生在 3 至 5 件之間的機率

36. 以下四個函數僅有一個全然符合機率密度函數的條件，試指出那一個是機率密度函數，並且說明其他函數不滿足的條件為何

(1) $f(x)=\begin{cases} 3x^2 & 0\leq x\leq 2 \\ 0 & 其他 \end{cases}$

(2) $f(x)=\begin{cases} \dfrac{4x}{3}-1 & 1\leq x\leq 2 \\ 0 & 其他 \end{cases}$

(3) $f(x)=\begin{cases} \dfrac{3}{2}x-1 & 0\leq x\leq 2 \\ 0 & 其他 \end{cases}$

(4) $f(x)=\begin{cases} \dfrac{x}{10} & x=1,2,3,4 \\ 0 & 其他 \end{cases}$

37. 設 X 表一連續隨機變數，其機率密度函數為

$$f(x)=\begin{cases} \dfrac{x}{8} & 0\leq x\leq 4 \\ 0 & 其他 \end{cases}$$

設事件 E_1, E_2, E_3 分別為

$$E_1=\{x \mid -\infty<x\leq 2\}$$

$$E_2=\{x \mid 1\leq x\leq 3\}$$

$$E_3=\{x \mid 2\leq x<\infty\}$$

(1) 試寫出 $f(x)$ 的累積分布函數 $F(x)$

(2) 試決定以下各機率

(i) $P(E_1)$　　(ii) $P(E_1\cap E_2)$

(iii) $P(E_2\cap E_3)$　　(iv) $P(E_2\cup E_3)$

(v) $P(E_2|E_3)$

(3) 事件 E_2 和 E_3 是否為獨立? 試解釋之

第五章　隨機變數的期望值

5-1　緒　　論

在確定模式中，通常我們把關係式 $ax+by=0$ 視爲 x 和 y 之間的線性關係，常數 a，b 爲該關係式的參數（parameters），就是說任意選取 a 和 b，我們就可以得到一個線性方程式。在其他情形下，例如 $y=ax^2+bx+c$ 就需要更多的參數來決定該函數的關係式。但如 $y=e^{-kx}$ 則只要一個參數就夠了。一個關係式固然會受不同參數的影響，反過來說，關係式也能定義適切的參數。例如：若 $ax+by=0$ 則 $m=-\frac{a}{b}$ 代表該直線的斜率。又如：$y=ax^2+bx+c$ 則 $x=-\frac{b}{2a}$ 時會得到極大值或極小值。在隨機數學模式中，參數也可以決定機率分布的特性。尤其對許多的機率分布來說，參數實大有助益於了解分布的性質。在本章中我們將討論機率理論上一些重要的參數。

5-2 期望值的定義

倘若隨機變數及其機率分布均已確定，我們是否可以設法利用一些適切的參數來表示機率分布呢？於回答這個問題之前，我們先考慮下面的例子。

例 5-1 某工廠的電纜切割機，將電纜切成一定的長度，但由於機器並不十分精密，因此所切成的電纜長度L為介於〔115, 125〕間的隨機變數。原訂標準長度為 120 公分，已知若$117\leq L<122$，每段電纜可賺 25 元，若 $L\geq 122$，電纜可重新切割，最後利潤為10元，若$L\leq 117$，則電纜必須作廢，損失 2 元。經統計計算結果，發現 $P(L\geq 122)=0.3$, $P(117\leq L<122)=0.5$, $P(L<117)=0.2$，假設我們共切割了N段，令 N_S 表 $L<117$ 的電纜段數，N_L 表 $L>122$的電纜段數，N_R 則表 $117\leq L<122$ 的段數，因此，總利潤T為

$$T=N_S(-2)+N_R(25)+N_L(10)$$

若每段的利潤為W

$$W=\frac{N_S}{N}(-2)+\frac{N_R}{N}(25)+\frac{N_L}{N}(10)$$

我們在前面曾提到，如果試驗重複次數相當多的話，則一事件的相對次數會接近於事件的發生機率。因此，倘若N很大，則$\frac{N_R}{N}$將趨近 0.2，$\frac{N_S}{N}\to 0.5$, $\frac{N_L}{N}\to 0.3$，則W趨近於

$$W\approx(0.2)(-2)+(0.5)(25)+(0.3)(10)=151$$

換句話說，若該工廠製造很多的電纜，每小段電纜期望能賺151元，這個數值稱為W的期望值 (expectation, expected value)。

定義 5-1　設X爲一離散隨機變數，其可能值爲 $x_1, x_2 \cdots\cdots x_n, \cdots\cdots$設

$$p(x_i) = P(X = x_i), i = 1, 2 \cdots\cdots n, \cdots\cdots$$

則X的期望值以$E(X)$或μ表示。若級數 $\sum_{i=1}^{\infty} x_i p(x_i)$ 爲絕對收斂，

亦即 $\sum_{i=1}^{\infty} |x_i| p(x_i) < \infty$，則界定

$$E(X) = \sum_{i=1}^{\infty} x_i p(x_i),$$

這數值也稱爲X的平均數 (mean value)。

若X的可能值個數爲有限，則上式 $E(X) = \sum_{i=1}^{n} p(x_i) x_i$ 也可視爲 $x_1, x_2 \cdots\cdots x_n$ 的加權平均 (weighted average)，假若所有 x_i 出現的機率相同，則 $E(X) = \frac{1}{n} \sum_{i=1}^{n} x_i$ 代表 $x_1, x_2 \cdots\cdots x_n$ 等 n 個數的算術平均數 (arithmetic mean)。

例如投擲一公正骰子，隨機變數X代表出現的點數，則

$$E(X) = \frac{1}{6}(1+2+3+4+5+6) = \frac{7}{2}$$

事實上，$E(X) = \frac{7}{2}$ 並不是X的可能值，而是我們重複觀察很多次獨立的出象，得到 $x_1, x_2 \cdots\cdots x_n$，然後將這些數值平均所得的平均數值。在通常的情形下，算術平均數會很接近 $E(X)$。例如在上例情況中，倘若投擲骰子越多次，則平均數將愈接近 7/2。

例 5-2　隨機自含黑球、白球各一的袋中抽取一球，倘若所取爲白球就停止，但若所抽爲黑球，則將黑球放回，同時再加入一黑球，然後再抽一球，若爲白球就停止，否則就把黑球放回，並再放入一黑球，如

此不斷進行，直至抽到白球爲止，試問期望抽多少次，才會抽到白球。

解： 設X爲可能抽取的次數，則 $x=1,2,3\cdots\cdots$ 其所對應的機率分別爲

$$\left(\frac{1}{2}\right),\ \left(\frac{1}{2}\right)\left(\frac{1}{3}\right),\ \left(\frac{1}{2}\right)\left(\frac{2}{3}\right)\left(\frac{1}{4}\right)\cdots\cdots$$

例如$x=3$，則前二次均爲抽到黑球，第三次抽到白球，因此

$$P(X=3)=\left(\frac{1}{2}\right)\left(\frac{2}{3}\right)\left(\frac{1}{4}\right)$$

$$E(X)=1\cdot\left(\frac{1}{2}\right)+2\cdot\left(\frac{1}{2}\right)\left(\frac{1}{3}\right)+3\left(\frac{1}{2}\right)\left(\frac{2}{3}\right)\left(\frac{1}{4}\right)+\cdots\cdots$$

$$=\left(\frac{1}{2}\right)+\left(\frac{1}{3}\right)+\left(\frac{1}{4}\right)\cdots\cdots\to\infty$$

即其期望值不存在。

例 5-3 設隨機變數X的機率函數爲

$$P(X=k)=\binom{n}{k}p^k(1-p)^{n-k} \qquad k=0,1,2\cdots\cdots n$$

$$=0 \qquad\qquad 其他$$

則X稱爲二項分布，試證：$E(X)=np$

證明：

$$E(X)=\sum_{k=0}^{n}k\frac{n!}{k!(n-k)!}p^k(1-p)^{n-k}$$

$$=\sum_{k=1}^{n}\frac{n!}{(k-1)!(n-k)!}p^k(1-p)^{n-k}$$

令 $s=k-1$ 則 $k=s+1$

$$E(X)=\sum_{s=0}^{n-1}\frac{n!}{s!(n-s-1)!}p^{s+1}(1-p)^{n-s-1}$$

$$=np\sum_{s=0}^{n-1}\frac{(n-1)!}{s![(n-1)-s]!}\cdot p^s(1-p)^{(n-1)-s}$$

$$=np\sum_{s=0}^{n-1}\binom{n-1}{s}p^s(1-p)^{(n-1)-s}$$

$$=np[p+(1-p)]^{n-1}$$

$$=np$$

例 5-4　某袋內裝有標明 k 號的球 k 個，$k=1,2,\cdots\cdots n$，若 X 表示由袋中隨機取出之球上號數，試求 X 的機率函數及期望值 $E(X)$？

解：依題意知袋內總球數爲

$$1+2+3+\cdots\cdots+n=\frac{n(n+1)}{2}$$

由於抽到每個球的機率爲相等可能，因此得知取出 x 號球的機率爲

$$P(X=x)=\frac{x}{\frac{1}{2}n(n+1)}=\frac{2x}{n(n+1)} \qquad x=1,2,3\cdots\cdots n$$

所以

$$E(X)=\sum_{x=1}^{n}xP(X=x)$$

$$=\sum_{x=1}^{n}x\cdot\frac{2x}{n(n+1)}$$

$$=\frac{2}{n(n+1)}\cdot\sum_{x=1}^{n}x^2=\frac{2}{n(n+1)}\cdot\frac{n(n+1)(2n+1)}{6}$$

$$=\frac{2n+1}{3}$$

定義 5-2　設 X 爲連續隨機變數，其機率密度函數爲 $f(x)$。X 的期望值以 $E(X)$ 或 μ 表示，若 $\int_{-\infty}^{\infty}|x|f(x)\,dx<\infty$，則界定

$$E(X)=\int_{-\infty}^{\infty}xf(x)\,dx \qquad (5\text{-}2)$$

例 5-5　若隨機變數 X 的機率密度函數爲

$$f(x)=\frac{1}{x^2} \qquad 1<x<\infty$$

$$=0 \qquad \text{其他區域}$$

則其期望值 $E(X)$ 不存在，因爲

$$E(X)=\int_1^\infty xf(x)\,dx=\int_1^\infty x\cdot\frac{1}{x^2}dx$$

$$=\lim_{b\to\infty}\int_1^b \frac{1}{x}dx=\lim_{b\to\infty}[\ln b-\ln 1] \text{ 不存在}$$

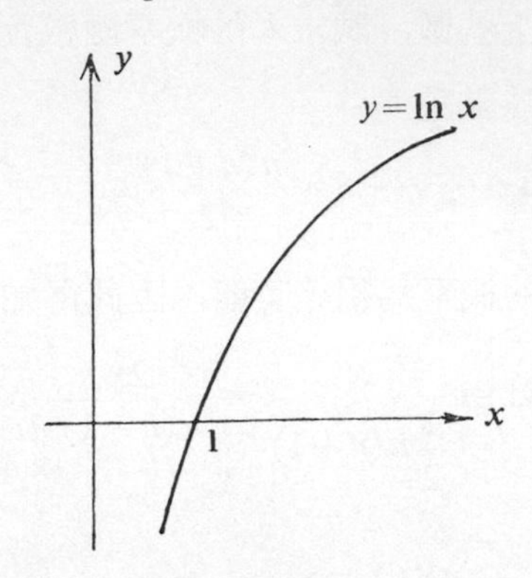

圖 5-1

在 $E(X)$ 的定義中即已明言，於連續情況 $\int_{-\infty}^{\infty}|x|f(x)\,dx<\infty$ 則 $E(X)$ 存在。我們現在就這點再深入研究一下。

已知：機率密度函數 $f(x)\geq 0$。因此，

若 $x\geq 0$ $\quad xf(x)\geq 0$

$x\leq 0$ $\quad xf(x)\leq 0$

$xf(x)$ 的圖形如下所示

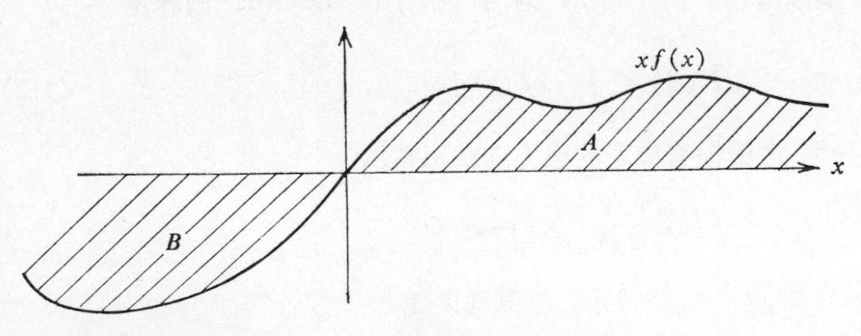

圖 5-2

設若曲線$xf(x)$之下，x軸之上所圍成的面積以A代表，曲線$xf(x)$之上，x軸之下所圍成的面積以B代表，則由幾何圖形可得

$$\int_{-\infty}^{\infty} xf(x)\,dx = A - B$$

$$\int_{-\infty}^{\infty} |x| f(x)\,dx = A + B$$

A, B有下列四種可能：

(1) $A=\infty$ 和 $B=\infty$

(2) $A=\infty$ 和 $0\leq B<\infty$

(3) $0\leq A<\infty$ 和 $B=\infty$

(4) $0\leq A<\infty$ 和 $0\leq B<\infty$

在前三種情形下，$A+B=\infty$，同時 $A-B$ 並非有限值，即 $\int_{-\infty}^{\infty} |x| f(x)\,dx=\infty$ 和 $\int_{-\infty}^{\infty} xf(x)\,dx$ 不存在；僅於第 (4) 種情形 $A+B$ 和 $A-B$ 均爲有限值，因此得知當滿足 $\int_{-\infty}^{\infty} |x| f(x)\,dx<\infty$ 時，$\int_{-\infty}^{\infty} xf(x)\,dx$ 方可界定。

期望值的幾何解釋：

定理 5-1　若隨機變數X的分布函數F滿足下列條件

(1) 當 $x\to -\infty$　　$xF(x)\to 0$

(2) 當 $x\to\infty$　　$x[1-F(x)]\to 0$

則 $E(X)=\int_{0}^{\infty}(1-F(x))\,dx-\int_{-\infty}^{0}F(x)\,dx$

證明：$E(X)=\int_{-\infty}^{\infty} xf(x)\,dx$

$$=\int_{-\infty}^{0} xf(x)\,dx+\int_{0}^{\infty} xf(x)\,dx$$

$$=\int_{-\infty}^{0} x\,dF(x)+\left[-\int_{0}^{\infty} x\,d(1-F(x))\right]$$

利用部分積分法

$$=\left(xF(x)\Big|_{-\infty}^{0}-\int_{-\infty}^{0}F(x)\,dx\right)$$

$$+\left[-x(1-F(x))\Big|_{0}^{\infty}+\int_{0}^{\infty}(1-F(x))\,dx\right]$$

$$=-\int_{-\infty}^{0}F(x)\,dx+\int_{0}^{\infty}(1-F(x))\,dx$$

$$=\int_{0}^{\infty}(1-F(x))\,dx-\int_{-\infty}^{0}F(x)\,dx$$

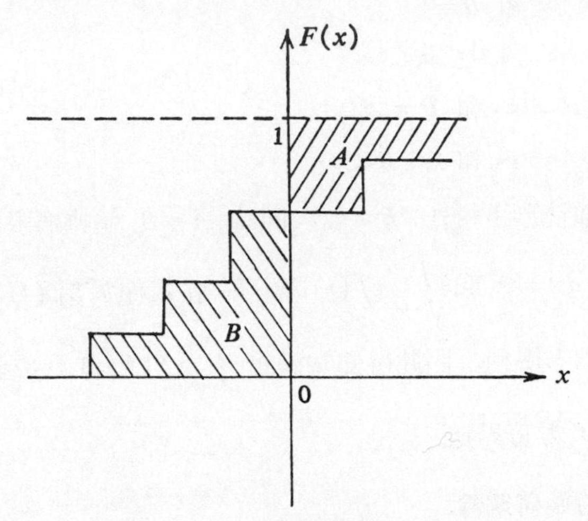

(a) 離散情形

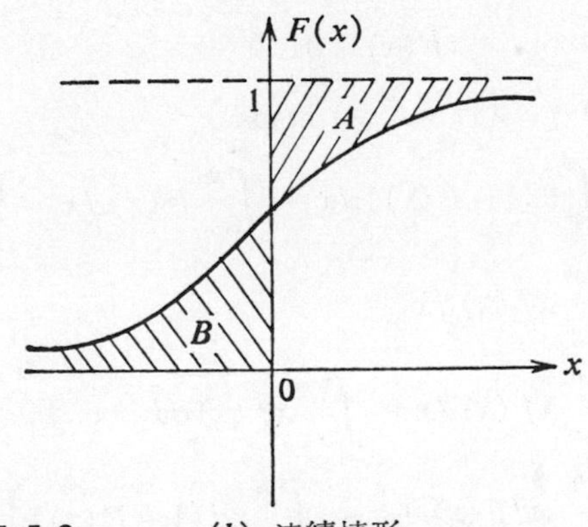

圖 5-3　(b) 連續情形

讀者請注意，在期望值的幾何解釋中，$\int_{-\infty}^{0} F(x)\,dx$ 代表分布函數 F 由 $-\infty$ 至 0 的面積（即圖 5-3 中 B 的部份）。$\int_{0}^{\infty}(1-F(x))\,dx$ 爲圖形 $\{1-F(x)\}$ 由 0 至 ∞ 的部份（即圖 5-2 中 A 的部份）定理 5-1 即表示一隨機變數的期望值爲 $A-B$（即二面積之差）。

例 5-6　若連續隨機變數 X 的機率密度函數爲

$$f(x)=\alpha e^{-\alpha x} \qquad 0<x<\infty$$
$$=0 \qquad \text{其他}$$

試求 X 的期望值

解: (法一)　$E(X)=\int_{-\infty}^{\infty} xf(x)\,dx=\int_{0}^{\infty} x\alpha e^{-\alpha x}dx=\frac{1}{\alpha}$

(法二)　X 的分布函數爲

$$F(x)=\begin{cases}0 & x<0\\ 1-e^{-\alpha x} & 0\leq x<\infty\end{cases}$$

因此

$$E(X)=\int_{0}^{\infty}(1-F(x))\,dx-\int_{-\infty}^{0}F(x)\,dx$$
$$=\int_{0}^{\infty}(1-1+e^{-\alpha x})\,dx=\frac{1}{\alpha}$$

隨機變數 X 是由樣本空間 S 映至值域 R_X 的函數，通常我們所關心的只是值域 R_X 和定義在其上的機率分布。期望值的觀念全部是以值域 R_X 來定義的，但是有時我們也應觀察 X 的函數特性。譬如說，如何以 $s\in S$（假定 S 爲有限）來表示 (5-1) 式呢？

因爲對某些 $s\in S$, $X(s)=x_i$，而且由於:

$p(x_i)=P[s\,|\,X(s)=x_i]$ 簡寫爲 $P(s)$，因此我們可以寫成

$$E(X)=\sum_{i=1}^{n}x_i p(x_i)=\sum_{s\in S}X(s)P(s) \tag{5-3}$$

例 5-7　某檢驗將三件產品分爲 D（不良品）或 N（良品）則其樣本空間爲

$$S=\{NNN, NND, NDN, DNN, NDD, DND, DDN, DDD\}$$

設 X 表不良品數，而且 S 內各出象爲相等可能，則

$$E(X)=\sum_{s\in S}X(s)P(s)$$

$$=0\cdot\frac{1}{8}+1\cdot\frac{1}{8}+1\cdot\frac{1}{8}+1\cdot\frac{1}{8}+2\cdot\frac{1}{8}+2\cdot\frac{1}{8}+2\cdot\frac{1}{8}$$

$$+3\cdot\frac{1}{8}$$

$$=\frac{3}{2}$$

當然，本結果利用 5-1 式很容易得到，然而要利用 5-1 式必須要先知道隨機率數 X 的機率分布 $p(x_i)$。

5-3　隨機變數函數的期望值

假設已知隨機變數及其機率分布，但我們並非想要計算 $E(X)$，而是要求 X 的函數 $g(X)$ 的期望值，例如：$E(X^2)$ 或 $E(e^X)$，應如何下手呢？方法之一如下：因爲 $g(X)$ 本身也是隨機變數，必有一機率分有，由 X 的分布可求得 $g(X)$ 的分布，然後依期望值的定義卽可求出 $E[g(X)]$。

例 5-8　投擲一枚不偏的硬幣兩次，設 X 代表出現正面的次數，試求 $E(X^2)$

解：X 的機率函數爲

$$P(X=x)=\frac{1}{4}\qquad x=0$$

$$=\frac{1}{2} \qquad x=1$$

$$=\frac{1}{4} \qquad x=2$$

$$=0 \qquad 其他$$

因此若令 $Y=X^2$ 則 Y 的機率函數爲

$$P(Y=0)=P(X=0)=\frac{1}{4}$$

$$P(Y=1)=P(X=1)=\frac{1}{2}$$

$$P(Y=4)=P(X=2)=\frac{1}{4}$$

所以 $E(X^2)=E(Y)=0\cdot\frac{1}{4}+1\cdot\frac{1}{2}+4\cdot\frac{1}{4}=\frac{3}{2}$

讀者請注意, $\frac{3}{2}=E(X^2)\neq[E(x)]^2=1$

例 5-9　設隨機變數 X 的機率密度函數

$$f(x)=1 \qquad 0<x<1$$

$$=0 \qquad 其他$$

試求 $E(e^X)$

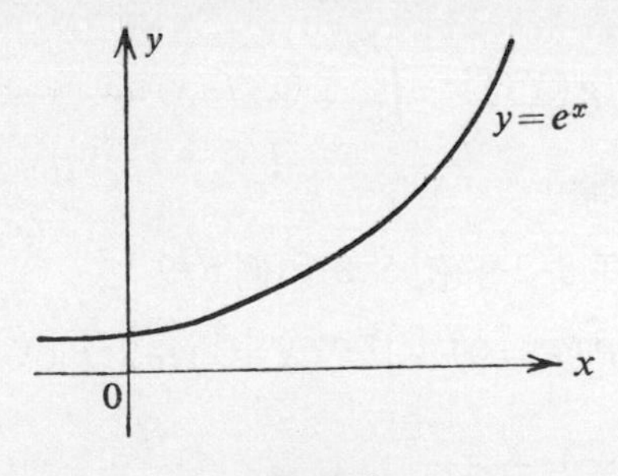

圖 **5-4**

解: 設 $Y=e^X$ 由於 $y=e^x$ 爲嚴格單調函數 $x=\ln y$

$$\frac{dx}{dy}=\frac{1}{y}$$

由定理 4-1 可得 Y 的機率密度函數

$$\begin{aligned} g(y) &= f(x)\frac{dx}{dy} \\ &= f(\ln y)\frac{1}{y} \\ &= \frac{1}{y} \qquad 1\leq y\leq e \end{aligned}$$

因此 $$\begin{aligned} E(e^X)=E(Y) &= \int_{-\infty}^{\infty} yg(y)\,dy \\ &= \int_1^e dy=e-1 \end{aligned}$$

雖然採用上述方法必然能求得 $E(g(X))$ 的值，然而另外一個求 $E(g(X))$ 的方法，不必先計算 $g(X)$ 的機率函數，似乎比較簡便。

定理 5-2 (1) 若 X 爲一離散隨機變數，其機率函數爲 $p(x)$，則對於任意實數值函數 $g(x)$

$$E(g(X))=\sum_{X;P(x)>0} g(x)p(x) \tag{5-4}$$

(2) 若 X 爲一連續隨機變數，其機率密度函數爲 $f(x)$，則對於任意實數值函數 $g(x)$

$$E(g(X))=\int_{-\infty}^{\infty} g(x)f(x)\,dx \tag{5-5}$$

（證明從略）

例 5-10 試利用定理 5-2 解例 5-8 和例 5-9

解: (i) $E(X^2)=0^2P(X=0)+1^2P(X=1)+2^2P(X=2)$

$$=\frac{1}{2}+4\cdot\frac{1}{4}=\frac{3}{2}$$

(ii) $E(e^X)=\int_{-\infty}^{\infty} e^x f(x)\,dx$

$$=\int_0^1 e^x dx = e^x\Big|_0^1 = e-1$$

例 5-11　聖彼得堡詭論 (St. Petersburg's paradox)

甲乙二人進行投擲硬幣遊戲，若投擲的出象爲正面（人頭），則甲付給乙 1 元，若出象不爲正面，則繼續投擲至第一次出現正面爲止。若共投擲 n 次，則甲付給乙 2^{n-1} 元，試問乙應先付給甲多少錢，這個遊戲才算公平？

〔註〕柏努利 (Nicolaus Bernoulli,1695-1726) 瑞士數學家，曾在聖彼得堡提出以上詭論。

解: 首先我們要計算在遊戲結束時，乙所得的期望錢數，設 X 表示投擲次數

因爲乙可能得到 1 元，2 元，4 元……$g(x)=2^{x-1}$，其機率分別爲

$$\frac{1}{2},\ \left(\frac{1}{2}\right)^2,\ \left(\frac{1}{2}\right)^3\cdots\cdots$$

因此　$E[g(X)]=\left[\left(\frac{1}{2}\right)+2\left(\frac{1}{2}\right)^2+4\left(\frac{1}{2}\right)^3+\cdots\cdots\right]$

$$=\frac{1}{2}+\frac{1}{2}+\frac{1}{2}+\cdots\cdots\to\infty$$

根據以上計算期望值並不存在。

例 5-12　設 X 爲連續隨機變數，其機率密度函數爲

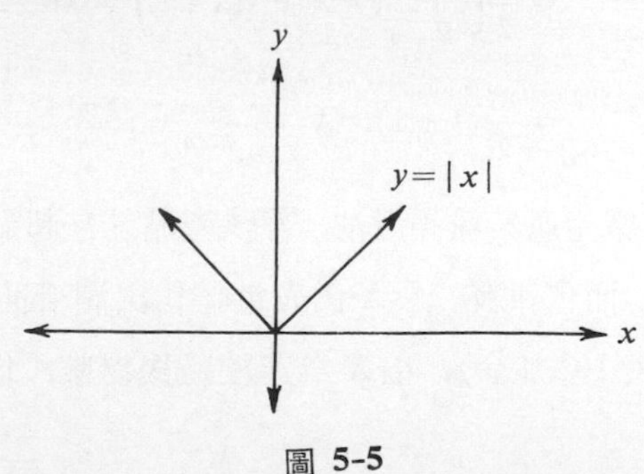

圖 5-5

$$f(x)=\frac{e^{x}}{2} \qquad x\leq 0$$

$$=\frac{e^{-x}}{2} \qquad x>0$$

試求 $Y=|X|$ 的期望值

解: 我們用兩種方法來解本題

(1) 若採用 $E(Y)$ 的定義，必須先求 $Y=|X|$ 的機率密度函數 $g(y)$。因為 $\{Y\leq y\}$ 在 R_X 的同義事件為 x 軸，即 $\{X\leq 0\}\cup\{X>0\}$ $y=|x|$ 在 $x\leq 0$ 和 $x>0$ 分別為嚴格單調函數

當 $x\leq 0$ $\quad y=-x$ $\quad$ 即 $x=-y$

$x>0$ $\quad y=x$ $\quad x=y$

因此 $$g(y)=f(-y)\left|\frac{d(-y)}{dy}\right|+f(y)\frac{dy}{dy}$$

$$=\frac{e^{-y}}{2}+\frac{e^{-y}}{2}=e^{-y} \qquad y\geq 0$$

$$=0 \qquad \text{其他}$$

所以 $$E(Y)=\int_{0}^{\infty}yg(y)\,dy=\int_{0}^{\infty}ye^{-y}dy=1$$

(2) 利用定理 5-2

$$E(Y)=\int_{-\infty}^{\infty}|x|f(x)\,dx$$

$$=\frac{1}{2}\left[\int_{-\infty}^{0}(-x)e^{x}dx+\int_{0}^{\infty}xe^{-x}dx\right]$$

$$=\frac{1}{2}(1+1)=1$$

例 5-13 某工廠生產某種潤滑油，若該產品儲存超過某段時間，則失去一些特性，而告報廢。設 X 代表每年售出潤滑油的單位數量（一單位數量代表 10^3 加侖），若 X 為連續隨機變數，均等分布於〔2, 4〕。

已知每售出一單位可淨賺 300 元，若產品在一年內沒有售出而廢棄，則每單位損失 100 元。假定廠商必須於每個年度開始之前就決定其產量，試問應生產多少單位方能使其期望利潤爲最大。

解： 由題意知 X 之機率密度函數爲

$$f(x)=\frac{1}{2} \qquad 2\leq x\leq 4$$
$$=0 \qquad \text{其他}$$

設廠商預定生產 u 單位，每年利潤爲 $g(u)$

則
$$g(u)=300u \qquad \text{若} \quad x\geq u$$
$$=300X+(-100)(u-X) \qquad \text{若} \quad x<u$$
$$=400x-100u$$

因此
$$E[g(u)]=\int_{-\infty}^{\infty} g(u)f(x)\,dx$$
$$=\frac{1}{2}\int_2^4 g(u)\,dx$$

依題意知，欲求使 $E(g(u))$ 爲極大的 u 值

爲了求出上式積分，必須考慮三種情形

(i) $u\leq 2 \quad E(g(u))=\frac{1}{2}\int_2^4 300u\,dx=300u$

(ii) $2<u<4$ 可分爲 $2<x<u<4$ 和 $2<u<x<4$ 兩種情形

$$E(g(u))=\frac{1}{2}\int_2^u (400x-100u)\,dx+\frac{1}{2}\int_u^4 300u\,dx$$
$$=-100u^2+700u-400$$

(iii) $4\leq u \quad E(g(u))=\frac{1}{2}\int_2^4 (400x-100u)\,dx$

$$=1200-100u$$

欲使期望利潤爲極大，則 $\frac{dE(g(u))}{du}=0$ 得 $u=3.5$

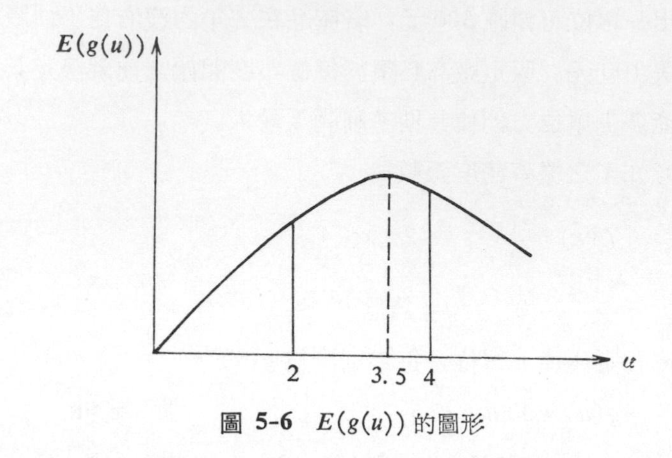

圖 5-6　$E(g(u))$ 的圖形

5-4　期望值的性質

在本節中我們將列舉一些隨機變數的期望值的重要性質，這些性質對往後計算相當有用。

(1) 對於任何常數 c，若 $X\equiv c$ 則

$$E(X)=c \tag{5-6}$$

在這情形的隨機變數為退化的 (degenerate) 隨機變數 $X\equiv c$，即對樣本空間 S 的每一個元素 s，$X(s)=c$ 因此 $P(X=c)=1$ 和 $P(X\neq c)=0$

所以由期望值的定義

$$E(X)=c\cdot P(X=c)=c$$

(2) 若 h_1 和 h_2 為實數值函數，a，b 為任意實數，則

$$E[ah_1(X)+bh_2(X)]$$
$$=aE(h_1(X))+bE(h_2(X)) \tag{5-7}$$

在連續的情形，我們可證明如下

$$
\begin{aligned}
&E[ah_1(X)+bh_2(X)] \\
&= \int_{-\infty}^{\infty} (ah_1(x)+bh_2(x))f(x)\,dx \\
&= a\int_{-\infty}^{\infty} h_1(x)f(x)\,dx + b\int_{-\infty}^{\infty} h_2(x)f(x)\,dx \\
&= aE(h_1(X)) + bE(h_2(X))
\end{aligned}
$$

當　$b=0$

則　$E(ah_1(X))=aE(h_1(X))$

$ah_1(X)+bh_2(X)$ 稱爲隨機變數 $h_1(X), h_2(X)$ 的線性組合，而 $aE(h_1(X))+bE(h_2(X))$ 爲實數 $E(h_1(X)), E(h_2(X))$ 的線性組合，上式若以文字敍述則爲「隨機變數的線性組合的期望值，等於其期望值的線性組合」。這種期望值的運算稱爲「線性性質」。

特例　令 $h_1(X)=X$，$h_2(X)=1$ 則

$$E(a(X)+b)=aE(X)+b$$

讀者請注意，除非函數具有線性，否則等號不成立。

例如 $E(X^2)\neq[E(X)]^2$，$E(\ln(X))\neq\ln E(X)$。譬如若

$$P(X=1)=P(X=-1)=\frac{1}{2}$$

則　$E(X)=0$,

但　$E(X^2)=(-1)^2\left(\frac{1}{2}\right)+(1)^2\left(\frac{1}{2}\right)=1\neq0^2$

通常要以 $\frac{1}{E(X)}$ 表示 $E\left(\frac{1}{X}\right)$ 或 $[E(X)]^{\frac{1}{2}}$ 表示 $E(X^{\frac{1}{2}})$ 並不容易，然而有些不等式却頗爲有用，例如若 X 爲正値，且其期望值爲有限數值，則

(i) $E\left(\frac{1}{X}\right)\geq\frac{1}{E(X)}$　(5-8)

(ii) $E(X^{\frac{1}{2}}) \leq [E(X)]^{\frac{1}{2}}$ (5-9)

性質 (2) 可推廣如下:

若有 r 個隨機變數函數 $h_1(x), h_2(x) \cdots\cdots h_r(x)$, $a_1, a_2 \cdots\cdots a_r$ 爲實數

則
$$E\left[\sum_{i=1}^{r} a_i h_i(X)\right] = \sum_{i=1}^{r} a_i E(h_i(X)) \tag{5-10}$$

接下來，我們要研討動差 (moment) 的問題。機率分布的動差在機率理論上佔有很重要的地位。

定義 5-3 對於非負整數 n，令 $h(X) = X^n$ 則 $E(X^n)$ 稱爲隨機變數 X 對於原點的第 n 級動差 (nth moments)，習慣上以 μ_n' 表示，即

$$\mu_n' = E(X^n) \qquad n = 0, 1, 2 \cdots\cdots \tag{5-11}$$

我們觀察上式得知任何分布的第零級動差爲 1，第一級動差爲分布的期望值。

X 對於任意點 $x = a$ 的第 n 級動差，倘若存在，定義爲 $E[(X-a)^n]$。尤其當 a 爲 X 的期望值 μ 時，稱爲對於期望值 μ 的第 n 級動差或第 n 級中央動差 (nth central moments)，並且以 μ_n 表示，即

$$\mu_n = E[(X-\mu)^n] \qquad n = 0, 1, 2 \cdots\cdots \tag{5-12}$$

另外還有一種動差稱爲階乘動差 (factorial moments)，對於離散分布尤其有用。

定義 5-4 設 n 爲正整數，則隨機變數 X 的第 n 階乘動差爲

$$\mu_{[n]} = E[X(X-1) \cdots\cdots (X-n+1)] \tag{5-13}$$

定理 5-3 設 n 爲一正整數，若 $E(X^n)$ 存在，則所有 $E(X^k)$，$k = 1, 2 \cdots\cdots n-1$，必存在。

證明從略

動差的重要性將於以下各節中陸續談及。

5-5　隨機變數的變異數

隨機變數X的期望值 $E(X)$ 代表什麼意義呢？假設X表示一批燈泡的壽命時數。$E(X)=1000$ 小時表示可能大部份的燈泡壽命長度為 900 至 1100 小時之間，也可能這批燈泡是全然不同的兩類，有一半屬於高品質，其壽命約 1300 小時，另一半為低品質，壽命約 700 小時。

從上例可知，我們顯然需要有一種數量測度來區分上例的兩種不同情形，變異數 (Variance) 或稱變方，就是最常用以表示對期望值 μ 的分散程度的測度。

定義 5-5　隨機變數X的分布的變異數，以 $V(X)$ 或 $\sigma_X{}^2$ 表示，界定為

$$V(X)=E[(X-E(X))^2] \qquad (5\text{-}14)$$

$V(X)$ 的正平方根稱為X的標準差 (standard deviation)，以 σ_X 表之。

讀者請注意　(1) $V(X)$ 的單位是X的平方單位，例如X的單位是小時，則 $V(X)$ 的單位是 (小時)^2，這是我們所以要採用標準差的理由之一，因為標準差和X有相同的單位。

(2) 本來也可用 $E[|X-E(X)|]$ 為測度，但因 X^2 比 $|X|$ 在數學上容處易理，因此變異數較受歡迎。

(3) 變異數實即第二級中央動差

$$V(X)=\int_{-\infty}^{\infty}(x-\mu)^2 f(x)\,dx \quad \text{連續型}$$

$$=\sum_i (x_i-\mu)^2 p(x_i) \quad \text{離散型}$$

由於 $(x-\mu)^2 f(x)\geq 0$，所以 $\int_{-\infty}^{\infty}(x-\mu)^2 f(x)\,dx\geq 0$

同時 $(x_i-\mu)^2 p(x_i)\geq 0$，所以 $\sum_i (x_i-\mu)^2 (x_i)\geq 0$

換句話說，對於任意隨機變數，$V(X)\geq 0$。

(4) 隨機變數X對於任意點a的第二級動差為$E[(X-a)^2]$。當a變動時，$E[(X-a)^2]$也隨之改變。因此$E[(X-a)^2]$可視為a的函數

$$\begin{aligned}E[(X-a)^2]&=E\{[(X-\mu)+(\mu-a)]^2\}\\&=E[(X-\mu)^2]+2(\mu-a)E(X-\mu)+(\mu-a)^2\\&=E[(X-\mu)^2]+(\mu-a)^2\end{aligned}$$

因此

$$E[(X-a)^2]\geq E[(X-\mu)^2]=V(X)$$

換句話說：隨機變數的變異數為最小的第二級動差。

$V(X)$ 的計算可以藉下列結果簡化

定理 5-4 (1) $V(X)=E(X^2)-[E(X)]^2$ (5-15)

(2) $V(X)=E(X(X-1))+E(X)-[E(X)]^2$ (5-16)

本式對離散隨機變數，尤為重要。

證： (1) $V(X)=E[(X-\mu)^2]=E(X^2-2\mu X+\mu^2)$

$$=E(X^2)-2\mu E(X)+\mu^2$$

$$=E(X^2)-\mu^2$$

(2) $E(X(X-1))=E(X^2-X)=E(X^2)-E(X)$

因此 $E(X^2)=E(X(X-1))+E(X)$

由 (1) 可得

$$\begin{aligned}V(X)&=E(X^2)-[E(X)]^2\\&=E(X(X-1))+E(X)-[E(X)]^2\end{aligned}$$

由於$V(X)=E(X^2)-[E(X)]^2$，同時$V(X)\geq 0$，因此對於任意隨機變數 $E(X^2)\geq[E(X)]^2$

另外若$E(X^2)$為有限值，則X的變異數必然存在，因為$E(X^2)$存在，則由定理 5-4 可知$E(X)$必存在。

例 5-14 設連續隨機變數X的機率密度函數為

$$f(x)=\frac{8}{x^3} \qquad x>2$$

$$=0 \qquad 其他$$

試求 $V(X)$

解: $E(X)=\int_2^{\infty} x\cdot\frac{8}{x^3}\,dx=4$

$$E(X^2)=\int_2^{\infty} x^2\cdot\frac{8}{x^3}\,dx=\lim_{t\to\infty}\int_2^{t}\frac{8}{x}dx$$

$$=8\lim_{t\to\infty}[\ln t-\ln 2]=\infty$$

因此 $V(X)$ 不存在

例 5-15　若X的機率函數爲

$$P(X=k)=\frac{e^{-\alpha}\alpha^k}{k!} \qquad k=0,1,2\cdots\cdots$$

$$=0 \qquad 其他$$

則X稱爲波瓦松分布 (Poisson distribution)

試求 $V(X)$

解: $E(X)=\sum_{k=0}^{\infty} k\cdot\frac{e^{-\alpha}\alpha^k}{k!}=\sum_{k=1}^{\infty}\frac{e^{-\alpha}\alpha^k}{(k-1)!}$

設 $s=k-1$

$$E(X)=\sum_{s=0}^{\infty}\frac{e^{-\alpha}\alpha^{s+1}}{s!}=\alpha\sum_{s=0}^{\infty}\frac{e^{-\alpha}\alpha^s}{s!}=\alpha$$

$$E(X(X-1))=\sum_{k=0}^{\infty}k(k-1)\frac{e^{-\alpha}\alpha^k}{k!}$$

$$=\sum_{k=2}^{\infty}\frac{e^{-\alpha}\alpha^k}{k!}$$

設 $t=k-2$

$$E(X(X-1)) = \sum_{t=0}^{\infty} \frac{e^{-\alpha}\alpha^{t+2}}{t!} = \alpha^2 \sum_{t=0}^{\infty} \frac{e^{-\alpha}\alpha^{t}}{t!} = \alpha^2$$

因此 $V(X) = E(X(X-1)) + E(X) - [E(X)]^2$

$$= \alpha^2 + \alpha - \alpha^2 = \alpha$$

例 5-16 設若隨機變數 X 的機率密度函數爲

$$f(x) = \frac{1}{\ln 3} \cdot \frac{1}{x} \qquad 1 < x < 3$$

$$= 0 \qquad \text{其他}$$

試求 $V(X)$

解: $E(X^n) = \int_{-\infty}^{\infty} x^n f(x)\,dx = \int_1^3 x^n \frac{1}{\ln 3} \cdot \frac{1}{x} dx$

$$= \frac{1}{\ln 3} \int_1^3 x^{n-1} dx = \frac{3^n - 1}{n \ln 3}$$

因此 $E(X) = \frac{2}{\ln 3}$

$$E(X^2) = \frac{4}{\ln 3}$$

$$V(X) = E(X^2) - [E(X)]^2 = \frac{4}{\ln 3} - \left(\frac{2}{\ln 3}\right)^2 = \frac{4(\ln 3 - 1)}{(\ln 3)^2}$$

變異數的性質:

變異數的各種重要性質，其中一部份與隨機變數的期望值的性質相類似。

(1) 若 k 爲常數，則 $V(X+k) = V(X)$ (5-17)

證: $V(X+k) = E[((X+k) - E(X+k))^2]$

$$= E[(X+k-E(X)-k)^2]$$

$$= E[(X-E(X))^2] = V(X)$$

(2) 若 k 爲常數，則 $V(kX) = k^2 V(X)$ (5-18)

證：
$$\begin{aligned} V(kX) &= E[(kX)^2]-[E(kX)]^2 \\ &= k^2E(X^2)-k^2[E(X)]^2 \\ &= k^2[E(X^2)-[E(X)]^2] \\ &= k^2V(X) \end{aligned}$$

5-6　柴比雪夫不等式

在前些節中，我們討論過了一個機率分布的期望值與變異數，簡單地說，倘若標準差相對地小，則隨機變數的可能值相當緊密地接近期望值。如果標準差相對地大，則隨機變數的可能值相當地散佈於期望值的兩旁。

舉個例子來說，設有兩個隨機變數X和Y

$$f(x)=\begin{cases} \dfrac{5-x}{10} & x=1,2,3,4 \\ 0 & \text{其他} \end{cases}$$

$$f(y)=\begin{cases} \dfrac{3}{10} & y=0 \\ \dfrac{y}{10} & y=1,2,3 \\ \dfrac{1}{20} & y=5,7 \\ 0 & \text{其他} \end{cases}$$

1. X和Y有相同的期望值，即 $E(X)=E(Y)=2$

2. $V(X)=1$，而 $V(Y)=3.3$，即 $\sigma_X=1$，$\sigma_Y=1.8$ 現在我們想決定隨機變數X在距期望值一單位範圍內的機率，即 $P(|X-E(X)|\leq 1)$ 的機率，由於 $E(X)=2$，因此我們所要求的是 $P(1\leq X\leq 3)$，由X的機率函數可得

$$P(1\leq X\leq 3)=\sum_{x=1}^{3} f(x)=0.9$$

同樣地，如果我們想求 $P(|Y-E(Y)|\leq 1)$ 的機率，卽 $P(1\leq Y\leq 3)$，則由 Y 的機率函數可得

$$P(1\leq Y\leq 3)=\sum_{y=1}^{3} f(y)=0.6$$

正如我們所預期地，$P(1\leq X\leq 3)$ 的值大於 $P(1\leq Y\leq 3)$，因爲 X 的標準差比 Y 的小。換句話說，X 在區間〔1,3〕外的機率比 Y 在〔1,3〕之外的機率爲小。

在上述的討論中，由於我們確知 X 和 Y 的機率函數，自然可以決定精確的機率值，然而假設我們知道某一隨機變數的期望值和變異數，但是不知其機率分布，是否也能計算類似上例的機率呢？答案是，在著名的數學定理卽柴比雪夫不等式（Chebyshev's inequality）的協助下，雖然無法給出其精確的機率值，但是却可得出其上限（或下限）。

〔註〕柴比雪夫 (Pafnutiy Lvovich Chebyshev, 1821-1894) 俄國數學家

定理 5-5　（馬可夫不等式，Markov inequality）

設 $g(X)$ 爲隨機變數 X 的非負函數，若 $E[g(X)]$ 存在，則對於每一正數 c，

$$P[g(X)\geq c]\leq\frac{E[g(X)]}{c}$$

證： 雖然我們僅證明連續型的情況，但是如果將積分符號以和取代，則證明也適用於離散情況，設 $S=\{x: g(x)\geq c\}$，並以 $f(x)$ 表 X 的機率密度函數，則

$$E[g(X)]=\int_{-\infty}^{\infty} g(x)f(x)\,dx$$

$$=\int_{S} g(x)f(x)\,dx+\int_{S'} g(x)f(x)\,dx$$

由於等號右端的每一積分均爲非負，左端值不比右端的任一積分爲小，尤其

$$E[g(X)] \geq \int_S g(x) f(x)\, dx$$

但是對於每一個 $x \in S$，$g(x) \geq c$，因此

$$E[g(X)] \geq c \int_S f(x)\, dx$$

既然 $\int_S f(x)\, dx = P(X \in S) = P[g(X) \geq c]$

所以 $E[g(X)] \geq cP[g(X) \geq c]$

即 $P[g(X) \geq c] \leq \frac{1}{c} E[g(X)]$

馬可夫不等式實際上是柴比雪夫不等式的推廣，現在我們敍述柴比雪夫不等式如下:

定理 5-6　柴比雪夫不等式

設隨機變數 X 的期望值爲 $E(X) = \mu$，並且 a 爲任意實數，若 $E[(X-a)^2]$ 爲有限值，ε 爲任意正數，則

$$P[|X-a| \geq \varepsilon] \leq \frac{1}{\varepsilon^2} E[(X-a)^2] \tag{5-19}$$

證: 在馬可夫不等式中，令 $g(x) = (x-a)^2$，以及 $c = \varepsilon^2$

則 $P[(X-a)^2 \geq \varepsilon^2] \leq \frac{1}{\varepsilon^2} E[(X-a)^2]$

即 $P[|X-a| \geq \varepsilon] \leq \frac{1}{\varepsilon^2} E[(X-a)^2]$

(5-19) 式有許多同義的敍述方式，如

(1) $P[|X-a| < \varepsilon] \geq 1 - \frac{1}{\varepsilon^2} E[(X-a)^2]$　(5-20)

(2) 取 $a = \mu$，則

$$P[|X-\mu|\geq\varepsilon]\leq\frac{\sigma^2}{\varepsilon^2} \tag{5-21}$$

(3) 取 $a=\mu,\ \varepsilon=k\sigma$

$$P[|X-\mu|\geq k\sigma]\leq\frac{1}{k^2} \tag{5-22}$$

尤其是 (5-22) 式明示了變異數如何測度隨機變數在 $E(X)=\mu$ 附近的「集中度」(degree of concentration)。

在柴比雪夫不等式中，我們對於隨機變數 X 的機率行為知道得很有限，却能得出如上的結果，實在是相當不容易了。正如同我們所想像的，如果關於 X 的機率分布有進一步的資訊，自然可得出較準確的上限（或下限）。

例 5-17 設隨機變數 X 的機率密度函數

$$f(x)=\begin{cases}\dfrac{1}{2\sqrt{3}} & -\sqrt{3}<x<\sqrt{3}\\ 0 & \text{其他}\end{cases}$$

則 $\mu=0$ 及 $\sigma^2=1$ 若 $k=\dfrac{3}{2}$

$$\begin{aligned}P(|X-\mu|\geq k\sigma)&=P\left(|X|\geq\frac{3}{2}\right)\\&=1-P\left(|X|\leq\frac{3}{2}\right)\\&=1-\int_{-\frac{3}{2}}^{\frac{3}{2}}\frac{1}{2\sqrt{3}}dx\\&=1-\frac{\sqrt{3}}{2}=0.134\end{aligned}$$

而由柴比雪夫不等式中，$k=\dfrac{3}{2}$

$$P\left(|X-\mu|\geq\frac{3}{2}\sigma\right)\leq\frac{4}{9}=0.44$$

在上例中，我們看到如果確知X的機率分布所得 $P(|X-\mu|\geq k\sigma)$ 的值 0.134 確實比由柴比雪夫不等式所求得的界限小得多，然而，如果我們想要有一不等式對於每一個 $k>0$ 均成立，並且對於所有具有有限值變異數的隨機變數均成立，則這種改進是不可能的。在許多問題中，我們可能無從得知隨機變數的機率分布，這時柴氏不等式能爲我們提供關於該隨機變數重要的資訊。

例 **5-18**　永玲百貨公司某售貨櫃臺每天的顧客數以Y表示，經過長期的觀察，發現平均爲 20 個顧客，標準差爲 2 個顧客，但是Y的機率分布未知，試問明天Y介於 16 和 24 的機率的近似值爲若干?

解：我們想求 $P(16<Y<24)$，由柴氏不等式可知

$$P((\mu-k\sigma)<Y<(\mu+k\sigma))\geq 1-\frac{1}{k^2}$$

已知 $\mu=20$，$\sigma=2$，

則當 $k=2$，$\mu-k\sigma=16$，$\mu+k\sigma=24$

$$P(16<Y<24)\geq 1-\frac{1}{4}=\frac{3}{4}$$

因此可知明天顧客的總數介於 16 人和 24 人之間的機率至少爲 $\frac{3}{4}$

但若 $\sigma=1$，則 $k=4$

$$P(16<Y<24)\geq 1-\frac{1}{16}=\frac{15}{16}$$

由此可知 σ 的值對於機率值有相當大的影響。

柴比雪夫不等式有一個推廣的形式，稱爲坎普——梅得爾延伸（Camp-Meidel extension），敍述如下:

若隨機變數X爲呈單峯 (uni-modal) 分布，則

$$P(|X-\mu|\geq k\sigma)\leq\frac{1}{2.25\,k^2}$$

5-7 動差生成函數

接着要定義的特定函數的期望值，稱爲隨機變數X的動差生成函數 (moment generating function)。

定義 5-6 設若存在一正數h，使得當 $-h<t<h$ 時，期望值 $E(e^{tX})$ 存在，則稱該期望值爲隨機變數X的動差生成函數，以 $M(t)$ 表示，即

$$M(t)=E(e^{tX}) \tag{5-23}$$

$$E(e^{tX})=\begin{cases}\sum_x e^{tx}p(x) & \text{若}X\text{爲離散隨機變數}\\ \int_{-\infty}^{\infty} e^{tx}f(x)\,dx & \text{若}X\text{爲連續隨機變數}\end{cases}$$

顯然當 $t=0$ 時，$M(0)=1$。由下面的例子可看出，並非每個分布都有動差生成函數存在，但當其存在時，其重要性在於它可唯一且完全決定隨機變數的分布。因此若兩個隨機變數的動差生成函數相同，可確定該二隨機變數的分布完全相同。動差生成函數的這種性質非常有用，其唯一性的證明是由分析學的轉換理論 (transformation theory) 得來的，我們在此並不擬加以證明。

例 5-19 因爲級數 $\frac{1}{1^2}+\frac{1}{2^2}+\frac{1}{3^2}+\cdots\cdots=\sum_{x=1}^{\infty}\frac{1}{x^2}=\frac{\pi^2}{6}$

因此 $p(x)=\frac{6}{\pi^2x^2}$ $\qquad x=1,2,3,\cdots\cdots$

$=0$ $\qquad$ 其他

是離散型隨機變數X的機率函數，本分布動差生成函數（若存在）爲

$$M(t)=E(e^{tX})=\sum_x e^{tx}p(x)$$

$$=\sum_{x=1}^{\infty}\frac{6e^{tx}}{\pi^2x^2}$$

可用比值審斂法 (ratio test) 證明當 $t>0$ 時，該級數發散。即不存在正數h，使得當$-h<t<h$ 時 $M(t)$ 存在。由此可知，對本例中的機率函數$p(x)$的分布而言，動差生成函數不存在。

例 5-20　設隨機變數X的機率密度函數爲:

$$f(x)=\begin{cases}\dfrac{1}{x^2} & x\geq 1\\ 0 & x<1\end{cases}$$

試證X的動差生成函數不存在。

解: $M(t)=\displaystyle\int_{-\infty}^{\infty}e^{tx}f(x)\,dx=\int_1^{\infty}e^{tx}\frac{1}{x^2}dx$

但是，利用洛斯匹托法則 (l'Hospital's rule)，可知若 $t>0$，則當 $x\to\infty$ 時 $\dfrac{e^{tx}}{x^2}\to\infty$，因此該積分函數爲發散。即對於所有 $t>0$，$\displaystyle\int_1^{\infty}\frac{e^{tx}}{x^2}dx$ 不存在，亦即X的動差生成函數不存在。

例 5-21　設X是參數爲n及p的二項分布，則

$$M_X(t)=\sum_{k=0}^{n}e^{tk}\binom{n}{k}p^k(1-p)^{n-k}$$

$$=\sum_{k=0}^{n}\binom{n}{k}(pe^t)^k(1-p)^{n-k}$$

$$=[pe^t+(1-p)]^n=[pe^t+q]^n \qquad p+q=1$$

例 5-22　設X是參數爲α的波瓦松分布，則

$$M_X(t)=\sum_{k=0}^{\infty}e^{tk}\frac{e^{-\alpha}\alpha^k}{k!}=e^{-\alpha}\sum_{k=0}^{\infty}\frac{(\alpha e^t)^k}{k!}$$

$$=e^{-\alpha}e^{\alpha e^t}=e^{\alpha(e^t-1)}$$

5-7-1　動差的生成

在以下的討論中，我們假設下述結果成立。

(1) $E\left(\sum_{i=1}^{\infty}a_iX_i\right)=\sum_{i=1}^{\infty}a_iE(X_i)$

(2) $\frac{d}{dt}E(e^{tX})=E\left(\frac{d}{dt}e^{tX}\right)$，亦即

(i) 當 X 爲離散隨機變數時

$$\frac{d}{dt}\left[\sum_x e^{tx}p(x)\right]=\sum_x\frac{d}{dt}(e^{tx}p(x))$$

(ii) 當 X 爲連續隨機變數時

$$\frac{d}{dt}\int e^{tx}f(x)\,dx=\int\frac{d}{dt}\left[e^{tx}f(x)\right]dx$$

這些假設成立的條件爲，所討論的函數必須滿足某些特性，對於在初等機率理論中所用到的函數而言，上述假設必然成立。

現在我們要探討一下如何利用動差生成函數以生成動差。因爲 e^x 的麥克勞林級數 (Maclaurin's series) 的展開式爲

$$e^x=1+x+\frac{x^2}{2!}+\frac{x^3}{3!}+\cdots\cdots+\frac{x^n}{n!}+\cdots\cdots=\sum_{r=0}^{\infty}\frac{x^r}{r!}$$

本級數對於所有 x 值均爲收歛

$$e^{tx}=\sum_{r=0}^{\infty}\frac{(tx)^r}{r!}$$

設 h 爲一正數，當 $t\in(-h,h)$ 若 $M(t)$ 存在，則

$$M(t)=E(e^{t\cdot X})=E\left(\sum_{r=0}^{\infty}\frac{(tX)^r}{r!}\right)$$

$$=\sum_{r=0}^{\infty}E(X^r)\frac{t^r}{r!} \tag{5-24}$$

由此可見在 $M(t)$ 的展開式中，$\frac{t^r}{r!}$ 的係數正是 $E(X^r)$。另一方面，$M(t)$ 的麥克勞林級數

$$M(t)=\sum_{r=0}^{\infty}M^{(r)}(0)\frac{t^r}{r!} \tag{5-25}$$

其中　$M^{(r)}(0)=\frac{d^r}{dt^r}M(t)\mid_{t=0}$

比較以上 $M(t)$ 的兩個冪級數展開式 (power series expansion) 中 t^r 項前的係數，即得

$$E(X^r)=M^{(r)}(0) \qquad r=1,2,3\cdots\cdots \tag{5-26}$$

我們得到以下非常重要的結論:

當動差生成函數爲已知，則有兩種方式可將其用以得出分布的動差

(1) 若動差生成函數可展開成 t 的冪級數，則將 t^r 項的係數乘 $r!$ 得到 $E(X^r)$。即

$$M(t)=\sum_{r=0}^{\infty}a_r t^r=\sum_{r=0}^{\infty}(a_r r!)\frac{t^r}{r!}=\sum_{r=0}^{\infty}E(X^r)\frac{t^r}{r!}$$

(2) 若動差生成函數可重複微分，則於第 r 次微分後，令 $t=0$，可得到 $E(X^r)$。

例 5-23　設 X 的動差生成函數爲 $M(t)=e^{t^2/2}$，$-\infty<t<\infty$，我們可將 $M(t)$ 微分任意次，以求 X 的生成動差。考慮下面這個不同的方法，函數 $M(t)$ 可表爲麥克勞林級數如下:

$$e^{t^2/2}=1+\frac{1}{1!}\left(\frac{t^2}{2}\right)+\frac{1}{2!}\left(\frac{t^2}{2}\right)^2+\cdots\cdots$$

$$+\frac{1}{k!}\left(\frac{t^2}{2}\right)^k+\cdots\cdots$$

$$=1+\frac{1}{2!}t^2+\frac{(3)\,(1)}{4!}t^4+\cdots\cdots$$

$$+\frac{(2k-1)\cdots\cdots(3)\,(1)}{(2k)\,!}t^{2k}+\cdots\cdots$$

$M(t)$ 之麥克勞林級數的通式爲

$$M(t)=M(0)+\frac{M'(0)}{1!}t+\frac{M''(0)}{2!}t^2+\cdots\cdots$$

$$+\frac{M^{(r)}(0)}{r!}t^r+\cdots\cdots$$

$$=1+\frac{E(X)}{1!}t+\frac{E(X^2)}{2!}t^2+\cdots\cdots$$

$$+\frac{E(X^r)}{r!}t^r+\cdots\cdots$$

所以 $M(t)$ 的麥克勞林級數中 $(t^r/r!)$ 項的係數即爲 $E(X^r)$ 即對上述 $M(t)$ 得到

$$E(X^{2k})=(2k-1)\,(2k-3)\cdots\cdots(3)\,(1)=\frac{(2k)\,!}{2^k k!}$$

$$k=1,2,3,\cdots\cdots$$

$$E(X^{2k-1})=0$$

$$k=1,2,3,\cdots\cdots$$

由於本題已知 $M(t)=e^{t^2/2}$， 當然也可用上述方法 (2) 以求出 $E(X^r)$。但是不如方法 (1) 來得簡捷有效 (efficient)，因爲它無法顯示出表達 $E(X^r)$ 的範式 (pattern)。

既然 $E(X^r)=M^{(r)}(0) \qquad r=1,2,3\cdots\cdots$

因此期望值 $E(X)=M'(0)$ (5–27)

變異數 $V(X)=M''(0)-[M'(0)]^2$ (5–28)

隨機變數的函數的動差生成函數求法如下

定理 5-7　設 $Y=g(X)$ 爲隨機變數 X 的單值函數 (single-valued function)，則 Y 的動差生成函數 $M_Y(t)$ 爲

$$M_Y(t)=E(e^{tg(X)})=\int_{-\infty}^{\infty}e^{tg(x)}f(x)\,dx \qquad (5\text{-}29)$$

證明很簡單，可由定理 5-2 得出，從略。

讀者或許會懷疑上述方法有什麼獨特的價值？爲什麼我們不直接依據動差的定義計算，而要先求得動差生成函數，再對其微分？答案是有許多問題以後者的解法較爲容易。

例 5-24　若 X 是參數爲 n 和 p 的二項分布，則其動差生成函數

$$M_X(t)=(pe^t+q)^n$$

$$M_X'(t)=n(pe^t+q)^{n-1}pe^t$$

$$M_X''(t)=np[e^t(n-1)(pe^t+q)^{n-2}pe^t+(pe^t+q)^{n-1}e^t]$$

因此

$$E(X)=M'(0)=np$$

$$E(X^2)=M''(0)=np((n-1)p+1)$$

$$V(X)=M''(0)-(M'(0))^2=np(1-p)=npq$$

例 5-25　若 X 是參數爲 α 的波瓦松分布，則其動差生成函數

$$M_X(t)=e^{\alpha(e^t-1)}$$

$$M_X'(t)=\alpha e^t(e^{\alpha(e^t-1)})$$

$$M_X''(t)=\alpha e^t(e^{\alpha(e^t-1)})+(\alpha e^t)^2(e^{\alpha(e^t-1)})$$

$$E(X)=M_X'(0)=\alpha$$

$$E(X^2)=M_X''(0)=\alpha+\alpha^2$$

$$V(X)=E(X^2)-(E(X))^2=\alpha$$

系： 設 $Y=aX+b$, a, b 爲任意二實數，則 Y 的動差生成函數 $M_Y(t)$ 爲

$$M_Y(t)=e^{bt}M_X(at)$$

若以文字敍述：欲求 $Y=aX+b$ 的動差生成函數，以 at 取代 $M_X(t)$

的 t，然後再乘以 e^{bt}。

證明留做習題

例 5-26 若隨機變數 X 的動差生成函數為 $M_X(t)=(0.4e^t+0.6)^8$

(1) 試求隨機變數 $Y=3X+2$ 的動差生成函數。

(2) 試計算 $E(X)$。

(3) 試用另法查驗 (2) 所得數值。

解: (1) $M_Y(t)=E(e^{tY})=E(e^{t(3X+2)})=E(e^{3tX}\cdot e^{2t})$

$$=e^{2t}M_X(3t)=e^{2t}(0.4e^{3t}+0.6)^8$$

(2) $M_X'(t)=8(0.4e^t+0.6)^7(0.4e^t)$

$E(X)=M_X'(0)=8(0.4e^0+0.6)^7(0.4e^0)=3.2$

(3) 由 $M_X(t)=(0.4e^t+0.6)^8$ 知 X 為二項分布 $p=0.4$, $n=8$

二項分布的均數 $E(X)=np=(8)(0.4)=3.2$

定理 5-8 (唯一性) 設隨機變數 X 和 Y 的動差生成函數分別為 $M_X(t)$ 和 $M_Y(t)$，若對於所有 $t\in(-h,h)$，$M_X(t)=M_Y(t)$ 則 X 和 Y 有相同機率分布，反之亦然。

換句話說，若 X 和 Y 為二隨機變數，則 $M_X(t)=M_Y(t), t\in(-h,h)$ 的充要條件為對於所有 $u, F_X(u)=F_Y(u)$。因此這兩大觀念，動差生成函數相同和分布函數相同，實為同義。例如，若隨機變數 X 的動差生成函數為 $M_X(t)=e^{2(e^t-1)}$，則我們必能確定 X 是參數 $\alpha=2$ 的波瓦松分布，此外絕不會有其他任何分布的動差生成函數是這個型式。

例 5-27 已知離散隨機變數 X 的動差生成函數為 $M_X(t)$

$$M_X(t)=\frac{1}{10}e^t+\frac{2}{10}e^{2t}+\frac{3}{10}e^{3t}+\frac{4}{10}e^{4t}$$

其中 t 為任意實數，試求 X 的機率函數

解： 設 X 的機率函數為 $p(x)$ 而 $a,b,c,d\cdots\cdots$ 表滿足 $p(x)>0$ 的所有離散點，則依據動差生成函數的定義

$$M(t)=\sum_x e^{tx}p(x)$$

或
$$\frac{1}{10}e^{t}+\frac{2}{10}e^{2t}+\frac{3}{10}e^{3t}+\frac{4}{10}e^{4t}$$
$$=p(a)e^{at}+p(b)e^{bt}+\cdots\cdots$$

因為此式對所有實數 t 均成立，因此等式左右側應有四項，且每項分別與左邊之每一項相等。故可取

$$a=1,\ f(a)=\frac{1}{10},\ b=2,\ f(b)=\frac{2}{10},\ c=3,\ f(c)=\frac{3}{10},$$
$$d=4,\ f(d)=\frac{4}{10}$$

或簡化 X 之機率函數

$$p(x)=\frac{x}{10}\qquad x=1,2,3,4$$
$$=0\qquad \text{其他}$$

例 5-28　設 X 為連續型隨機變數，其動差生成函數為

$$M(t)=\frac{1}{(1-t)^2}\qquad t<1$$

即
$$\frac{1}{(1-t)^2}=\int_{-\infty}^{\infty}e^{tx}f(x)\,dx\qquad t<1$$

要求出 $f(x)$ 並不容易，但我們不必將時間花費在這上面。若設機率密度函數為

$$f(x)=xe^{-x}\qquad 0<x<\infty$$
$$=0\qquad \text{其他}$$

則可很容易地看出其動差生成函數為 $M(t)=(1-t)^{-2}$，$t<1$ 根據隨機變數 X 的分布可由動差生成函數唯一決定的事實而知道分布為上述的機率密度函數。

5-8　階乘動差生成函數

在前節中我們看到動差生成函數造成分布的動差。在本節中，我們要討論另一型態能造成階乘動差的生成函數。讀者或許還記得在求二項分布或波瓦松分布之類離散型分布的變異數時，我們必須用到第二級階乘動差 $E[X(X-1)]$。因此，我們能體認這類動差的重要性，從而在可能情形下能便捷地造成階乘動差，這就是研究階乘動差生成函數 (factorial moment generating function) 的動機。

定義 5-7　設 X 爲離散隨機變數，若對於 1 的鄰近的 t 值，$g(t)=E(t^X)$ 存在，則稱 $g(t)$ 爲階乘動差生成函數。

注意：$g(1)=E(1)=1$，設若微分符號和期望符號可互調、反覆將 g 對 t 微分，則

$$g^{(k)}(t)=E[X(X-1)(\cdots\cdots(X-k+1)t^{X-k}]$$

設 $t=1$，利用標準符號 $g^{(k)}(t)|_{t=1}=g^{(k)}(1)$

$$g^{(k)}(1)=E[X(X-1)\cdots\cdots(X-k+1)]=\mu_{[k]}$$

我們無意對階乘動差生成函數，進行深入探討，因爲 $g(t)$ 與動差生成函數 $M(t)$ 之間有密切的相聯關係，因此只要將 $M(t)$ 的一些結果做適切的調整，就可得到 $g(t)$。

事實上，$g(t)$ 和 $M(t)$ 有如下的關係式

$$g(t)=E(t^X)=E(e^{\ln t\cdot X})=M(\ln t)$$

和

$$M(t)=E(e^{tX})=E[(e^t)^X]=g(e^t)$$

例如，若 X 是參數爲 n 和 p 的二項分布，則由例 5-21 得知 $M(t)=[pe^t+q]^n$，因此，其階乘動差生成函數 $g(t)=[pt+q]^n$

又如若隨機變數 X 的 $M(t)=\frac{1}{3}e^{-t}+\frac{1}{6}+\frac{1}{2}e^{2t}$，則 $g(t)=\frac{t^{-1}}{3}+\frac{1}{6}+\frac{t^2}{2}$ 反之，若已知 $g(t)=\frac{t^{-2}}{5}+\frac{1}{10}+\frac{3}{10}t^3+\frac{2}{5}t^5$，則立即可求得

$$M(t)=\frac{e^{-2t}}{5}+\frac{1}{10}+\frac{3e^{3t}}{10}+\frac{2e^{5t}}{5}$$

例 5-29　試利用二項分布的階乘動差生成函數，求$E(X)$，$E(X(X-1))$

解： $g(t)=(pt+q)^n$

$g'(t)=np(pt+q)^{n-1}$

$g''(t)=n(n-1)p^2(pt+q)^{n-2}$

因此

$E(X)=g'(1)=np$

$E[X(X-1)]=g''(1)=n(n-1)p^2$

當隨機變數爲整數值時，階乘動差生成函數尤爲有用，這時 $g(t)$ 可用來造成 $p(X=k)$，$k=0,1,2,\cdots\cdots$

正由於這個原因，在離散隨機過程中，階乘動差生成函數又稱爲機率生成函數 (probability generating function)。

5-8-1　機率的生成

設　$P(X=i)=p(i)$，$i=1,2,\cdots\cdots$

則　$g(t)=E(t^X)=\sum_{i=0}^{\infty}p(i)t^i$

由於 $0\leq p(i)<1$，因此當 $|t|<1$，$g(t)$ 必然存在。反覆微分可得

$$g^{(k)}(t)=\sum_{i=k}^{\infty} i(i-1)\cdots\cdots(i-k+1)\,t^{i-k}p(i)$$

$$=k(k-1)\cdots\cdots3\cdot2\cdot1\cdot p(k)$$

$$+\sum_{i=k+1}^{n} i(i-1)\cdots\cdots(i-k+1)\,t^{i-k}p(i)$$

$$g^{(k)}(0)=k!\,p(k)$$

即 $$p(k)=P(X=k)=\frac{g^{(k)}(0)}{k!} \qquad k=0,1,2,\cdots\cdots$$

（由於 $g(0)=P(X=0)$，因此我們視 $g^{(0)}(0)$ 爲 $g(0)$）

總之，利用機率生成函數造成整數值隨機變數的機率方式有二：(i) 倘若已知 $g(t)$ 可展成 t 的冪級數形式，則 t^k 項前的係數即爲 $P(X=k)$，(ii) 若對 $g(t)$ 微分 k 次，則 $P(X=k)=\dfrac{g^{(k)}(0)}{k!}$

例 5-30 若已知隨機變數X的機率生成函數爲 $g(t)=(pt+q)^n$，試對 $g(t)$ 微分，求出 $P(X=0)$, $P(X=1)$, $P(X=2)$ 和一般式$P(X=k)$，$0\leq k\leq n$

解： 由於我們已認出該已知 $g(t)$ 爲二項分布的機率生成函數，因此

$$P(X=k)=\binom{n}{k}p^kq^{n-k} \qquad k=0,1,2,3,\cdots\cdots n$$

但是，倘若我們並不確認這一事實，則

$$P(X=0)=\frac{g^{(0)}(0)}{0!}=g(0)=q^n$$

$$P(X=1)=\frac{g^{(1)}(0)}{1!}=n[pt+q]^{n-1}p\,|_{t=0}$$

$$=npq^{n-1}=\binom{n}{1}pq^{n-1}$$

$$P(X=2)=\frac{g^{(2)}(0)}{2!}=\frac{n(n-1)}{2!}[pt+q]^{n-2}p^2\,|_{t=0}$$

$$=\binom{n}{2}p^2q^{n-2}$$

一般而言 $k=0, 1, 2, \cdots\cdots n$

$$P(X=k)=\frac{g^{(k)}(0)}{k!}$$

$$=\frac{n(n-1)\cdots\cdots(n-k+1)}{k!}[pt+q]^{n-k}p^k\Big|_{t=0}$$

$$=\binom{n}{k}p^kq^{n-k}$$

或許有人會問，旣然我們已有動差生成函數幫助我們求得一個隨機變數的動差，到底機率生成函數有什麼價值？答案是，有時候可能遇到動差生成函數非常不易計算，然而機率生成函數却很容易求得。因此 $g(t)$ 爲我們增添了一個求取隨機變數的動差的工具。

求取一個隨機變數的動差並不是機率生成函數之主要用途，它的主要用途在於誘導其他相關整數值隨機變數的機率函數。

5-9　本章提要

本章討論了一個機率理論中主要的觀念，就是隨機變數的期望值，以及隨機變數函數的期望值。

我們所討論的隨機變數 X 的重要函數的期望值可總結如下：

(1) $h(x)=x^n$ 則 $E(h(X))=E(X^n)$ 稱爲 X 的第 n 級動差
當 $n=1$ 則 $E(h(X))=E(X)$ 卽 X 的期望值

(2) $h(x)=(x-a)^n$ 則 $E(h(X))=E((X-a)^n)$ 稱爲 X 的第 n 級中央動差，當 $n=2$, $a=\mu$ 則 $E(h(X))=E[(X-\mu)^2]$ 卽 X 的變異數

(3) $h(x)=x(x-1)\cdots\cdots(x-n+1)$ 則 $E(h(X))=E[X(X-1)\cdots\cdots(X-n+1)]$ 稱爲X的階乘動差。

(4) $h(x)=e^{tx}$ $E(h(X))=E(e^{tX})$ 稱爲X的動差生成函數。

(5) $h(x)=t^{x}$ $E(h(X))=E(t^{X})$ 稱爲X的機率生成函數。

在本章中也提到隨機變數的動差，動差不但能用來表示機率分布的期望值和變異數，第三級中央動差和第四級中央動差分別可用來測度分布的偏態 (skewness) 和峯度 (peakedness)，關於偏態和峯度，在此不擬加以討論。

倘若隨機變數X的機率分布爲已知，我們自然可以計算出 $E(X)$ 和 $V(X)$，(若它們存在)。但是反過來說却不成立。換句話說，知道 $E(X)$ 和 $V(X)$ 的值，並無法建造出 X 的機率分布，因此也無法計算諸如 $P[|X-E(X)|\leq c]$ 之類的值。但是，雖然我們不能得出這種機率，却可給出這類機率的上界或下界的值；這個結果就含於著名的柴比雪夫不等式內。柴比雪夫不等式是機率理論中最重要的兩大定律：大數法則 (law of large numbers) 和中央極限定理 (central limit theorem) 的基石，本身實用性雖然不大，但在機率理論中却是極重要的理論性工具。

參考書目

1. P. L. Meyer *Introductory probability and statistical applications* 2nd edition Addison-Wesley 1970
2. R. Khazanie *Basic probability theory and applications* Goodyear Publishing Co. 1976
3. R. L. Scheaffer & W. Mendenhall *Introduction to probability: Theory and applications* Duxbury 1975
4. S. Ross *A first course in probability* 華泰書局翻印 1976
5. I. N. Gibra *Probability and statistical inference for scientists and engineers* Prentice-Hall 1973
6. J. E. Freund, R. E. Walpole *Mathematical statistics* 3nd ed. Prentice-Hall 1980

習 題 五

1. 若隨機變數X的機率密度函數爲

$$f(x)=\begin{cases} \dfrac{x}{2} & 0\leq x<1 \\ \dfrac{1}{2} & 1\leq x<2 \\ -\dfrac{x}{2}+\dfrac{3}{2} & 2\leq x<3 \\ 0 & \text{其他} \end{cases}$$

試求 $E(X)$

2. 已知隨機變數X的分布函數爲

$$F(x)=\begin{cases} 0 & x<-1 \\ \dfrac{x^3}{2}+\dfrac{1}{2} & -1\leq x<1 \\ 1 & x\geq 1 \end{cases}$$

試求 $E(X)$

3. 假設一電子元件的壽命爲一連續隨機變數X，其分布函數爲

$$F(x)=\begin{cases} 0 & x<200 \\ 1-\left(\dfrac{200}{x}\right)^2 & x\geq 200 \end{cases}$$

試求其壽命的期望值

4. 試證明若$Y=aX+b$,其中a，b爲任意二常數，則Y的動差生成函數

$$M_Y(t)=e^{bt}M_X(at)$$

5. 隨機變數X的機率密度函數

$$f(x)=\begin{cases} e^{-x} & x>0 \\ 0 & \text{其他} \end{cases}$$

若　$$Z=h(X)=\begin{cases} X & X>3 \\ 2X+3 & X\leq 3 \end{cases}$$

試求 $E(Z)$

6. 設X的機率密度函數為

$$f(x)=\begin{cases} e^{-x} & x>0 \\ 0 & \text{其他} \end{cases}$$

試求 $E(e^{3X/4})$

7. 已知含 10 件製成品的送驗批中，有二件不良品。若隨機抽取一一檢驗這些成品，試問若欲剔除所有不良品，應期望檢驗多少件製成品。

8. 某新婚夫婦計劃生育三子女，假設生男生女的機率相等，若運動器材的費用Y為家中男孩個數X的函數，即 $Y=h(X)$，設 $Y=-X^2+4X+5$，試求 $E(Y)$ 之值。

9. 某彩券有 200 個 5 元獎、20 個 25 元獎，和 5 個 100 元獎，假設共發行 10000 張彩券全部售完，試問每券應訂售價若干，方為合理（即求其期望值）。

10. 設離散隨機變數X的機率函數為

$$f(x)=\left(\frac{1}{2}\right)^x \qquad x=1,2,3\cdots\cdots$$

試求 $E(X)$

11. 已知連續隨機變數X的機率密度函數為

$$f(x)=\begin{cases} 2e^{-2x} & x>0 \\ 0 & x\leq 0 \end{cases}$$

試求　(1) $E(X)$　　(2) $E(X^2)$　　(3) $V(X)$

12. 設 $X^*=\dfrac{X-\mu}{\sigma}$ 為一標準化隨機變數

試證　(1) $E(X^*)=0$　　(2) $V(X^*)=1$

13. 已知隨機變數X的機率函數爲

$$P(X=-2)=\frac{1}{3}$$

$$P(X=3)=\frac{1}{2}$$

$$P(X=1)=\frac{1}{6}$$

試求 (1) $E(X)$ (2) $E(2X+5)$ (3) $E(X^2)$ (4) $V(X)$

14. 設隨機變數X的機率密度函數爲

$$f(x)=\begin{cases} 3x^2 & 0\leq x\leq 1 \\ 0 & \text{其他} \end{cases}$$

試求 (1) $E(X)$ (2) $E(3X-2)$ (3) $E(X^2)$ (4) $V(X)$

15. 已知隨機變數X的機率密度函數

$$f(x)=\begin{cases} e^{-x} & x\geq 0 \\ 0 & \text{其他} \end{cases}$$

試求 (1) $E(X)$ (2) $E(X^2)$ (3) $E[(X-1)^2]$ (4) $E(e^{\frac{2X}{3}})$

(5) $V(X)$

16. 已知隨機變數X的機率密度函數

$$f(x)=\begin{cases} c(1-x) & 0<x<1 \\ 0 & \text{其他} \end{cases}$$

(1) 試決定c的值 (2) $E(X)$ (3) $V(X)$

17. 設隨機變數X的機率密度函數

$$f(x)=\begin{cases} \frac{1}{2} & -1<x<1 \\ 0 & \text{其他} \end{cases}$$

設 $Y=X^2$, 試求 (1) $E(X)$ (2) $E(Y)$ (3) $E(XY)$

18. 設離散隨機變數X的機率分布爲

$$P(X=x)=\frac{x}{6} \qquad x=1,2,3$$

試求　(1) $E(X)$　(2) $V(X)$　(3) $M_X(t)$

(4) 對於均數的第三級動差

19. 設隨機變數X的機率密度函數

$$f(x)=\begin{cases}\frac{1}{4} & -2\leq x\leq 2\\ 0 & \text{其他}\end{cases}$$

試求　(1) $E(X)$　(2) $V(X)$

20. 設隨機變數X的機率函數爲

$$P(X=-1)=\frac{1}{2}$$

$$P(X=1)=\frac{1}{2}$$

試求　(1) 動差生成函數 $M_X(t)$

(2) 對於原點的第一級至第四級動差

21. 設隨機變數X的機率密度函數爲

$$f(x)=\begin{cases}2e^{-2x} & x\geq 0\\ 0 & x<0\end{cases}$$

試求　(1) $M_X(t)$

(2) 對於原點的第一級至第四級動差

22. 已知隨機變數X的機率函數如下

$X=x$	0	2	3	5
$P(X=x)$	0.1	0.3	0.4	0.2

若 $Y=X^2+1$,

試求　(1) $E(X)$ 和 $V(X)$

(2) $E(Y)$ 和 $V(Y)$

23. 已知隨機變數X的機率函數爲

$X=x$	-2	-1	0	1	2	3
$P(X=x)$	0.1	0.1	0.2	0.2	0.3	0.1

(1) 試求 $E(X)$ 和 $V(X)$

(2) 試寫出累積分布函數 $F(x)$ 並繪出其圖形

24. 已知隨機變數X的機率函數爲

$X=x$	0	5	10	15	20
$P(X=x)$	0.1	0.2	0.3	0.3	0.1

(1) 試求 $E(X)$ 和 $V(X)$

(2) 試寫出累積分布函數 $F(x)$，並繪出其圖形

25. 某彩券的首獎 1000 元有 1 張，貳獎 500 元有 2 張，叁獎 100 元有 5 張，末獎 5 元有 50 張，共發行 1000 張。

(1) 若 1000 張都購買時，則每張的期望值爲若干

(2) 若賣者每張欲賺 2.25 元時，則每張的售價應爲若干

26. 若一袋內有 8 個球，其中 4 個紅球，3 個白球，1 個黑球，每球除顏色可能不同外，大小均爲相同，已知若取得紅球可得獎一元，白球無獎，黑球則罰 5 元，試問這遊戲的期望值爲若干。

27. 擲一粒骰子的遊戲中，規定若出現的點數不到 3 可以重擲，直到出現的點數在 3 以上爲止，而所得的點數爲各擲點數的和，若以 X 代表所得的點數，試求X的期望值?

28. 某電源在單位時間內可供應某工廠爲X千瓦，且此X在 $(10,30)$ 間呈均等分布，而該工廠的動力需求量Y爲在 $(10,20)$ 間呈均等分布，依過去資料得知，每供應一千瓦時，該工廠可得 300 元的利益，若需求量超出供給時，須由其他電源供電，則超出部份的利益每一千瓦，僅 100 元，試問其

期望利潤爲若干?

29. 設隨機變數X的機率函數爲

$$f(x)=p^x(1-p)^{1-x} \qquad x=0,1 \qquad 0<p<1$$

試求 $E(X)$，$E(X^2)$ 和 $E(X^2+5X+4)$

30. 平原公司將製品分等四等級，其評分與製造比率如表所示

等　級	評　分	製　造　比　率
Ⅰ	3	每 p 個製造 1 個
Ⅱ	2	每 q 個製造 1 個
Ⅲ	1	每 r 個製造 1 個
Ⅳ	0	每 s 個製造 1 個

試求在評分期望値爲 2.2 的情形下，p，q，r，s 所當値？但 p，q，r，s 均爲較 1 爲大的整數，同時 $p<q<r<s$

31. 一機率分布

$$P(D=d)=c\frac{2^d}{d!} \qquad d=1,2,3,4$$

D爲每日需求量

(1) 試求 c 値

(2) 試求每日期望需求量

(3) 假定生產者每日生產K件，每件售價 5 元，而該產品爲易腐品，隔日即成廢物。當天生產而未售出的產品每件損失 3 元，試求K値，以期生產者能獲得最大的利潤。

32. 自一堆 5 本數學書，2 本物理書和 3 本生物書的書架上隨機抽取 4 本，試求抽出數學書本數的機率函數，分布函數和其期望值。

33. 設離散隨機變數X的機率分布如下所示

x	0	3	6	9	12
$f(x)$	$\frac{16}{31}$	$\frac{8}{31}$	$\frac{4}{31}$	$\frac{2}{31}$	$\frac{1}{31}$

試求其動差生成函數

34. 設若已知光明公司的工廠在一週內生產甲產品的個數爲一隨機變數 X，期望值 $E(X)=50$，

(1) 試求本週內生產量超過 75 個的機率若干

(2) 若一週內生產量的變異數爲 25，試問本週的生產量在 40 個與 60 個之間的機率爲若干

35. 已知某一電子零件的失效爲如下機率函數所示

$$f(x)=\begin{cases} p^x(1-p)^{1-x} & x=0,1 \\ 0 & \text{其他} \end{cases}$$

其中 p 爲未知平均值，試問應試驗多少個這種電子零件方能使樣本平均 $\bar{x}$ 與眞平均值的差異在 0.4 內的機率至少爲 0.95。

36. 隨機變數 X 的期望值爲 10，變異數爲 4，試利用柴比雪夫定理求下列各機率值

(1) $P(|X-10|\geq 3)$

(2) $P(X-10|<3)$

(3) $P(5<X<15)$

(4) 試求 k 值使 $P(|X-10|\geq k)\leq 0.04$

37. 設隨機變數 X 滿足 $P(X\leq 0)=0$，並設 $\mu=E(X)$ 存在，試證明

$$P(X\geq 2\mu)\leq\frac{1}{2}$$

38. 已知隨機變數 X 滿足 $E(X)=3$ 和 $E(X^2)=13$，試利用柴比雪夫定理決定 $P(-2<X<8)$ 的下界

39. 已知隨機變數X的機率函數

$$f(x)=\begin{cases} \dfrac{k^2-1}{k} & x=0 \\ \dfrac{1}{2k^2} & x=-k, k \\ 0 & \text{其他} \end{cases}$$

試求 $E(X)$ 和 $V(X)$，並比較 $P(|X-\mu|<k\sigma)$ 與柴比雪夫定理該值的下界

40. 設隨機變數X的機率密度函數爲

$$f(x)=\begin{cases} 2xe^{-x^2} & x\geq 0 \\ 0 & \text{其他} \end{cases}$$

若 $Y=X^2$，試用下列方法求 $E(Y)$

(1) 先求Y的機率密度函數，再求 $E(Y)$

(2) 不經由求Y的機率密度函數的步驟直接求 $E(Y)$

第六章　常用機率分布舉隅

6-1 緒　論

在前些章節中，我們深入地討論了隨機變數和機率函數，並且接觸到許多不同的機率函數或機率密度函數，那些函數都是用來說明在該章節中所介紹的基本概念和方法。必然有人會說：「當我們每次面臨一個新的問題時，是否有必要爲手頭上的問題提供一個『訂製』的機率函數或機率密度函數？」，正如同每個人所企望的，答應是「不必」。

在應用機率理論於實際問題的時候，我們常發現許多問題表面上看起來，似乎截然不同，却共有許多相同的特性。正如在確定模式中，某些基本函數，例如線性函數、二次函數、指數函數、三角函數等均扮演着很重要的角色。同樣地我們發現當所觀察到的隨機試驗建立機遇模式時，某些機率分布也往往比其他機率分布出現得多。原因卽如同在確定模式中的情況一樣，某些相對簡單的數學模式似乎能夠描述很多隨機試驗的出象或自然現象。這種數學模式，我們稱之爲機率模式（probability model)。換句話說，機率模式就是用來做爲分析「一類」(family)機率問題的範式(pattern)。本章特對這些實用上深具重要性的常見隨機變數個別研討，並陳述其有關性質。本章仍然依離散隨機變數和連續隨機變數的順序，並且將說明在何種情況下，該隨機變數可以代表隨機實驗的出象。

6-2 離散分布 (Discrete distribution)

6-2-1 柏努利過程與柏努利試行 (Bernoulli trial)

定義 6-1 若一隨機試驗的結果，僅有二種可能出象，其中一個出象稱爲「成功」，另一個爲「失敗」，則該隨機試驗稱爲柏努利試行。若一隨機過程 (random process) 的每一試驗都是柏努利試行，則稱爲柏努利過程 (Bernoulli process)。

【註】柏努利 (Jacques Bernoulli, 1654-1705)，瑞士數學家。
柏氏過程是個具有如下特性的隨機過程:
(1) 每次試行只出現兩種可能出象之一，例如「成功」或「失敗」，「生」或「死」，「是」或「非」，「好」或「壞」，「擊中」或「未擊中」，「及格」或「不及格」等等。
(2) 每次試行結果都是獨立的。也就是說，前次試行的出象與這次試行出象無關。
(3) 若一出象發生的機率 p 在每次試行中都是不變的。

例 6-1 柏努利試行的實例
(1) 投擲一硬幣，必然出現正面或反面。
(2) 投籃球必然爲投中或未中。
(3) 產婦生產必得男嬰或女嬰。

若出象爲成功，令隨機變數 $X=1$。出象爲失敗，令 $X=0$。則X的

機率函數為:

$$p(x)=p^x(1-p)^{1-x} \qquad x=0,1 \tag{6-1}$$

其中 p 值($0\leq p\leq 1$),代表試驗成功的機率,稱其為參數,$p+q=1$。

例 6-2 自一批不良率佔$\frac{1}{4}$的製成品中任取一件,令X為隨機變數,若取出為不良品,則$X=1$,否則$X=0$,試求

(1) X的機率函數 $p(x)$

(2) X的期望值 $E(X)$ 和變異數 $V(X)$

解: (1) X的機率函數為

x	0	1
$p(x)$	3/4	1/4

亦即 $p(x)=\left(\frac{1}{4}\right)^x\left(\frac{3}{4}\right)^{1-x} \qquad x=0,1$

$=0 \qquad$ 其他

(2) $E(X)=0\times\frac{3}{4}+1\times\frac{1}{4}=\frac{1}{4}$

$V(X)=E(X^2)-[E(X)]^2$

$=0^2\cdot\frac{3}{4}+1^2\times\frac{1}{4}-\left(\frac{1}{4}\right)^2=\frac{3}{16}$

定理 6-1 柏努利隨機變數的基本性質

(i) 期望值 $E(X)=p \tag{6-2}$

(ii) 變異數 $V(X)=pq \tag{6-3}$

(iii) 動差生成函數 $M_X(t)=pe^t+q \tag{6-4}$

證: (1) $E(X)=0\cdot p(0)+1\cdot p(1)=p$

(2) $E(X^2)=1^2p(1)+0^2p(0)=p$

$V(X)=E(X^2)-(E(X))^2=p-p^2=pq$

(3) $M_X(t)=E(e^{tX})=\sum_{x=0}^{1}e^{tX}f(x)$

$$=e^{t\cdot 0}(q)+e^{t\cdot 1}p=pe^t+q$$

6-2-2 二項分布 (Binomial distribution)

定義 6-2 若E為隨機試驗的一事件，假定$P(E)=p$,則 $P(E')=q$，考慮n次獨立的柏努利試行。若隨機變數X表示事件E發生的次數，則稱X是參數為n和p的二項分布，以 $B(n,p)$ 表示。

設X是n次試驗中成功的次數，則其機率函數為

$$P(X=k)=\binom{n}{k}p^k q^{n-k}, \qquad k=0,1,2,\cdots\cdots n$$

$$=0 \qquad \text{其他} \qquad (6\text{-}5)$$

二項分布的機率函數導出如下：

考慮樣本空間內滿足 $X=k$ 之一特別事件，例如：若前k次都是E發生，而其餘 $n-k$ 次為 E' 發生，即

$$\underbrace{EE\cdots\cdots E}_{k}\quad\underbrace{E'E'\cdots\cdots E'}_{n-k}$$

因所有重複試驗皆獨立，這種排列的機率應為 $p^k q^{n-k}$，而滿足 $X=k$ 的排列有$\binom{n}{k}$個，所以可得 (6-5)。為證明我們的計算，利用二項式定理可得

$$\sum_{k=0}^{n}P(X=k)=\sum_{k=0}^{n}\binom{n}{k}p^k q^{n-k}$$

$$=[p+q]^n=1$$

由於$\binom{n}{k}p^k q^{n-k}$ 是由二項式 $[p+q]^n$ 展開得來，因此稱

此爲二項分布。二項分布的每一單獨項以 $b(k|n,p)$ 表示。

例 6-3　操作某複雜機器時，作業員可能會出錯，假定作業員重複操作該機器，則其犯錯的機率將減小，假定每次操作彼此互爲獨立，現設第 i 次錯誤的機率爲

$$\frac{1}{i+1}, \qquad i=1,2,\cdots\cdots,n$$

若 $n=4$，X 爲不出錯的操作次數。(注意 X 並非二項分布，因「成功」的機率並非固定不變。)

譬如計算 $X=3$，我們可計算如下

$X=3$，若且唯若恰有一次不成功，這一次可能發生在第一次，第二次，第三次或第四次

因此　$$P(X=3)=\frac{1}{2}\cdot\frac{2}{3}\cdot\frac{3}{4}\cdot\frac{4}{5}+\frac{1}{2}\cdot\frac{1}{3}\cdot\frac{3}{4}\cdot\frac{4}{5}+\frac{1}{2}\cdot\frac{2}{3}\cdot\frac{1}{4}\cdot\frac{4}{5}+\frac{1}{2}\cdot\frac{2}{3}\cdot\frac{3}{4}\cdot\frac{1}{5}=\frac{5}{12}$$

例 6-4　「牛乳與茶」

英國人嗜於休息時刻喝牛乳茶，某女士聲稱她只要喝上一口牛乳茶，就能分辨出牛乳與茶那一樣先倒入杯中。她的判斷並非百分之百的正確，而是絕大部分次數答對，爲了測驗該女士是否確有這種能力，而非純然運氣好才猜中，裁判準備了 10 組杯子，每組杯子有一杯是先倒入茶，另一杯則先倒入牛乳。並且各組杯子的安排沒有關聯，倘若她能於 10 組中至少正確分辨出 8 組，則裁判認爲她確實具有這種特異的能力。由於該女士品嚐一組牛乳茶後的判斷非對卽錯，因此合於使用二項分布。設 X 表正確分辨的次數，則她能於 n 組中答對 k 組的機率爲

$$P(X=k)=\binom{10}{k}p^k(1-p)^{10-k}$$

其中 p 代表她能正確分辨的機率

$$P(X\geq 8)=\sum_{k=8}^{10}\binom{10}{k}p^k(1-p)^{10-k}$$

若 $p=0.85$ 則 $P(X\geq 8)=0.82$，即該女士能確實自己所言不虛的機率很大。

若 $p=0.5$ 則 $P(X\geq 8)=0.055$，可見倘若她僅靠猜測，則能確實自己所言不虛的機會非常小。

例 6-5 某電子元件大量製造後，以自動測試機一一測試，依據其電氣反應特性，自動測試機將它區分為良品和不良品。若同一元件測試二次，理論上測試機應給出相同的分類。然而由於某種不明原因，測試機每次有機率 q 會犯錯。為了提高分類的精確度，我們將同一元件測試 r 次，依大多次數該元件被分為那一類而將其歸於該類。為了避免發生歸為良品及不良品的次數相同的現象，設 r 為奇數。現在我們來看一下這一過程如何減低分類錯誤的機率。

設每一元件測試 r 次，若第 j 次的測試正確，則稱第 j 次測試為成功，其機率為 $p=1-q$。設 X 表 r 次測試中成功的次數，當 $X>\frac{r}{2}$ 則歸類正確，例如每一元件測試 5 次，並且設歸類錯誤的機率為 0.1，即成功的機率為 0.9。因此同一元件歸類正確的機率為

$$P\left(X>\frac{5}{2}\right)=\sum_{k=3}^{5}b(k\mid 5,0.9)$$

$$\cong 0.991$$

因此，上述程序將犯錯的機率由 0.1 降低為 0.009。

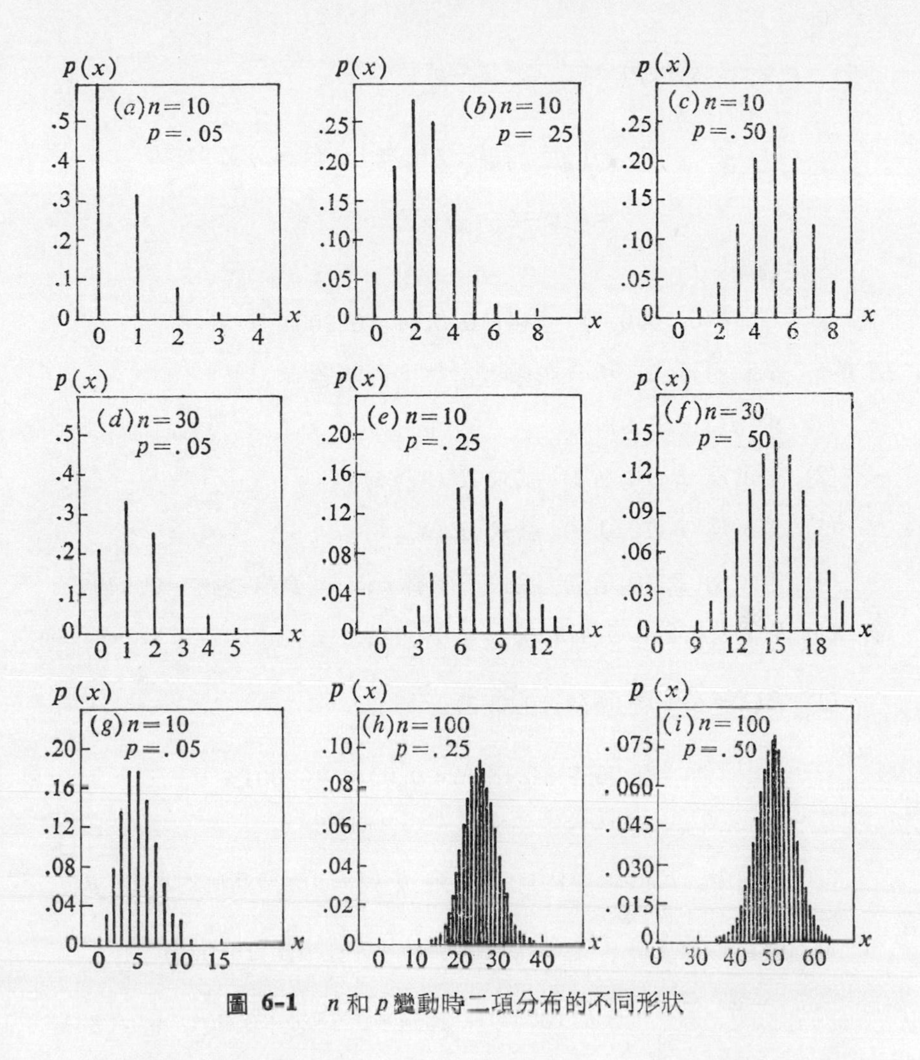

圖 **6-1**　n 和 p 變動時二項分布的不同形狀

二項機率的計算相當麻煩，幸好對於各不同 n 值和 p 值的二項分布 $B(n, p)$, $k=0, 1, 2, \cdots\cdots, n$ 均有數值表可供查閱，一般數表均列出 $p \leq 0.5$ 的情形。若 $p > 0.5$ 則數值 $b(k|n, p)$ 能以 $b(k|n, p) = b(n-k|n, 1-p)$ 關係式查出，因爲

$$b(k;n,p)=\binom{n}{k}p^k(1-p)^{n-k}$$

$$=\binom{n}{n-k}(1-p)^{n-k}[1-(1-p)]^{n-(n-k)}$$

$$=b(n-k|n,1-p)$$

因此例如

$$b(6|10,0.7)=b(4|10,0.3)=0.2001$$

例 6-6　試利用附錄二項分布數表計算下列諸題

(1)　求 $b(3|7,0.9)$

(2)　若X爲 $B(10,0.3)$ 試求 $P(X\geq 6)$

(3)　若X爲 $B(10,0.8)$ 試求 $P(X\geq 6)$

(4)　若X爲 $B(10,0.7)$ 試求正整數 r，使 $P(X\geq r)=0.8497$

解：(1)　$b(3|7,0.9)=b(4|7,0.1)=0.0026$

(2)　$P(X\geq 6)=\sum_{k=6}^{10}b(k|10,0.3)$

$$=0.0368+0.0090+0.0014+0.001$$

$$=0.0473$$

(3)　本題中，$p>0.5$，因此可利用 $b(k|n,p)=b(n-k|n,1-p)$

得　$P(X\geq 6)=\sum_{k=6}^{10}b(k|10,0.8)=\sum_{r=0}^{5}b(r|10,0.2)$

$$=0.1074+0.2684+0.3020+0.2013+0.0881$$

$$=0.9672$$

(4)　本題想求一個正整數 r，使 $P(X\geq r)=0.8497$

即　$\sum_{k=r}^{10}b(k|10,0.7)=0.8497$ 亦即

$\sum_{k=0}^{10-r}b(k|10,0.3)=0.8497$ 由數表得知

$$\sum_{k=0}^{4} b(k|10, 0.3) = 0.8497, \text{ 因此 } 10-r=4, \ r=6$$

我們知道當 n，p 固定時，二項機率 $b(k|n,p)$ 爲 k 的函數，現在我們想探究一下 k 由 0 至 n 時，$b(k|n,p)$ 的變化情形，到底 k 爲多大時，其二項機率爲最大？這個 k 值稱爲最可能的次數

$$\frac{b(k|n,p)}{b(k-1|n,p)} = \frac{(n-k+1)p}{k(1-p)} = 1 + \frac{(n+1)p-k}{k(1-p)}$$

(1) 若 $k<(n+1)p$ 則 $\dfrac{(n+1)p-k}{k(1-p)}>0$，卽 $\dfrac{b(k|n,p)}{b(k-1|n,p)}>1$

因此若 $k<(n+1)p$，則當 k 值變大，$b(k|n,p)$ 變大

(2) 若 $k>(n+1)p$ 則 $\dfrac{(n+1)p-k}{k(1-p)}<0$，卽 $\dfrac{b(k|n,p)}{b(k-1|n,p)}<1$

因此若 $k>(n+1)p$，則 k 變大時，$b(k|n,p)$ 減小

(3) 若 $(n+1)p$ 爲一整數，則必有一 k 值，譬如 $k=m$

使 $(n+1)p-k=0$

對於如此 m 值，$\dfrac{b(m|n,p)}{b(m-1|n,p)}=1$

綜合以上討論，我們總結如下：

若 $k<(n+1)p$，則 $b(k|n,p)$ 隨 k 值變大而遞增；若 $k>(n+1)p$，則隨 k 值變大而遞減；$(n+1)p$ 的整數部分代表最可能成功的次數。若 $(n+1)p$ 爲一整數，譬如等於 m，則 $b(m-1|n,p)=b(m|n,p)$，這時機率 $b(k|n,p)$ 的最大值有兩個，卽 $m-1$ 和 m。

例 6-7 (*a*) 若 $n=8$，$p=0.75$，則 $(n+1)p=6.75$

故 $b(k|8, 0.75)$ 的最大值發生於 $k=6$

(*b*) 當 $n=7$，$p=0.75$，則 $(n+1)p=6$，則 $b(k|7, 0.75)$ 的最大值發生於 $k=5$ 和 $k=6$。

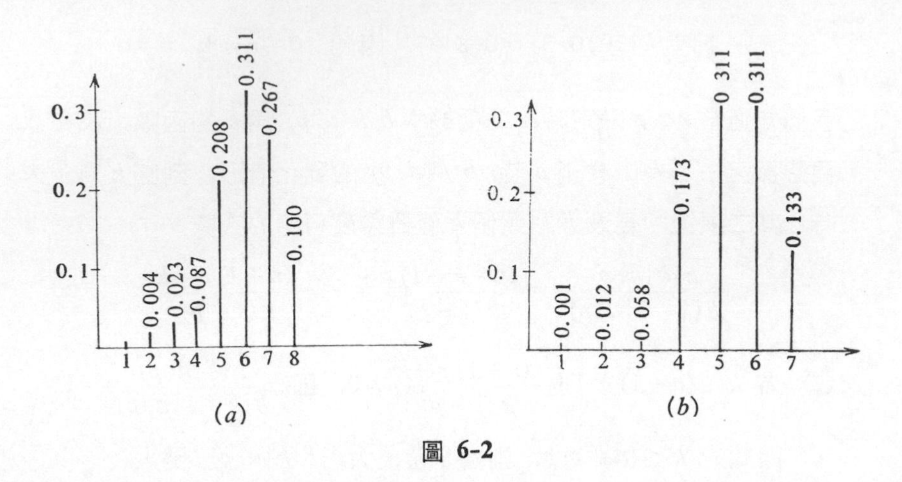

圖 6-2

定理 6-2 二項分布的基本性質

(i) 期望值 $E(X)=np$ (6-6)

(ii) 變異數 $V(X)=np(1-p)$ (6-7)

(iii) 動差生成函數 $M_X(t)=[pe^t+(1-p)]^n$ (6-8)

$E(X)$ 的求法請參照例 5-3。變異數的證明留爲習題。動差生成函數的求法請參照例 5-21。

6-2-3 波瓦松過程和波瓦松分布 (Poisson distribution)

我們在前面把一個柏努利過程視爲牽涉到一連串的離散試行，每次結果出現兩種可能——成功或失敗——之一，我們看到柏氏過程有一個參數 p，也就是在任一試行中得到一個成功的機率。當施行柏努利試行的次數確定了，我們所感興趣的隨機變數是在這些次試行中到底觀察到幾次成功，對這個隨機變數的描述就是二項分布。

我們現在考慮另一個不同的隨機過程，它與柏氏過程有兩項重要的不同點。

1. 它並非含有離散試行，而是在一已知量的時間、距離、面積或體積上連續地操作。

2. 它並不產生一連串的成功與失敗，而是在已知量的時間、距離、面積或體積中，隨機地產生「成功」，這些成功通稱爲發生(occurrences)。

例如在一製程中，連續地生產寬三公尺的布疋，在這布疋中會隨機地有線頭出現，我們只能數一下在一特定長度的布面上有幾個線頭，却沒有辦法數一下有多少線頭沒有出現。又如在一工廠中，停機是一個隨機的現象，我們可以由紀錄上查出在一星期內停機多少次，却無法看出停機未發生的次數。其他例子如下：

1. 在單位時間內一事件的發生次數
   (1) 某校電話總機在一小時內接到電話的次數；
   (2) 航空公司拾遺辦公室在一天內所接到行李件數；
   (3) 某熱鬧路段十字路口在一個月內發生的車禍數；
   (4) 某種罕見疾病一個月內引起死亡的人數；
   (5) 星期上午某銀行在一小時內受理的存款件數。

2. 在一單位距離內一事件的發生：
   50 公尺絕緣電線上發現的缺點數；
   某貨車行駛 10000 公里的輪胎修補次數。

3. 在一已知面積內一事件的發生：
   書本任一頁上的錯字個數；
   一平方公尺布疋上的線頭數；
   培養盤上一平方公分內的細菌數。

4. 在一已知體積上一事件：

一立方公分血液內的白血球數。

100 立方公分的高溫消毒後牛奶內的細菌數。

經過多年的觀察，我們發現有許多現象（類如以上所列出的）發生，這種隨機過程稱為波瓦松過程 (Poisson process)。

【註】波瓦松 (Simeon Denis Poisson, 1781-1840)，法國數學家。

雖然對於我們要討論的一些結果，不擬詳盡地導證，但綜合的探討太重要了，我們雖不證明每一步驟，却有了解其性質的必要。

為了解釋一些數學細節，我們用一個例子來說明。考慮一 α 質點的放射性物質。令 X_t 表一時間 $[0, t]$ 內放射的質點數，我們對隨機變數 X_t 作一些假定，這些假定使我們能夠決定 X_t 的機率分布。

通常在推論數學結果時，常須接受某些基本公設和公理，而尋求公理以描述所觀察的現象時，某些公理可能比其他公理眞實些，亦即較不武斷。例如描述一初速上抛的物體運動時，我們假設其為地面距離 s，時間 t 的二次函數，即 $s=at^2+bt+c$，這不是全靠直覺的。反之，假定加速度是常數，由此推斷 s 是 t 的二次函數。當然，為了建立數學模型，常不得不作一些假設，這些假設愈可行愈好。

在為這個放射問題建立機率模型時，我們有相同的觀點，上面定義的隨機變數 X_t 值可為 $0, 1, 2, \cdots\cdots$，令 $p_n(t)=P[X_t=n], n=0, 1, 2, \cdots\cdots$，我們有下列五項假定:

A_1: 在不重複 (non-overlapping) 的時間區間內，放射出的質點數是獨立隨機變數。

A_2: 若 X_t 如上定義，Y_t 為 $[t_1, t_1+t)$ 時間內放射出的質點數，則對於任意 $t_1>0$，隨機變數 X_t 和 Y_t 有相同的機率分布（即任何時間內放出質點數的分布，僅與區間長度有關，與端點無關。）

A_3: 若 Δt 夠小的話，$p_1(\Delta t)$ 接近 $\lambda\Delta t$，其中 λ 為一大於 0 的常數，

記爲 $p_1(\Delta t) \to \lambda \Delta t$。本節中 $a(\Delta t) \sim b(\Delta t)$ 的意思是當 $\Delta t \to 0$，$a(\Delta t)/b(\Delta t) \to 1$。這裏 Δt 仍假設大於 0。（也就是說，如果區間夠小的話，則剛好得到一個質點的機率，與該區間長度成正比）。

A_4：$\sum_{k=2}^{\infty} p_k(\Delta t) \sim 0$，（因而 $p_k(\Delta t) \sim 0$，$k \geq 2$），意即在夠小的區間內，獲得兩個質點以上的機率可忽略。

A_5：$X_0 = 0$，亦即 $p_0(0) = 1$，這是我們所描述模型的原始條件。

以上的五項假定，將使我們能夠導出 $p_n(t) = p[X_t = n]$ 的值，由上列的假定可歸納一些結論。

(1) 由 A_1 和 A_2 可以導出隨機變數 $X_{\Delta t}$ 和 $[X_{t+\Delta t} - X_t]$ 爲獨立隨機變數，且有相同的機率分布

0　　t　　$t+\Delta t$

由 A_3 和 A_4，我們可知

$$p_0(\Delta t) = 1 - p_1(\Delta t) - \sum_{k=2}^{\infty} p_k(\Delta t) \sim 1 - \lambda \Delta t$$

我們可寫成

$$\begin{aligned} p_0(t+\Delta t) &= p[X_{t+\Delta t} = 0] \\ &= p[X_t = 0 \text{ 和 } (X_{t+\Delta t} - X_t) = 0] \\ &= p_0(t) p_0(\Delta t) \sim p_0(t)[1 - \lambda \Delta t] \quad \text{見上式} \end{aligned}$$

因此我們得到

$$p_0(t+\Delta t) - p_0(t)/\Delta t \sim -\lambda p_0(t)$$

令 $\Delta t \to 0$ 則左式接近 $p_0'(t)$，

$$p_0'(t) = -\lambda p_0(t) \text{ 或 } p_0'(t)/p_0(t) = t$$

兩邊對 t 積分，則 $\log p_0(t) = -\lambda t + c$，$c$ 爲積分常數

由 A_5 知，令 $t = 0$，$c = 0$，故

$$p_0(t) = e^{-\lambda t}$$

於是由假定，我們得到 $p[X_t=0]$，用同一方法可得

$p_n(t)$，$n\geq 1$

(2) 考慮 $p_n(t+\Delta t)=p[X_{t+\Delta t}=n]$

現在 $X_{t+\Delta t}=n$，若且唯若 $X_t=x$ 且 $[X_{t+\Delta t}-X_t]=n-X$，$X=0,1,2,\cdots\cdots n$，利用 A_1, A_2 的假設可得

$$p_n(t+\Delta t)=\sum_{x=0}^{n} p_x(t)p_{n-x}(\Delta t)$$

$$=\sum_{x=0}^{n-2} p_x(t)p_{n-x}(\Delta t)+p_{n-1}(\Delta t)p_1(\Delta t)$$

$$+p_n(t)p_0(\Delta t)$$

由 A_3, A_4，我們得到

$$p_n(t+\Delta t)\sim p_{n-1}(t)\lambda\Delta t+p_n(t)(1-\lambda\Delta t)$$

因此

$$p_n(t+\Delta t)-p_n(t)/\Delta t\sim\lambda p_{n-1}(t)-\lambda p_n(t)$$

令 $\Delta t\to 0$ 得到

$$p_n{}'(t)=-\lambda p_n(t)+\lambda p_{n-1}(t),\quad n=1,2,\cdots\cdots$$

這是無限的微分方程組，讀者若有興趣，可以證明當我們定義函數 $q_n(t)=e^{\lambda t}p_n(t)$，則上式成為 $q_n{}'(t)=\lambda q_{n-1}(t)$, $n=1,2,\cdots\cdots$，因為 $p_0(t)=e^{-\lambda t}$，我們知道 $q_0(t)=1$。(同時注意，當 $n>0$ 時 $q_n(0)=0$]，因此可得

$$q_1{}'(t)=\lambda,\quad 則\ q_1(t)=\lambda t$$

$$q_2{}'(t)=\lambda q_1(t)=\lambda^2 t,\quad 則\ q_2(t)=\frac{(\lambda t)^2}{2}$$

一般而言 $q_n{}'(t)=\lambda q_{n-1}(t)$，所以 $q_n(t)=(\lambda t)^n/n!$

再由 q_n 定義，得到

$$p_n(t)=e^{-\lambda t}(\lambda t)^n/n!,\quad n=0,1,2,\cdots\cdots \tag{6-9}$$

讀者們要特別注意的一點是並非在單位時間或空間內一現象的出現，必定是波氏過程。但是如果過程的特性滿足上述五大假設，則在單位時間內出現的次數的行爲可用波氏機率模式描述。

e＝常數，自然對數，大約爲 2.7183

λ＝單位時間或空間內一現象平均發生率

t＝所考慮的連續時間或空間數

(6-9) 式的意義表若單位時間（空間）內發生數爲 λ，則在 t 單位時間（空間）內發生 n 次的機率。設 $\alpha=\lambda t$，得出如下定義。

定義 6-3　若隨機變數 X 的可能值爲 $0,1,\cdots\cdots n\cdots\cdots$，其機率函數爲

$$p(k)=P(X=k)=\frac{e^{-\alpha}\alpha^k}{k!}\qquad k=0,1,\cdots\cdots,n,\cdots\cdots,$$

則稱 X 爲一參數 $\alpha>0$ 的波瓦松分布。因爲

$$\sum_{k=0}^{\infty}P(X=k)=\sum_{k=0}^{\infty}(e^{-\alpha}\alpha^k/k!)=e^{-\alpha}e^{\alpha}=1$$

因此上式爲一合理的機率分布。

例 6-8　1875 年至 1894 年之間普魯士 14 個軍團的軍隊中騎兵被軍馬踢死的事件如表一 (b) 欄所示，(c) 欄爲依波氏分布所得理論發生件數（求法如下）二者間相近，令人印象良深。

表　一

(a) 每年死亡人數	(b) 實際發生件數	(c) 理論發生件數
0	44	139.0
1	91	97.3
2	32	34.1

3	11	8.0
4	2	1.4
5 以上	0	0.2
總　　計	280	280

實際死亡人數 $=1(91)+2(32)+3(11)+4(2)=196$

$$\alpha=\frac{196}{280}=0.7$$

波瓦松分布

$$p(x)=\frac{e^{-0.7}(0.7)^x}{x!} \qquad x=0, 1, 2, 3, \cdots\cdots$$

$$=0 \qquad \text{其他}$$

例 6-9 設隨機變數 X 的非負整數機率函數爲 $p(X)$，若已知

$$p(x+1)=\frac{4}{(x+1)}p(x) \qquad x=0, 1, 2, \cdots\cdots$$

試求 $p(x)$

解: $p(x+1)=\frac{4}{(x+1)}p(x) \qquad x=0, 1, 2, 3\cdots\cdots$

即 $\quad p(1)=\frac{4}{1}p(0)$

$$p(2)=\frac{4}{2}p(1)=\frac{4^2}{2!}p(0)$$

$$p(3)=\frac{4}{3}p(2)=\frac{4^3}{3!}p(0)$$

一般而言

$$p(x)=\frac{4^x}{x!}p(0)$$

但　$\sum_{x=0}^{\infty} p(x) = \sum_{x=0}^{\infty} \frac{4^x}{x!} p(0) = p(0) \sum_{x=0}^{\infty} \frac{4^x}{x!} = p(0) \cdot e^4 = 1$

所以　$p(0) = e^{-4}$

即　$p(x) = \frac{4^x}{x!} p(0) = \frac{4^x e^{-4}}{x!} \qquad x = 0, 1, 2 \cdots\cdots$

例 6-10　設隨機變數 X 是參數爲 α 的波氏分布

(*a*) 試證 $p(k+1) = \frac{\alpha}{k+1} p(k)$，其中 $p(k) = P(X=k)$

(*b*) 若 $\alpha = 2$，試求 $p(0)$，再利用 (*a*) 部分的遞廻關係（recursive relation）計算 $p(1)$, $p(2)$, $p(3)$

解： (*a*) $p(k+1) = \frac{e^{-\alpha} \alpha^{k+1}}{(k+1)!} = \frac{\alpha}{k+1} \frac{e^{-\alpha} \alpha^k}{k!} = \frac{\alpha}{k+1} p(k)$

(*b*) 因 $\alpha = 2$，$p(0) = e^{-2} = 0.1353$

$$p(1) = \alpha p(0) = 0.2706 \text{ , } p(2) = \frac{\alpha}{2} p(1) = 0.2706$$

$$p(3) = \frac{2}{3} p(2) = 0.1804$$

例 6-11　設 X_t 代表在時間長爲 t 的區間內打至查號臺的電話次數，X_t 是參數等於 αt 的波氏分布，若接線生回答任一電話的機率爲 p，$0 \leq p \leq 1$，而 Y_t 代表接線生回答電話的次數，試求 Y_t 的機率分布。

解： 我們想求 $P(Y_t = k)$ $k = 0, 1, 2 \cdots\cdots$ 我們發現若 $X_t = r$，則 Y_t 是回答 r 個電話成功機率 p 的二項分布，因此

$$P(Y_t = k | X_t = r) = \binom{r}{k} (p)^k (1-p)^{r-k} \qquad k = 0, 1, \cdots\cdots r$$

依據全機率法則

$$P(Y_t = k) = \sum_{r=k}^{\infty} P(Y_t = k | X_t = r) P(X_t = r)$$

$$= \sum_{r=k}^{\infty} \binom{r}{k} p^k (1-p)^{r-k} \frac{e^{-\alpha t} (\alpha t)^r}{r!}$$

$$=\frac{e^{-\alpha t}(\alpha t)^k p^k}{k!}\sum_{r=k}^{\infty}\frac{(1-p)^{r-k}(\alpha t)^{r-k}}{(r-k)!}$$

令 $r-k=i$，則

$$\sum_{r=k}^{\infty}\frac{(1-p)^{r-k}(\alpha t)^{r-k}}{(r-k)!}=\sum_{i=0}^{\infty}\frac{(1-p)^{i}(\alpha t)^{i}}{i!}=e^{(1-p)\alpha t}$$

因此 $$P(Y_t=k)=\frac{e^{-\alpha t}(p\alpha t)^k}{k!}e^{(1-p)\alpha t}=\frac{e^{-p\alpha t}(p\alpha t)^k}{k!}$$

即 Y_t 是參數爲 $p\alpha t$ 的波氏分布

定理 6-3 波氏分布的基本性質

(i) 期望值 $E(X)=\alpha$ (6-10)

(ii) 變異數 $V(X)=\alpha$ (6-11)

(iii) 動差生成函數 $M_X(t)=e^{\alpha(e^t-1)}$ (6-12)

波氏分布的期望值和變異數的求法請參閱例 5-15，動差生成函數的求法請參閱例 5-22。

例 6-12 若隨機變數 X 的動差生成函數爲

$$M_X(t)=e^{4(e^t-1)}$$

則 X 爲參數是 $\alpha=4$ 的波氏分布。

因此，例如

$$P(X=3)=\frac{4^3e^{-4}}{3!}=\frac{32}{3}e^{-4}=0.195$$

或由查表

$$P(X=3)=p(X\leq 3)-p(X\leq 2)=0.433-0.238=0.195$$

波氏分布近似二項分布

波氏分布就其本身而言，適於描述很多的隨機現象，因此它扮演一個相當重要的角色。在這裏，我們討論的是波氏分布近似於二項分布的重要結果。這種方式所依據的極限定理將於第十章中討論。

例 6-13　設電話進入總機的次數，在某段 3 小時內是 270 次，平均每分鐘 1.5 次。據上面的事實，我們要計算以後的三分鐘內總機收到電話的次數爲 0, 1…… 次等等的機率爲何？當我們考慮進入總機的電話的次數時，我們可以認爲任何時刻進入的電話次數機率與其它時刻相同，但問題是即使在很短的時間區間內，電話次數不僅是無限而且不可數。因此我們要導出一連串的估計值。首先我們將三分鐘區間細分爲 9 個小區間，每個區間20秒，然後視每一小區間爲柏努利試驗，在每一試驗中，我們觀察進入總機的電話，有一次（成功）或沒進入（失敗）。其成功率 $p=(1.5)\left(\frac{20}{60}\right)=0.5$。因此，我們可說在三分鐘內，有一次電話進入的機率爲 $\binom{9}{1}\left(\frac{1}{2}\right)\left(\frac{1}{2}\right)^9=\frac{9}{512}$。

但是我們忽略在 20 秒內進入總機的次數有 2 次、3 次，等其它的情形出現。若將這種可能性也考慮在內，則上面使用的二項分布就有點不合理了！爲了避免這種問題出現，我們用第二種估計值。事實上，我們使用一連串的估計值，有一種可令我們相當確定。在一很短的區間內，最多只有一次電話進入總機的方法是把時間區間縮成很短，我們可考慮將原來 9 個區間，每區間 20 秒的情形換成 18 個區間，每區間 10 秒的更小區間，我們就可視爲 18 個柏努利試驗，其成功率 $p=1.5\left(\frac{10}{60}\right)=0.25$ 因而在三分鐘內有兩次進入總機的機率 $\binom{18}{2}(0.25)^2(0.75)^{16}$。雖然我們所考慮的二項分布 ($n=18$ $p=0.25$) 和原先的 ($n=9$, $p=0.5$) 不一樣，但期望值却未變，即 $np=18(0.25)=9(0.5)=4.5$。

如果將小區間個數增加，我們將同時減少進入交換電話次數的機率，

因而 np 保持不變。

對於上述實例，我們對一問題感興趣，如果 $n\to\infty$，且 $p\to 0$ 而 np 不變。令 $np=\alpha$，則二項分布 $\binom{n}{k}(p)^k(1-p)^{r-k}$ 將發生什麼現象呢？下列演算會幫助我們得到答案。首先考慮二項分布機率的通式

$$p(k)=\binom{n}{k}p^k(1-p)^{n-k}=\frac{n!}{k!(n-k)!}p^k(1-p)^{n-k}$$

$$=\frac{n(n-1)(n-2)\cdots\cdots(n-k+1)}{k!}p^k(1-p)^{n-k}$$

令 $np=\alpha$，$p=\frac{\alpha}{n}$，且 $1-p=1-\alpha/n=(n-\alpha)/n$

又將 p 以相等的 α 表示 $p=\frac{\alpha}{n}$ 代入

則

$$p(k)=\frac{n(n-1)\cdots\cdots(n-k+1)}{k!}\left(\frac{\alpha}{n}\right)^k\left(\frac{n-\alpha}{n}\right)^{n-k}$$

$$=\frac{\alpha^k}{k!}\left[1\left(1-\frac{1}{n}\right)\left(1-\frac{2}{n}\right)\cdots\cdots\left(1-\frac{k-1}{n}\right)\right]\left[1-\frac{\alpha}{n}\right]^{n-k}$$

$$=\frac{\alpha^k}{k!}\left[1\left(1-\frac{1}{n}\right)\left(1-\frac{2}{n}\right)\cdots\cdots\left(1-\frac{k-1}{n}\right)\right]\left[1-\frac{\alpha}{n}\right]^n\left[1-\frac{\alpha}{n}\right]^{-k}$$

令 $n\to\infty$，使 $np=\alpha$ 不變，顯然 $n\to\infty$ 時 $p\to 0$ 上式中如 $\left(1-\frac{1}{n}\right)\left(1-\frac{2}{n}\right)\cdots\cdots$ 之各項，當 $n\to\infty$ 時趨近於 1，而 $\left(1-\frac{\alpha}{n}\right)^{-k}$ 也一樣，從 e 的定義，當 $n\to\infty$，$\left(1-\frac{\alpha}{n}\right)^n\to e^{-\alpha}$，因此，

$$\lim_{n\to\infty} p(k) = e^{-\alpha}\alpha^k/k!$$

即在其極限值時，我們得到一波氏分布，其參數爲 α，這重要結果敍述於下：

定理 6-4　X 爲二項分布隨機變數，其參數爲 p（基於 n 次重複）亦即

$$p(k)=\binom{n}{k}p^k(q)^{n-k}$$

假設 $n\to\infty$ 時，$np=\alpha$（常數），或當 $n\to\infty$，$p\to 0$，使 $np\to\alpha$ 在滿足這條件下

$$\lim_{n\to\infty} p(k) = \frac{e^{-\alpha}\alpha^k}{k!}$$

這就是參數爲 α 的波氏分布

讀者請注意：

(1) 上面的定理是說明 n 很大而 p 很小時，我們可用波氏分布來估計二項分布。

(2) 我們已證實若 X 爲二項分布，則 $E(X)=np$，因此，若 X 是波氏分布，則 $E(X)=\alpha$ 波氏分布之參數。

(3) 二項分布是由兩個參數 n 與 p 來決定，而波氏分布只由一參數 $\alpha=np$ 來決定。α 代表單位時間內成功的期望值，該參數亦稱分布的強度（intensity of the distribution）。讀者須留意分別每單位時間內發生的期望次數，和指定時間內發生的期望次數。如前例，其強度是每分鐘 1.5 次，因此 10 分內的期望次數爲 15 次。

(4) 我們可以考慮下面的理論，來求參數爲 α 的波氏隨機變數 X 的變異數。X 可視爲參數 n 和 p 的二項分布隨機變數 Y 的一個極限情形。$n\to\infty$，$p\to 0$，$np\to\infty$，因 $E(Y)=np$，$V(Y)=np(1-p)$，因此在極限時 $V(Y)=np(1-p)\xrightarrow{p\to 0}\alpha(1)=\alpha=V(X)$。

例 6-14　在某交通密集的地段，每輛車發生事故的機率很低，假設爲 $p=0.0001$。設在一天某一時段，如 $4pm$ 到 $6pm$ 間，有 1000 輛車經過此地段，試求該段時段內至少發生兩次交通事故的機率爲若干？

解： 我們假定每輛車的 p 值一樣，又每輛車出事與否與其他車子無關。假定 X 是 1000 輛車子出事的次數，則 X 爲二項分布 p 爲 0.0001（事實上 p 不爲常數，因爲駕駛人的駕車技術及小心程度不同）。另一項假設在 4pm 到 6pm 間有 1000 輛車子通過此地段，事實上應爲隨機變數較合理，然而我們在此將 n 視爲定值。因此

$$P(X=k)=\binom{1000}{k}(0.0001)^k(0.9999)^{1000-k} \qquad k=0,1,2,\cdots\cdots 1000,$$

$$=0 \qquad \text{其他}$$

$$P(X\geq 2)=1-P(X=0)-P(X=1)$$

$$=1-(0.9999)^{1000}-1000(0.0001)(0.9999)^{999}$$

因 n 很大，p 很小，應用定理 6-1 得到下述的估計值

$$P(X=k)=\frac{e^{-0.1}(0.1)^k}{k!} \qquad k=0,1,2\cdots\cdots$$

$$=0 \qquad \text{其他}$$

因而 $P(X\geq 2)\cong 1-e^{-0.1}(1+0.1)=0.0045$

例 6-15 設一製造過程所產的產品，其不良率爲 p，設某送驗批內含 n 件產品，則恰有 k 件不良品的機率可由如下的二項分布中求出。若 X 是不良品件數，$P(X=k)=\binom{n}{k}p^k(1-p)^{n-k}$，如果 n 很大，p 很小，我們可估計爲

$$p(k)\cong\frac{e^{-np}(np)^k}{k!}$$

譬如我們假定 1000 件中有一件不良品，則 $p=0.001$

利用二項分布可發現 500 件中沒有不良品的機率是 $(0.999)^{500}=0.609$，如我們用波氏估計值，此機率變爲 $e^{-0.5}=0.61$，而發現 2 件或更多件不良品的機率依波氏估計值爲 $1-e^{-0.5}(1+0.5)=0.085$

例 6-16　一位替國王鑄錢幣的工匠在盒裝 n 枚錢幣的盒子都放入 m 枚僞幣，國王也懷疑他會舞弊。隨機地從每一盒中取出一枚錢幣加以檢驗。試問所取 n 枚錢幣中有 r 枚僞幣的機率爲若干？又若 r 和 m 固定，n 值愈來愈大，則 $P(X=r)$ 會發生什麼變化？

解： 由於所取 n 枚中，每枚均取自不同盒子，其爲僞之機率爲 $\frac{m}{n}$，又由於抽取爲獨立試驗，因此爲二項分布

設 X 爲 n 枚中之僞幣數

$$P(X=r)=\binom{n}{r}\left(\frac{m}{n}\right)^r\left(1-\frac{m}{n}\right)^{n-r} \qquad r=0,1,2\cdots\cdots n$$

$$=0 \qquad \text{其他}$$

若 r 和 m 固定，n 值愈來愈大，則 $P(X=r)$ 發生什麼變化？

$$P(X=r)\approx\frac{e^{-m}m^r}{r!} \qquad r=0,1,2\cdots\cdots$$

即成爲波瓦松分布。

波氏分布的用途相當廣泛。爲了便於計算波氏分布的機率，美國統計學家莫理納（E. C. Molina）將之列成數表，若在數表上查不到所需數值，則必須用內插法。

例 6-17　設 X 爲波氏隨機變數，$\alpha=2.1$，試求 $P(X=3)$ 的值。

解： 由附表，無法直接查得 $X=3$ 的機率，因此必須用內插法求之

α	$P(X\leq 2)$	$P(X\leq 3)$
2.0	0.6767	0.8571
2.5	0.5438	0.7576

$\alpha=2.0$　$P(X=3)=P(X\leq 3)-P(X\leq 2)=0.8571-0.6767$

$$=0.1804$$

$$\alpha=2.5 \quad P(X=3)=P(X\leq 3)-P(X\leq 2)=0.7576-0.5438$$
$$=0.2138$$

$$\alpha=2.1 \quad P(X=3)=0.180+\frac{0.2138-0.1804}{2.5-2.0}(2.1-2.0)=0.18708$$

使用波氏近似值與二項眞值相比較，它們精確度如何呢？首先來看一下一個例子。

例 6-18 設 $n=100$，$p=0.05$，則 $\alpha=5$

表 二 二項機率函數值和波氏機率函數值的比較

(1) x	(2) 波氏分布 $p_p(x\|\alpha=5)$	(3) 二項分布 $p_b(x\|n=100, p=.05)$	(4) 誤差 (2)−(3)
0	.0067	.0059	+.0008
1	.0337	.0312	+.0025
2	.0842	.0812	+.0030
3	.1404	.1396	+.0008
4	.1755	.1781	−.0026
5	.1755	.1800	−.0045
6	.1462	.1500	−.0038
7	.1044	.1060	−.0016
8	.0653	.0649	+.0004
9	.0363	.0349	+.0014
10	.0181	.0167	+.0014
11	.0082	.0072	+.0010
12	.0034	.0028	+.0006
13	.0013	.0010	+.0003
14	.0005	.0003	+.0002
15	.0002	.0001	+.0001

表　三　　二項累積函數值和波氏累積函數值的比較

(1) x	(2) 波氏分布 $F_p(x\mid\alpha=5)$	(3) 二項分布 $F_b(x\mid n=100, p=.05)$	(4) 誤差 (2)−(3)
0	.0067	.0059	+.0008
1	.0404	.0371	+.0033
2	.1247	.1183	+.0064
3	.2650	.2578	+.0072
4	.4405	.4360	+.0045
5	.6160	.6160	.0000
6	.7622	.7660	−.0038
7	.8666	.8720	−.0054
8	.9319	.9369	−.0050
9	.9682	.9718	−.0036
10	.9863	.9885	−.0022
11	.9945	.9957	−.0012
12	.9980	.9985	−.0005
13	.9993	.9995	−.0002
14	.9998	.9999	−.0001
15	.9999	1.0000	−.0001

從這個例子我們發現若以誤差的大小來看，波氏近似值對於個別值而言，在期望值附近的各項，誤差比較大，而在分布的兩邊尾端的項則相當精確。在累積分布函數的部份，則對於二項分布的左尾（lower tail），波氏近似值有偏高的趨勢，而對右尾（upper tail）部份，則有偏低的現象，然而無論如何，這兩個表所顯現的數值實在相當接近，當然，並沒有什麼鐵則告訴我們如何相近才是「足夠靠近」，這全要看手頭上所要解決的問題要求的精確度如何而定。

6-2-4 幾何分布 (Geometric distribution)

假設進行一隨機試驗，每次出象互不影響，而我們只對事件E是否發生有興趣。若已知 $P(E)=p$, $P(E')=1-p=q$，重複試驗直到事件E第一次發生（二項式分布中重複的次數事先決定，而現在它却是個隨機變數）。

定義 6-4 設隨機變數X爲首次發生事件E所需重複的次數，因此X的可能值是 $1,2,\cdots\cdots$。因爲 $X=k$ 的充要條件爲前 $k-1$ 次得到 E'，而第k次得到E，因此，若設 $p+q=1$

$$p(k)=pq^{k-1} \qquad k=1,2,3\cdots\cdots \tag{6-13}$$
$$=0 \qquad 其他$$

若一隨機變數具有上式分布，則稱其具有幾何分布，則X代表首次成功的試驗次數。顯然 $p(k)\geq 0$ 而

$$\sum_{k=1}^{\infty}p(k)=p(1+q+q^2+\cdots\cdots)=p\left[\frac{1}{1-q}\right]=1$$

定理 6-5 幾何分布的基本性質:

(1) $E(X)=\dfrac{1}{p}$ (6-14)

(2) $V(X)=\dfrac{q}{p^2}$ (6-15)

(3) $M_X(t)=\dfrac{pe^t}{1-qe^t}$ (6-16)

證: $E(X)=\sum\limits_{k=1}^{\infty}kpq^{k-1}=p\sum\limits_{k=1}^{\infty}\dfrac{d}{dq}q^k=p\dfrac{d}{dq}\sum\limits_{k=1}^{\infty}q^k=p\dfrac{d}{dq}\left[\dfrac{q}{1-q}\right]=\dfrac{1}{p}$

因級數 $|q|<1$ 收斂，故可互換微分與求和符號，同法可得

$V(X)=q/p^2$　　見習題

(3) $M(t)=\sum_{k=1}^{\infty} e^{tk}\,p(k)=\sum_{k=1}^{\infty} e^{tk}pq^{k-1}=pe^t\sum_{k=1}^{\infty}[qe^t]^{k-1}$

$$=pe^t\sum_{r=0}^{\infty}(qe^t)^r=\frac{pe^t}{1-qe^t}$$

$E(X)$ 是 p 的倒數實合乎直覺，因如 $p=P(E)$ 的數值很小，就需要重複很多次才會發生一次事件 E。

例 6-19　大力水手口香糖為了吸引小朋友購買，舉辦集字大贈送，每盒均有一字，凡集「大力水手」四字，可獲一贈品。小達對該贈品深感興趣，他已集有「大」、「水」、「手」三字，為了蒐集「力」字，小達不斷買大力水手口香糖，設得到「力」字的機率 $p=0.1$，若 X 表他得到「力」字為止購買口香糖的盒數，試求

(1) X 的機率函數

(2) 小達於購買第五盒口香糖時，得到「力」字的機率

(3) 小達購買不必超過三盒即可得到「力」字的機率

(4) 小達得到「力」字所需購買的期望盒數

解: (1) X 的分布顯然是幾何分布，因 $p=0.1$

故 $P(X=k)=(1-0.1)^{k-1}\ (0.1)=(0.9)^{k-1}(0.1)$

$k=1,2,\cdots\cdots$

(2) $P(X=5)=(0.9)^4\cdot(0.1)=0.06561$

(3) $P(X\leq 3)=\sum_{k=1}^{3}(0.1)(0.9)^{k-1}=0.271$

(4) $E(X)=\frac{1}{0.1}=10$，即小達平均要買 10 盒大力水手口香糖才能得到「力」字。

例 6-20　某地區每年七月到八月任一天發生颱風的機率均為 0.1，假定

每天是否發生颱風爲獨立，試求七月到八月之間第一次颱風發生在八月七日的機率爲何?

解: 設 X 爲七月一日起到八月之間第一次颱風的天數，而所要求的是 $P(X=38)$。因此，$P(X=38)=(0.9)^{37}\cdot(0.1)=0.0019$

例 6-21　若隨機試驗得到「正」的反應的機率爲 0.4，試問於得到第一次正反應前，「負」反應少於 5 次的機率爲何?

解: 設 X 爲第一次正反應前的負反應次數，則

$$p(k)=(0.6)^k(0.4) \qquad k=0,1,2,3\cdots\cdots$$

因此 $$P(X<5)=\sum_{k=0}^{4}(0.6)^4(0.4)=0.92$$

若 X 爲如 (6-4) 所述的幾何分布，且令 $Y=X-1$，則其機率爲第一次成功前的失敗次數，

$$P(Y=k)=q^k p \qquad k=0,1,2\cdots\cdots$$
$$=0 \qquad 其它$$

其中 p 爲成功的機率。

幾何分布有個有趣的性質敍述如下:

定理 6-6　若 X 爲幾何分布，則任意二正整數 n 和 m

$$P(X>n+m|X>n)=P(X>m) \tag{6-17}$$

證明: 見習題

定理 6-6 說明幾何分布是「無記憶」，也就是說假定事件 E 在前 n 次重複試驗中都沒發生，則接着的 m 次也不發生的機率與事件 E 在前 m 次試驗中未發生的機率相同。

上面定理的逆敍述也成立，如果對任一個只有正整數值的隨機變數 (6-17) 式成立的話，則該隨機變數必定爲幾何分布。

6-2-5　負二項分布 (Negative binomial distribution)

假若在上節所述的隨機試驗中，試驗繼續進行到事件E發生第r次爲止。設X爲第r次發生事件E時所需的重複試驗次數，則X的機率分布是如何的呢？

倘若$X=k$即第r次事件E發生於第k次重複試驗，也就是前$(k-1)$次試驗中，E恰好發生$(r-1)$次。因此

$$P(X=k)=p\binom{k-1}{r-1}p^{r-1}q^{k-r} \tag{6-18}$$

$$=\binom{k-1}{r-1}p^{r}q^{k-r} \qquad k=r, r+1, \cdots\cdots \tag{6-19}$$

$$=0 \qquad \text{其他}$$

定義 6-5　隨機變數X若具有(6-19)式的機率分布，稱之爲負二項分布或稱爲巴斯卡分布 (Pascal distribution)。

(6-19)式稱爲負二項分布的理由爲若查驗條件$\sum_{k=r}^{\infty}p(X=k)=1$時

$$\sum_{k=r}^{\infty}\binom{k-1}{r-1}p^{r}q^{k-r}=p^{r}\sum_{k=r}^{\infty}\binom{k-1}{r-1}q^{k-r}$$

$$=p^{r}(1-q)^{-r} \tag{6-20}$$

(6-20) 式顯然等於 1。最後一個等式是令(2-8)式中$x=-q, a=-r$則

$$(1-q)^{-r}=\sum_{k=0}^{\infty}\binom{-r}{k}(-q)^{k}=\sum_{k=0}^{\infty}(-1)^{k}\binom{-r}{k}q^{k}$$

由 (2-9) 式

$$\binom{-r}{k}=(-1)^{k}\binom{k+r-1}{k} \tag{6-21}$$

因爲　$\binom{n}{r}=\binom{n}{n-r}$

所以　$\binom{-r}{k}=(-1)^k\binom{k+r-1}{r-1}$

因此　$(1-q)^{-r}=\sum_{k=0}^{\infty}\binom{k+r-1}{r-1}q^k=\sum_{s=r}^{\infty}\binom{s-1}{r-1}q^{s-r}$

(6-21) 式出現指數 $(-r)$，因此得名。

定理 6-7　負二項分布的基本性質

$$(1)\ E(X)=\frac{r}{p} \tag{6-22}$$

$$(2)\ V(X)=\frac{rq}{p^2} \tag{6-23}$$

$$(3)\ M_X(t)=\left(\frac{pe^t}{1-qe^t}\right)^r \tag{6-24}$$

另一個常見的負二項分布的機率函數的形式是設 X 是爲了成功 r 次所經失敗試行次數，則共經過 $x+r$ 次試行方成功 r 次，卽第 r 次的成功發生於第 $x+r$ 次的試行，在前 $x+r-1$ 次中必須成功 $r-1$ 次

$$P(X=x)=\binom{x+r-1}{r-1}p^rq^x \qquad x=0,1,2\cdots\cdots \tag{6-25}$$

$$=0 \qquad\qquad 其他$$

例 6-22　巴納哈火柴盒問題 (Banach matchbox problem)

某甲嗜好抽煙斗，常爲想抽煙時找不到火柴而煩惱。爲了方便起見他買了兩盒火柴，分置於在左右二口袋。每盒火柴有 N 根。每次點火時隨機選一口袋，取出一根火柴點火。過了一段時日，甲發現其中有一個口袋內火柴已用盡。設若選取左右口袋的機會相等，試求另一口袋的火柴盒內還剩 n 根火柴的機率。

解: 設 E 爲甲首次發現右邊火柴盒已空，而左邊火柴盒還剩 n 根火柴的事件。這事件發生的充要條件爲 $N+1$ 次選擇右邊火柴盒發生於第 $N+1+N-n$ 次取火柴的動作，因此由 (6-19)，$p=\dfrac{1}{2}$　$r=N+1$

$k=2N-n+1$

$$P(E)=\binom{2N-n}{N}\left(\frac{1}{2}\right)^{2N-n+1}$$

由於左邊火柴盒已用盡而右邊尚餘 n 根火柴的機率與事件 E 相等，因此，本題答案爲

$$2P(E)=\binom{2N-n}{N}\left(\frac{1}{2}\right)^{2N-n}$$

定理 6-8　二項分布和負二項分布的關係:

設 X 爲二項分布，其參數是 n 和 p（即 X 等於成功機率爲 p 的柏努利試行中重複 n 次的成功次數）。又令 Y 爲負二項分布，其參數是 r 和 p（即 Y 爲要得到 r 次成功而每次成功的機率爲 p 時所需的柏努利試行的次數），設 $F_b(r|k,p)$ 表二項分布的分布函數，而 $F_{nb}(k|r,p)$ 表負二項分布的分布函數，則 X 和 Y 有下列的關係存在

$$p_{nb}(k|r,p)=pb(r-1|k-1,p) \tag{6-26}$$

$$F_{nb}(k|r,p)=1-F_b(r-1|k,p) \tag{6-27}$$

(6-26) 式得自 (6-18) 式。這個式子相當合理，因爲如果恰好需要 k 次試行方能得到 r 次成功，則第 r 次成功必然發生在第 k 次試行，而 $(r-1)$ 次成功必然發生於前 $(k-1)$ 次。(6-27) 式的關係，意思是至多需要 k 次試行產生 r 次成功的機率等於在 k 次試行中至少產生 r 次成功的機率。也就是

$$P(Y\leq k|r,p)=P(X\geq r|k,p)$$

然而 $P(X \geq r \mid k, p) = 1 - F_b(r-1 \mid k, p)$

所以 $P(Y \leq k \mid r, p) = 1 - F_b(r-1 \mid k, p)$

因此 $F_{nb}(k \mid r, p) = 1 - F_b(r-1 \mid k, p)$

(6-27) 式的另一形式爲

$$P(Y > k \mid r, p) = P(X < r \mid k, p)$$

或簡寫爲

$$P(Y > k) = P(X < r)$$

由於上述的性質，我們可利用二項分布的圖表，以計算和負二項式分布有關的機率。例如假設我們要計算當成功的機率爲 $p=0.2$ 時，至少要 10 次的重複試驗才能獲得 3 次成功的機率。則

$$P(Y > 10) = P(X < 3) = \sum_{k=0}^{2} \binom{10}{k} (0.2)^k (0.8)^{10-k} = 0.678$$

例 6-23 某市場研究機構利用電話詢問人們對產品的意見，依據以往的經驗，工作人員發現在星期六下午 4 點至 6 點之間打電話，每個電話號碼會有人接電話的機率是 0.25，某次意見調查希望在這段時間內有 10 個人接電話，試問 (1) 他必須恰打 18 個電話的機率爲若干? (2) 至多打 18 個電話的機率爲若干?

解: (1) $p_{nb}(18 \mid 10, 0.25) = \binom{18-1}{10-1} (0.25)^{10} (0.75)^8$

$$= 0.0023$$

如果用 (6-26) 式，則

$$p_{nb}(18 \mid 10, 0.25) = 0.25 b(9 \mid 17, 0.25)$$

查附錄數表二可得

$$b(9 \mid 17, 0.25) = 0.0093$$

因此

$$p_{nb}(18 \mid 10, 0.25) = 0.25(0.0093) = 0.0023$$

(2) 我們想求 $P(Y\leq 18)$ 的值，利用 (6-27) 式

$$F_{nb}(18|10,0.25)=1-F_b(10-1|18,0.25)$$

查附錄數表可得

$$F_b(9|18,0.25)=0.9946$$

因此

$$F_{nb}(18|10,0.25)=1-0.9946=0.0054$$

二項分布和負二項分布的區別在於重複的柏努利試行中，當我們討論 n 次的重複試驗(事先固定 n)觀察其成功的次數時就產生二項式分布。但是假如我們事先已確定想要得到的成功次數(事先固定 r)，然後記錄所需要的柏努利試行的次數時，就產生了負二項分布。

6-2-6　超幾何分布(Hypergeometric distribution)

在日常生活中人們所遇到的幾乎都是有限羣體，人們所做的實驗也都是在有限羣體上來做。設有一生產過程，其製造出來的產品以 N 個爲一批。假設製造在十分理想狀況下，則 N 個產品均爲良品，否則就會有不良品出現。若對 50 個產品逐一檢驗，不但費時而且也不經濟，一般均採抽樣檢驗方式，自送驗批中抽取樣本，以判斷該批產品的特性。最自然最常用的就是超幾何分布

$$P(X=k)=\frac{\binom{r}{k}\binom{N-r}{n-k}}{\binom{N}{n}} \tag{6-28}$$

其中　$k=0,1,2\cdots\cdots\min(n,r)$

定義 6-6　一離散隨機變數具有 (6-28) 式的機率分布時，我們說 X 爲一超幾何分布。

本分布稱爲超幾何是由於其機率函數是

$$\frac{(N-n)!(n-r)!}{N!(N-r-n)!}F(-n,-r,N-r-n+1;1)$$

的展開式的一般項。其中

$$F(\alpha,\beta;r;z)=1+\frac{\alpha\beta}{\gamma}\cdot\frac{z}{1!}+\frac{\alpha(\alpha+1)\beta(\beta+1)}{r(r+1)}\ \frac{z^2}{2!}+\cdots\cdots\qquad(r>0)$$

稱為超幾何級數 (hypergeometric series)。

例 6-24　已知一盒 50 個燈泡內有 2 個是壞的，試問檢驗員至少得檢驗多少個才能至少發現一個壞燈泡的機率至少為$\frac{1}{2}$？

解:　設 X 為總檢驗次數

$$P(\text{至少發現一壞燈泡})=1-P(\text{未發現壞燈泡})$$

$$=1-\frac{\binom{48}{x}\binom{2}{0}}{\binom{50}{x}}\geq\frac{1}{2}$$

即　$(50-x)(49-x)/50\times 49\leq\frac{1}{2}$

利用觀察法，當 $x=14$　$\frac{(50-14)(49-14)}{50\cdot 49}=0.514>0.5$

$x=15$　$\frac{(50-15)(49-15)}{50\cdot 49}=0.48<0.5$

即至少應檢驗 15 次。

定理 6-9　超幾何分布的基本性質:

(i)　期望值　$E(X)=\frac{nr}{N}=n\left(\frac{r}{N}\right)$

(ii)　$V(X)=n\left(\frac{r}{N}\right)\left(\frac{N-r}{N}\right)\left(\frac{N-n}{N-1}\right)=n\left(\frac{r}{N}\right)\left(1-\frac{r}{N}\right)\left(\frac{N-n}{N-1}\right)$

由於超幾何分布的機率函數中含有三組合數，早先我們就曾提出類如$\binom{100}{23}$的組合數計算相當不易，這是超幾何分布的一大缺點。

(iii)　$P(X=k)\approx\binom{n}{k}p^k(1-p)^{n-k}$　(6-29)

當N夠大，則X的分布可用如下所討論的估計。通常當我們抽取樣本再放回時，獲取一不良品的機率保持不變。自然可利用二項分布。然而當每次抽取樣本不再放回時，則用超幾何分布。倘若產品件數多，則抽取的產品是否放回，其所產生的差異不大，因此 $p=\frac{r}{N}$，(iii) 部分只是這種事實的一項數學敍述。我們同時也注意到當 N 很大時，超幾何隨機變數的期望值等於對應的二項分布之隨機變數的期望值，而X的變異數則有點小於二項分布的變異數。其「修正項」$(N-n)/(N-1)$ 趨近於1

我們可用下面一簡例說明 (iii) 的含意。假定欲計算 $P(X=0)$

當 $n=1$ 由超幾何分布求得 $P(X=0)=N-r/N=1-r/N=q$

故當 $n=1$ 時超幾何分布與二項分布所得都一樣。

若 $n=2$，我們由超幾何分布得到

$$P(X=0)=\frac{N-r}{N}\ \frac{N-r-1}{N-1}=\left(1-\frac{r}{N}\right)\left(1-\frac{r}{N-1}\right)$$

由二項分布我們得 $P(X=0)=q^2$ 要注意的是$1-\frac{r}{N}=q$ 而

$1-\frac{r}{(N-1)}$ 則幾乎等於q。

通常當 $n/N\leq 0.1$ 時以二項分布估計超幾何分布的結果相當令人滿意。

6-3 連續分布

討論了一些常用的離散分布之後，在本節中將研究一些常用的連續分布。

6-3-1 均等分布

定義 6-7 假設X爲一界定於〔a, b〕的連續隨機變數，其中a，b爲任意二實數 $a<b$。若X的機率密度函數爲

$$f(x)=\frac{1}{b-a} \qquad a\leq x\leq b \tag{6-30}$$

$$=0 \qquad 其他$$

則稱X爲在區間〔a, b〕的均等分布或矩形分布 (rectangular distribution)。均等分布的機率密度函數 $f(x)$， 其值在兩個定值的區間是常數，爲了滿足 $\int_{-\infty}^{\infty} f(x)\,dx=1$， $f(x)$ 的數值必須是區間長度的倒數。均等分布的隨機變數就下述的意義而言，確具有均等的含義。卽對於〔a, b〕的任意子區間〔c, d〕，$a\leq c\leq d\leq b$， 只要 $d-c$ 值不變，其機率 $P(c\leq X\leq d)$ 有相同的值，亦卽

$$P(c\leq X\leq d)=\int_{c}^{d} f_u(x|a, b)\,dx=\frac{d-c}{b-a} \tag{6-31}$$

換句話說， 其機率僅與子區間的長度有關， 而與子區間的位置無關。我們應很清楚在區間〔a, b〕，隨機選取一點的直覺觀念，它的含意是X爲均等分佈在區間〔a, b〕上所選取點的x坐標。

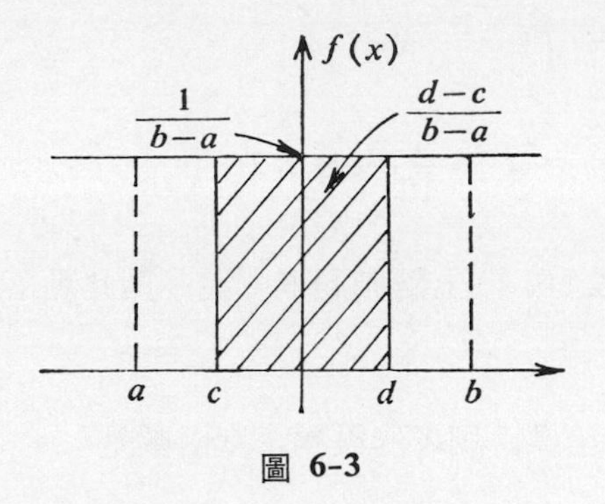

圖 6-3

例 6-24　設隨機變數X的機率密度函數為

$$f(x)=\begin{cases}\dfrac{1}{10} & 2\leq x\leq 12\\ 0 & \text{其他}\end{cases}$$

試求　(1) $P(3\leq X\leq 5)$

(2) $P(6\leq X\leq 8)$

(3) $P(10\leq X\leq 12)$

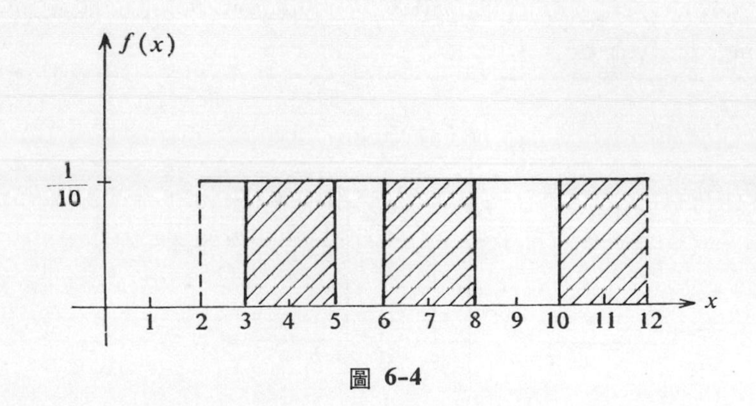

圖 6-4

解: $P(3\leq X\leq 5)=\int_3^5 \dfrac{1}{10}dx=0.2$

$$P(6 \leq X \leq 8) = \int_6^8 \frac{1}{10} dx = 0.2$$

$$P(10 \leq X \leq 12) = \int_{10}^{12} \frac{1}{10} dx = 0.2$$

例 6-25 若在線段〔0, 2〕上隨機選取一點，則此點落在 $\left[1, \frac{3}{2}\right]$ 間的機率爲何?

解: 令 X 表此點的坐標，則 X 的機率密度函數是

$$f(x) = \begin{cases} \frac{1}{2} & 0 \leq x \leq 2 \\ 0 & \text{其他} \end{cases}$$

因此　$P(1 \leq X \leq 3/2) = \frac{1}{4}$

均等分布隨機變數的分布函數爲

$$F(x) = P(X \leq x) = \begin{cases} 0 & \text{當 } x < a \\ \int_{-\infty}^{x} f(u)\, du = \frac{x-a}{b-a} & \text{當 } a \leq x < b \\ 1 & \text{當 } x \geq b \end{cases}$$

如圖 (6-5) 所示。

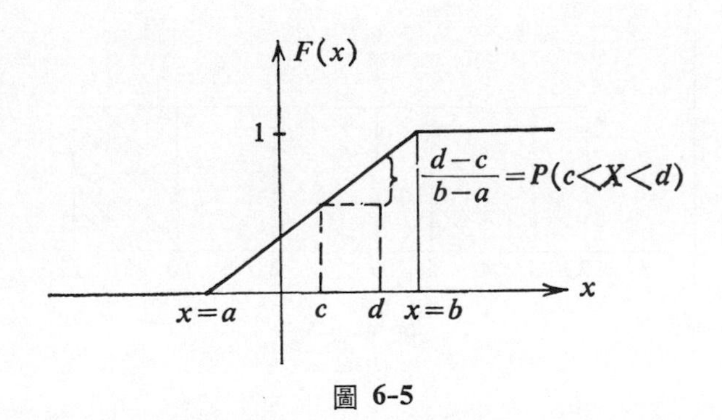

圖 6-5

我們來看一下一種能視爲均等分布的現象。

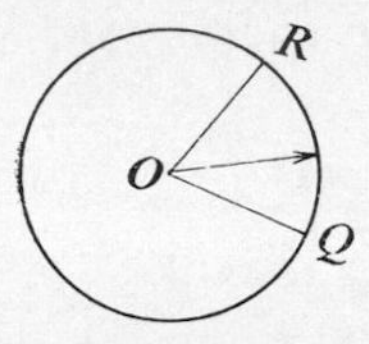

圖 6-6

設圓盤上有一根長爲 r 的指針，當指針轉動時，可能停於圓盤的任何位置，因此，

指針停在扇形 ROQ 的機率

$$=\frac{\text{扇形 } ROQ \text{ 之面積}}{\text{圓的面積}}$$

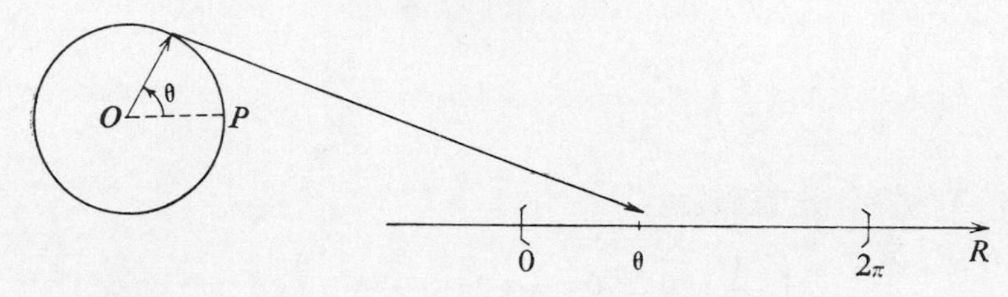

圖 6-7

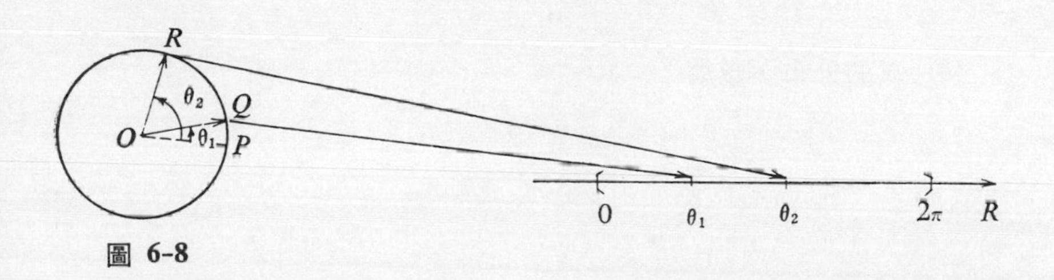

圖 6-8

設 X 爲指針由任意選取的參考直線 OP 開始轉動的弳度，則 X 的值域爲區間〔$0, 2\pi$〕

$$P(\theta_1 < X < \theta_2) = \frac{\text{扇形 } ROQ \text{ 之面積}}{\text{圓的面積}}$$

$$= \frac{\frac{r^2}{2}(\theta_2 - \theta_1)}{\pi r^2}$$

$$= \frac{\theta_2 - \theta_1}{2\pi}$$

換句話說 $P(\theta_1 < X < \theta_2)$ 與區間長度 $\theta_2 - \theta_1$ 成比例，因此 X 爲均等分布於區間〔$0, 2\pi$〕

例 6-26 若隨機變數 X 均等分布於區間〔$0, 2\pi$〕試求

(a) X 的機率密度函數

(b) X 的分布函數

(c) $P\left(\frac{\pi}{6} < X \leq \frac{\pi}{2}\right)$

(d) $P\left(-\frac{\pi}{6} < X \leq \frac{\pi}{2}\right)$

解: (a) X 的機率密度函數爲

$$f(x) = \begin{cases} \frac{1}{2\pi} & 0 \leq x \leq 2\pi \\ 0 & \text{其他} \end{cases}$$

(b) X 的分布函數爲

$$F(x) = \begin{cases} 0 & x < 0 \\ \frac{x}{2\pi} & 0 \leq x < 2\pi \\ 1 & x \geq 2\pi \end{cases}$$

(c) $$P\left(\frac{\pi}{6} < X \leq \frac{\pi}{2}\right) = F\left(\frac{\pi}{2}\right) - F\left(\frac{\pi}{6}\right) = \frac{1}{2\pi}\left(\frac{\pi}{2} - \frac{\pi}{6}\right) = \frac{1}{6}$$

(d) $$P\left(-\frac{\pi}{6} < X \leq \frac{\pi}{2}\right) = F\left(\frac{\pi}{2}\right) - F\left(-\frac{\pi}{6}\right) = \frac{\pi/2}{2\pi} - 0 = 1/4$$

定理 6-10 均等分布的基本性質

(i) 期望值 $E(X)=\dfrac{a+b}{2}$ (6-32)

(ii) 變異數 $V(X)=\dfrac{(b-a)^2}{12}$ (6-33)

(iii) 動差生成函數 $M_X(t)=\dfrac{e^{bt}-e^{at}}{(b-a)t}$ (6-34)

6-3-2 常態分布 (Normal distribution)

在統計學的領域中，常態分布爲最重要的連續隨機變數之一。

〔註〕常態分布或稱高斯分布。高斯(Karl Friedrich Gauss, 1777-1855)德國數學家。

定義 6-8 設隨機變數X的機率密度函數爲

$$f(x)=\frac{1}{b\sqrt{2\pi}}exp\left(-\frac{1}{2}\left[\frac{x-a}{b}\right]^2\right)-\infty<x<\infty \quad (6\text{-}35)$$

其中 $\pi=3.14159\cdots\cdots$，$-\infty<a<\infty$，$b>0$，則X稱爲具有常態分布，通常以 $N(a,b^2)$ 表示之。

若f爲一合乎標準的機率密度函數，顯然必須 $f(x)\geq 0$，且必須 $\int_{-\infty}^{\infty}f(x)\,dx=1$。現在我們對 (6-35) 式查證如下:

設 $v=\dfrac{x-a}{b}$則可將 $\int_{-\infty}^{\infty}f(x)\,dx$ 寫成 $\dfrac{1}{\sqrt{2\pi}}\int_{-\infty}^{\infty}e^{-\frac{v^2}{2}}dv=I$

運用微積分的技巧，以 I^2 代 I 得

$$I^2=\frac{1}{2\pi}\int_{-\infty}^{\infty}e^{-\frac{u^2}{2}}du\int_{-\infty}^{\infty}e^{-\frac{v^2}{2}}dv$$

$$=\frac{1}{2\pi}\int_{-\infty}^{\infty}\int_{-\infty}^{\infty}e^{-\frac{(u^2+v^2)}{2}}dudv$$

考慮極坐標；令 $u=\gamma\cos\theta, v=\gamma\sin\theta$

則　　$dudv=\gamma\, d\gamma\, d\theta$

因　　$-\infty<u_1 v<\infty$ 知 $0<\gamma<\infty$，$0<\theta<2\pi$

得　　$$I^2=\frac{1}{2\pi}\int_0^{2\pi}\int_0^{\infty}\gamma e^{-\frac{\gamma^2}{2}}\,d\gamma\, d\theta$$

$$=\frac{1}{2\pi}\int_0^{2\pi} -e^{-\frac{\gamma^2}{2}}\Big|_0^{\infty}\,d\theta=\frac{1}{2\pi}\int_0^{2\pi}d\theta=1$$

所以 $I=1$ 得證。

$f(x)$ 曲線的特性有:

(1) 呈鐘型分布。

(2) 曲線 $f(x)$ 對稱於 $x=a$。

即　$f(a+t)=\dfrac{1}{b\sqrt{2\pi}}e^{-\frac{t^2}{2b^2}}=f(a-t)$，

又　$f(a)=\dfrac{1}{b\sqrt{2\pi}}$ 爲極大值。

(3) 曲線位於 $x=a\pm b$ 處有二反曲點 (point of inflection)。

(4) 當 $x\to\pm\infty$，則 $f(x)\to 0$，即曲線以橫軸爲漸近線。

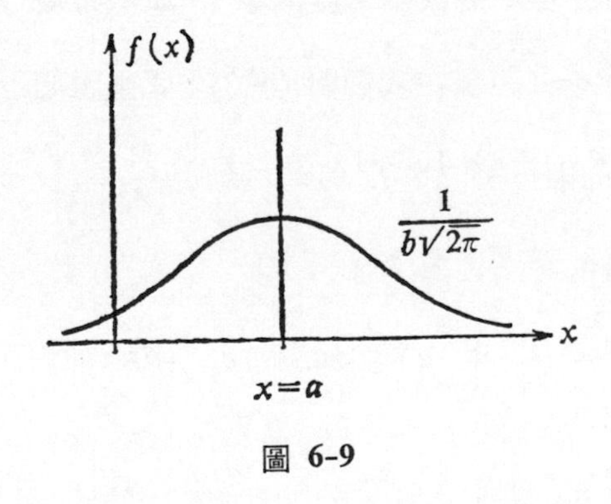

圖 6-9

定理 6-11　常態分布的基本性質:

(i)　期望值　$E(X)=a$　(6-36)

(ii)　變異數　$V(X)=b^2$　(6-37)

(iii)　動差生成函數　$M(t)=e^{at+\frac{b^2t^2}{2}}$　(6-38)

證明: (i)　$E(X)=\dfrac{1}{b\sqrt{2\pi}}\displaystyle\int_{-\infty}^{\infty}x\,exp\left[-\frac{1}{2}\left(\frac{x-a}{b}\right)^2\right]dx$

設 $z=\dfrac{x-a}{b}$　則 $dx=b\,dz$

得　$E(X)=\dfrac{1}{\sqrt{2\pi}}\displaystyle\int_{-\infty}^{\infty}(bz+a)\,e^{-\frac{z^2}{2}}\,dz$

$$=\frac{1}{\sqrt{2\pi}}\,b\int_{-\infty}^{\infty}ze^{-\frac{z^2}{2}}\,dz+a\frac{1}{\sqrt{2\pi}}\int_{-\infty}^{\infty}e^{-\frac{z^2}{2}}\,dz$$

上式的第一個積分因其爲奇函數 (odd function) 的積分，所以爲零。第二個積分卽 $I=1$，因此得知 $E(X)=a$

(ii)　$E(X^2)=\dfrac{1}{b\sqrt{2\pi}}\displaystyle\int_{-\infty}^{\infty}x^2\,exp\left[-\frac{1}{2}\left(\frac{x-a}{b}\right)^2\right]dx$

再設 $z=\dfrac{x-a}{b}$

得　$E(X^2)=\dfrac{1}{\sqrt{2\pi}}\displaystyle\int_{-\infty}^{\infty}(bz+a)^2\,e^{-\frac{z^2}{2}}\,dz$

$$=\frac{1}{\sqrt{2\pi}}\int_{-\infty}^{\infty}b^2z^2e^{-\frac{z^2}{2}}\,dz$$

$$+2a\frac{1}{\sqrt{2\pi}}\int_{-\infty}^{\infty}ze^{-\frac{z^2}{2}}\,dz$$

$$+a^2\frac{1}{\sqrt{2\pi}}\int_{-\infty}^{\infty}e^{-\frac{z^2}{2}}\,dz$$

第二個積分亦爲零，第三個積分因 $I=1$ 知等於 a^2，第一

個積分用部分積分法，令 $dv=ze^{-\frac{z^2}{2}}dz$，$u=z$

知 $v=-e^{-\frac{z^2}{2}}$，$dz=du$

所以得 $$\frac{1}{\sqrt{2\pi}}\int_{-\infty}^{\infty} z^2 e^{-\frac{z^2}{2}}dz = -ze^{-\frac{z^2}{2}}\Big/\sqrt{2\pi}\Big|_{-\infty}^{\infty} + \frac{1}{\sqrt{2\pi}}\int_{-\infty}^{\infty} e^{-\frac{z^2}{2}}dz$$

$$=0+1$$

$$=1$$

代入上式得 $E(X^2)=b^2+a^2$

因此 $V(X)=E(X^2)-[E(X)]^2=b^2$

(iii) $$M(t)=\frac{1}{b\sqrt{2\pi}}\int_{-\infty}^{\infty} e^{tx}e^{-\frac{(x-a)^2}{2b^2}}dx$$

設 $z=\dfrac{x-a}{b}$ 則 $x=a+bz$ $dx=bdz$

因此 $$M(t)=\frac{1}{\sqrt{2\pi}}\int_{-\infty}^{\infty} e^{[t(bz+a)]}e^{-\frac{z^2}{2}}dz$$

$$=e^{ta}\frac{1}{\sqrt{2\pi}}\int_{-\infty}^{\infty} e^{-\frac{1}{2}(z^2-2btz)}dz$$

$$=e^{ta}\frac{1}{\sqrt{2\pi}}\int_{-\infty}^{\infty} e^{-\frac{1}{2}[(z-bt)^2-b^2t^2]}dz$$

$$=e^{ta+\frac{b^2t^2}{2}}\frac{1}{\sqrt{2\pi}}\int_{-\infty}^{\infty} e^{-\frac{(z-bt)^2}{2}}dz$$

設 $y=z-bt$ 則 $dz=dy$

因此 $$M(t)=e^{ta+\frac{b^2t^2}{2}}\frac{1}{\sqrt{2\pi}}\int_{-\infty}^{\infty} e^{-\frac{y^2}{2}}dy=e^{at+b^2\frac{t^2}{2}}$$

由常態分布的基本性質可知參數 $a=\mu$, $b=\sigma$ 因此通常我們將其機率密度函數表

$$f(x)=\frac{1}{\sigma\sqrt{2\pi}}\,e^{-\frac{(x-\mu)^2}{2\sigma^2}} \qquad -\infty<x<\infty$$

接着我們來探討一下參數 μ, σ 大小與常態變數的機率分布的關係，及其在幾何上的意義:

假設已知 X 爲常態分布，則僅知其機率分布屬於某一族類(family)，如果又知其 $E(X)$ 與 $V(X)$ 的值，X 的分布才可完全決定。

如圖 6-10 爲兩期望值相等，標準差不等的常態曲線 $N(\mu,\sigma_1^2)$ 與 $N(\mu,\sigma_2^2)$。若 $\sigma_1^2>\sigma_2^2$，則其機率密度函數的型態如圖 6-10 所示有高低寬窄之別。

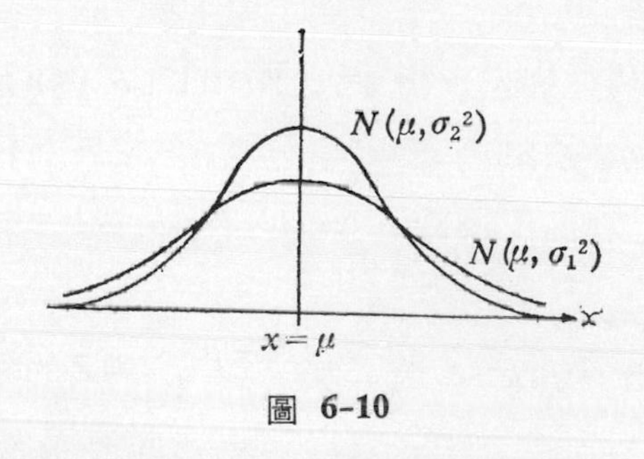

圖 6-10

若 X 的分布爲 $N(0,1)$，則稱 X 爲標準常態分布。其機率密度函數爲

$$\varphi(z)=\frac{1}{\sqrt{2\pi}}\,e^{-\frac{z^2}{2}} \tag{6-39}$$

由於標準常態分布深具重要性，因此本書採用特定符號 Φ 代表其分布函數，對於任何實數 u

$$\Phi(u)=\frac{1}{\sqrt{2\pi}}\int_{-\infty}^{u}e^{-\frac{z^2}{2}}\,dz \tag{6-40}$$

Φ 的圖形如下圖所示:

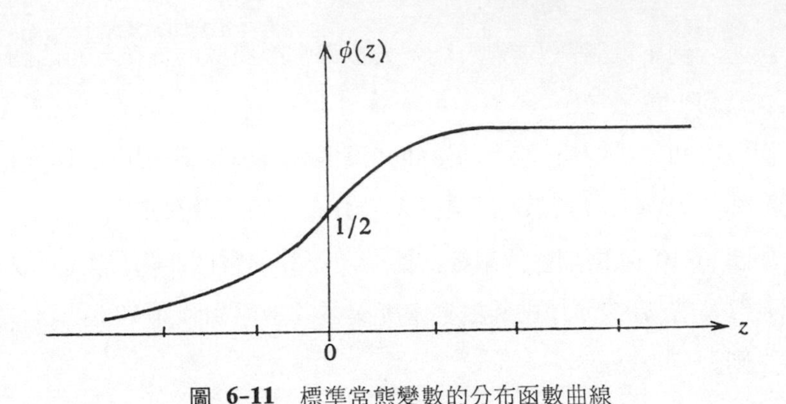

圖 **6-11**　標準常態變數的分布函數曲線

定理 6-12　若X的分布爲 $N(\mu,\sigma^2)$，$Y=aX+b$ 則Y的分布爲 $N(a\mu+b,a^2\sigma^2)$

證明留爲習題。

設X的分布爲 $N(\mu,\sigma^2)$，若 $Z=\dfrac{X-\mu}{\sigma}$，則Z的分布爲 $N(0,1)$，稱爲標準化 (standardize)。因Z爲X的線性函數，所以引用定理 6-5 即可得證。標準化過程可使任意常態變數經此轉換而呈標準常態分布。

設Z爲 $N(0,1)$ 分布，則

$$P(a\leq Z\leq b)=\frac{1}{\sqrt{2\pi}}\int_{a}^{b}e^{-\frac{z^2}{2}}\,dz$$

上項積分式無法以普通的方法求出，因爲沒有任何基本的微積分定理可以解出一函數，使其導數等於 $e^{-\frac{x^2}{2}}$， 然而統計學家早已運用數值的積分法將其求出，並以 $P(Z\leq z)$ 的形式列成一表。

函數 Φ 已經廣泛地製成數表， 並且本書也摘錄一表附於後以備查用。Z 爲 $N(0,1)$ 分布，若想計算 $P(a\leq Z\leq b)$ 的機率，因爲

$$P(a\leq Z\leq b)=\Phi(b)-\Phi(a)$$

所以由函數 Φ 的數表可查得。

若 X 爲 $N(\mu,\sigma^2)$ 的任意常態分布，只要將其標準化亦可由 Φ 函數表查得其機率，即

$$P(a\leq X\leq b)=P\left(\frac{a-\mu}{\sigma}\leq Z\leq\frac{b-\mu}{\sigma}\right)$$

$$=\Phi\left(\frac{b-\mu}{\sigma}\right)-\Phi\left(\frac{a-\mu}{\sigma}\right)$$

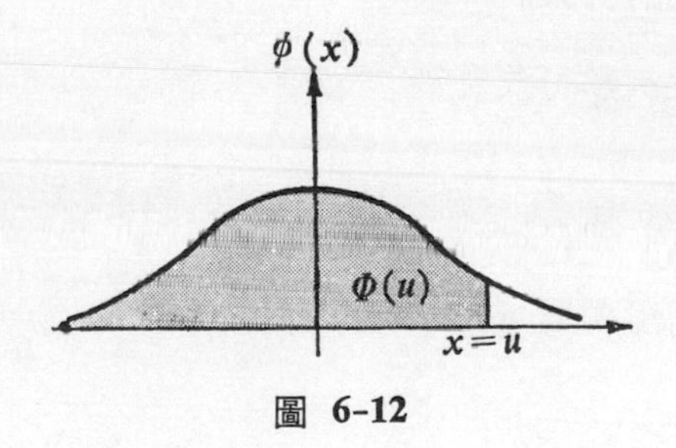

圖 6-12

由 Φ 的定義可知

$$\Phi(-x)=1-\Phi(x) \tag{6-41}$$

本關係式於查表時甚爲有用。

若X爲 $N(\mu,\sigma^2)$ 分布，欲求 $P(\mu-k\sigma\leq X\leq\mu+k\sigma)$，則上述機率可以 Φ 函數表示:

$$P(\mu-k\sigma\leq X\leq\mu+k\sigma)=P\left(-k\leq\frac{X-\mu}{\sigma}\leq k\right)$$

$$=\Phi(k)-\Phi(-k)$$

由 (6-41) 式得 $k>0$ 時，

$$P(\mu-k\sigma\leq X\leq\mu+k\sigma)=2\Phi(k)-1 \tag{6-42}$$

注意，上式大小與μ，σ值無關，即 $N(\mu,\sigma^2)$ 分布的隨機變數在k倍標準差內的機率僅和k值有關。

例 6-27　已知隨機變數X的機率密度函數爲

$$f(x)=\frac{1}{\sqrt{18\pi}}\,e^{-\frac{x^2-10x+25}{18}}\qquad -\infty<x<\infty$$

(1) 試證X爲常態分布，並決定二參數μ及σ的值

(2) 求 $f(x)$ 的極大值。

解: 本題機率密度函數可改寫爲

$$f(x)=\frac{1}{3\sqrt{2\pi}}\,e^{-\frac{(x-5)^2}{2\cdot3^2}}\qquad -\infty<x<\infty$$

因此立即可看出X爲 $\mu=5$, $\sigma=3$ 的常態分布，$f(x)$ 之極大值等於

$$\frac{1}{3\sqrt{2\pi}}$$

例 6-28　設隨機變數X的機率密度函數如下:

$$f(x)=\frac{1}{2\sqrt{2\pi}}\,e^{-\frac{(x+4)^2}{8}}\qquad -\infty<x<\infty$$

試計算　(a) $P(X\leq -2)$

(b) $P(-5<X\leq -2)$

(c) $P(|X+3|\leq 1)$

(d) $P(X\geq -6)$

解: X為 $N(-4,2^2)$ 的分布

(a) $P(X\leq -2)=\Phi\left(\dfrac{-2-(-4)}{2}\right)=\Phi(1)=0.8413$

(b) $P(-5<X\leq -2)=P(X\leq -2)-P(X\leq -5)$

$$=\Phi\left(\frac{-2-(-4)}{2}\right)-\Phi\left(\frac{-5-(-4)}{2}\right)$$

$$=\Phi(1)-\Phi(-1/2)$$

$$=\Phi(1)-\left(1-\Phi\left(\frac{1}{2}\right)\right)$$

$$=0.8413-0.3085$$

$$=0.5328$$

(c) $P(|X+3|\leq 1)=P(-1\leq X+3\leq 1)$

$$=P(-4\leq X\leq -2)$$

$$=P(X\leq -2)-P(X\leq -4)$$

$$=\Phi(1)-\Phi(0)$$

$$=0.8413-0.5=0.3413$$

(d) $P(X\geq -6)=1-P(X\leq -6)$

$$=1-\Phi(-1)=1-(1-\Phi(1))$$

$$=\Phi(1)$$

$$=0.8413$$

請注意 (a) 答案與 (d) 相同，這並非意外，因本分布對稱於-4。

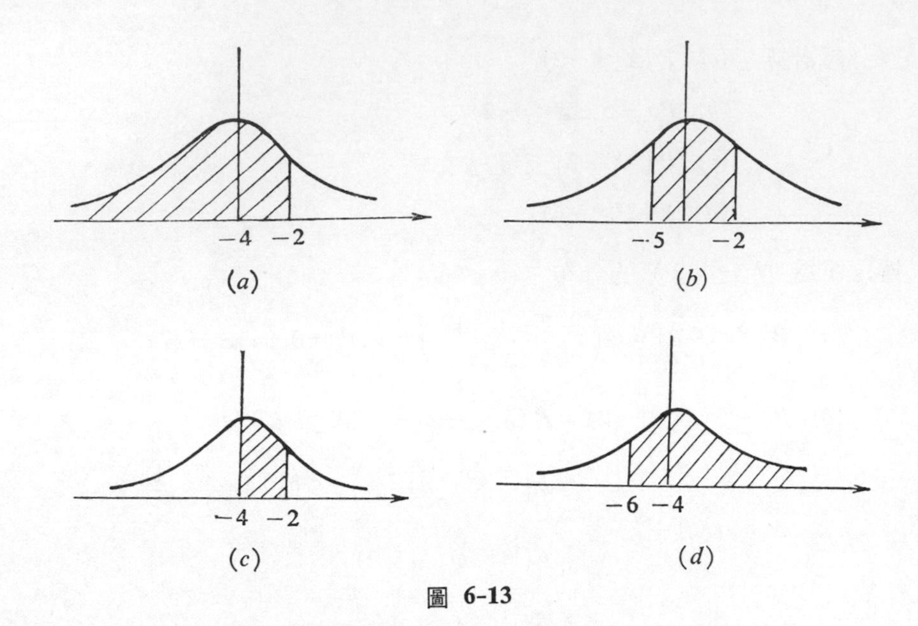

圖 6-13

例 6-29　假設隨機變數X爲常態分布，其機率密度函數爲

$$f_1(x)=\frac{1}{6\sqrt{2\pi}}\,e^{-\frac{(x-60)^2}{72}}\qquad -\infty<x<\infty$$

查得 $P(X\leq\mu_0)=0.8413$，其中 μ_0 爲一實數，然而事後發現X的正確機率密度函數應爲

$$f_2(x)=\frac{1}{6\sqrt{2\pi}}\,e^{-\frac{(x-69)^2}{72}}\qquad -\infty<x<\infty$$

試求此修正後的 $P(X\leq u_0)$

解：若X的機率密度函數 f_1，則 $\mu=60$，$\sigma=6$，因爲

$$P(X\leq\mu_0)=0.8413,$$

即
$$\Phi\left(\frac{\mu_0-60}{6}\right)=0.8413$$

查閱附錄常態分布表得 $\Phi(1)=0.8413$，因 $\frac{\mu_0-60}{6}=1$

即 $\mu_0=66$，現由於正確的機率分布爲 $\mu=69$，$\sigma=6$，所以

$$P(X\leq\mu_0)=P(X\leq 66)$$

$$=\Phi\left(\frac{66-69}{6}\right)$$

$$=\Phi\left(-\frac{1}{2}\right)=1-\Phi\left(\frac{1}{2}\right)$$

$$=0.3085$$

例 6-30　假設成年男子的體重爲常態分布，其中百分之 6.68 低於 60 公斤，百分之 77.45 在 60 公斤至 80 公斤之間，試決定此分布的參數 μ 和 σ。

解: 設 X 代表成年男子的體重，由題意得知

$$P(X\leq 60)=0.0668,\ \text{和}\ P(60<X\leq 80)=0.7745$$

因　$\Phi(60<X\leq 80)=P(X\leq 80)-P(X\leq 60)$

即　$P(X\leq 80)=0.8413$

即　$\Phi\left(\dfrac{60-\mu}{\sigma}\right)=0.0668$

$\Phi\left(\dfrac{80-\mu}{\sigma}\right)=0.8413$

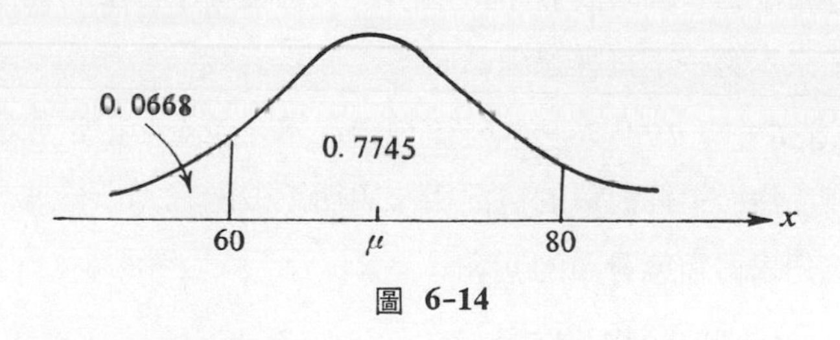

圖 6-14

查閱常態分布數表得

$$\Phi(-1.5)=0.0668$$

$$\Phi(1)=0.8413$$

因此　$\frac{60-\mu}{\sigma}=-1.5$　　$\frac{80-\mu}{\sigma}=1$

解此聯立方程式，得

$$\mu=72,\ \sigma=8$$

二項分布的常態近似

在討論二項分布的 n 和 p 二值對它的分布形狀的影響時，我們曾經提出，當 n 值相當大的時候，它的分布形狀看起來像一條對稱平滑的曲線， 這種現象並不是純然的巧合。 早在 1733 年， 棣美弗 (Abraham DeMoivre) 就曾經例證過當 n 值趨於無限大時，常態機率密度函數是二項分布的極限。因此，我們發現，在某些特殊的狀況下，常態分布可用來得出二項機率的近似值。

我們已見過，當 p 值遠離 0.5 的時候，波氏近似值可用來得出二項機率，相反地，當 n 值相當大，尤其當 p 值接近 0.5 的時候，常態機率可用來做爲二項機率的近似值。

二項機率用波氏機率爲近似值的時候，這種近似過程很簡單。因爲二者均爲離散隨機變數。然而在用常態機率爲近似值的時候，我們是用一個連續分布做爲一個離散分布，這時近似過程就不那麼單純了，我們用一個例子來示範一下這種過程。

例 6-31　設 $n=8$, $p=0.5$, $x=6$ 這種情況本來並不必用常態機率得出近似值，然而這個簡單的情況用來說明近似過程却十分理想。

(1) 首先求得常態分布的 μ 和 σ

$$\mu=np=8(0.5)=4$$

$$\sigma=\sqrt{np(1-p)}=\sqrt{8(0.5)(1-0.5)}=1.414$$

(2) 採用 $\mu=4$，$\sigma=1.414$ 的常態分布做爲二項分布的近似分布。

(3) 把原先是離散的分布改變爲連續的分布，如圖所示。我們把原先是離散的點而爲以底長爲 1 的長條形，換句話說，對於每一點整數 x，各向前和向後延半單位成爲 $x-0.5$ 和 $x+0.5$ 但高度不變的長條，而以常態分布重疊在上面，因此我們能用長條面積代表該點的機率，類似常態機率爲用在曲線下面積表示機率。譬如 $X=6$ 的事件機率可用介於 5.5 和 6.5 間的條形面積表示。我們可以看出常態曲線下介於 5.5 和 6.5 的面積和表示 $P(X=6)$ 的長條面積近似。

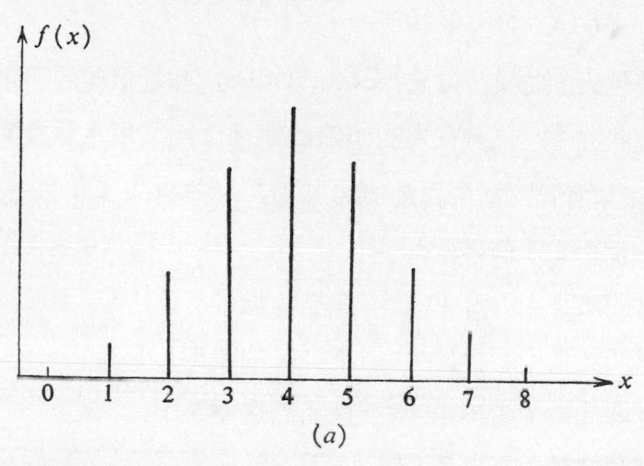

(a)

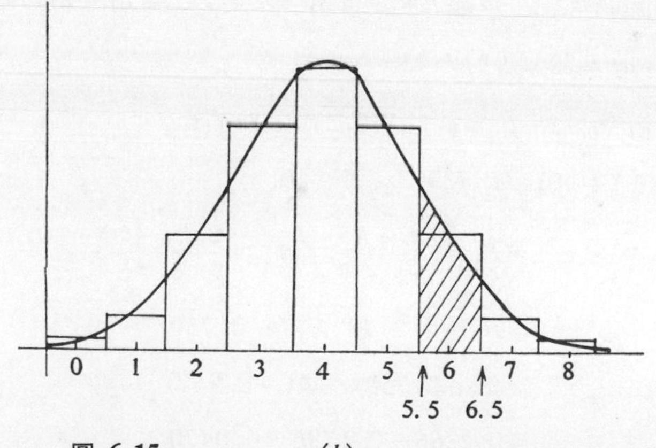

圖 **6-15**　(b)

(4) $P_b(X=6) \approx P_n(5.5 \leq X \leq 6.5)$

$$= P\left(\frac{5.5-4}{1.414} \leq Z \leq \frac{6.5-4}{1.414}\right)$$

$$= P(1.06 \leq Z \leq 1.77)$$

$$= \Phi(1.77) - \Phi(1.06)$$

$$= 0.9616 - 0.8554$$

$$= 0.1062$$

查附錄的二項分布機率可得

$$P(X=6) = 0.1094$$

當 n 值越大的時候，眞值 (exact value) 和近似值的誤差會越小，在實際狀況下，只有在大的 n 值的情況下，才用常態機率。

例 6-32 某零件用一新的自動機器製造，其不良率爲 0.2，設若該機器製造一批含 225 個零件

(1) 試問該批中恰有 40 個不良品的機率；

(2) 試問該批中不多於 40 個不良品的機率；

(3) 試問該批中少於 40 個不良品的機率；

(4) 試問該批中不良品介於 41 和 49（含二端點值）的機率。

解: (1) $\mu = np = 225(0.2) = 45$

$$\sigma = \sqrt{np(1-p)} = \sqrt{225(0.2)(0.8)} = 6$$

$P_b(X=40) \approx P_n(39.5 \leq X \leq 40.5)$

$$= P\left(\frac{39.5-45}{6} \leq Z \leq \frac{40.5-45}{6}\right)$$

$$= P(-0.917 \leq Z \leq -0.750)$$

$$= \Phi(-0.750) - \Phi(-0.917)$$

$$= 0.2266 - 0.1796 = 0.0470$$

(2) 所考慮的事件爲〔$X \leq 40$〕含 40 在內，40 的上限爲 40.5

$$P_b(X \leq 40) \approx P_n(X \leq 40.5)$$

$$= P\left(\frac{X-45}{6} \leq \frac{40.5-45}{6}\right)$$

$$= P\left(Z \leq \frac{40.5-45}{6}\right)$$

$$= \Phi\left(\frac{40.5-45}{6}\right)$$

$$= \Phi(-0.75)$$

$$= 0.2266$$

(3) 所考慮的事件爲〔$X < 40$〕，不含 40 但含 39，39 的上限爲 39.5，因此

$$P_b(X < 40) = P_b(X \leq 39) \approx P_n(X \leq 39.5)$$

$$= \Phi\left(\frac{39.5-45}{6}\right)$$

$$= \Phi(-0.917)$$

$$= 0.1796$$

(4) $P_b(41 \leq X \leq 49) = P_b(X \leq 49) - P_b(X \leq 40)$

$$\approx P_n(X \leq 49.5) - P_n(X \leq 40.5)$$

$$= \Phi\left(\frac{49.5-45}{6}\right) - \Phi\left(\frac{40.5-45}{6}\right)$$

$$= \Phi(0.75) - \Phi(-0.75)$$

$$= 2\Phi(0.75) - 1$$

$$= 0.5468$$

一般而言，用常態機率算二項機率的近似值時，採用下列公式計算

$$p_b(x) \approx \Phi\left(\frac{x+0.5-np}{\sqrt{np(1-p)}}\right)-\Phi\left(\frac{x-0.5-np}{\sqrt{np(1-p)}}\right)$$

$$F_b(x) \approx \Phi\left(\frac{x+0.5-np}{\sqrt{np(1-p)}}\right)$$

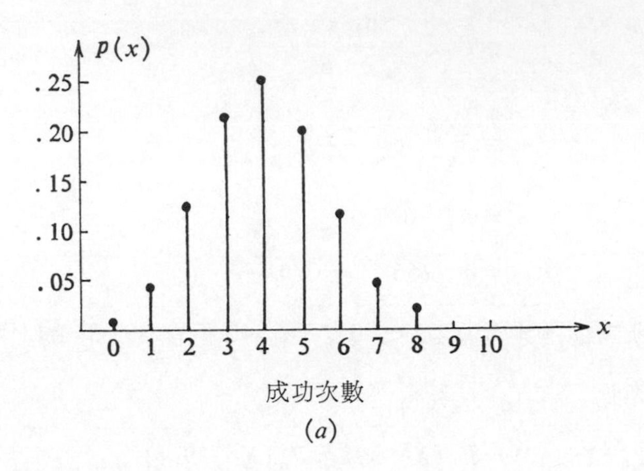

(a)

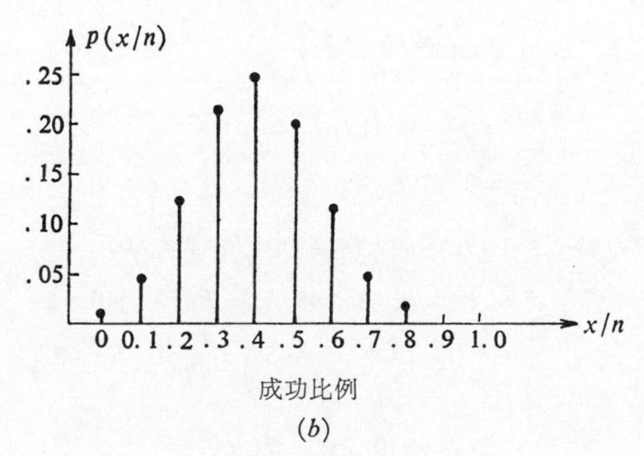

(b)

圖 **6-16** $n=10$，$p=0.4$ 時
二項分布的「成功次數」和「成功比例」的比較

在討論柏氏過程的實際問題時，我們常遇到注重於 n 次中成功的比率(proportion)，而不是成功的次數，在這種情形之下，我們所關切的隨

機變數是 $\frac{X}{n}$，而非隨機變數X本身（X表成功次數），每一個X值都有一個對應的 $\frac{X}{n}$ 值，例如我們觀察 $p=0.4$ 的柏氏過程 10 次，若見到二次成功，則 $x=2$，與成功比率 $\frac{x}{n}=\frac{2}{10}=0.2$ 是同義的。顯然無論我們用成功比率或成功次數表示出象，所得機率值全然相同，即

$$P\left(\frac{X}{10}=0.2\right)=P(X=2)=0.1209$$

這兩種表示方式的分布除了橫軸一爲用比率尺度，另一爲次數尺度之外，完全一樣。

因此關於比率的問題可以先轉換爲次數的方式，然後利用二項分布的機率解決。

例 6-33　某柏氏試行的成功機率爲 $p=0.4$，現進行 150 次，試問其成功比率不大於 0.38 的機率爲若干

解：

$$P\left(\frac{X}{150}\leq 0.38\right)=P(X\leq 150(0.38))=P(X\leq 57)$$

$$\mu=np=150(0.4)=60$$

$$\sigma=\sqrt{np(1-p)}=\sqrt{150(0.4)(0.6)}=6$$

$$\begin{aligned}P_b(X\leq 57)&=P_n(X\leq 57.5)\\&=\Phi\left(\frac{57.5-60}{6}\right)\\&=\Phi(-0.4167)=1-\Phi(0.4167)\\&=0.3384\end{aligned}$$

6-3-3　伽瑪分布 (Gamma distribution)

我們曾經提到常態分布是最常用的機率分布，然而有許多實際生活的隨機變數雖然事實上是連續，却無法用常態分布精確地描述。例如，假若在某超級市場的某一付帳臺前排了 15 個顧客，準備結算付帳，倘若服務小姐爲這 15 位顧客服務所需時間爲一隨機變數，平均值爲一小時，變異數爲一小時，如果把服務時間設爲常態分布，則會發現服務時間小於 0 的機率爲 0.1587，顯然服務小姐無法爲 15 位顧客服務不費任何時間。負量的時間不但不可能，同時也無意義，所以必須要有其他型態的機率分布用來處理這種情形，其中之一就是伽瑪機率分布。

早先我們討論關於柏氏過程的各種分布時，觀察到負二項分布用來決定爲了得到柏氏過程中 x 次成功所需試行次數的機率，同樣地，伽瑪機率分布已被證出可用來決定爲了得到波氏過程中觀察到 x 次發生某一現象所需時段的機率， 換句話說， 正如負二項分布爲二項分布的倒轉 (converse)，伽瑪分布是波氏分布的倒轉。

讀者或許還記得先前討論波氏分布時，λ（單位時間或空間內發生率）和 t（單位時間或空間數）都是固定值，隨機變數 X 是在 t 單位時間（空間）內發生次數。我們現在考慮例轉的情形，就是發生次數爲固定，而所需的單位時間數（或距離數）X 爲一隨機變數。

在研討伽瑪分布之前，首先討論一下一個不僅在機率理論，同時也在其他很多數學方面很重要的函數。

定義 6-9　伽瑪函數，以 Γ 表示，界定如下

$$\Gamma(p)=\int_0^\infty x^{p-1}e^{-x}\,dx \qquad p>0 \tag{6-43}$$

我們可證明當 $p>0$ 時，上式非正常積分(improper integral)存在（收歛）。

設 $u=x^{p-1}$，$dv=e^{-x}dx$，則 $du=(p-1)x^{p-2}\,dx$，$v=-e^{-x}$

$$\Gamma(p)=-e^{-x}x^{p-1}\Big|_0^\infty-\int_0^\infty[-e^{-x}(p-1)x^{p-2}]dx$$

$$=0+(p-1)\int_0^\infty e^{-x}x^{p-2}\,dx$$

$$=(p-1)\Gamma(p-1) \tag{6-44}$$

由此可知伽瑪函數有一種遞廻關係。

假設 p 爲一正整數，如 $p=n$，則重複應用 (6-44)，可得

$$\Gamma(n)=(n-1)\Gamma(n-1)$$

$$=(n-1)(n-2)\Gamma(n-2)$$

$$=\cdots\cdots\cdots\cdots$$

$$=(n-1)(n-2)\cdots\cdots\Gamma(1)$$

然而　$\Gamma(1)=\int_0^\infty e^{-x}\,dx=1$

因此　$\Gamma(n)=(n-1)!$　(6-45)

由此我們可以把伽瑪函數視爲階乘函數 (factorial function) 的推廣。我們也可輕易地證實

$$\Gamma\left(\frac{1}{2}\right)=\int_0^\infty x^{-\frac{1}{2}}e^{-x}\,dx=\sqrt{\pi} \tag{6-46}$$

瞭解伽瑪函數之後，我們現在來研討伽瑪機率分布。

定義 6-10　設 X 爲非負值的連續隨機變數，若其機率密度函數爲

$$f(x)=\frac{\lambda}{\Gamma(r)}(\lambda x)^{r-1}e^{-\lambda x}\qquad x>0 \tag{6-47a}$$

$$=0\qquad\qquad 其他$$

則稱 X 有伽瑪分布 (Gamma distribution)，以 $\Gamma(\lambda,r)$ 表示，其

中 $\lambda>0$，$r>0$

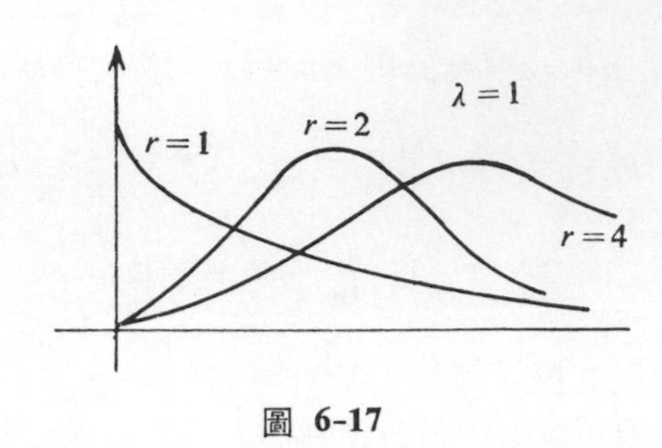

圖 6-17

定理 6-13a　伽瑪分布的性質

(1) 期望值　$E(X)=\dfrac{r}{\lambda}$　(6-48a)

(2) 變異數　$V(X)=\dfrac{r}{\lambda^2}$　(6-49a)

(3) 動差生成函數　$M_X(t)=\left(1-\dfrac{1}{\lambda}t\right)^{-r}$　(6-50a)

以上各性質可由利用伽瑪函數的定義先求出 $M(t)$，而後對 $M(t)$ 微分求期望值和變異數。

例 6-34　若隨機變數X的第m級動差爲

$$E(X^m)=\frac{(m+3)!}{3!}3^m \qquad m=1,2,3\cdots\cdots$$

試問X服從何種分布

解：X的動差生成函數爲

$$M_X(t)=1+\frac{E(X)}{1!}t+\frac{E(X^2)}{2!}t^2+\cdots\cdots$$

$$+\frac{E(X^m)}{m!}t^m+\cdots\cdots$$

$$= 1 + \frac{4!3}{3!1!}t + \frac{5!3^2}{3!2!}t^2 + \frac{6!3^3}{3!2!}t^3 + \cdots\cdots$$

$$= (1-3t)^{-4} \qquad |3t| < 1$$

$$f(x) = \frac{1}{P(4)\cdot 3^4}x^3 e^{-\frac{x}{3}} \qquad 0 < x < \infty$$

即X為$r=4, \lambda=\frac{1}{3}$的伽瑪分布

在大多數的應用方面，伽瑪分布的參數 r 為一正整數，這種特例稱為厄朗分布（Erlang distribution），厄朗分布的分布函數與波瓦松分布之間存在一種有趣的關係。

設 $I(a,r) = \int_a^\infty \frac{e^{-y}y^r}{r!}dy \qquad a > 0$

$$r!I = \int_a^\infty e^{-y}y^r dy \tag{6-51}$$

設 $u = y^r \quad dv = e^{-y}dy$ 則 $du = ry^{r-1}dy, v = -e^{-y}$

因此　$r!I(a,r) = e^{-a}a^r + r\int_a^\infty e^{-y}y^{r-1}dy$

讀者請注意上式中的積分與(6-51)相同，只是 r 被$(r-1)$取代。如此反複積分，由於 r 為正整數，因此，

$$r!I(a,r) = e^{-a}[a^r + ra^{r-1} + r(r-1)a^{r-2} + \cdots\cdots + r!]$$

$$I(a,r) = e^{-a}\left[1 + a + \frac{a^2}{2!} + \cdots\cdots + \frac{a^r}{r!}\right]$$

$$= \sum_{k=0}^{r} P(Y=k)$$

其中Y為參數是 a 的波瓦松分布。

因為厄朗分布的機率密度函數可寫成

$$f(x)=\frac{\lambda}{(r-1)!}(\lambda x)^{r-1}e^{-\lambda x} \qquad x>0$$

因此X的分布函數變成

$$F(x)=1-P(X>x)$$

$$=1-\int_{x}^{\infty}\frac{\lambda}{(r-1)!}(\lambda s)^{r-1}e^{-\lambda s}ds$$

設 $(\lambda s)=u$ 則

$$F(x)=1-\int_{\lambda x}^{\infty}\frac{u^{r-1}e^{-u}}{(r-1)!}du \qquad x>0$$

$$=1-I(\lambda x, r-1)$$

$$=1-\sum_{k=0}^{r-1}e^{-\lambda x}\frac{(\lambda x)^{k}}{k!}$$

由上式可知厄朗分布的分布函數可以從附錄所列的波瓦松分布的分布函數表查出數值。

厄朗分布與波氏分布之間有關聯並不令人驚異。當我們討論波氏分布時，所關切的是在一段固定時域內某一事件發生的次數，而厄朗分布的發生則是由於求一事件發生某一特定次數所需時間的分布，現以數學式子表示之。設X爲在時域$(0, t]$內，事件E發生的次數，則在適切的條件下， X是參數爲 λt 的波氏分布，其中λ爲事件E在單位時間區間內發生的期望次數，現設T爲事件E發生 r 次所需的時間，則

$$H(t)=P(T\leq t)=1-P(T>t)$$

$$=1-P(\text{在}(0,t]\text{內，事件}E\text{發生少於 }r\text{ 次})$$

$$=1-P(X<r)$$

$$=1-\sum_{k=0}^{r-1}\frac{e^{-\lambda t}(\lambda t)^{k}}{k!}$$

伽瑪分布與其他分布的關係：

(1) 當 r 爲正整數時，X 爲厄朗分布；

(2) 當 $\lambda=1$ 時，X 成爲波氏分布；

$$p(x)=\frac{1}{\Gamma(r)}x^{r-1}e^{-x}=\frac{x^{r-1}e^{-x}}{(r-1)!}$$

(3) 當 n 爲正整數，$r=\frac{n}{2}$，$\lambda=\frac{1}{2}$時，X 成爲自由度是 n 的卡方分布

(4) 當 $r=1$ 時，X 成爲指數分布

$$f(x)=\lambda e^{-\lambda x} \qquad x>0$$

伽瑪分布的機率密度函數另一種常用的形式爲令 $\alpha=r$，$\beta=\frac{1}{\lambda}$

$$f(x)=\frac{1}{\beta^{\alpha}\Gamma(\alpha)}x^{\alpha-1}e^{-\frac{x}{\beta}} \qquad x>0 \qquad (6\text{-}47b)$$

$$=0 \qquad 其他$$

定理 6-13b $E(X)=\alpha\beta$ (6-48b)

$$V(X)=\alpha\beta^2 \qquad (6\text{-}49b)$$

$$M(t)=(1-\beta t)^{-\alpha} \qquad (6\text{-}50b)$$

科學家們經由實驗研究的結果發現伽瑪分布不僅適於描述等候時間 (waiting time) 的長度，並且也能用來描述諸如電子管的壽命，電子系統連續故障間的時域 (time interval)，意外事件間的時域之類的數值性隨機現象，因此在可靠性理論(reliability theory)中有廣泛的應用。

6-3-4　指數分布

定義 6-11 若非負數的連續隨機變數 X 的機率密度函數爲

$$f(x)=\lambda e^{-\lambda x} \qquad x>0 \qquad (6\text{-}52)$$

$$=0 \qquad 其他$$

則 X 呈參數 $\lambda>0$ 的指數分布 (exponential distribution)，指數分布的分布函數

$$F(x)=P(X\leq x)=\int_0^x \lambda e^{-\lambda y}\,dy$$

$$=1-e^{-\lambda x} \qquad x\geq 0 \qquad (6\text{-}53)$$

$$=0 \qquad \text{其他}$$

因此　　$P(X>x)=e^{-\lambda x}$

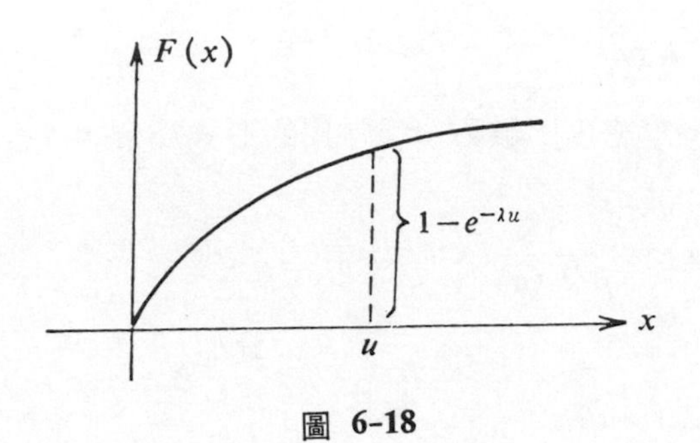

圖 **6-18**

例 6-35　某辦公室每單位時域內平均接到 λ 次電話，設若電話個數服從波瓦松分布，試求秘書小姐等候第一個電話的時間長度的分布。

解： 設 X_t = 在時域 $(0,t]$ 內的電話次數；

T = 秘書小姐等候第一個電話所花費時間長度；

秘書小姐至少要等 t 單位時間的充要條件是在 $(0,t]$ 時域內沒有接到任何電話。即 $T>t$ 相當於 $X_t=0$，因此

$$P(T>t)=P(x_t=0)$$

$$F(t)=P(T\leq t)=1-P(T>t)$$

$$=1-e^{-\lambda t} \qquad t>0$$

$$=0 \qquad t\leq 0$$

因此 T 是參數爲 λ 的指數分布。

定理 6-14　指數分布的性質

(1) 期望值　$E(X)=\frac{1}{\lambda}$　(6-54)

即期望值爲參數 λ 的倒數。

(2) 變異數　$V(X)=\frac{1}{\lambda^2}$　(6-55)

(3) 動差生成函數　$M_X(t)=\left(1-\frac{1}{\lambda}t\right)^{-1}$　(6-56)

$$E(X)=\int_0^\infty x\lambda e^{-\lambda x}\,dx$$

設 $u=x,\ dv=\lambda e^{-\lambda x}dx$，則 $du=dx,\ v=-e^{-\lambda x}$，因此

$$E(X)=\Big[-xe^{-\lambda x}\Big]_0^\infty+\int_0^\infty e^{-\lambda x}dx=\frac{1}{\lambda}$$

〔註〕　有些課本設 $\lambda=\frac{1}{\beta}$，則指數分布的機率密度函數爲

$$f(x)=\frac{1}{\beta}e^{-\frac{x}{\beta}}\text{，這時 }E(X)=\beta$$

指數分布具有「無記憶性」(property of no memory)，就是對於任意 $s,t>0$

$$P(X>s+t\,|\,X>s)=\frac{P(X>s+t)}{P(X>s)}=e^{-\alpha t}=P(X>t)$$

設 $s>0,\ t>0$，則唯一具有「無記憶性」的非負數連續隨機變數就是指數分布。

例 6 36　某小郵局有二位辦事人員，假設甲到該郵局買郵票，見到二位辦事員都正在忙着服務，下一位就輪到他，設辦事員爲每位顧客所花費的時間是參數爲 λ 的指數分布，試問甲爲三位顧客中最後離開郵局的機率爲若干。

解: 二位正接受服務的顧客中必須有一位已完成方會輪到甲接受服務，由於指數分布有「無記憶性」，因此前二位顧客中後離去者花費在郵局的時間仍然是參數爲 λ 的指數分布，依據對稱性，甲比這位先生晚離開的機率爲 $\frac{1}{2}$。

例 6-37 設神電牌燈泡的壽命爲一隨機變數 X，其分布函數如下所示

$$F(x)=1-e^{-\frac{x}{500}} \qquad x\geq 0$$

$$=0 \qquad 其他$$

試求 (1) 燈泡壽命爲 100 小時至 200 小時間的機率。

(2) 燈泡壽命超過 300 小時的機率。

(3) 已知其壽命超過 100 小時，試求壽命超過 400 小時的機率。

解: 由題意知燈泡壽命是參數爲 $\lambda=\frac{1}{500}$ 的指數分布

(1) $P(100<X<200)=F(200)-F(100)=e^{-\frac{1}{5}}-e^{-\frac{2}{5}}=0.1484$

(2) $P(X>300)=1-P(X\leq 300)$

$$=1-F(300)=e^{-\frac{3}{5}}$$

$$=0.5488$$

(3) $P(X>400\,|\,X>100)=P(X>300)$

$$=0.5488$$

因爲 $P(X>s+t\,|\,X>s)=P(X>t)$

由於指數分布具有「無記憶性」，因此在可靠性理論和更新理論（renewal theory）有廣泛的應用。

6-3-5　卡方分布 (Chi-Square distribution)

在伽瑪分布中，我們曾經提到 (6-47) 式中 $r=\frac{n}{2}$，$\lambda=\frac{1}{2}$ 時，（n 爲正整數），我們得到一個相當重要的特例，爲一種單參數的分布，其機率密度函數爲

$$f(x)=\frac{1}{2^{\frac{n}{2}}\Gamma\left(\frac{n}{2}\right)}x^{\frac{n}{2}-1}e^{-\frac{x}{2}} \qquad x>0 \qquad (6\text{-}57)$$

$$=0 \qquad \text{其他}$$

若隨機變數 X 的機率密度函數如 (6-57) 式所示，則稱之爲 n 自由度 (degree of freedom, d.f.) 的卡方分布，並以 $\chi^2(n)$ 表示。

定理 6-15　卡方分布的基本性質

(1) $E(X)=n$ 　(6-58)

(2) $V(X)=2n$ 　(6-59)

(3) $M_X(t)=(1-2t)^{-\frac{n}{2}}$ 　(6-60)

卡方分布在統計理論上有很多重要的應用，因此一般機率或統計學教科書後均附有卡方分布的數表，以供查用。

標準常態分布 $N(0,1)$ 和卡方分布之間存有一種密切的關係，玆敍述如下

定理 6-16　設隨機變數 X 爲 $N(\mu,\sigma^2)$，則 $Z=\frac{1}{\sigma}(X-\mu)$ 爲標準常態分布 $N(0,1)$，設 $Y=Z^2$，則 Y 爲自由度 1 的卡方分布 $\chi^2(1)$

證： Y 的動差生成函數爲

$$M_Y(t)=E(e^{tz^2})=\frac{1}{\sqrt{2\pi}}\int_{-\infty}^{\infty}e^{tz^2}\cdot e^{-\frac{z^2}{2}}dz$$

$$=\frac{1}{\sqrt{2\pi}}\int_{-\infty}^{\infty}e^{-(1-2t)\frac{z^2}{2}}dz$$

令 $u=\sqrt{1-2t}\,z \quad du=\sqrt{1-2t}\,dz$

$$M_Y(t)=\frac{1}{\sqrt{2\pi}}\int_{-\infty}^{\infty}e^{-\frac{u^2}{2}}\frac{du}{\sqrt{1-2t}}=(1-2t)^{-1/2}$$

但這是自由度爲 1 的卡方分布的動差生成函數，根據動差生成函數的唯一性，得知 Z^2 是自由度等於 1 的卡方分布。

定理 6-17 設隨機變數 X 爲 $\chi^2(n)$ 分布，若 n 相當大，則隨機變數 $\sqrt{2X}$ 爲近似於 $N(\sqrt{2n-1},1)$ 的分布

證明從略

本定理可應用如下：假設 X 爲 $\chi^2(n)$ 的分布，而 n 爲大到無法由卡方分布數表查出其機率，則可以計算如下。

$$P(X\leq t)=P(\sqrt{2X}\leq\sqrt{2t})$$

$$=P(\sqrt{2X}-\sqrt{2n-1}\leq\sqrt{2t}-\sqrt{2n-1})$$

$$\approx\Phi(\sqrt{2t}-\sqrt{2n-1})$$

而 Φ 值可由常態分布數表查得。

6-3-6 貝塔分布 (Beta distribution)

定義 6-12 若連續隨機變數 X 的機率密度函數爲

$$f(x)=\frac{1}{B(\alpha,\beta)}x^{\alpha-1}(1-x)^{\beta-1} \qquad \alpha,\beta>0,\ 0\leq x\leq 1$$

$$=0 \qquad \text{其他} \tag{6-61}$$

則稱 X 爲具有貝塔分布的隨機變數

其中
$$B(\alpha,\beta)=\int_0^1 x^{\alpha-1}(1-x)^{\beta-1}\,dx$$
$$=\frac{\Gamma(\alpha)\Gamma(\beta)}{\Gamma(\alpha+\beta)}$$

貝塔分布爲界定於閉區間 $0\leq x\leq 1$ 的二參數機率分布，事實上 X 的值界定在 $0\leq x\leq 1$ 並不會限制了貝塔分布的用途。因爲若 $c\leq x\leq d$，若設新變數 $x^*=\dfrac{x-c}{d-c}$，則 $0\leq x^*\leq 1$ 。所以貝塔機率密度函數必可經由平移而適用定義在 $c\leq x\leq d$ 的隨機變數。

貝塔分布的分布函數可表爲

$$F(x)=\int_0^x \frac{1}{B(\alpha,\beta)}t^{\alpha-1}(1-t)^{\beta-1}\,dt$$
$$=I_x(\alpha,\beta) \tag{6-62}$$

稱爲不完全貝塔函數 (incomplete beta function)。$I_x(\alpha,\beta)$ 的數值可查 Tables of Incomplete Beta Function (1956)。當 α，β 爲正整數時，$I_x(\alpha,\beta)$ 與二項分布的機率函數有關。

設 $x=p$，則可得證

$$F(p)=\int_0^p \frac{1}{B(\alpha,\beta)}\,t^{\alpha-1}(1-t)^{\beta-1}\,dt$$
$$=\sum_{x=\alpha}^{n}\binom{n}{x}p^x(1-p)^{n-x} \tag{6-63}$$

其中 $0<p<1$，$n=\alpha+\beta-1$

定理 6-18　貝塔分布的基本性質:

(1) $$E(X)=\frac{\alpha}{\alpha+\beta} \tag{6-64}$$

(2) $$V(X)=\frac{\alpha\beta}{(\alpha+\beta)^2(\alpha+\beta+1)} \tag{6-65}$$

若隨機變數爲一個比例 (proportion)，貝塔分布常可能合用。

6-3-7 韋氏分布 (Weibull distribution)

現代工程能設計許多操作或安全系統，均與構成該系統各元件的可靠度 (reliability) 有關，例如鋼樑可能彎曲，保險絲的燒斷和電視影像管的燒毀。在相同條件下的相同元件可能在不同和無法預測的時間失效。若以具有機率密度函數 $f(t)$ 的連續隨機變數 T 表示某元件的壽命，即從某特定時間起至失效時的總共時間，通常我們均設 T 服從韋氏分布 (Weibull distribution)，瑞典人韋氏最早用本分布來研究鋼珠的壽命。

定義 6-13 若連續隨機變數 T 具有參數 α 與 β，其機率密度函數爲

$$f(t)=\alpha\beta t^{\beta-1}e^{-\alpha t^{\beta}} \qquad t>0\ \ \alpha>0,\ \beta>0 \qquad (6\text{-}66)$$
$$=0 \qquad 其他$$

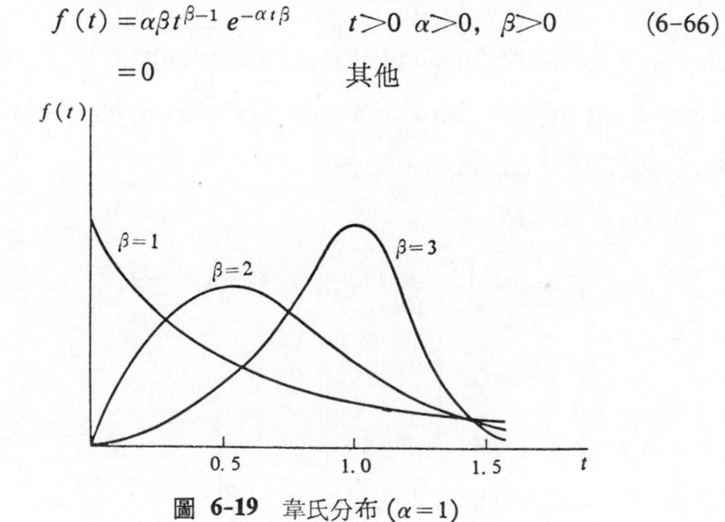

圖 6-19　韋氏分布 ($\alpha=1$)

則稱 T 爲韋氏分布。圖中各曲線形狀隨參數尤其 β 不同而相異，當 $\beta=1$ 時，韋氏分布即簡化成指數分布。

定理 6-19 韋氏分布的期望值和變異數分別爲

$$E(T)=\alpha^{-\frac{1}{\beta}}\,\Gamma\left(1+\frac{1}{\beta}\right) \tag{6-67}$$

$$V(T)=\alpha^{-\frac{2}{\beta}}\left[\Gamma\left(1+\frac{2}{\beta}\right)-\left[\Gamma\left(1+\frac{1}{\beta}\right)\right]^{2}\right] \tag{6-68}$$

有關韋氏分布的應用留待「機率的應用」一章中再詳論之。

6-3-8　柯西分布 (Cauchy distribution)

定義 6-14　若隨機變數X爲參數a及b的柯西分布，則其機率密度函數如下所示

$$f(x)=\frac{1}{\pi}\cdot\frac{a}{a^2+(x-b)^2}$$

$$-\infty<x<\infty,\ a>0,\ -\infty<b<\infty \tag{6-69}$$

例 6-38　設Ⓗ爲均等分布於區間$\left[-\frac{\pi}{2},\frac{\pi}{2}\right]$的隨機變數，試證

$X=a\tan$ Ⓗ，$a>0$，爲柯西分布，$-\infty<x<\infty$，

解: Ⓗ的機率密度函數爲

$$f(\theta)=\frac{1}{\pi},\quad -\frac{\pi}{2}\leq\theta\leq\frac{\pi}{2}$$

$$=0 \qquad\qquad 其他$$

$$x=a\tan\theta$$

$$\theta=\text{arc}\tan\frac{x}{a},\quad \frac{d\theta}{dx}=\frac{a}{x^2+a^2}>0$$

$$g(x)=f(\theta)\left|\frac{d\theta}{dx}\right|=\frac{1}{\pi}\cdot\frac{a}{x^2+a^2}$$

得證X爲柯西分布。

柯西分布的基本性質:

(1) $f(x) \geq 0$

(2) $\int_{-\infty}^{\infty} f(x)\,dx = 1$

令 $y = \frac{x-b}{a}$，則 $dy = \frac{1}{a}dx$

$$\int_{-\infty}^{\infty} f(x)\,dx = \frac{1}{\pi}\int_{-\infty}^{\infty} \frac{dy}{1+y^2} = \frac{1}{\pi}\,\text{arc}\tan y\Big|_{-\infty}^{\infty} = 1$$

(3) $f(b+x) = f(b-x) = \frac{1}{\pi}\cdot\frac{a}{a^2+x^2}$

即 $f(x)$ 對稱於 $x=b$

(4) 柯西分布的分布函數為

$$F(x) = \frac{1}{\pi a}\int_{-\infty}^{u} \frac{1}{1+[(x-b)^2/a^2]}\,dx$$

$$= \frac{1}{\pi}\int_{-\infty}^{\frac{u-b}{a}} \frac{1}{1+y^2}\,dy$$

$$= \frac{1}{2} + \frac{1}{\pi}\,\text{arc}\tan\left(\frac{u-b}{a}\right) \qquad -\infty < u < \infty$$

下圖為參數 $a=1$，$b=0$ 的柯西分布的機率密度函數，與標準常態分布的機率密度函數的圖形十分相似。然而二者機率密度函數和分布函數截然不同

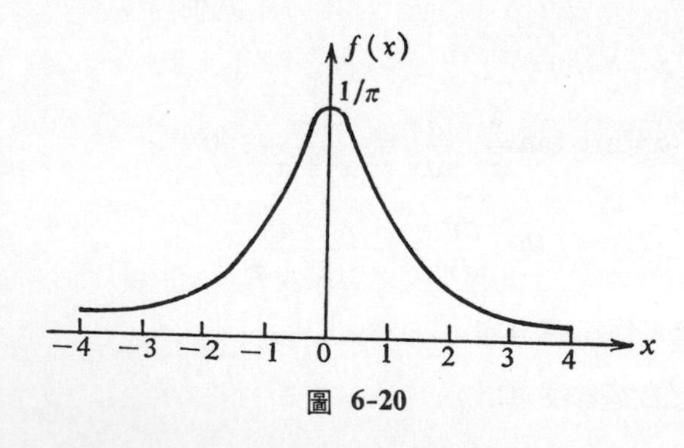

圖 6-20

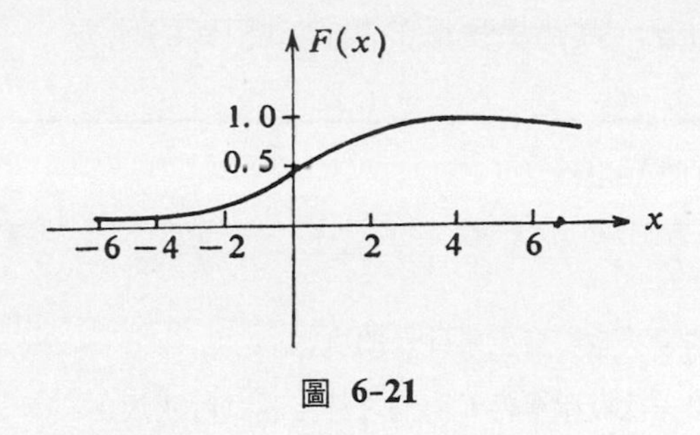

圖 6-21

(5) 柯西分布的期望值不存在，

解：

若 $\int_{-\infty}^{\infty}|x|f(x)\,dx<\infty$，則期望值存在。

但 $\int_{-\infty}^{\infty}|x|f(x)\,dx=\frac{1}{\pi}\int_{-\infty}^{\infty}|x|\frac{1}{1+x^2}\,dx$

$$=\frac{2}{\pi}\int_{0}^{\infty}\frac{x}{1+x^2}\,dx$$

$$=\frac{2}{\pi}\lim_{y\to\infty}\int_{0}^{y}\frac{x}{1+x^2}\,dx$$

$$=\frac{2}{\pi}\lim_{y\to\infty}\ln(1+y^2)\to\infty$$

因積分並非絕對收斂，所以柯西分布的期望值 $E(X)$ 不存在。

6-4　各種分布的比較

到目前爲止，我們介紹許多種的機率分布。

離散型有：柏努利試行，二項分布，波瓦松分布，幾何分布，負二項分布和超幾何分布。連續型有：均等分布，常態分布，指數分布，伽瑪分布，卡方分布，貝塔分布和柯西分布。

在這裏，我們不再贅述導致這些分布的各種假設，最主要的是指出存在於這些分布間，其隨機變數的相似或相異的地方。

Ⅰ假設進行柏努利過程	機率分布
隨機變數	
(1) 固定試驗次數中發生事件E的次數	二項分布
(2) 得到第一次發生事件E所需之柏努利試行次數	幾何分布
(3) 得到第r次發生事件E所需的柏努利試行次數	負二項分布
Ⅱ假設進行波瓦松過程	
隨機變數	
(1) 固定時間區間內事件E發生的次數	波瓦松分布
(2) 等到第一次發生事件E所需的時間	指數分布
(3) 等到第r次發生事件E所需的時間	伽瑪分布

若隨機變數X對於任意二正數s，t滿足

$$P(X>s+t\,|\,X>s)=P(X>t)$$

則稱X具有「無記憶性」。幾何分布是有無記憶性的離散隨機變數，指數分布是有無記憶性的連續隨機變數。

6-5　本章提要

本章所討論的各種機率分布爲最常見的理論機率模式，對於一個實際問題，我們怎能知道應採用那一個模式呢？這個重要的問題留待統計學中再詳細討論。

超幾何分布，二項分布，波瓦松分布以及常態分布之間存在如下重

要的關係。在隨機抽樣問題中，設N爲羣體數，n爲樣本大小，則

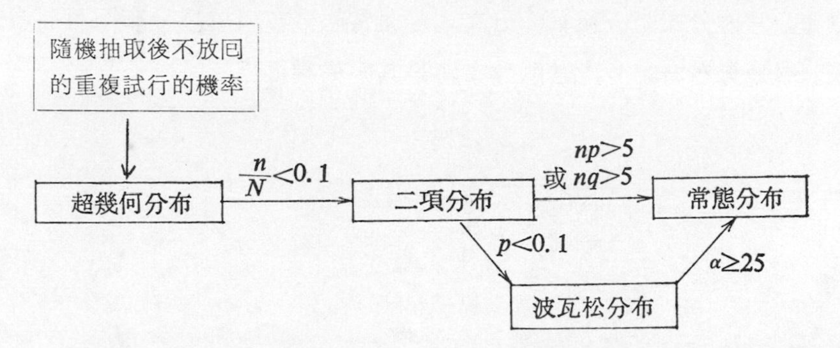

當n值大時，波氏分布和常態分布均有可能用來做爲二項分布的近似分布，其抉擇的準則大致如下圖所示

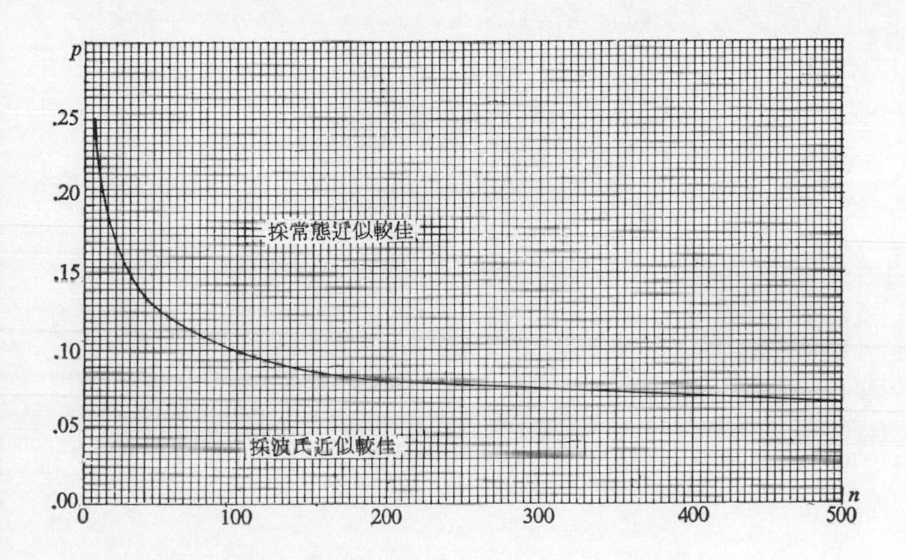

在連續隨機變數方面，本章探討了三種不同的模式：均等分布是界定於 $a\leq x\leq b$；常態分布爲界定於 $-\infty<x<\infty$；而伽瑪分布則界定於 $0<x<\infty$

常態分布是統計學中最常用的機率分布，因爲在許多狀況下，依據

中央極限定理（將在第十章討論），這些現象適於使用常態分布爲近似分布。常態分布是一種單峰分布。但是常態分布與單峰分布不可混爲一談。單峰分布有許多，常態分布僅是其中一種而已。

參考書目

1. P. L. Meyer　*Introductory probability and statistical applications* 2nd ed.　Addison-Wesley 1970
2. R. Khazanie　*Basic probability theory and applications* Goodyear Publishing Co. 1976
3. I. N. Gibra　*Probability and statistical inference for scientists and engineers* Prentice-Hall 1973
4. P. J. Ewart, J. S. Ford, Lin　*Probability for statistical decision making* Prentice-Hall 1974
5. P. J. Ewart, J. S. Ford, Lin　*Applied Managerial statistics* Prentice-Hall 1982
6. R. L. Scheaffer & W. Mendenhall　*Introduction to probability: Theory and applications* Duxbury 1975
7. S. Ross　*A first course in probability* 華泰書局翻印 1976

習 題 六

1. 設從事重複隨機試驗 n 次，其成功機率 $\frac{1}{4}$，若以 X 表成功的次數，試求在 $P(X\geq 1)\geq 0.7$ 的情況下應試驗多少次?

2. 某批商品中平均有 1 %的不良品，這些商品分裝於若干個箱內，若希望每箱至少有 100 個良品的機率在 95 %以上，試問至少每箱需裝多少商品?

3. 有 10 人在春江餐廳聚餐，餐後有兩種甜點可供選擇，一爲布丁，一爲冰淇淋。假定每人只可取一種甜點，且對這兩種甜點的選擇，人數也似無差異。今餐廳的布丁稍有不足，若餐廳主人至多願冒 0.05 的風險，試問布丁應準備多少份（冰淇淋除外）?

4. 設有 5 人進行擲一公正硬幣的遊戲，若其中一人所擲出的出象與他人都不一樣，則他便是大頭，應負責請客，試求第 4 次出現大頭的機率?

5. 醫生爲某病人診斷，得知其患有 A, B, C 三種疾病之一，患 A, B, C 三種疾病的機率分別爲 $\frac{1}{2}$，$\frac{1}{6}$，$\frac{1}{3}$。今爲明確診斷病情起見，特以某種方法重新檢驗，這種檢驗對 A 病症呈正反應的機率爲 0.1，對於 B 病症則爲 0.2，對 C 病症則爲0.9，設某人作 5 次檢驗有 4 次呈正反應，試就此檢查結果分別求出他患 A, B, C 病症的機率各爲若干?

6. 讀者請注意，在使用（6.61）式時，因爲附錄所提供的二項分布數表爲 $p\leq 0.5$，因此可用

$$\text{(i)}\quad p\leq 0.5 \qquad F(p)=\sum_{x=\alpha}^{n}\binom{n}{x}p^x(1-p)^{n-x}$$

$$\text{(ii)}\quad p>0.5 \qquad F(p)=\sum_{x=0}^{n-\alpha}\binom{n}{x}q^x(1-q)^{n-x} \qquad \text{其中 } q=1-p$$

試求 (1) $p=0.3$，$\alpha=4$，$\beta=3$ (2) $p=0.7$，$\alpha=4$，$\beta=3$

的貝塔累積機率分布值。

7. 設若汽車電瓶的壽命是參數爲 $\lambda=0.001$ 天的指數分布

(1) 試求一電瓶可用多於 1500 天的機率

(2) 若某電瓶已用了1200天，試求其可用多於1500天的機率

8. 已知隨機變數X為常態分布 $N(16,4)$，求下列各問題的分布機率

(1) $P(15<X<18)$　(2) $P(X>14.5)$　(3) $P(-1<X<1)$

9. 試證明若 X 為二項分布則其變異數 $V(X)=np(1-p)$。

10. 某人每天到工廠上班，他發現由家到工廠所需時間為 $\mu=35.5$ 分，$\sigma=3$ 11 分，若他每天在 8:20 離開家，而必須在 9:00 到達工廠，設一年上班 240 天，試問平均他一年會遲到多少次?

11. 某次園遊會發行彩券 1000 張，特獎一張，可得 1000 元，頭獎二張各可得 500 元，二獎 5 張各可得 100 元以及三獎 50 張各可得 5 元，其餘均無獎。

(1) 今若 1000 張都購買時，平均每張的價值為若干?

(2) 若賣者每張欲賺 2.25 元，則應以每張多少元售出?

12. 設X和Y均為二項分布，其中X為 $B(n,p)$ 而Y為 $B(n,1-p)$，試證明 $P(X\geq r)=P(Y\leq n-r)$，$r=0,1,2\cdots\cdots n$

13. 試證明定理 6-12。

14. 設顧客在銀行的時間花費是平均值為 10 分鐘的指數分布。

(1) 試問某人在銀行花費多於 15 分鐘的機率

(2) 已知他在銀行內已 10 分鐘，試求還至少需花費 5 分鐘的機率

15. 設長明牌燈泡的壽命為平均值 10 小時的指數分布，丁一進入一室內時，該燈泡已亮着，假若丁一欲於室內工作 5 小時，試求在他完成工作前，燈泡不燒壞的機率?

16. 王明參加青年救國團暑期青年自強活動的射擊隊，經受訓後，平均每 5 發射擊可命中三發，試問欲使王明至少命中一發的機率大於 0.999 時，則須射多少發子彈?

17. 15 題選擇題中每題四個答案僅一個為正確，試求猜對 5 至 10 題的機率?

18. 某一交通要口上每週平均有二起車禍，試問在該交通要口上，一週內恰發

生四起車禍的機率?

19. 塡報所得稅退稅申報單，1000 人中平均有 1 人錯誤，若隨機抽取10000 份退稅報檢查，試求其中塡寫錯誤有 6 份、7 份或 8 份的機率?

20. 設有 3000 粒巧克力豆混於生產 1000 片甜餅的麵粉中，若從爐中任取甜餅一片，試問:
    (1) 該甜餅未含一粒巧克力豆的機率
    (2) 該甜餅恰含三粒巧克力豆的機率
    (3) 甜餅中僅含一粒巧克力豆的片數，依機率分布應有多少片

21. 某袋中有 10 個球，其中僅一個黑球，每次抽取 1 球，分別採放回及不放回法，設 X 表直到黑球被選出時的總次數，試求出 X 的機率函數與其平均次數?

22. 試求在第八次投擲一對骰子中恰爲第二次得兩骰子之和爲 7 點的機率。

23. 三個人擲不偏硬幣爲戲，若某人硬幣出現面與其他二人不相同，則此人須請客吃消夜，若三人硬幣均出現相同之面，再投之，試求須投次數少於 4 次的機率?

24. 白雪冰淇淋公司產製草莓雪糕，每支 5 元，宣傳期間特舉辦大贈送，凡是冰棒棍上刻有星號者免費贈送一支。生產單位爲配合宣傳，決定於每第 50 支雪糕棍上刻上星號，試問消費者平均將花費多少，始能獲得一支星號。

25. 設隨機變數 X 爲常態分布 $N(40, 6^2)$，試求
    (1) 小於 32 的面積
    (2) 大於 27 的面積
    (3) 求一數，在該數下的面積爲 45 %
    (4) 求一數，在該數上的面積爲 13 %
    (5) 求二數，在二數中間的面積爲 75 %

26. 一律師來往於市郊住處至市區事務所，平均單程需時 24 分鐘，標準差爲 3.8 分，假設行走時間的分布爲常態
    (1) 求單程至少需費時半小時的機率

(2) 若辦公時間爲上午九時正，而他每日上午八時四十五分離家，求遲到的機率?

(3) 若他在上午八時三十五分離家，而事務所於上午八時五十分至九時提供咖啡，求來不及趕上喝咖啡的機率?

27. 假定光陽牌電動攪拌器的使用壽命是常態分布 $N(2200,120^2)$，以小時爲單位，試問某台攪拌器使用壽命在 1900 小時以下的機率?

28. 成仁學院二年級機率考試成績平均分數爲 82 分，標準差爲 5 分，其中 88 至 94 分者爲 B 等，共有 8 人，若成績呈常態分布，試問有多少學生參加考試?

29. 銀光專校 600 位入學申請人的智商爲常態分布，平均數爲 115，標準差爲 12，若該學校規定智商至少應爲 100，如不考慮其他條件，則以標準應淘汰多少申請人。

30. 某汽車公司所生產的新車剎車器有缺點的機率約爲 0.002，試求在 1000 輛新車中有二輛以上的剎車器有缺點的機率。

31. 某產品的品質特性呈常態分布，$E(X)=16$，$\sigma=2$，試求下列諸問題的機率

(1) $P(15<X<18)$

(2) $P(X\geq 14.5)$

(3) $P(14\leq X\leq 18)$

32. 某市居民有 52 %認爲市府應改善街道，若僅抽取 900 人進行無記名投票時，則改善街道的課題失敗的機率爲多少?

33. 已知大申公司出品的電視映像管在保證期滿之前燒毀的機率爲10%，試求下列各題

(1) 某商店售出 100 個映像管中至少有 20 個需要更換的機率

(2) 至少 5 個而至多不超過 15 個需要更換的機率

34. 某校應屆畢業考試呈 $\mu=500$ 分，$\sigma=100$ 分的常態分布。今有 674 人參加考試，若希望有 550 人及格，則最低及格成績應爲幾分?

35. 設隨機變數 X 服從伽瑪分布，其 $\alpha=2$，$\beta=1$，試求 $P(1.8<X<2.4)$。

36. 某市的每日耗水量（以百萬加侖計）差不多是依伽瑪分布，其 $\alpha=2, \beta=3$。設若該市每日所可供應的水量爲 9 百萬加侖，試求供水量不足的機率？

37. 設若青年超級市場其第一位顧客到達與第二位顧客到達所相隔的時間的機率分布爲指數分布。經長期觀察，其相隔時間長度平均爲 4 分鐘，現在第一位顧客已經到達，則第二位顧客會在 2 分鐘以後到達的機率爲若干？

38. 試證幾何分布的變異數 $V(X)=\dfrac{q}{p^2}$。

39. 證明定理 6-6（幾何分布具「無記憶性」）。

40. 證明定理 6-10，均等分布的基本性質。

(1) $E(X)=\dfrac{a+b}{2}$

(2) $V(X)=\dfrac{(b-a)^2}{12}$

(3) $M_X(t)=\dfrac{e^{bt}-e^{at}}{(b-a)t}$

41. 在一批製成品中，不良品的比率爲$\dfrac{1}{4}$，若自製成品中任取一件，令X爲隨機變數，若取出者爲不良品，則 $X=1$，否則爲 0，試求：

(1) X的機率函數 $f(x)$

(2) X的期望值與變異數

42. 取一骰子，連擲 n 次，至少出現一次 4 點的機率爲若干？又若預期至少出現一次 4 點的機率在 80 %以上，則至少應連擲多少次？

43. 八口之家，男子 3 人，女子 5 人，隨機由其中抽取 4 人爲一樣本，試求樣本中男子人數的機率分布？

44. 設 a，b 各在獨立區間〔0,6〕,〔0,9〕內服從均等分布，試求方程式 $x^2-ax+b=0$ 含有實根的機率。

45. 設一雷達網爲一半徑 a 的圓形，其聲音點則發生在此圓形上，並假定點的分布爲均等分布時，試求其點與圓中心距離的平均值與變異數？

46. 某人採購電子零件，每盒 10 個，他從一盒中隨機抽取 3 個，若 3 個均爲良品，則允收該盒，現已知有 30 %每盒中有 4 不良品，70 %每盒中有 1 不良品，試問有多少百分率的產品被拒收?

47. 某客運公車自上午 7:00 起，每隔 15 分鐘有一班到達甲站。若陳華到達該站的時間是在 7:00 到 7:30 的均等分布，試求:

(1) 他等一班車少於 5 分的機率

(2) 他等車多於 10 分的機率

48. 設若一汽車在車用電瓶耗盡前所駛哩數爲平均 10,000 哩的指數分布，若王平欲從事 5000 哩的長途旅行，試問他能安然回家而不必於途中買新電瓶的機率爲若干? 又若本題非指數分布時，會有什麼情況發生

第七章　多元隨機變數的機率分布

7-1 緒　　論

到目前爲止，我們所討論的重心集中於一個隨機變數的情形，亦即其結果可以用一個數值 x 表示。但在許多實際的情形下，例如討論鋼筋的硬度H，張力T，重量W等便要同時牽涉到三個變數。又如人的身高H，體重W或地球表面任何一地的經緯度，都要用兩個隨機變數表示。

例如自強社區舉辦一次調查，下列的項目可能爲人感到興趣。諸如:

X_1 表示家庭內子女人數，

X_2 表示家庭年收入，

X_3 表示家庭是否擁有一部汽車。

在本例中，我們不但對每一項目分別研究感興趣，並且希望能決定這些項目之間的相互關聯，例如我們可能希望能計算下列聯合事件的機率。

$$E_1=\{0<X_1\leq 3, 500000<X_2\leq 1000000\}$$

$$E_2=\{500000<X_2\leq 1000000,\ X_3=1\}$$

其中 X_3 定義如下:

$$X_3=\begin{cases} 0 & \text{若該家庭沒有汽車。} \\ 1 & \text{若該家庭有一部汽車。} \end{cases}$$

爲了深入瞭解所牽涉的各有關概念，我們在此全力研討二元隨機變數，即雙變數 (bivariate) 的情形。多於二元的隨機變數的情形可類推，不擬在這裏深論。

7-2 二元隨機變數

在多數情形下，當同時考慮X和Y時，通常代表一實驗的出象，例如X和Y分別代表一個人的身高和體重（參見圖 7-1）。但是在理論上

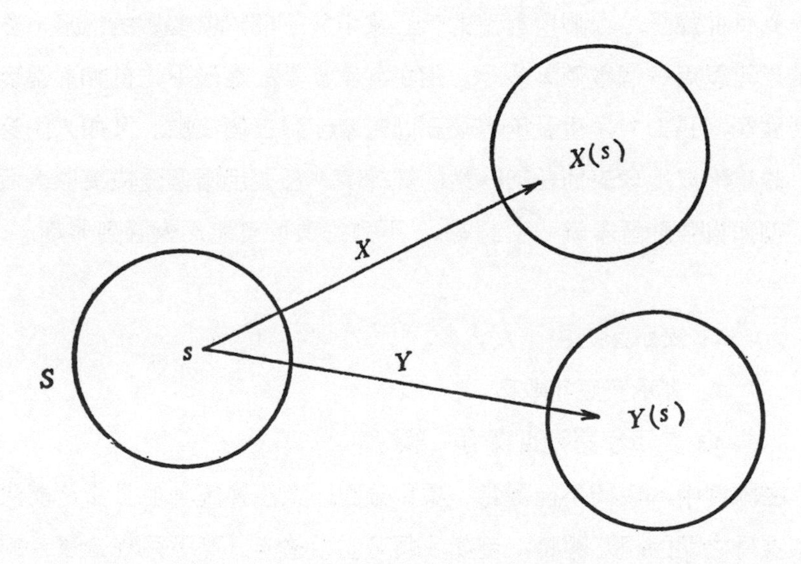

圖 7-1

並沒有限制二者之間非得存在這種關係不可。例如X可能是電路中某一時刻的電流量，而Y是當時室內的溫度。然而一般說來，在大部份的實例中，我們有明確的理由要同時考慮X和Y。

在意義不會混淆的情況下，爲了方便起見，我們常將$P[X(s)=x_i, Y(s)=y_i]$簡寫爲$P(X=x_i, Y=y_i)$。並且將分布函數$P[X(s)\leq a, Y(s)\leq b]$寫爲$P[X\leq a, Y\leq b]$

如同單一隨機變數的情況，X和Y的聯合機率分布是由原先的樣本空間S相關的事件的機率所導出，即當我們計算X和Y的機率時，仍然利用同義事件的概念。換句話說，若E爲在X和Y的值域空間$R_{X\times Y}$的一事件，則

$$\begin{aligned} P(E) &= P[(X(s), Y(s))\in E] \\ &= P[s \mid (X(s), Y(s))\in E] \end{aligned}$$

後面的該機率對應於S內的一事件，因此E的機率就可決定。

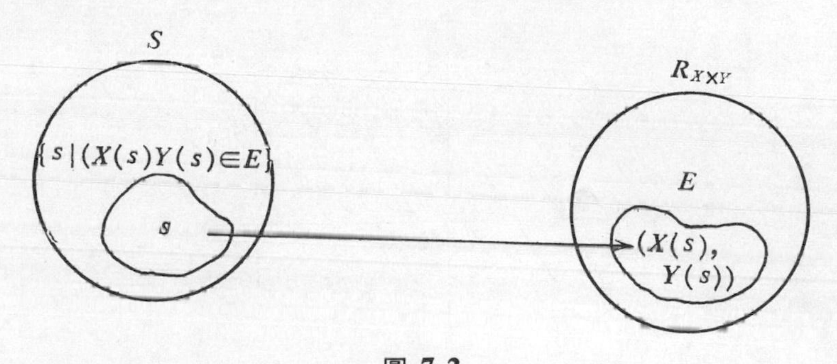

圖 7-2

7-3　二元隨機變數的累積分布函數

在研討一個隨機變數的情形時，累積分布函數扮演着一個相當吃重的角色，在二元隨機變數的情況中，我們定義累積分布函數如下:

定義 7-1　若 X 和 Y 爲二元隨機變數，則其聯合累積分布函數 F 界定爲

$$F(x, y) = P(X \leq x, Y \leq y) \qquad (7\text{-}1)$$

F 爲二元隨機變數的函數，其性質與一個隨機變數累積分布函數相類似。

聯合分布函數的性質:

1. 對於任意一對實數 (x, y)，　$0 \leq F(x, y) \leq 1$
   這個結果非常顯然，因爲 $F(x, y)$ 代表機率。
2. （單調性）

   (i) 當固定 x 值時，$F(x, y)$ 爲 y 的單調非遞減函數。

   設 $X=b$，並設 $c<d$，由圖 7-3 可知

$$P(X \leq b, Y \leq d)$$

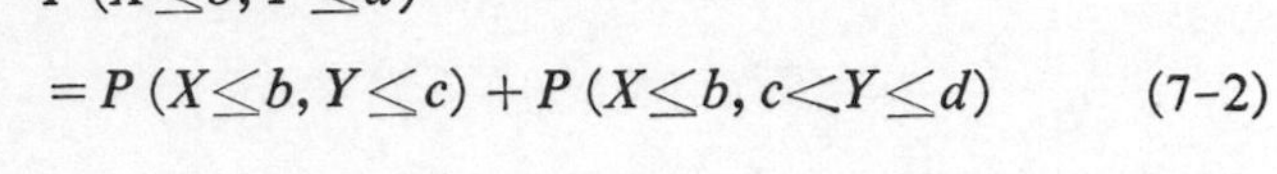

$$= P(X \leq b, Y \leq c) + P(X \leq b, c < Y \leq d) \qquad (7\text{-}2)$$

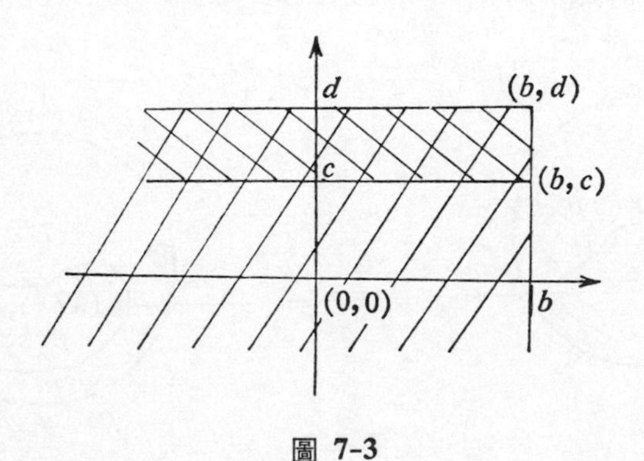

圖 7-3

即　$F(b, d) = F(b, c) + P(X \leq b, c < Y \leq d)$

因此 $P(X \leq b, c < Y \leq d) = F(b, d) - F(b, c)$

但因 $P(X \leq b, c < Y \leq d)$ 爲機率，其值恒大於或等於 0，

所以 $F(b, d) - F(b, c) \geq 0$，即 $F(b, d) \geq F(b, c)$

因此當固定X值時，若 $c<d$ 則 $F(b,c)\leq F(b,d)$

(ii) 當固定 y 值時，$F(x,y)$ 為 x 的單調非遞減函數。

其證明也可用類似方法得證。

3. 若 a,b,c,d 為任意實數，其中 $a<b$ 和 $c<d$ 則

$$P(a<X\leq b, c<Y\leq d)$$
$$=F(b,d)-F(b,c)-F(a,d)+F(a,c) \tag{7-3}$$

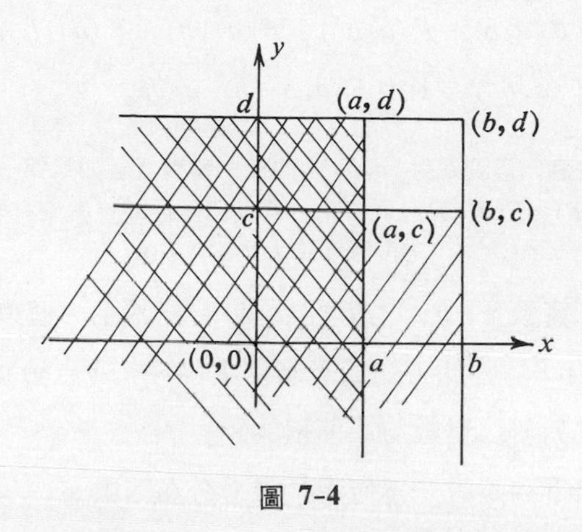

圖 7-4

由圖 (7-4) 可知

$$P(a<X\leq b, c<Y\leq d)$$
$$=P(X\leq b, c<Y\leq d)-P(X\leq a, c<Y\leq d) \tag{7-4}$$

由 (2) 可知

$$P(X\leq b, c<Y\leq d)=F(b,d)-F(b,c)$$

$$P(X\leq a, c<Y\leq d)=F(a,d)-F(a,c)$$

代入 (4-9) 卽得證。

4. $\lim\limits_{x\to-\infty} F(x,y)=0=\lim\limits_{y\to-\infty} F(x,y)$

5. $\lim\limits_{\substack{x\to\infty \\ y\to\infty}} F(x, y) = 1$

6. (i) 當固定 x 值時，$F(x, y)$ 對 y 向右連續。

   (ii) 當固定 y 值時，$F(x, y)$ 對 x 向右連續。

7. 類似於單一隨機變數時 $P(X=a) = F(a) - F(a^-)$

   對於任意二實數 a，b

$$P(X=a, Y=b)$$
$$= F(a, b) - F(a, b^-) - F(a^-, b) + F(a^-, b^-) \qquad (7\text{-}5)$$

   其中 $F(a, b^-) = \lim\limits_{h\to 0} F(a, b-h)$ 等等。

讀者請注意：假設 F 對 (a, b) 中的任一變數（譬如是第一個變數）爲連續，則 $F(a, b) = F(a^-, b)$，同時由於 F 具單調性並且機率有非負性，因此 $F(a, b^-) = F(a^-, b^-)$ 即 $P(X=a, Y=b) = 0$。

所以任意二實數 a，b，若 F 在 (a, b) 時，其中一個變數爲連續，則 $P(X=a, Y=b) = 0$，因此可知爲了求使 $P(X=x, Y=y) > 0$ 的點 (x, y)，我們僅需考慮 F 對於二變數均不連續的點。

例 7-1 試指出下列函數 F 爲何不是聯合分布函數

(1) $F(x, y) = \begin{cases} 1 - e^{-x+y}, & x \geq 0,\ y \geq 0 \\ 0, & \text{其他} \end{cases}$

(2) $F(x, y) = \begin{cases} 1 - e^{-x-y}, & x \geq 0,\ y \geq 0 \\ 0, & \text{其他} \end{cases}$

(3) $F(x, y) = \begin{cases} 0, & x+y < 0 \\ 1, & x+y \geq 0 \end{cases}$

解：(1) 對於任意實數 $x > 0$

$$\lim_{y\to\infty} F(x, y) = \lim_{y\to\infty} (1 - e^{-x+y}) = -\infty \text{ 與性質(1)相矛盾}$$

(2) 例如欲求 $P(1 < X \leq 2, 1 < Y \leq 2)$

$$P(1<X\leq 2, 1<Y\leq 2)$$
$$=F(2,2)-F(1,2)-F(2,1)+F(1,1)$$
$$=(1-e^{-4})-(1-e^{-3})-(1-e^{-3})+(1-e^{-2})$$
$$=-e^{-2}(e^{-1}-1)^2<0$$

因此 F 不爲分布函數。

(3) 函數 $F(x,y)$ 在斜線部分爲 1, 而在 $x+y=0$ 之下爲 0。

例如計算 $P(-1<X\leq 2, -1<Y\leq 3)$

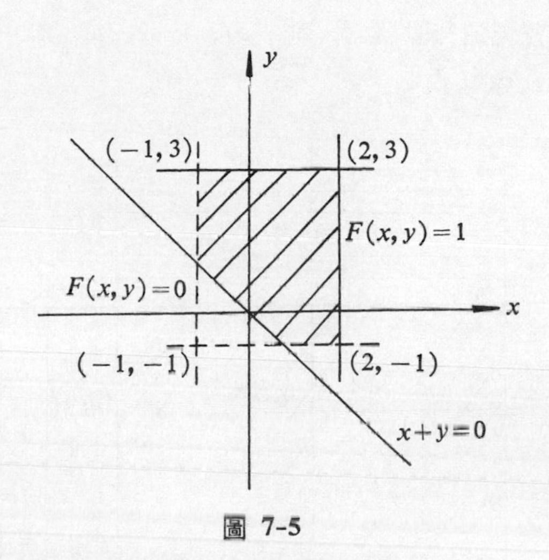

圖 7-5

則 $P(-1<X\leq 2, -1<Y\leq 3)$
$$=F(2,3)-F(2,-1)-F(-1,3)+F(-1,-1)$$
$$=1-1-1+0=-1<0$$

因此 F 不爲分布函數。

例 7-2 設 X 和 Y 的聯合分布函數如下所示:

$$F(x,y)=\begin{cases}0\ , & x<-2 \text{ 或 } y<-5\\ 3/8, & -2\leq x<2 \text{ 和 } -5\leq y<3\\ 4/8, & x\geq 2 \text{ 和 } -5\leq y<3\\ 4/8, & -2\leq x<2 \text{ 和 } y\geq 3\\ 1\ , & x\geq 2 \text{ 和 } y\geq 3\end{cases}$$

試決定使 $P(X=x, Y=y)>0$ 的所有 (x, y)，並且求出這些點的機率。

解: 我們所感興趣的點是 F 對 X 和 Y 均不連續的點，仔細地查驗本題的分布函數發現這些點爲 $(-2,-5)$，$(-2,3)$，$(2,-5)$ 和 $(2,3)$ 請參照圖 (7-6)。

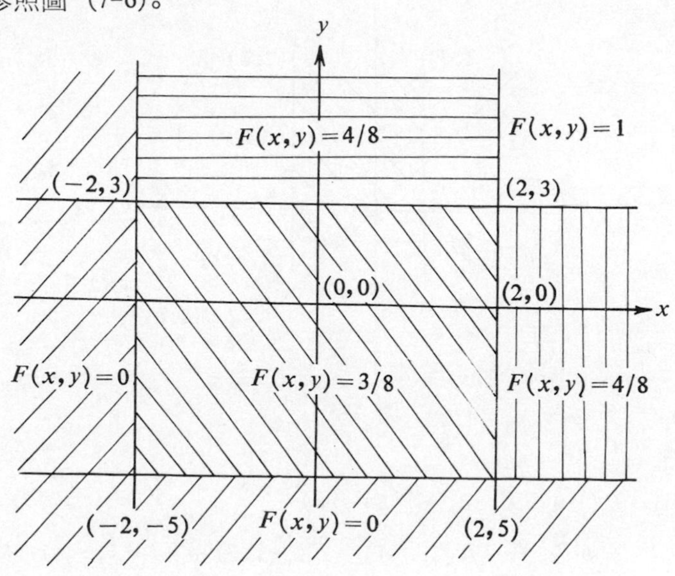

圖 7-6

我們要求在這些點的機率。

$P(X=x, Y=y)$

$=F(x, y)-F(x^-, y)-F(x, y^-)+F(x^-, y^-)$

因此　$P(X=-2, Y=-5)$

$=F(-2,-5)-F(-2^-,-5)-F(-2,-5^-)$

$\quad +F(-2^-,-5^-)$

$=3/8-0-0+0=3/8$

$P(X=-2, Y=3)$

$=F(-2,3)-F(-2^-,3)-F(-2,3^-)+F(-2^-,3^-)$

$=4/8-3/8-0+0=1/8$

$P(X=2, Y=-5)$

$=F(2,-5)-F(2^-,-5)-F(2,-5^-)+F(2^-,-5^-)$

$=4/8-0-3/8+0=1/8$

$P(X=2, Y=3)$

$=F(2,3)-F(2^-,3)-F(2,3^-)+F(2^-,3^-)$

$=1-4/8-4/8+3/8=3/8$

例 **7-3**　設X和Y的聯合分布函數為

$$F(x,y)=\begin{cases} 0\ , & x<-2 \text{ 或 } y<0 \\ 0\ , & -2\leq x<3 \text{ 和 } 0\leq y<5 \\ 3/5, & x\geq 3 \text{ 和 } 0\leq y<5 \\ 2/5, & -2\leq x<3 \text{ 和 } y\geq 5 \\ 1\ , & x\geq 3 \text{ 和 } y\geq 5 \end{cases}$$

試決定使 $P(X=x, Y=y)>0$ 的所有 (x, y)，並且求出這些點的機率。

解: 由圖 (7-7) 可知F在兩個變數均不連續的點為 $(-2,5)$，$(3,0)$ 和

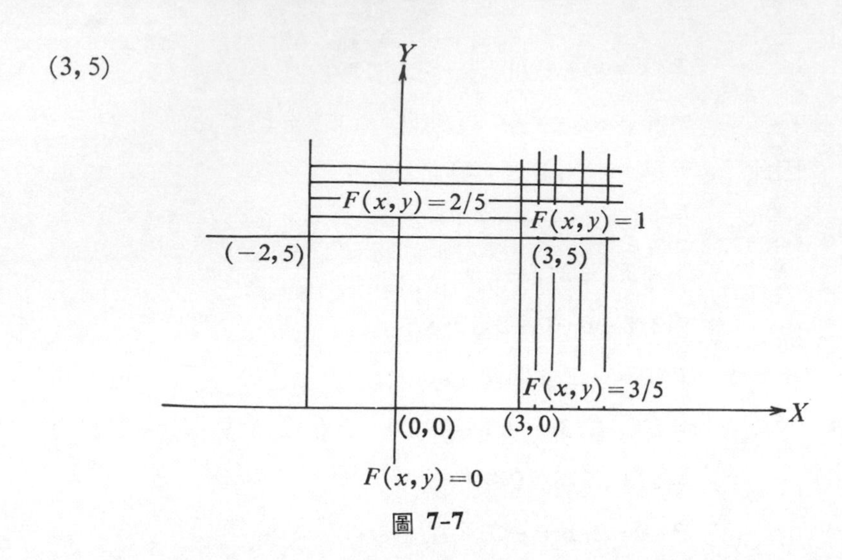

圖 7-7

$$P(X=-2, Y=5)$$
$$=F(-2,5)-F(-2^-,5)-F(-2,5^-)+F(-2^-,5^-)$$
$$=2/5-0-0+0=2/5$$
$$P(X=3, Y=0)$$
$$=F(3,0)-F(3^-,0)-F(3,0^-)+F(3^-,0^-)$$
$$=3/5-0-0+0=3/5$$
$$P(X=3, Y=5)$$
$$=F(3,5)-F(3^-,5)-F(3,5^-)+F(3^-,5^-)$$
$$=1-\frac{2}{5}-\frac{3}{5}+0=0$$

因此使 $P(X=x, Y=y)>0$ 的點僅有 $(-2,5)$ 和 $(3,0)$ 兩點。

7-4　二元隨機變數的分類

對於二元隨機變數的分類，我們仍採用與單一隨機變數的情形相同的方式，即依聯合分布函數的性質而定。有兩種分布最為重要，就是離散和連續，然而讀者請注意，也有可能 (X,Y) 之中其一為離散，另一為連續的情形發生，但是絕大多數我們所討論的均為兩者同為離散或連續。

7-4-1　聯合離散分布

對於任意二實數 x，y，我們有

$$P(X=x,Y=y)$$
$$=F(x,y)-F(x^-,y)-F(x,y^-)+F(x^-,y^-)$$

若 X 和 Y 有一個聯合分布，可證出至多有可數無限個點 (x,y) 使 $P(X=x,Y=y)>0$。因此若 X 和 Y 的聯合機率為分布於平面上為可數無限個點或有限個點，則 X 和 Y 有聯合離散分布。

定義 7-2　對於二隨機變數 X 和 Y，若對於有限個或可數無限個的每一可能出象 (x_i,y_j) 有一相關數值 $p(x_i,y_j)$ 代表 $P(X=x_i,Y=y_j)$ 與之對應，並且滿足下列條件：

(1) 對於所有 (x,y)，$p(x_i,y_j)\geq 0$

(2) $\sum_{j=1}^{\infty}\sum_{i=1}^{\infty}p(x_i,y_j)=1$

則稱 X 和 Y 的聯合分布為離散分布。並且稱在（X 和 Y）的值域空間內的所有值 (x_i,y_j) 所定義的函數 p 為（X 和 Y）的聯合機率函數 (joint probability function)。三元組 $(x_i,y_j,p(x_i,y_j))$ $i,j=1,2,\cdots\cdots$ 所組成的集合有時稱之為（X 和 Y）的聯合機率分布(joint probability distribution)。

隨機變數 X 和 Y 的聯合機率函數和聯合分布函數間有如下兩大關係

式:

$$F(x, y)=\sum_{x_i \leq x} \sum_{y_i \leq y} p(x_i, y_j)$$

$$P(X=x, Y=y)$$

$$=F(x, y)-F(x^-, y)-F(x, y^-)+F(x^-, y^-)$$

例 7-4　某對新婚夫婦計劃生育三個子女，令隨機變數 X 表生男孩的個數，Y 表在三次生育順序中男孩女孩變動的次數。

出　象	X	Y
男 男 男	3	0
男 男 女	2	1
男 女 男	2	2
男 女 女	1	1
女 男 男	2	1
女 男 女	1	2
女 女 男	1	1
女 女 女	0	0

表一　X 和 Y 的聯合機率分布

Y \ X	0	1	2	3
0	1/8	0	0	1/8
1	0	2/8	2/8	0
2	0	1/8	1/8	0

如果用圖形表示，$p(x, y)$ 有兩種方法：

(1) $p(x, y)$ 的大小用點的大小表示；

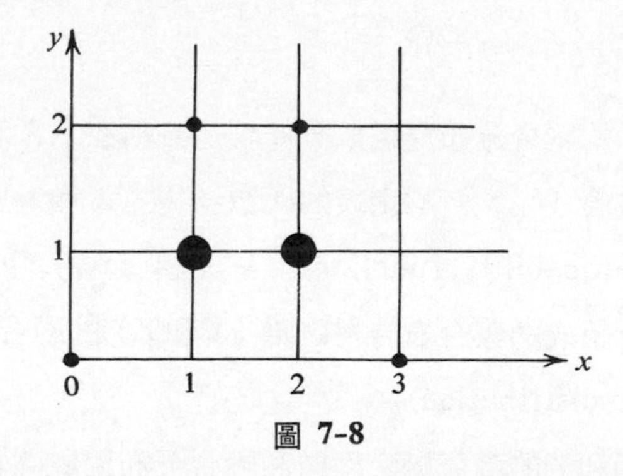

圖 7-8

(2) $p(x, y)$ 用高度表示

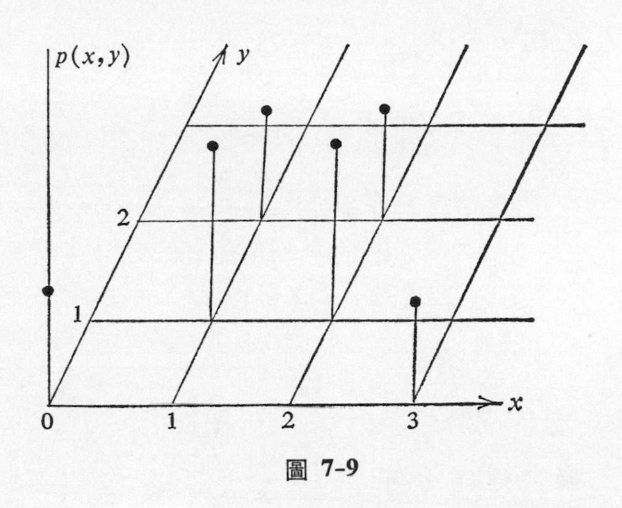

圖 7-9

例 7-5　某工廠內有二生產線製造某種產品，每天的生產能力至多第Ⅰ生產線 5 件，第Ⅱ生產線 3 件，而各生產線實際的生產量則為隨機變數，分別以 X, Y 表示。

表　二

Y \ X	0	1	2	3	4	5
0	0	0.01	0.03	0.05	0.07	0.09
1	0.01	0.02	0.04	0.05	0.06	0.08
2	0.01	0.03	0.05	0.05	0.05	0.06
3	0.01	0.02	0.04	0.06	0.06	0.05

表二為 X 和 Y 的聯合機率分布，每一格代表

$$p(x_i, y_j) = P(X = x_i, Y = y_j)$$

例如　$p(2, 3) = P(X = 2, Y = 3) = 0.04$

設若 E 表第 I 生產線的產量多於第 II 生產線的產量的事件

$$
\begin{aligned}
P(E) = & \sum_{i=1}^{5} P[X=i, Y=0] \\
& + \sum_{i=2}^{5} P[X=i, Y=1] \\
& + \sum_{i=3}^{5} P[X=i, Y=2] \\
& + \sum_{i=4}^{5} P[X=i, Y=3] \\
= & 0.75
\end{aligned}
$$

7-4-2　聯合連續分布

正如在單一隨機變數的情形一樣，聯合分布連續的概念和對一個非負函數積分，求得聯合分布函數有關。

定義 7-3　若 X 和 Y 的聯合分布對於任意實數 u，v 存在一個非負函數 f，使得

$$F(u, v) = \int_{-\infty}^{u} \int_{-\infty}^{v} f(x, y)\, dy\, dx$$

則稱該聯合分布爲連續。

換句話說，聯合分布函數能得自對一個非負函數 f 佈於

$$R = \{(x, y) \mid -\infty < x \leq u,\ -\infty < y \leq v\}$$

的積分，函數 f 稱爲 X 和 Y 的聯合機率密度函數 (joint probability density function)。

接著我們討論一些 $f(x, y)$ 的性質:

1. 因爲 $F(u, v) = \int_{-\infty}^{u} \int_{-\infty}^{v} f(x, y)\, dy\, dx$

   所以 $\int_{-\infty}^{\infty} \int_{-\infty}^{\infty} f(x, y)\, dy\, dx = F(\infty, \infty) = 1$

2. $P(a<X\leq b, c<Y\leq d)$

$$=F(b,d)-F(b,c)-F(a,d)+F(a,c)$$

$$=\int_{-\infty}^{b}\int_{-\infty}^{d}f(x,y)\,dy\,dx-\int_{-\infty}^{b}\int_{-\infty}^{c}f(x,y)\,dy\,dx$$

$$-\int_{-\infty}^{a}\int_{-\infty}^{d}f(x,y)\,dy\,dx+\int_{-\infty}^{a}\int_{-\infty}^{c}f(x,y)\,dy\,dx$$

$$=\int_{a}^{b}\int_{c}^{d}f(x,y)\,dy\,dx \qquad (7\text{-}6)$$

從幾何觀點來說，既然 $f(x,y)$ 爲非負，這表示 $P(a<X\leq b, c<Y\leq d)$ 爲曲面 $z=f(x,y)$ 之下而在矩形 $\{(x,y)\,|\,a<x\leq b, c<y\leq d\}$ 之上的體積。

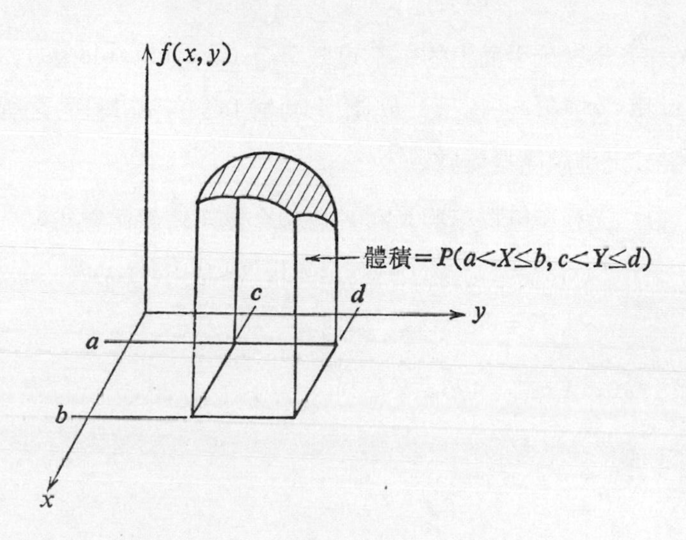

圖 7-10

3. 既然聯合分布函數得自對上述聯合機率密度函數的積分，因此，由微積分上的定理可知：

$$f(x,y)=\frac{\partial^2}{\partial x\partial y}F(x,y)$$

我們把以上討論總結如下:

聯合機率密度函數 f 有下述性質:

(1) 對於每對 (x, y), $f(x, y) \geq 0$

(2) $\int_{-\infty}^{\infty} \int_{-\infty}^{\infty} f(x, y)\, dy\, dx = 1$

(3) 連續的聯合分布函數與其相對應的聯合機率密度函數有如下關係:

(i) $F(u, v) = \int_{-\infty}^{u} \int_{-\infty}^{v} f(x, y)\, dy\, dx$

(ii) $f(x, y) = \dfrac{\partial^2}{\partial x \partial y} F(x, y)$ (7-7)

若 X 和 Y 爲歐氏平面上的一不可數集合 (uncountable set), 例如矩形 $\{(x, y) \mid a \leq x \leq b,\ c \leq y \leq d\}$ 或圓 $\{(x, y) \mid x^2 + y^2 \leq 1\}$ 內之所有値, 則 X, Y 爲二元連續隨機變數。

例 7-6 設二元連續隨機變數 X 和 Y 的聯合機率密度函數爲

$$
\begin{aligned}
f(x, y) &= 6x^2 y, \quad 0 < x < 1,\ 0 < y < 1, \\
&= 0 \quad , \quad \text{其他}
\end{aligned}
$$

試求 $P\left(0 < X < \frac{3}{4},\ 1/3 < Y < 2\right)$

解: $P\left(0 < X < \frac{3}{4},\ \frac{1}{3} < Y < 2\right)$

$$
\begin{aligned}
&= \int_{1/3}^{2} \int_{0}^{3/4} f(x, y)\, dx\, dy \\
&= \int_{1/3}^{1} \int_{0}^{3/4} 6x^2 y\, dx\, dy + \int_{1}^{2} \int_{0}^{3/4} 0\, dx\, dy \\
&= 3/8 + 0 \\
&= 3/8
\end{aligned}
$$

例 7-7　設二元連續隨機變數X和Y的聯合機率密度函數爲

$$f(x,y)=x^2+\frac{xy}{3},\qquad 0\leq x\leq 1,\ 0\leq y\leq 2$$

$$=0\qquad ,\qquad 其他$$

若 $E=\{X+Y\geq 1\}$ 試求 $P(E)$

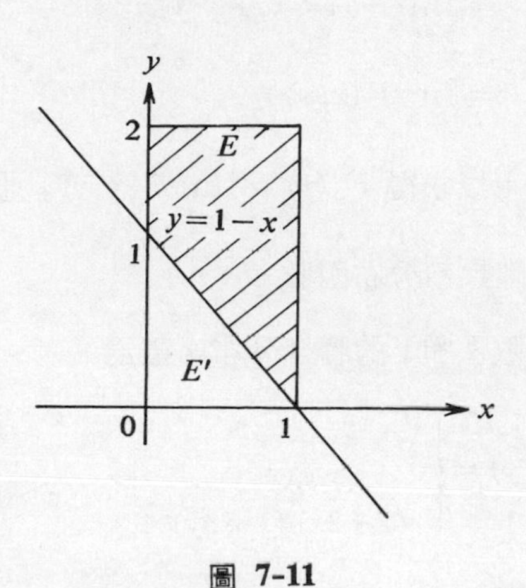

圖 7-11

解: $P(E)=1-P(E')$

$$=1-\int_0^1\int_0^{1-x}(x^2+\frac{1}{3}xy)\,dy\,dx$$

$$=1-\int_0^1\left[x^2(1-x)+\frac{1}{6}x(1-x)^2\right]dx$$

$$=1-\frac{7}{72}=\frac{65}{72}$$

7-5　邊際機率分布

已知二元隨機變數X和Y的聯合累積分布函數，我們是否可以分別求得X和Y的累積密度函數呢？答案是肯定的，其方法如下：

$$
\begin{aligned}
F_1(x) &= P(X \leq x) \\
&= P(X \leq x, Y < \infty) \\
&= P(\lim_{y\to\infty}(X \leq x, Y \leq y)) \\
&= \lim_{y\to\infty} P(X \leq x, Y \leq y) \\
&= \lim_{y\to\infty} F(x, y)
\end{aligned}
$$

同樣地，我們可以求得 $F_2(y) = \lim_{x\to\infty} F(x, y)$。通常我們稱 F_1 和 F_2 分別爲X和Y的邊際累積分布函數。

例 7-8　設隨機變數X和Y的聯合分布函數爲

$$
F(x, y) = \begin{cases} 0, & x<0 \text{ 或 } y<0 \\ \dfrac{kxy}{(1+2x)(1+3y)}, & x \geq 0 \text{ 和 } y \geq 0 \end{cases}
$$

其中k爲一常數

(1) 試決定常數k的值

(2) 試求X和Y的邊際分布函數

解：(1) 我們知道 $\lim_{\substack{x\to\infty \\ y\to\infty}} F(x, y) = 1$

$$
\lim_{\substack{x\to\infty \\ y\to\infty}} F(x, y) = \lim_{\substack{x\to\infty \\ y\to\infty}} \frac{kxy}{(1+2x)(1+3y)}
$$

$$
= \lim_{\substack{x\to\infty \\ y\to\infty}} \frac{k}{\left(\frac{1}{x}+2\right)\left(\frac{1}{y}+3\right)} = \frac{k}{6} = 1
$$

因此 $k=6$

(2) $F_1(x) = \lim_{y\to\infty} F(x, y)$

$$=\begin{cases} 0 , & x<0 \\ \lim\limits_{y\to\infty}\dfrac{6xy}{(1+2x)(1+3y)}, & x\geq 0 \end{cases}$$

$$=\begin{cases} 0 , & x<0 \\ \dfrac{2x}{1+2x}, & x\geq 0 \end{cases}$$

同理可得

$$F_2(y)=\begin{cases} 0 , & y<0 \\ \dfrac{3y}{1+3y}, & y\geq 0 \end{cases}$$

對於每一個二元隨機變數X和Y，我們對應有兩個一維隨機變數X和Y。

例 7-9　我們回頭再考慮一下表二，另外也計算一下邊際值，如表三所示，邊際值分別代表X和Y的機率分布

表　三

Y \ X	0	1	2	3	4	5	和
0	0	0.01	0.03	0.05	0.07	0.09	0.25
1	0.01	0.02	0.04	0.05	0.06	0.08	0.26
2	0.01	0.03	0.05	0.05	0.05	0.06	0.25
3	0.01	0.02	0.04	0.06	0.06	0.05	0.24
和	0.03	0.08	0.16	0.21	0.24	0.28	1.00

例如 $P(Y=1)=0.26$，$P(X=3)=0.21$ 等等

在離散情形，邊際值計算如下：由於 $X=x_i$，必須與某一 j 值並且

僅一個 i 值的 $Y=y_i$ 同時出現，因此我們有

$$\begin{aligned} p_1(x_i) &= P(X=x_i) \\ &= P(X=x_i, Y=y_1 \text{ 或 } X=x_i, Y=y_2, \text{ 或 } \cdots\cdots) \\ &= \sum_{j=1}^{\infty} p(x_i, y_j) \qquad (7\text{-}8) \end{aligned}$$

該定義於 $x_1, x_2, \cdots\cdots$的函數 p 代表X的邊際機率分布 (marginal probability distribution)。同理我們定義

$$p_2(y_j) = P(Y=y_j) = \sum_{i=1}^{\infty} p(x_i, y_j)$$

爲Y的邊際機率分布

在連續情形，我們進行如下：設 f 爲連續二元隨機變數X和Y的聯合機率密度函數，則分別定義 X 和 Y 的邊際機率密度函數 (marginal probability density function) f_1 和 f_2 如下:

$$f_1(x) = \int_{-\infty}^{\infty} f(x, y)\, dy \qquad (7\text{-}9)$$

$$f_2(y) = \int_{-\infty}^{\infty} f(x, y)\, dx \qquad (7\text{-}10)$$

這些機率密度函數分別相當於單一隨機變數 X 和 Y 的基本隨機變數。如

$$\begin{aligned} P(a \leq X \leq b) &= P[a \leq X \leq b, -\infty < Y < \infty] \\ &= \int_a^b \int_{-\infty}^{\infty} f(x, y)\, dy\, dx \\ &= \int_a^b f_1(x)\, dx \end{aligned}$$

例 7-10　已知隨機變數X和Y的聯合機率密度函數爲

$$f(x,y)=\frac{1}{2(e-1)}\left[\frac{1}{x}+\frac{1}{y}\right],\quad 1\leq x\leq e,\ 1\leq y\leq e$$
$$=0\qquad\qquad,\ 其他$$

試求X在 $1\leq X\leq e$ 的邊際機率密度函數。

解:

$$f_1(x)=\int_1^e\frac{1}{2(e-1)}\left[\frac{1}{x}+\frac{1}{y}\right]dy$$
$$=\frac{1}{2(e-1)}\left[\frac{y}{x}+\ln y\right]_1^e$$
$$=\frac{1}{2}\left(\frac{1}{x}+\frac{1}{e-1}\right),\qquad 1\leq x\leq e$$
$$=0\qquad\qquad,\ 其他$$

例 7-11　已知X和Y的聯合機率密度函數爲

$$f(x,y)=2e^{-x}e^{-2y},\qquad 0<x<\infty,\ 0<y<\infty$$
$$=0\qquad\qquad,\ 其他$$

試求　(1) $P(X>1,Y<1)$

(2) $P(X<Y)$

(3) $P(X<k)$

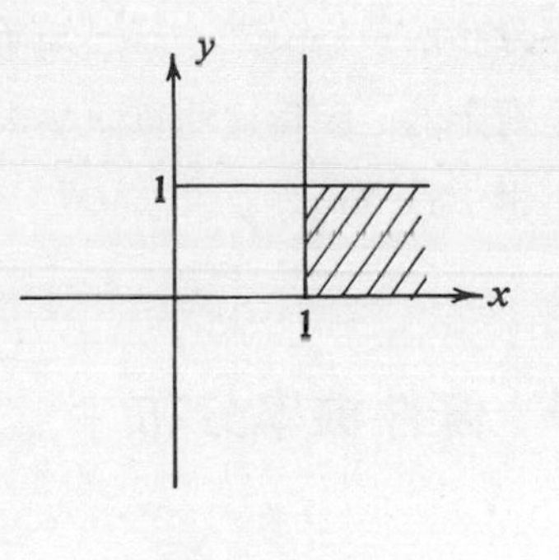

圖 7-12

解:　(1) $P(X>1,Y<1)$

$$=\int_0^1\int_1^\infty 2e^{-x}e^{-2y}\,dx\,dy$$
$$=\int_0^1 2e^{-2y}\left(-e^{-x}\Big|_1^\infty\right)dy$$
$$=e^{-1}\int_0^1 2e^{-2y}\,dy$$
$$=e^{-1}(1-e^{-2})$$

(2) $P(X<Y)$

$$= \iint_{\{(x,y)|x<y\}} 2e^{-x}e^{-2y}\,dx\,dy$$

$$= \int_0^\infty \int_0^y 2e^{-x}e^{-2y}\,dx\,dy$$

$$= \int_0^\infty 2e^{-2y}(1-e^{-y})\,dy$$

$$= \int_0^\infty 2e^{-2y}\,dy - \int_0^\infty 2e^{-3y}\,dy$$

$$=1-2/3$$

$$=1/3$$

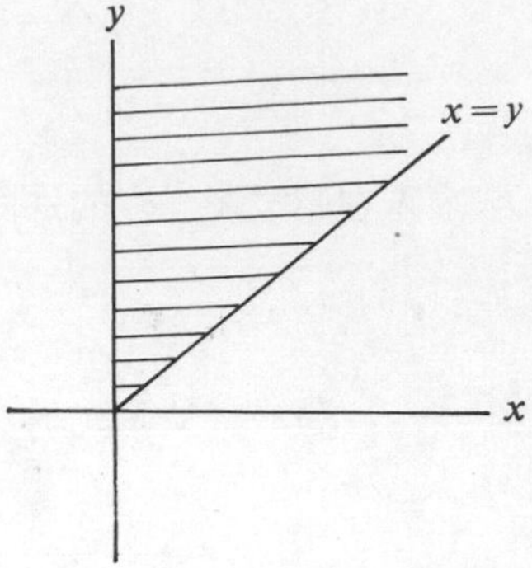

圖 7-13

(3) $P(X<k)$

$$= \int_0^k \int_0^\infty 2e^{-2y}\,e^{-x}\,dy\,dx$$

$$= \int_0^k e^{-x}\,dx$$

$$=1-e^{-k}$$

由以上的討論可知倘若聯合分布函數 $F(x,y)$ 為已知，則可決定其邊際分布函數；反之，若已知 $F(x)$，$F(y)$ 是否能決定 $F(x,y)$ 呢？答案是否定的，因為這些資訊並未能指明 X 和 Y 之間的相關性，因此不足以決定 $F(x,y)$。

7-6 條件機率分布

回想對於任意二事件 E 和 F，早先我們曾定義已知 F 的狀況下 E 發生的條件機率為

$$P(E|F)=\frac{P(E\cap F)}{P(F)}，其中\ P(F)>0$$

因此，倘若X和Y爲離散隨機變數，我們很自然地定義已知 $Y=y$ 時，X的條件機率函數爲對所有使 $p_2(y)>0$ 的 y

$$\begin{aligned} p(x|y) &= P(X=x|Y=y) \\ &= \frac{P(X=x, Y=y)}{P_2(Y=y)} \\ &= \frac{p(x,y)}{p_2(y)} \end{aligned} \tag{7-11}$$

同理已知 $Y=y$ 時，對於所有使 $p_2(y)>0$ 的 y，X的條件機率分布函數定義爲

$$\begin{aligned} F(x|y) &= P(X\leq x|Y=y) \\ &= \sum_{x_i\leq x} p(x_i|y) \end{aligned} \tag{7-12}$$

在連續的情形，條件機率的演算就有點困難，因爲對於任意值 x_0，y_0，都得到 $P(X=x_0)=P(Y=y_0)=0$ 。我們將連續的條件機率定義如下:

定義 7-4　設X和Y爲二元連續隨機變數，其聯合機率密度函數爲f，若f_1和f_2分別表示X和Y之邊際機率密度函數，則

已知 $Y=y$ 時，X的條件機率密度函數爲

$$g(x|y)=\frac{f(x,y)}{f_2(y)}, \qquad f_2(y)>0 \tag{7-13}$$

已知 $X=x$ 時，Y的條件機率密度函數爲

$$h(y|x)=\frac{f(x,y)}{f_1(x)}, \qquad f_1(x)>0 \tag{7-14}$$

以上條件機率的界定使我們在已知某一隨機變數的值時求出與另一隨機變數相關事件的條件機率。亦卽，若X和Y同時爲連續，則對於任意集合E

$$P(X \in E \mid Y=y) = \int_E g(x \mid y)\,dx \qquad (7\text{-}15)$$

注意，連續的條件機率實有其實質上的意義。例如X和Y分別代表人的身高（公分）和體重（公斤），f爲X和Y的聯合機率密度函數，並令f_1爲X的邊際機率密度函數則$\int_{165}^{170} f_1(x)\,dx$爲代表不管體重$Y$的事件$\{165 \le X \le 170\}$，而$\int_{165}^{170} g(x \mid 60)\,dx$却爲$\{165 \le X \le 170,\ Y=60\}$的事件。

例 7-12　設(X, Y)的聯合機率密度函數爲

$$f(x, y) = \begin{cases} 2, & 0<x<y<1 \\ 0, & \text{其他} \end{cases}$$

試求　$P(0<X<1/2 \mid Y=3/4)$

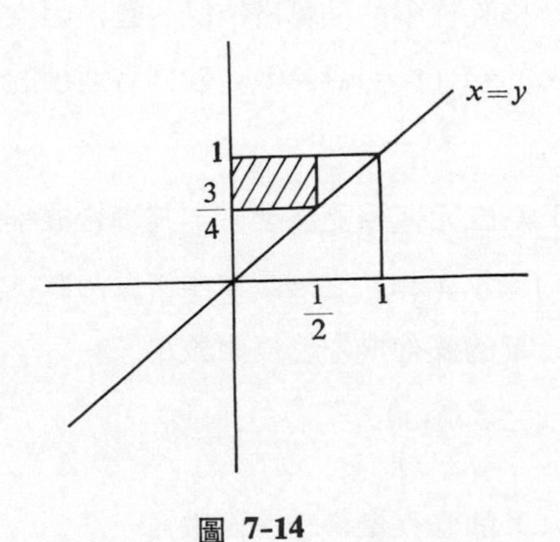

圖 7-14

解:

$$f_2(y) = \int_0^y 2dx = 2y, \qquad 0<y<1$$

$$=0 \qquad\qquad ,\qquad \text{其他區域}$$

$$f(x\,|\,y)=\frac{f(x,y)}{f_2(y)}=\frac{2}{2y}=\frac{1}{y},\qquad 0<x<y,\ 0<y<1$$

$$=0\ ,\qquad \text{其他區域}$$

$$P(0<X<1/2\,|\,Y=3/4)=\int_0^{1/2}f(x\,|\,3/4)\,dx$$

$$=\int_0^{1/2}4/3\,dx$$

$$=2/3$$

7-7　二元隨機變數的機率分布

第六章中所介紹的常用機率分布有些可以加以推廣，現以例題示範如下:

例 **7-13**　(超幾何分布的推廣)

一盒內有M粒珠子，其中a粒白色，b粒黑色，和 $M-a-b$ 粒綠色，現以不放回方式隨機抽取n粒珠子。

設$X=$樣本中白珠數，$Y=$樣本中黑珠數，

試求X和Y的聯合分布。

解: 對於任意二正整數 i，j，事件 $\{X=i,Y=j\}$ 表示 i 粒白珠，j 粒黑珠，因此綠珠爲 $n-i-j$ 粒，然而 i 不得大於 a 或 n，j 不得大於 b 或 n 和 $i+j$ 不得大於 n。

我們有$\binom{M}{n}$種方法以不放回方式由M中取n，因此

$$P(X=i,Y=j)=\frac{\binom{a}{i}\binom{b}{j}\binom{M-a-b}{n-i-j}}{\binom{M}{n}}$$

$$i,j=0,1,2,\cdots\cdots,n \tag{7-16}$$

事實上，並沒有必要指明 i 和 j 的確切範圍，因爲依據規定，若 $m<r$ 或 $r<0$，則 $\binom{m}{r}=0$，因此若有序對 (i,j) 不滿足上述限制，自動會得到零機率。

下列所示爲二項分布的二元隨機變數形式，稱爲三元分布(trinomial distribution)。在本例中，隨機試驗含 n 次獨立且完全相同的試行，每一試行必有三種互斥事件發生。例如一種股票的價格可能上漲、下跌或維持不變。在目前的狀況，我們稱這三種可能爲成功、失敗或無勝負，各於每一試行中的機率爲 p，q 和 $1-p-q$。

例 7-14　(三項分布)

一試驗包含 n 獨立且完全相同的試行，每一試行的結果可能是成功、失敗或無勝負，其機率分別爲 p_1,p_2 和 $1-p_1-p_2$

設 $X=n$ 試行中成功次數，$Y=n$ 試行中失敗次數

試求X和Y的聯合分布

解： (X,Y) 的可能值的集合爲

$$\{(i,j)\mid i,j=0,1,2,\cdots\cdots n \text{ 和 } 0\leq i+j\leq n\}$$

我們想求 $P(X=i,\ Y=j)$ 在 i 指定試行爲成功，j 指定試行爲失敗（其餘爲無勝負）的機率等於 $p_1{}^i p_2{}^j(1-p_1-p_2)^{n-i-j}$，當然，$n$ 試行中取 i 試行爲成功有 $\binom{n}{i}$ 種方法，同時在所餘 $(n-i)$ 試行中取 j 試行爲失敗有 $\binom{n-i}{j}$ 種方法，因此依據基本計數法則，共有 $\binom{n}{i}\binom{n-i}{j}$ 種方法選取 i 試行爲成功和 j 試行爲失敗，每一種方法的機率爲 $p_1{}^i p_2{}^j(1-p_1-p_2)^{n-i-j}$ 所以

$$P(X=i,Y=j)=\binom{n}{i}\binom{n-i}{j}p_1{}^i p_2{}^j(1-p_1-p_2)^{n-i-j}$$

將上式化簡則

$$P(X=i, Y=j)=\frac{n!}{i!\,j!\,(n-i-j)!}p_1{}^i p_2{}^j(1-p_1-p_2)^{n-i-j}$$

$$i, j=0, 1, 2, \cdots\cdots, n, \qquad 0\leq i+j\leq n \qquad (7\text{-}17)$$

上述分布稱爲三項分布，是由於該機率爲〔$p+q+(1-p-q)$〕^{n} 三項展開中的一項。

$$[p_1+p_2+(1-p_1-p_2)]^n$$

$$=\sum_{i=0}^{n}\sum_{j=0}^{n-i}\binom{n}{i}\binom{n-i}{j}p_1{}^i p_2{}^j(1-p_1-p_2)^{n-i-j}$$

由於〔$p_1+p_2+(1-p_1-p_2)$〕$^n=1$ 可知 (7-17) 的和確實等於 1 。

例 7-15　某數學教授學科期末成績的習慣爲僅給 A, B 或 F，每位學生得 A, B, F 的機率分別爲 0.2，0.5 和 0.3，設現有 20 位學生修習該課程，試求他給 5 A，6 B（因此其餘 9 位爲 F）的機率爲若干?

解: 設　$X=20$ 人中得 A 的學生數

$Y=20$ 人中得 B 的學生數

$$P(X=5, Y=6)=\frac{20!}{5!6!9!}(0.2)^5(0.5)^6(0.3)^9=0.0076$$

例 7-16　試求 (1) 例 7-14 的 X 和 Y 的邊際分布

(2) $P(X|Y=j)$

解: (1) $P(X=i)=\sum_{j=0}^{n-i}P(X=i, Y=j)$

$$=\sum_{j=0}^{n-i}\frac{n!}{i!\,j!\,(n-i-j)!}p_1{}^i p_2{}^j(1-p_1-p_2)^{n-i-j}$$

$$=\frac{n!}{i!}p_1{}^i\sum_{j=0}^{n-i}\frac{1}{j!\,(n-i-j)!}p_2{}^j(1-p_1-p_2)^{n-i-j}$$

$$=\frac{n!\,p_1{}^i}{i!\,(n-i)!}\sum_{j=0}^{n-i}\frac{(n-i)!}{j!\,(n-i-j)!}p_2{}^j(1-p_1-p_2)^{n-i-j}$$

$$=\binom{n}{i}p_1{}^i[p_2+(1-p_1-p_2)]^{n-i}$$

$$=\binom{n}{i}p_1{}^i(1-p_1)^{n-i}$$

即　$X\sim B(n;p_1)$

同法可證　$Y\sim B(n;p_2)$

(2) 已知 $Y=j$，則X的可能值為 $0,1,2,\cdots\cdots,n-j$，因此

$$P(X=i\,|\,Y=j)=\frac{P(X=i,Y=j)}{P(Y=j)}\qquad i=0,1,2,\cdots\cdots,n-j$$

$$=\frac{\dfrac{n!}{i!\,j!\,(n-i-j)!}p_1{}^ip_2{}^j(1-p_1-p_2)^{n-i-j}}{\dfrac{n!}{j!\,(n-j)!}p_2{}^j(1-p_2)^{n-j}}$$

$$=\frac{(n-j)!}{i!\,(n-i-j)!}\;\frac{p_1{}^i(1-p_1-p_2)^{n-i-j}}{(1-p_2)^{n-j}}$$

$$=\binom{n-j}{i}\;\frac{p_1{}^i}{(1-p_2)^i}\;\left(1-\frac{p_1}{1-p_2}\right)^{n-i-j}$$

$$=\binom{n-j}{i}\;\left(\frac{p_1}{1-p_2}\right)^i\;\left(1-\frac{p_1}{1-p_2}\right)^{(n-j)-i}$$

讀者請注意： $\dfrac{p_1}{1-p_2}\geq 0$，因為 $p_1+p_2\leq 1$，$p_1\leq 1-p_2$ 因此 $\dfrac{p_1}{1-p_2}\leq 1$

即　$P(X|Y=j)\sim B\left(n-j;\;\dfrac{p_1}{1-p_2}\right)$

7-8 獨立隨機變數

獨立隨機變數的概念在機率理論上佔有非常重要的地位，事實上獨立隨機變數的概念僅只獨立事件的引伸。

定義 7-5　設若二元隨機變數 X 和 Y 能對任意二實數 x，y 滿足

$$P(X\leq x, Y\leq y)=P(X\leq x)P(Y\leq y) \tag{7-18}$$

則 X 和 Y 稱爲獨立隨機變數(independent random variables)。

以上的準則若改以分布函數表示，即爲二元隨機變數 X 和 Y 獨立的充要條件是對於任意二實數 x，y

$$F(x,y)=F_1(x)F_2(y) \tag{7-19}$$

現在我們分別研究一下離散和連續兩大狀況，如何以機率函數或機率密度函數表示二元隨機變數的獨立。

7-8-1　離散情形

離散分布的獨立若以機率函數表示，則其定義可改述如下：

定義 7-6　二元隨機變數 X 和 Y 具有聯合離散分布，若對所有 x_i, y_j,

$$P(X=x_i, Y=y_j)=P(X=x_i)P(Y=y_j) \tag{7-20}$$

則 X 和 Y 爲獨立。

實際上，上述定義與定義 4-13 爲同義，在證明這個事實之前，我們必須證明下述結果。

預備定理：若 X 和 Y 爲二獨立隨機變數，則

$$F(a,b^-)=F_1(a)F_2(b^-)$$

證： $F(a, b^-)$

$$= \lim_{h \to 0} F_1(a) F_2(b-h) \qquad \text{因爲 } X \text{ 和 } Y \text{ 爲獨立}$$

$$= F_1(a) \lim_{h \to 0} F_2(b-h)$$

$$= F_1(a) F_2(b^-)$$

現在我們證明定義 7-5 和 7-6 爲同義如下：

(1) 假設X和Y爲獨立，則對於任意實數 x，y

$$F(x, y) = F(x) F(y)$$

$$P(X = x_i, Y = y_j)$$

$$= F(x_i, y_j) - F(x_i^-, y_j) - F(x_i, y_j^-) + F(x_i^-, y_j^-)$$

$$= F_1(x_i) F_2(y_j) - F_1(x_i^-) F_2(y_j) - F_1(x_i) F_2(y_j^-)$$

$$+ F_1(x_i^-) F_2(y_j^-)$$

$$= [F_1(x_i) - F_1(x_i^-)][F_2(y_j) - F_2(y_j^-)]$$

$$= P(X = x_i) P(Y = y_j)$$

(2) 反之，若 $P(X = x_i, Y = y_j) = P(X = x_i) P(Y = y_j)$

則依據聯合分布函數的定義

$$F(x, y) = \sum_{x_i \le x} \sum_{y_j \le y} P(X = x_i, Y = y_j)$$

$$= \sum_{x_i \le x} \sum_{y_j \le y} P(X = x_i) P(Y = y_j)$$

$$= [\sum_{x_i \le x} P(X = x_i)][\sum_{y_j \le y} P(Y = y_j)]$$

$$= F_1(x) F_2(y)$$

例 7-17 若二元隨機變數X和Y的聯合機率函數如下所示

X \ Y	y_1	y_2	y_3	y_4	$P(X=x)$
x_1	1/48	1/48	1/48	5/48	1/6
x_2	1/48	1/48	1/96	11/96	1/6
x_3	1/48	4/48	9/96	39/96	2/3
$P(Y=y)$	1/8	1/8	1/8	5/8	1

試問X與Y是否為獨立?

解: 對於 (x_1, y_1), (x_1, y_2), (x_1, y_3), (x_2, y_1) (x_2, y_2), (x_3, y_1) (x_3, y_2)

$$P(X=x_i, Y=y_j)=P(X=x_i)\,P(Y=y_j)$$

然而 $P(X=x_3, Y=y_4)=39/96 \neq \frac{2}{3}\cdot\frac{5}{8}=P(X=x_3)\,P(Y=y_4)$

因此X與Y不為獨立。

7-8-2　連續情況

定義 7-7　若二隨機變數X和Y有聯合連續分布，若對任意二實數x，y滿足 $f(x,y)=f_1(x)f_2(y)$，　(7-21)

則稱X和Y為獨立。

定義 7-5 與定義 7-7 也是同義，其證明如下:

(1) $F(x,y)=F_1(x)F_2(y)$ 則

$$f(x,y)=\frac{\partial^2}{\partial x\partial y}F(x,y)$$

$$=\frac{\partial^2}{\partial x\partial y}F_1(x)F_2(y)$$

$$= \frac{d}{dx} F_1(x) \frac{d}{dy} F_2(y)$$

$$= f_1(x) f_2(y)$$

(2) 反之，若 $f(x, y) = f_1(x) f_2(y)$ 則

$$F(u, v) = \int_{-\infty}^{u} \int_{-\infty}^{v} f(x, y)\, dy\, dx$$

$$= \int_{-\infty}^{u} \int_{-\infty}^{v} f_1(x) f_2(y)\, dy\, dx$$

$$= \int_{-\infty}^{u} f_1(x)\, dx \int_{-\infty}^{v} f_2(y)\, dy$$

$$= F_1(u) F_2(v)$$

例 7-18 設二元隨機變數 X 和 Y 的聯合機率密度函數爲

$$f(x, y) = x + y, \qquad 0 < x < 1,\ 0 < y < 1$$

$$= 0 \quad , \qquad \text{其他}$$

試問 X 和 Y 是否爲獨立?

解: X 和 Y 的邊際機率密度函數分別爲

$$f_1(x) = \int_{-\infty}^{\infty} f(x, y)\, dy = \int_0^1 (x + y)\, dy$$

$$= x + 1/2, \qquad 0 < x < 1$$

$$= 0 \quad , \qquad \text{其他}$$

$$f_2(y) = \int_{-\infty}^{\infty} f(x, y)\, dx = \int_0^1 (x + y)\, dx$$

$$= y + 1/2, \qquad 0 < y < 1$$

$$= 0 \quad , \qquad \text{其他}$$

由於 $f(x, y) \neq f_1(x) f_2(y)$ 因此 X 和 Y 不爲隨機獨立。

下述的定理能使我們不必計算邊際機率密度函數，就可得知例 7-14 中的隨機變數 X 和 Y 爲相關（即不爲獨立）。

定理 7-1　二元隨機變數 X 和 Y 爲獨立的充要條件爲其聯合機率密度函數 $f(x,y)$ 可表爲一僅與 X 有關的非負函數和一僅與 y 有關的非負函數的乘積，亦即

$$f(x,y)=g(x)h(y) \tag{7-22}$$

證明：若 X 與 Y 爲獨立，則 $f(x,y)=f_1(x)f_2(y)$，其中 $f_1(x)$ 與 $f_2(y)$ 分別爲 X 與 Y 的邊際機率密度函數，卽滿足條件

$$f(x,y)=g(x)h(y)$$

反之，若 $f(x,y)=g(x)h(y)$ 則對於連續隨機變數，我們有

$$f_1(x)=\int_{-\infty}^{\infty}g(x)h(y)\,dy=g(x)\int_{-\infty}^{\infty}h(y)\,dy=c_1g(x)$$

和

$$f_2(y)=\int_{-\infty}^{\infty}g(x)h(y)\,dx=h(y)\int_{-\infty}^{\infty}g(x)\,dx=c_2h(y)$$

其中 c_1 與 c_2 爲常數並非 x 或 y 之函數，另外

$$1=\int_{-\infty}^{\infty}\int_{-\infty}^{\infty}g(x)h(y)\,dx\,dy$$

$$=\left[\int_{-\infty}^{\infty}g(x)\,dx\right]\left[\int_{-\infty}^{\infty}h(y)\,dy\right]=c_2c_1$$

這些結果導出下式

$$f_1(x)f_2(y)=c_1g(x)\,c_2h(y)=c_1c_2g(x)h(y)=f(x,y)$$

故 X 與 Y 爲隨機獨立。

現在回頭看例 7-14，由於聯合機率密度函數

$$\begin{aligned} f(x,y)&=x+y, && 0<x<1,\ 0<y<1\\ &=0\quad, && \text{其他} \end{aligned}$$

不能寫成一僅與 x 有關之非負函數與一僅與 y 有關之非負函數之積，故知 X 與 Y 爲隨機相關。

例 7-19　設隨機變數 X 和 Y 的聯合機率密度函數爲

$$f(x,y)=8xy, \qquad 0<x<y<1$$
$$=0 \quad , \qquad 其他$$

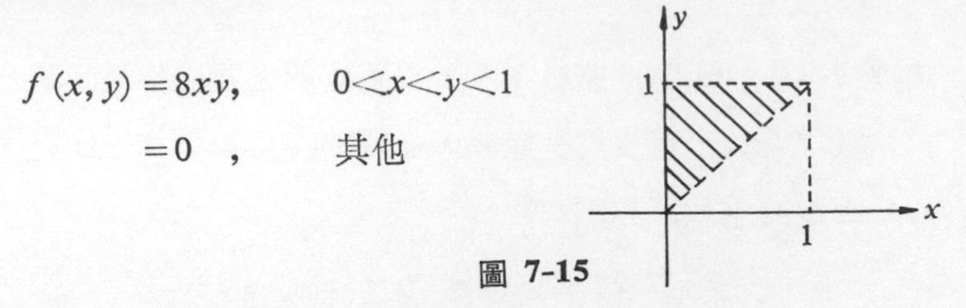

圖 7-15

有些人看到 $8xy$ 便以爲 X 與 Y 爲隨機獨立。但若考慮空間 $R_{X\times Y}=\{(x,y),0<x<y<1\}$，可看出該空間並不是一個積空間，故顯然若 X 與 Y 之正機率密度之空間被一既非水平亦非垂直之直線所界，則 X 與 Y 必爲隨機相關。

我們敍述一個定理如下，它可簡化對牽涉到隨機獨立變數事件的機率的計算過程。

定理 7-2 若 X 與 Y 爲隨機獨立之隨機變數，且其邊際機率密度函數分別爲 $f_1(x)$ 及 $f_2(y)$，則對任何常數 $a, b, c, d, a<b, c<d$，必有

$$P(a<X<b,\ c<Y<d)=P(a<X<b)P(c<Y<d) \tag{7-23}$$

證明: 由於 X 與 Y 爲隨機獨立，故 X 與 Y 之聯合機率密度函數爲 $f_1(x)f_2(y)$

且當 X 與 Y 爲連續型時，

$$\begin{aligned}P(a<X<b,c<Y<d)&=\int_a^b\int_c^d f_1(x)f_2(y)\,dy\,dx\\&=\left[\int_a^b f_1(x)\,dx\right]\left[\int_c^d f_2(y)\,dy\right]\\&=P(a<X<b)P(c<Y<d)\end{aligned}$$

或當 X 與 Y 爲離散型時

$$\begin{aligned}P(a<X<b,c<Y<d)&=\sum_{a<x<b}\sum_{c<y<d}f_1(x)f_2(y)\\&=\left[\sum_{a<x<b}f_1(x)\right]\left[\sum_{c<y<d}f_2(y)\right]\\&=P(a<X<b)P(c<Y<d)\end{aligned}$$

故本定理得證。

例 7-20　在例 7-18 中 X 與 Y 爲隨機相關，而且一般而言，

$$P(a<X<b,\ c<Y<d) \neq P(a<X<b)\,P(c<Y<d)$$

舉例說明之，

$$P(0<X<1/2,\ 0<Y<1/2) = \int_0^{1/2}\int_0^{1/2}(x+y)\,dx\,dy$$

$$=1/3$$

然而　$$P(0<X<1/2) = \int_0^{1/2}(x+1/2)\,dx = 3/8$$

$$P(0<Y<1/2) = \int_0^{1/2}(y+1/2)\,dy = 3/8$$

例 7-21　若二獨立隨機變數 X_1, X_2 的機率密度函數均爲

$$f(x) = 2x, \qquad 0<x<1$$
$$=0\ , \qquad 其他$$

試求　$P(X_1<X_2 \mid X_1<2X_2)$

解：$f(x_1, x_2) = 4x_1x_2, \qquad 0<x_1<1,\ 0<x_2<1$

$$=0\ , \qquad 其他$$

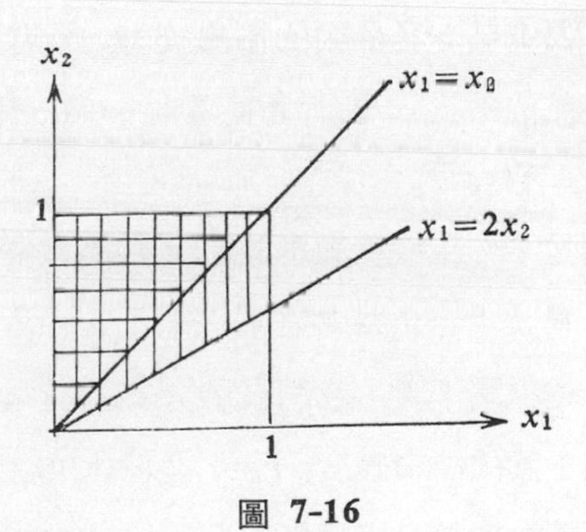

圖 7-16

$$P(X_1<X_2 \mid X_1<2X_2) = \frac{P((X_1<X_2)\cap(X_1<2X_2))}{P(X_1<2X_2)}$$

$$P(X_1<X_2 \mid X_1<2X_2)=\frac{P(X_1<X_2)}{P(X_1<2X_2)}$$

$$P(X_1<X_2)=\int_0^1\int_0^{x_2}4x_1x_2\,dx_1\,dx_2$$

$$=1/2 \qquad 0<x_1<1$$

$$P(X_1<2X_2)=1-\int_0^1\int_0^{x_1/2}4x_1x_2\,dx_1\,dx_2$$

$$=7/8 \qquad 0<x_1<1$$

故 $$P(X_1<X_2 \mid X_1<2X_2)=\frac{1/2}{7/8}=\frac{4}{7}$$

7-9 多元隨機變數

至目前爲止，關於聯合分布一直限於兩個隨機變數的情形，事實上我們也應注意三個或三個以上隨機變數的特性。有很多情況，我們要考慮到 n 維隨機變數，玆舉數例如下：

(1) 假設我們研究某一暴風雨的雨量模型，設有五個觀測所，令 x_i 代表第 i 站的雨量，則所考慮的是一個五維的隨機變數 $(X_1, X_2, X_3, X_4, X_5)$。

(2) 當重複測量某一隨機變數 X 時，n 維隨機變數的應用就顯得很重要了！假設我們想要知道某一電子管的壽命長度 X，一廠商製造很多這種電子管，我們試驗 n 支此種電子管，令 X_i 代表第 i 支電子管的壽命長度，$i=1, 2, \cdots\cdots n$，因此 $(X_1, \cdots\cdots, X_n)$ 是個 n 維隨機變數，假設每一個 X_i 都有相同的機率分布（因爲每支電子管，都是以同樣的方法製造），假定每個 X_i 都是獨立的隨機變數，（因爲每支電子管的製造，彼此互不影響），

則我們可以假定 n 維隨機變數 $(X_1, \cdots\cdots, X_n)$ 是由獨立且有相同分布的分量 $X_1, \cdots\cdots, X_n$ 所組成。（雖然 X_1 和 X_2 有相同的分布，但並不一定有相同的值）。

(3) 令 $X(t)$ 表某企業公司在時間 t 所需用的電力，對於固定的 t，$X(t)$ 是個一維隨機變數，然而我們却想知道在 n 個時間內的用電量，如 $t_1 < t_2 < \cdots\cdots < t_n$，因此我們希望研究 n 維隨機變數 $[X(t_1), X(t_2) \cdots\cdots, X(t_n)]$。

我們對 n 元隨機變數只做很概略的介紹，大部分兩個隨機變數的概念都可以推廣到 n 個隨機變數的情形。

7-9-1　聯合分布函數

對於任意實數 $u_1, u_2, \cdots\cdots, u_n$，隨機變數 $X_1, \cdots\cdots, X_n$ 的聯合分布函數定義爲

$$F(u_1, u_2, \cdots\cdots, u_n) = P(X_1 \le u_1, X_2 \le u_2, \cdots\cdots, X_n \le u_n)$$

分布函數的性質:

(1) $0 \le F(u_1, \cdots\cdots, u_n) \le 1$

(2) （單調性）分布函數對每一單獨變數而言是非遞減函數。

(3) 若 $a_1, a_2, \cdots\cdots, a_n, b_1, b_2, \cdots\cdots, b_n$ 爲實數，並且有 $a_i < b_i$ 的關係 $i = 1, 2, \cdots\cdots, n$，則

$$\begin{aligned}
&P(a_1 < X_1 \le b_1, a_2 < X_2 \le b_2, \cdots\cdots, a_n < X_n \le b_n) \\
&= F(b_1, \cdots\cdots, b_n) - [F(a_1, b_2, \cdots\cdots, b_n) + \cdots\cdots \\
&\quad + F(b_1, b_2, \cdots\cdots, b_{n-1}, a_n)] \\
&\quad + (\text{所有 } 2a \text{ 和 } (n-2)\ b \text{ 的項}) \\
&\quad - (\text{所有 } 3a \text{ 和 } (n-3)\ b \text{ 的項})
\end{aligned}$$

$$+\cdots\cdots$$

$$+(-1)^n F(a_1, a_2, \cdots\cdots, a_n)$$

(4) 對於任一個 i

$$\lim_{u_i \to -\infty} F(u_1, u_2, \cdots\cdots, u_{i-1}, u_i, u_{i+1}, \cdots\cdots, u_n)$$

$$= \lim_{u_i \to -\infty} F(u_1, \cdots\cdots, u_{i-1}, -\infty, u_{i+1}, \cdots\cdots, u_n)$$

$$=0$$

(5) $\lim\limits_{\substack{u_1 \to \infty \\ u_2 \to \infty \\ \vdots \\ u_n \to \infty}} F(u_1, \cdots\cdots, u_n) = F(\infty, \infty, \cdots\cdots, \infty) = 1$

(6) 分布函數對每一單獨隨機變數分別爲向右連續。

7-9-2 離散型情況

對於隨機變數 $X_1, \cdots\cdots, X_n$ 若存在一個非負函數 p 於 n 維空間 $\mathbf{R}^n$，p 除了在 $\mathbf{R}^n$ 上的有限點或可數無限的點爲正外均爲 0，並且

$$p(x_1, \cdots\cdots, x_n) = P(X_1 = x_1, \cdots\cdots, X_n = x_n)$$

則函數 p 稱爲聯合機率函數。

(1) $p(x_1, \cdots\cdots, x_n) \geq 0$

(2) $\sum\limits_{x_n} \sum\limits_{x_{n-1}} \cdots\cdots \sum\limits_{x_1} p(x_1, \cdots\cdots, x_n) = 1$

(3) （邊際分布）設 $X_{i1}, X_{i2}, \cdots\cdots, X_{ik}$ 爲 $X_1, X_2, \cdots\cdots, X_n$ 的子集合，則 $X_{i1}, \cdots\cdots\cdots, X_{ik}$ 的聯合分布爲得自對其他隨機變數相加。

例如若 X, Y, Z, W 爲四個隨機變數，則

$$p_3(z) = P(Z = z) = \sum_w \sum_y \sum_x P(X = x, Y = y, Z = z, W = w)$$

$$P_{14}(X,W)=P(X=x,W=w)$$
$$=\sum_z\sum_y P(X=x,Y=y,\ Z=z,W=w)$$

(4)　(條件分布) 我們僅舉其有聯合分布的四個隨機變數 X,Y,Z,W為例說明。

$$P(X=x,Y=y|Z=z_0,W=w_0)=\frac{p(x,y,z_0,w_0)}{p_{34}(z_0,w_0)}$$

$$P(X=x,Y=y,Z=z|W=w_0)=\frac{p(x,y,z,w_0)}{p_4(w_0)}$$

(5)　(相互獨立) 隨機變數 $X_1,X_2,\cdots\cdots,X_n$, 若對於每一個 $x_1,\cdots\cdots,x_n$ 滿足

$$P(X=x_1,X_2=x_2,\cdots\cdots,X_n=x_n)=\prod_{i=1}^{n}P(X_i=x_i)$$

則稱其爲相互獨立。

例 7-22　設連續隨機投擲一公正之硬幣，設第 i 次擲出正面表爲 $X_i=1$，擲出反面表爲 $X_i=0,i=1,2,\cdots\cdots,X_i$ 爲隨機變數。設每個 X_i 之機率密度函數均爲 $p(x)=1/2,x=0,1$，其他處爲 0 。因爲此實驗之每次投擲均爲相互獨立，故可說隨機變數 $X_1,X_2,\cdots\cdots,X_n\cdots\cdots$ 爲相互隨機獨立。故第三次投擲時才出現第一次正面之機率爲

$$P(X_1=0,X_2=0,X_3=1)$$
$$=P(X_1=0)P(X_2=0)P(X_3=1)=(1/2)^3=1/8$$

一般情況下，設 Y 爲隨機變數，表在第 Y 次投擲才出現第一個正面，則 Y 之機率密度函數爲

$$p(y)=(1/2)^y,\qquad y=1,2,3,\cdots\cdots$$
$$=0\qquad,\qquad 其他$$

因此在上述之情況下，

$$P(Y=3)=g(3)=1/8$$

7-9-3 連續型情況

對於隨機變數 $X_1, \cdots\cdots, X_n$，若存在有一個非負函數 f，使得對任意實數 $u_1, u_2, \cdots\cdots, u_n$

$$F(u_1, u_2, \cdots\cdots, u_n) = \int_{-\infty}^{u_n} \int_{-\infty}^{u_{n-1}} \cdots\cdots \int_{-\infty}^{u_1} f(x_1, \cdots\cdots, x_n)\, dx_1, \cdots\cdots dx_n$$

則稱 $X_1, X_2, \cdots\cdots, X_n$ 有聯合連續分布，並稱 f 爲 $X_1, \cdots\cdots, X_n$ 的聯合機率密度函數。

(1) $f(x_1, \cdots\cdots, x_n) = \dfrac{\partial^n}{\partial x_1 \partial x_2 \cdots\cdots \partial x_n} F(x_1, x_2, \cdots\cdots, x_n)$

(2) $f(x_1, \cdots\cdots, x_n) \geq 0$

(3) $\int_{-\infty}^{\infty} \cdots\cdots \int_{-\infty}^{\infty} f(x_1, x_2, \cdots\cdots, x_n)\, dx_1 \cdots\cdots dx_n = 1$

(4) （邊際分布）若 $X_{i1}, X_{i2}, \cdots\cdots, X_{ik}$ 爲 $X_1, \cdots\cdots, X_n$ 的子集合，則其聯合機率密度函數以其餘隨機變數對 $f(x_1, x_2, \cdots\cdots x_n)$ 積分得出。

例如：若 X, Y, Z, W 爲有聯合連續分布的四個隨機變數，則

$$f_3(z) = \int_{-\infty}^{\infty} \int_{-\infty}^{\infty} \int_{-\infty}^{\infty} f(x, y, z, w)\, dx\, dy\, dw$$

$$f_{14}(x, w) = \int_{-\infty}^{\infty} \int_{-\infty}^{\infty} f(x, y, z, w)\, dy\, dz$$

(5) （條件分布）若 X, Y, Z, W 爲有聯合連續分布的四個隨機變數，則

$$f_{12|34}(x, y \mid z_0, w_0) = \frac{f(x, y, z_0, w_0)}{f_{34}(z_0, w_0)}$$

$$f_{124|3}(x, y, w \mid z_0) = \frac{f(x, y, z_0, w)}{f_3(z_0)}$$

(6)（相互獨立）設 $X_1, X_2, \cdots\cdots, X_n$ 有聯合連續分布，若對於每一 $x_1, x_2, \cdots\cdots, x_n$ 滿足

$$f(x_1, x_2, \cdots\cdots, x_n) = f_1(x_1) f_2(x_2) \cdots\cdots f_n(x_n)$$

則稱 $X_1, X_2, \cdots\cdots, X_n$ 爲相互獨立。

例 7-23　設 X, Y, Z 的聯合機率密度函數爲

$$f(x, y, z) = \begin{cases} 12x^2 yz, & 0<x<1,\ 0<y<1,\ 0<z<1 \\ 0\quad, & 其他 \end{cases}$$

試求　(1) X, Y, Z 的邊際機率密度函數。

(2) X 和 Y 的聯合機率密度函數。

(3) 已知 $Z=z_0$ 時，X 和 Y 的條件機率，$0<z<1$。

(4) $P(X \leq Y)$。

(5) $P(X<Y<Z)$。

解：(1) $f_1(x) = \int_{-\infty}^{\infty} \int_{-\infty}^{\infty} f(x, y, z)\, dy\, dz$

$$= \begin{cases} \int_0^1 \int_0^1 12x^2yz\, dy\, dz, & 0<x<1 \\ 0\quad, & 其他 \end{cases}$$

$$= \begin{cases} 3x^2, & 0<x<1 \\ 0\ , & 其他 \end{cases}$$

$$f_2(y) = \begin{cases} \int_0^1 \int_0^1 12x^2yz\, dx\, dz, & 0<y<1 \\ 0\quad, & 其他 \end{cases}$$

$$= \begin{cases} 2y, & 0<y<1 \\ 0\ , & 其他 \end{cases}$$

$$f_3(z) = \begin{cases} 2z, & 0<z<1 \\ 0\ , & 其他 \end{cases}$$

在本題中，對每一 x, y, z，$f(x, y, z)=f_1(x)f_2(y)f_3(z)$，因此 X, Y, Z 爲相互獨立隨機變數。

(2) $f_{12}(x, y) = \int_{-\infty}^{\infty} f(x, y, z)\,dz$

$$=\begin{cases} \int_0^1 12x^2yz\,dz, & 0<x<1,\ 0<y<1 \\ 0 & ,\ \text{其他} \end{cases}$$

$$=\begin{cases} 6x^2y, & 0<x<1,\ 0<y<1 \\ 0 & ,\ \text{其他} \end{cases}$$

(3) $f_{12|3}(x, y|z_0)=\dfrac{f(x, y, z_0)}{f_3(z_0)}$

$$=\begin{cases} 6x^2y, & 0<x<1,\ 0<y<1 \\ 0 & ,\ \text{其他} \end{cases}$$

(4) $P(X\leq Y) = \int_0^1 \int_x^1 6x^2y\,dy\,dx=\dfrac{2}{5}$

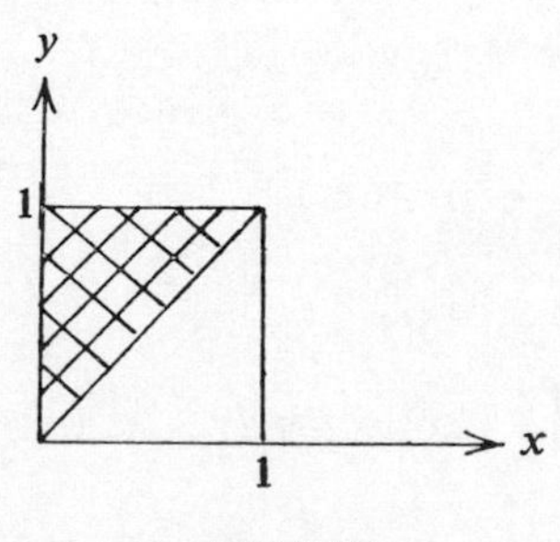

圖 7-17

(5) $P(X<Y<Z) = \iiint_{\{(x,y,z)|x<y<z\}} f(x, y, z)\,dx\,dy\,dz$

$$= \int_0^1 \int_0^z \int_0^y 12x^2yz\,dx\,dy\,dz=4/35$$

討論完畢數個隨機變數的分布的一般情形，我們現在再看一個值得特別留意的結果：

若 $X_1, X_2, \cdots\cdots, X_n$，爲相互獨立隨機變數，則任何這些隨機變數的子集合也爲相互獨立，反之則不成立。

例 **7-24**　若 X_1, X_2 與 X_3 相互隨機獨立，則它們成對的 (pairwise) 隨機獨立（即 X_i 與 X_j，$i \neq j$，$i, j=1,2,3$，爲隨機獨立）。下面之例子說明了成對的隨機獨立並不表示所有隨機變數就會相互隨機獨立。設 X_1, X_2 與 X_3 的聯合機率密度函數爲

$$\begin{aligned} &p(x_1, x_2, x_3) \\ &=1/4,\ (x_1, x_2, x_3) \in \{(1,0,0), (0,1,0), (0,0,1), (1,1,1)\} \\ &=0 \quad ,\text{其他} \end{aligned}$$

則 X_i 與 X_j，$i \neq j$ 的聯合機率密度函數爲

$$\begin{aligned} &p_{ij}(x_i, x_j) \\ &=1/4, \qquad (x_i, x_j) \in \{(0,0), (1,0), (0,1), (1,1)\} \\ &=0 \quad , \qquad \text{其他} \end{aligned}$$

其中 X_i 的邊際機率密度函數爲

$$\begin{aligned} p_i(x_i) &= 1/2, \qquad x_i = 0, 1 \\ &= 0 \quad , \qquad \text{其他} \end{aligned}$$

顯然的，若 $i \neq j$ 則

$$p_{ij}(x_i, x_j) = p_i(x_i)\, p_j(x_j)$$

故 X_i 與 X_j 爲隨機獨立，但

$$p(x_1, x_2, x_3) \neq p_1(x_1)\, p_2(x_2)\, p_3(x_3)$$

故 X_1, X_2 與 X_3 不爲相互隨機獨立。

7-10 本章提要

本章介紹二元隨機變數的概念，並且討論如何由該二隨機變數的聯合機率密度函數求出二者之一的機率密度函數，也就是邊際機率密度函數，並且介紹了條件機率分布的概念。獨立隨機變數無論在機率理論本身或統計學上都佔有重要的地位，讀者應確實瞭解其意義。最後我們把二元隨機變數毫無困難地推廣到一般 n 元的情形。

舊有概念（第三章）	新用術語（第七章）
$P(G\cap H)$ 應用於 $P(X=2\cap Y=1)$ $P(X=x\cap Y=y)$ 一般式	聯合分布（joint distribution） $p(2,1)$ $p(x,y)$ 一般式
$P(H\|G)=\frac{P(H\cap G)}{P(G)}$ 應用於 $P(X=2\|Y=1)$ $P(X=x\|Y=y)$ 一般式	條件分布（conditional distribution） $p(2\|Y=1)$ $p(X\|Y=y)$ 一般式
若 $P(F\|E)=P(F)$ 或 $P(E\cap F)=P(E)P(F)$ 則事件 F 與 E 爲獨立	若對於所有 x 和 y $p(x\|y)=p(x)$ 或 $p(x,y)=p(x)p(y)$ 則隨機變數 X 和 Y 爲獨立

參考書目

1. R. V. Hogg & A. T. Craig *Introduction to mathematical statistics* 4th ed. MacMillan 1978
2. P. L. Meyer *Introductory probability theory and applications* 2nd ed. Addison-Wesley 1970
3. R. Khazanie *Basic probability theory and applications* Goodyear Publishing Co. 1976
4. J. E. Freund, R. E. Walpole *Mathematical statistics* 3nd ed. Prentice-Hall 1980
5. C. P. Tsokos *Probability Distributions: An Introduction to Probability Theory with Applications* Wadsworth Publishing Co. 1972
6. Sheldon Ross *A first course in probability* 1976 華泰書局翻印

習　題　七

1. 已知二離散隨機變數X和Y的聯合機率函數

$$f(x,y)=\begin{cases} k(2x+y) & x=0,1,2,\ y=0,1,2,3 \\ 0 & \text{其他} \end{cases}$$

(1) 試求常數k的值

(2) 試求 $P(X\geq 1,\ Y\leq 2)$

(3) 試求 $P(X=2,\ Y=1)$

(4) 試求X和Y的邊際機率函數

(5) 試證X和Y爲相依

(6) 試求 $p(y|2)$

(7) 試求 $P(Y=1|X=2)$

2. 已知二連續隨機變數X和Y的聯合機率密度函數

$$f(x,y)=\begin{cases} kxy & 0<x<4\ ,1<y<5 \\ 0 & \text{其他} \end{cases}$$

(1) 試求常數k的值

(2) 試求 $P(1<X<2,\ 2<Y<3)$

(3) 試求 $P(X\geq 3,\ Y\leq 2)$

(4) 試求X和Y的邊際分布函數

(5) 試求X和Y的聯合分布函數

(6) 試求 $P(X+Y<3)$

3. 已知二連續隨機變數X和Y有聯合密度函數 $f(x,y)$

(1) 試證 $U=X+Y$ 的機率密度函數爲

$$g(u)=\int_{-\infty}^{\infty} f(v,u-v)\,dv$$

(2) 設X和Y爲獨立，則 $g(u)$ 的形式爲何

4. 設X與Y的聯合機率函數爲

$$f(x,y)=\begin{cases}\dfrac{1}{32}(x^2+y^2) & x=0,1,2,3,\ y=0,1,2\\ 0 & \text{其他}\end{cases}$$

試求　(1) X,Y 的邊際機率函數

(2) 已知 $Y=y$，X 的條件機率函數

(3) 已知 $X=x$，Y 的條件機率函數

5. 若 X 和 Y 的聯合機率密度函數

$$f(x,y)=\begin{cases}\dfrac{3}{4}+xy & 0<x<1,\ 0<y<1\\ 0 & \text{其他}\end{cases}$$

試求　(1) $f(y|x)$

(2) $P\left(Y>\dfrac{1}{2}\,\middle|\,\dfrac{1}{2}<X<1\right)$

6. 已知 X 和 Y 的聯合機率密度函數

$$f(x,y)=\begin{cases}8xy & 0\leq x\leq 1,\ 0\leq y\leq x\\ 0 & \end{cases}$$

(1) 試求 X 的邊際機率密度函數 $f_1(x)$

(2) 試求 Y 的邊際機率密度函數 $f_2(y)$

(3) 試求 $f_1(x|y)$

(4) 試求 $f_2(y|x)$

(5) 試決定 X 和 Y 是否獨立

7. 假設隨機變數 X 和 Y 的聯合機率密度函數

$$f(x,y)=\begin{cases}k(2x+y) & 2<x<6,\ 0<y<5\\ 0 & \text{其他}\end{cases}$$

(1) 試求常數 k 的值

(2) 試求 X 和 Y 的邊際分布函數

(3) 試求 X 和 Y 的邊際機率密度函數

(4) 試求 $P(3<X<4, Y>2)$

(5) 試求 $P(X>3)$

(6) 試求 $P(X+Y>4)$

(7) 試求聯合分布函數

(8) 試決定X和Y是否獨立

8. 二人相約在下午2時至3時內見面，每人等對方至多 15 分鐘，試求二人見到面的機率。

9. 已知X和Y的聯合機率函數如下所示

X \ Y	0	1	2
0	$\frac{1}{18}$	$\frac{1}{9}$	$\frac{1}{6}$
1	$\frac{1}{9}$	$\frac{1}{18}$	$\frac{1}{9}$
2	$\frac{1}{6}$	$\frac{1}{6}$	$\frac{1}{18}$

(1) 試求X和Y的邊際機率函數

(2) 試求 $P(1\leq X<3,\ Y\geq 1)$

(3) 試決定X和Y是否爲獨立

10. 設二隨機變數X,Y的聯合機率密度函數爲

$$f(x)=C\exp\left(-\frac{x^2-xy+y^2}{2}\right) \qquad -\infty<x<\infty,\ -\infty<y<\infty$$

試求C的值，並判別X,Y是否爲獨立?

11. 設隨機變數X在 $(0,1)$ 上具有均等分布，又設當 $X=x$ 時Y在 $(0,x)$ 上爲均等分布，試求X,Y的聯合機率密度函數和Y的邊際機率密度函數?

12. 已知 (X,Y) 的聯合機率密度函數爲

$$f(x,y)=\begin{cases} \frac{3}{5}x(y+x) & 0<x<1,\ 0<y<2 \\ 0 & \text{其他} \end{cases}$$

試求 $P\left(0<X<\frac{1}{2},\ 1<Y<2\right)$

13. 已知X和Y的聯合機率密度函數爲

$$f(x,y)=\begin{cases} x+y & 0<x<1,\ 0<y<1 \\ 0 & \text{其他} \end{cases}$$

試求其所對應的聯合分布函數

14. 已知X和Y的聯合分布函數爲

$$F(x,y)=\begin{cases} (1-e^{-x})(1-e^{-y}) & x>0,\ y>0 \\ 0 & \text{其他} \end{cases}$$

試求　(1) $P(1<X<3,\ 1<Y<2)$

(2) $P(X\leq 1,\ Y\leq 2)$

15. 設二離散隨機變數X, Y的聯合機率函數爲

$$\begin{aligned} f(x,y)&=k(2x+y) && x=0,1,2,\ y=0,1,2,3 \\ &=0 && \text{其他} \end{aligned}$$

(1) 試求常數k的值

(2) 試求 $P(X\geq 1,\ Y\leq 2)$

(3) 試求 $P(X=2,\ Y=1)$

(4) 試求X和Y的邊際機率分布

(5) 試問X和Y是否爲獨立

16. 已知二獨立連續隨機變數X和Y的機率密度函數分別爲

$$f_1(x)=\begin{cases} 2e^{-2x} & x\geq 0 \\ 0 & x<0 \end{cases}$$

$$f_2(y)=\begin{cases} 3e^{-3y} & y\geq 0 \\ 0 & y<0 \end{cases}$$

試求 $U=X+Y$ 的機率密度函數

17. 設每位進入明日世界百貨公司的顧客會買一件襯衫的機率為 p。若進入該公司的顧客人數是參數 λ 的波氏分布，試求該公司未售出任何襯衫的機率？售出 k 件襯衫的機率？

18. 設某飛機製造廠在一週內可生產的飛機架數是參數 λ 的波氏分布，然而 λ 本身為一隨機變數，λ 為 1，2，3 的機率分別為 $\frac{1}{4}$，$\frac{1}{2}$ 和 $\frac{1}{4}$，試求本週內沒有生產任何飛機的機率。

19. 設二隨機變數 X, Y 的聯合機率密度函數為

$$f(x,y)=\begin{cases} k(x^2+y^2) & 0<x<2,\ 1<x<4 \\ 0 & \text{其他} \end{cases}$$

試求　(1) k 的值

(2) $P(1<X<2,\ 2<Y\leq 3)$

(3) $P(1<X<2)$

(4) $P(X+Y>4)$

(5) X 與 Y 是否為獨立

20. 設 X_1, X_2, X_3 分別表例 4-2 中，甲、乙、丙三人取回自己外套，即

$$X_i=\begin{cases} 1 & \text{若取得自己外套} \\ 0 & \text{其他} \end{cases}$$

試問 X_i 是否為獨立?

21. 設隨機變數 X, Y 的聯合機率密度函數為

$$f(x,y)=\begin{cases} 1 & 0\leq x\leq 1, 0\leq y\leq 1 \\ 0 & \text{其他} \end{cases}$$

試證 $P(XY>u)=1-u+u\ln u$

22. 設 X 表某種電子元件的使用壽命（以小時為單位），其機率密度函數為

$$f(x)=\begin{cases} \dfrac{100}{x^2} & x>100 \\ 0 & x\leq 100 \end{cases}$$

設某電子產品裝有三個這種電子元件，試求在使用的最初 150 小時中不須更換該電子元件的機率為若干？該三個電子元件全部更換的機率為若干？

第八章　多元隨機變數的函數

8-1　緒　　論

我們在第四章討論了單一隨機變數之後，緊接着探討了隨機變數函數的分布，因此在第七章介紹了多元隨機變數，自然也應研究多元隨機變數函數的分布問題。

設 X 和 Y 為定義於同一樣本空間 S 上的兩個隨機變數，對於任一樣本點 $s \in S$，$X(s)$，和 $Y(s)$ 代表二實數。倘若 Z 為 X 和 Y 的某種組合，$Z=h(X, Y)$，考慮下述每一步驟的結果：

(i)　進行一個隨機試驗，得到一個出象 s，

(ii)　計算 $X(s)$ 和 $Y(s)$ 的數值，

(iii)　計算 $Z=h(X(s), Y(s))$ 的數值。

很顯然的，Z 的值決定於 s，亦即 $Z=Z(s)$ 是一個函數。對於每一個 $s \in S$ 均有一個實數 $Z(s)$ 與之對應。因此，Z 也是一個隨機變數。我們常對 Z 的機率分布感到興趣。例如 X 和 Y 的分布有如例 7-5 所示，

可能有人會對下列的隨機變數感到興趣。

$U=\min(X, Y)=$ 兩條生產線的最低產量；

$V=\max(X, Y)=$ 兩條生產線的最高產量；

$W=X+Y=$ 兩條生產線的總產量。

在已知 X 和 Y 的聯合機率密度函數的情形下，如何計算 $Z=h(X, Y)$ 的機率分布呢？如果 X 和 Y 是離散隨機變數，這個問題就很容易解決。但是一般而言，多元隨機變數函數的分布，不像單一隨機變數狀況那麼單純。本章將分別介紹多元隨機變數函數的分布的各種計算方法。

8-2　例　　示

現在我們用一些例題來表明在離散情形下求 $h(X, Y)$ 的機率分布的方法。

例 8-1　已知 X 和 Y 的聯合機率函數如下所示

x \ y	1	3	5	7	$P(X=x)$
2	1/24	1/12	1/12	1/24	1/4
4	0	1/12	1/4	1/12	5/12
6	1/24	1/6	1/24	1/12	8/24
$P(Y=y)$	1/12	1/3	9/24	5/24	1

試求下列函數的分布

(a)　$Z=X+Y$

(b)　$V=\max(X, Y)$

(c)　$W=\min(X, Y)$

解：(*a*) Z 的機率函數如下：

z	3	5	7	9	11	13
$P(Z=z)$	1/24,	1/12,	1/12+1/12+1/24 =5/24,	1/24+1/4+1/6 =11/24,	1/12+1/24 =3/24,	1/12

例如：$\{Z=7\}=\{X=4, Y=3\}\cup\{X=2, Y=5\}\cup\{X=6, Y=1\}$

因此 $P(Z=7)=P(X=4, Y=3)+P(X=2, Y=5)$

$$+P(X=6, Y=1)$$

$$=1/12+1/12+1/24$$

$$=5/24$$

(*b*) V 的機率函數如下：

v	2	3	4	5	6	7
$P(V=v)$	1/24	1/12	1/12	1/3	1/4	5/24

例如 $X(s)=6, Y(s)=7$，則 $V(s)=\max(X(s), Y(s))=7$

$\{V=7\}=\{X=2, Y=7\}\cup\{X=4, Y=7\}\cup\{X=6, Y=7\}$

因此 $P(V=7)=1/24+1/12+1/12=5/24$

(*c*) W 的機率分布如下：

w	1	2	3	4	5	6
$P(W=w)$	1/12	5/24	1/4	1/3	1/24	1/12

$W=\min(X, Y)$ 爲對於任一個 $s\in S$，$W(s)$ 爲 $X(s)$ 和 $Y(s)$ 中的極小，例如 $X(s)=6$，$Y(s)=3$，則 $W(s)=3$

$\{W=4\}=\{X=4, Y=5\}\cup\{X=4, Y=7\}$

因此 $P(W=4)=1/4+1/12=1/3$

例 8-2　設X和Y爲獨立的隨機變數，若X爲二項分布 $B(n;p)$ 和Y爲二項分布 $B(m;p)$ 試求 $Z=X+Y$ 的分布

解:　由於X的可能值爲 $0,1,2,\cdots\cdots,n$，Y的可能值爲 $0,1,2,\cdots\cdots,m$ 因此Z的可能值爲 $0,1,2,\cdots\cdots,n+m$

$$\{X+Y=k\}=\{X=0,Y=k\}\cup\{X=1,Y=k-1\}\cup\cdots\cdots$$
$$\cup\{X=k,Y=0\}$$
$$=\bigcup_{i=0}^{k}\{X=i,Y=k-i\}$$

所以

$$P(Z=k)=P(X+Y=k)=P(\bigcup_{i=0}^{k}\{X=i,Y=k-i\})$$

$$=\sum_{i=0}^{k}P(X=i,Y=k-i)\quad \text{因爲各事件爲互斥}$$

$$=\sum_{i=0}^{k}P(X=i)P(Y=k-i)\quad \text{因爲}X,Y\text{爲獨立}$$

$$=\sum_{i=0}^{k}\binom{n}{i}p^{i}(1-p)^{n-i}\binom{m}{k-i}p^{k-i}(1-p)^{m-(k-i)}$$

$$=\sum_{i=0}^{k}\binom{n}{i}\binom{m}{k-i}p^{k}(1-p)^{n+m-k}$$

$$=p^{k}(1-p)^{n+m-k}\left(\sum_{i=0}^{k}\binom{n}{i}\binom{m}{k-i}\right)$$

$$=\binom{n+m}{k}p^{k}(1-p)^{n+m-k}\qquad k=0,1,2,\cdots\cdots,n+m$$

因此我們得到下述結果:

若X爲二項分布 $B(n;p)$，Y爲二項分布 $B(m;p)$，若X和Y爲獨立，則 $X+Y$ 爲二項分布 $B(n+m;p)$，本例的結果若改以動差生成函數來做非常容易即得證。

例 8-3　已知某物品在一週內的需求量D的機率分布如下所示:

$D=d$	$P(D=d)$
0	0.3
1	0.4
2	0.2
3	0.1

若每週之間的需求量爲獨立，試求兩週總需求量的機率分布。

解:

設 D_1 爲第一週的需求量，

D_2 爲第二週的需求量，

T 爲兩週的總需求量。　$T=D_1+D_2$

因 $D_i=0,1,2,3$，$i=1,2$，所以 $T=0,1,2,\cdots\cdots,6$

$$\{T=k\}=\{D_1+D_2=k\}$$

$$=\{D_1=0,D_2=k\}\cup\{D_1=1,D_2=k-1\}\cup\cdots\cdots$$

$$\cup\{D_1=k,D_2=0\}$$

$$=\bigcup_{i=1}^{k}\{D_1=i,D_2=k-i\}$$

$$P(T=k)=P(\bigcup_{i=1}^{k}\{D_1=i,D_2=k-i\})$$

$$=\sum_{i=1}^{k}P(D_1=i,D_2=k-i)$$

$$=\sum_{i=1}^{k}P(D_1=i)P(D_2=k-i)\qquad k=0,1,2,\cdots\cdots,6$$

例如

$$P(T=3)=\sum_{i=1}^{3}P(D_1=i)P(D_2=3-i)$$

$$=(0.3)(0.1)+(0.1)(0.3)+(0.4)(0.2)$$

$$+(0.2)(0.4)$$

$=0.22$

茲將兩週總需求量T的機率分布列表如下:

T	$P(T=k)$
0	0.09
1	0.24
2	0.28
3	0.22
4	0.12
5	0.04
6	0.01

例 8-4　假設建造一幢大厦分成規劃和施工兩大階段，倘若規劃X和施工Y所需時間（以年爲單位）爲二獨立的隨機變數，其機率分布分別爲

$$P(X=x)=(0.8)(0.2)^{x-1},\quad x=1,2,3,\cdots\cdots$$
$$=0\quad,\quad 其他$$
$$P(Y=y)=(0.5)(0.5)^{y-2},\quad y=2,3,\cdots\cdots$$
$$=0\quad,\quad 其他$$

大厦完工的時間自然是$T=X+Y$, 如果完工的時間多於$T=4$年，則承包單位主管要受罰，試問其受罰的機率爲若干?

解: 由於X的可能值爲 1, 2, 3, ⋯⋯, Y的可能值爲 2, 3, 4, ⋯⋯

因此T的可能值爲 3, 4, 5, ⋯⋯

$$P(T>4)=1-P(T=3)-P(T=4)$$

但　$P(T=3)=P(X=1)P(Y=2)$　　因爲X和Y爲獨立

$$=(0.8)(0.2)^0(0.5)(0.5)^0=0.4$$

$$P(T=4)=P(X=1)P(Y=3)+P(X=2)P(Y=2)$$
$$=0.28$$

所以　$P(T>4)=1-0.4-0.28$

$=0.32$

例 8-5　若二元隨機變數X和Y的聯合機率函數爲

X \ Y	-1	0	1	$P(X=i)$
-1	0	1/4	0	1/4
0	1/4	1/4	0	1/2
1	0	0	1/4	1/4
$P(Y=j)$	1/4	1/2	1/4	1

(1) 試問X和Y是否爲獨立?

(2) 試問X^2和Y^2是否爲獨立?

解: (1) 由於 $P(X=1)=1/4$, $P(Y=1)=1/4$

而　$P(X=1, Y=1)=1/4$

即　$P(X=1, Y=1)\neq P(X=1)P(Y=1)$

因此X和Y不爲獨立

(2) X^2和Y^2的分布如下:

X^2 \ Y^2	0	1	$P(X^2=i)$
0	1/4	1/4	1/2
1	1/4	1/4	1/2
$P(Y^2=j)$	1/2	1/2	1

$$P(X^2=0, Y^2=0)=P(X=0, Y=0)=\frac{1}{4}$$

$$P(X^2=1, Y^2=0) = P(X=-1, Y=0) + P(X=1, Y=0)$$
$$= \frac{1}{4}$$

$$P(X^2=0, Y^2=1) = P(X=0, Y=-1) + P(X=0, Y=1)$$
$$= \frac{1}{4}$$

$$P(X^2=1, Y^2=1) = P(X=-1, Y=-1) + P(X=-1, Y=1) + P(X=1, Y=-1) + P(X=1, Y=1)$$
$$= \frac{1}{4}$$

因爲對於 $i=0, 1$ 和 $j=0, 1$,

$P(X^2=i, Y^2=j) = 1/4 = P(X^2=i)\,P(Y^2=j)$ 均成立，

因此 X^2 和 Y^2 爲獨立。

由上例可知：即使 X 和 Y 並非獨立，但其函數仍可能爲獨立。

現在我們研究一下連續隨機變數的情形。設 X_1 和 X_2 爲連續隨機變數，其聯合機率密度函數爲 $Z=h(X_1, X_2)$ 則對於每一點 (x_1, x_2)，必對應一點且僅一點 Z 的值，倘若我們能找出點 (x_1, x_2) 使得 $Z \leq z$，設這些點的區域 (range) 爲 R，則

$$G(z) = P(Z \leq z) = \int \int_R f(x_1, x_2)\, dx_1 dx_2$$

然後對 $G(z)$ 微分，$\dfrac{dG(z)}{dz} = g(z)$，就可求出 Z 的機率密度函數 $g(z)$。

這種方法通常稱爲分布函數法 (method of distribution function)。

例 8-6　設連續隨機變數 X_1 和 X_2 的聯合機率密度函數爲

$$f(x_1, x_2) = \begin{cases} 1, & 0 \leq x_1 \leq 1,\ 0 \leq x_2 \leq 1 \\ 0, & \text{其他區域} \end{cases}$$

試求 $Y = X_1 + X_2$ 的機率密度函數

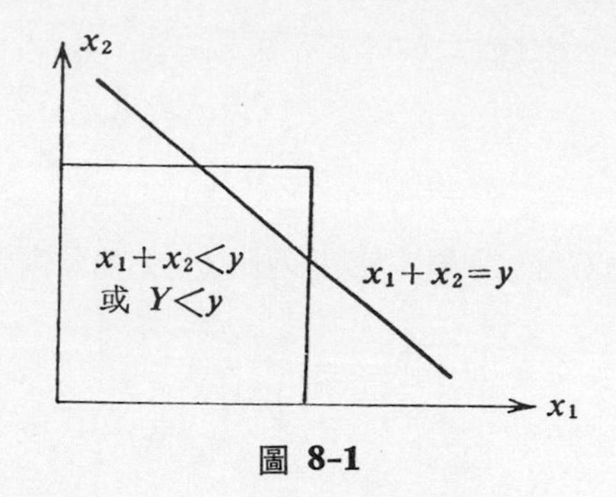

圖 8-1

解: 隨機變數 X_1 和 X_2 界定於單位正方形如圖 8-1 所示,

欲求 $G(y)=P(Y\leq y)$，其中 Y 的可能值爲 $0\leq y\leq 2$

本題可分成如圖 8-2 所示兩種情形: $0\leq y\leq 1$ 和 $1\leq y\leq 2$

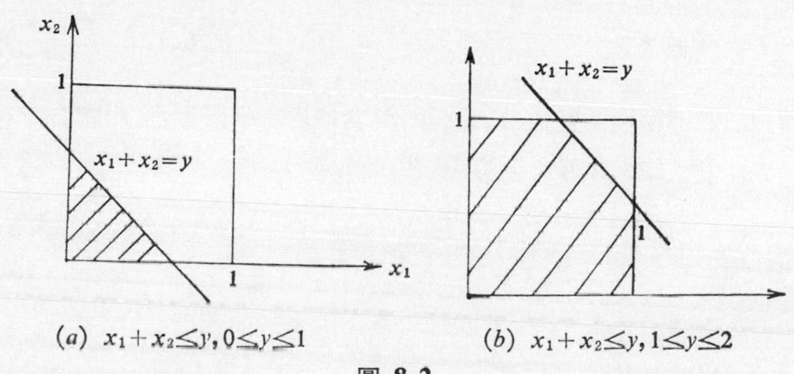

(a) $x_1+x_2\leq y, 0\leq y\leq 1$　　(b) $x_1+x_2\leq y, 1\leq y\leq 2$

圖 8-2

因此

$$G(y)=0, \qquad y<0$$

$$=\int_0^y \int_0^{y-x_1} dx_2\, dx_1=\frac{y^2}{2}, \qquad 0\leq y<1$$

$$=1-\int_{y-1}^1 \int_{y-x_1}^1 dx_2\, dx_1=1-\frac{(2-y)^2}{2}, \quad 1\leq y<2$$

$$=1 \qquad y\geq 2$$

Y 的機率密度函數爲

$$
\begin{aligned}
g(y)=G'(y)&=y \quad , \quad 0<y<1 \\
&=2-y, \quad 1\leq y<2 \\
&=0 \quad , \quad \text{其他}
\end{aligned}
$$

Y 的分布函數 $G(y)$ 和機率密度函數 $g(y)$ 如下所示:

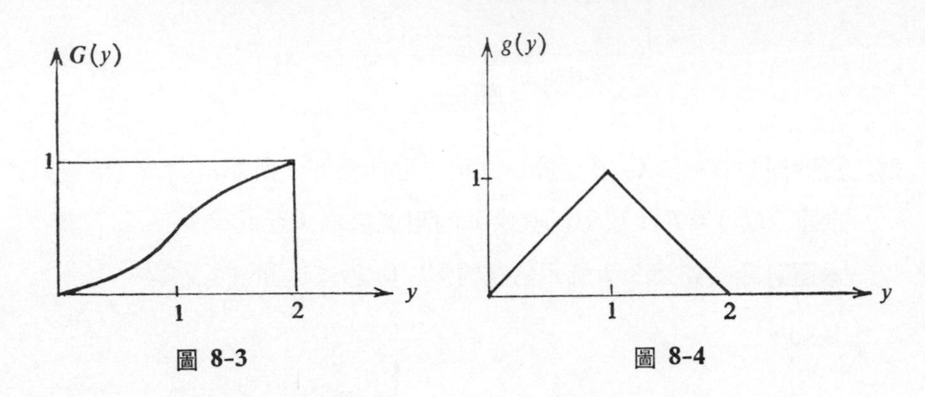

圖 8-3　　圖 8-4

例 8-7　設連續隨機變數 X 和 Y 的聯合機率密度函數爲 f 聯合分布爲 F，試求 $Z=X+Y$ 的分布

解:

$$
\begin{aligned}
G(z) &= P(Z\leq z) \\
&= P(X+Y\leq z) \\
&= \int_{-\infty}^{\infty}\int_{-\infty}^{z-y} f(x,y)\,dx\,dy \qquad -\infty<z<\infty
\end{aligned}
$$

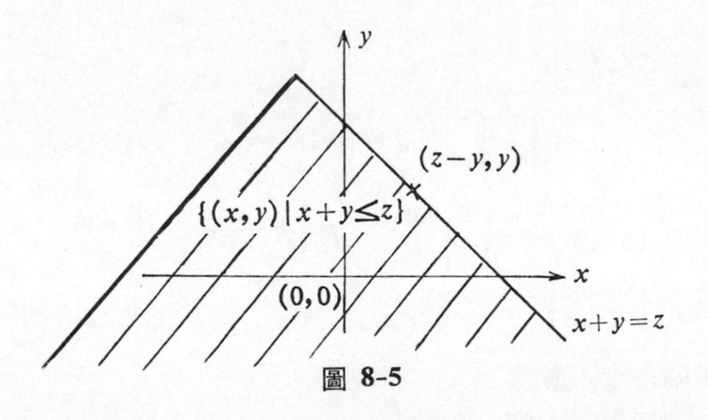

圖 8-5

即 $P(X+Y\leq z)$ 爲 (X,Y) 落於圖 8-5 中 $x+y=z$ 以下斜線部分的機率。

於積分 $\int_{-\infty}^{z-y} f(x,y)\,dx$ 時，設 $u=x+y$，則 $dx=du$，

另外，　$-\infty<x<z-y$ 相當於 $-\infty<u<z$。

因此，$\int_{-\infty}^{z-y} f(x,y)\,dx = \int_{-\infty}^{z} f(u-y,y)\,du$

因此 $G(z) = \int_{-\infty}^{\infty}\left(\int_{-\infty}^{z} f(u-y,y)\,du\right)dy$

$= \int_{-\infty}^{z}\left(\int_{-\infty}^{\infty} f(u-y,y)\,dy\right)du$ 對調積分順序

經過微分可得

$$g(z) = \int_{-\infty}^{\infty} f(z-y,y)\,dy \qquad -\infty<z<\infty \qquad (8\text{-}1)$$

尤其當 X 和 Y 爲獨立，則

$$g(z) = \int_{-\infty}^{\infty} f_1(z-y)f_2(y)\,dy \quad -\infty<z<\infty \qquad (8\text{-}2)$$

這個函數稱爲機率密度函數 f_1 和 f_2 的褶積 (convolution)，以 $f_1 * f_2$ 表示。

例 8-8　若 X 和 Y 爲獨立隨機變數，其機率密度函數分別爲

$$f_1(x) = \begin{cases} 2e^{-2x} & x\geq 0 \\ 0 & x<0 \end{cases}$$

$$f_2(y) = \begin{cases} 3e^{-3y} & y\geq 0 \\ 0 & y<0 \end{cases}$$

試求其和 $Z=X+Y$ 的機率密度函數。

解： 利用 X 和 Y 的褶積公式

$$g(z) = \int_{-\infty}^{\infty} f_1(z-y)f_2(y)\,dy$$

由於被積函數 (integrand) 當 $z<y$ 時，f_X 爲 0，

$y<0$ 時，f_Y 爲 0，

因此
$$g(z)=\int_0^z 2e^{-2(z-y)}3e^{-3y}\,dy$$
$$=6e^{-2z}\int_0^z e^{-y}\,dy$$
$$=6e^{-2z}\Big[-e^{-y}\Big]_0^z$$
$$=6(e^{-2z}-e^{-3z}) \qquad z\geq 0$$
$$=0 \qquad z<0$$

褶積有下列重要性質:

(i) 交換律 $f_1*f_2=f_2*f_1$ (8-3)

(ii) 結合律 $f_1*(f_2*f_3)=(f_1*f_2)*f_3$ (8-4)

(iii) 分配律 $f_1*(f_2+f_3)=f_1*f_2+f_1*f_3$ (8-5)

例 8-9 設三獨立隨機變數 X_1, X_2, X_3 有相同的機率密度函數

$$f(x_i)=\begin{cases} 2x_i & 0<x_i<1 \\ 0 & \text{其他} \end{cases}$$

設 $U=\min(X_1, X_2, X_3)$ 和 $V=\max(X_1, X_2, X_3)$

試分別求 U 和 V 的機率密度函數。

解: (1) $F(u)=P(U\leq u)$

$$=1-P(U>u)$$
$$=1-P[\min(X_1, X_2, X_3)>u]$$
$$=1-P(X_1>u)P(X_2>u)P(X_3>u) \qquad \text{由於 } X_1, X_2, X_3 \text{ 爲獨立}$$
$$=1-\left(\int_u^1 2x\,dx\right)^3$$
$$=1-(1-u^2)^3$$

因此 $f(u)=-3(1-u^2)^2(-2u)$

$$=6u(1-u^2)^2, \quad 0<u<1$$

$$=0 \quad , \quad 其他$$

(2) $G(v)=P(V\leq v)=P[\max(X_1, X_2, X_3)\leq v]$

$$=P(X_1\leq v)P(X_2\leq v)P(X_3\leq v)$$

$$=\left[\int_0^v 2xdx\right]^3$$

$$=v^6$$

即 $g(v)=6v^5, \quad 0<v<1$

$$=0 \quad , \quad 其他$$

8-3 變數變換法 (Change of variable technique)

在本節中，我們仍然分兩種情況討論，首先我們討論離散隨機變數的情形，我們還是用例題來解說。

設 $f(x_1, x_2)$ 表二離散隨機變數 X_1 和 X_2 的聯合機率函數，並且設二維的集合 $R_{X\times X}$ 爲使 $f(x_1, x_2)>0$ 的點 (x_1, x_2) 所成的集合。倘若 $y_1=u_1(x_1, x_2), y_2=u_2(x_1, x_2)$ 定義一個由 R_X 至 R_Y 的嵌射轉換，則 $Y_1=u_1(X_1, X_2)$ 和 $Y_2=u_2(X_1, X_2)$ 的聯合機率函數爲

$$g(y_1, y_2)=\begin{cases} f[w_1(y_1, y_2); w_2(y_1, y_2)], & (y_1, y_2)\in R_Y \\ 0 & , \quad 其他 \end{cases}$$

其中 $x_1=w_1(y_1, y_2)$，$x_2=w_2(y_1, y_2)$ 爲 $y_1=u_1(x_1, x_2)$，$y_2=u_2(x_1, x_2)$ 的單值逆函數。對聯合機率函數 $g(y_1, y_2)$ 就 y_2 或 y_1 求和，可分別求出 Y_1 和 Y_2 的邊際機率函數。

在施行變數變換時，我們把原來的變成數目相同的新變數，即若設

$f(x_1,x_2,x_3)$ 爲隨機變數 X_1,X_2,X_3 的聯合機率函數，並以 R_X 表使 $f(x_1,x_2,x_3)>0$ 的點 (x_1,x_2,x_3) 所成的集合。倘若要求$Y_1=u_1(X_1,X_2,X_3)$ 的機率函數必須先設 $Y_2=u_2(X_1,X_2,X_3)$ 和 $Y_3=u_3(X_1,X_2,X_3)$，使得 $y_1=u_1(x_1,x_2,x_3),y_2=u_2(x_1,x_2,x_3)$ 和 $y_3=u_3(x_1,x_2,x_3)$ 成爲R_X 至 R_Y 的嵌射轉換，求出 Y_1,Y_2,Y_3 的聯合機率函數，然後對 y_2,y_3 連加起來，便求得Y_1 的邊際機率函數。

例 8-10 設 X_1 和 X_2 爲二獨立的隨機變數，分別爲參數是α_1 和α_2 的波瓦松分布，即 X_1 與 X_2 的聯合機率函數爲

$$p(x_1,x_2)=\begin{cases}\dfrac{\alpha_1{}^{x_1}\alpha_2{}^{x_2}e^{-\alpha_1-\alpha_2}}{x_1!x_2!}, & x_1=0,1,2,\cdots\cdots \\ & x_2=0,1,2,\cdots\cdots \\ 0 & ,\quad 其他\end{cases}$$

因此空間 $R_{X\times X}$ 爲非負整數 x_1,x_2 所成的有序對耦 (x_1,x_2)的集合。設 $Y_1=X_1+X_2$, 我們要求 Y_1 的機率密度函數。

如果想用變數變換法，必須先再設一下隨機變數Y_2，由於我們對Y_2不感興趣，因此可簡單設$Y_2=X_2$造成嵌射轉換。這樣一來，$y_1=x_1+x_2$, $y_2=x_2$ 將 R_X 變成爲

$$R_{X\times Y}=\{(y_1,y_2): y_2=0,1,2,\cdots\cdots,y_1; y_1=0,1,2,\cdots\cdots\}$$

的嵌射轉換。注意，若$(y_1,y_2)\in R_{Y\times Y}$，則 $0\le y_2\le y_1$，其逆函數爲 $x_1=y_1-y_2$ 與 $x_2=y_2$。因此 Y_1 與 Y_2 的聯合機率函數爲

$$p(y_1,y_2)=\begin{cases}\dfrac{\alpha_1{}^{y_1-y_2}\alpha_2{}^{y_2}e^{-\alpha_1-\alpha_2}}{(y_1-y_2)!y_2!}, & (y_1,y_2)\in R_{Y\times Y} \\ 0 & ,\quad 其他\end{cases}$$

因此，Y 的邊際機率密度函數爲

$$p(y_1)=\sum_{y_2=0}^{y_1}p(y_1,y_2)$$

$$=\frac{e^{-\alpha_1-\alpha_2}}{y_1!}\sum_{y_2=0}^{y_1}\frac{y_1!}{(y_1-y_2)!y_2!}\alpha_1{}^{y_1-y_2}\alpha_2{}^{y_2}$$

$$=\frac{(\alpha_1+\alpha_2)^{y_1}e^{-(\alpha_1+\alpha_2)}}{y_1!}\ ,\quad y_1=0,1,2,\cdots\cdots$$

$$=0\qquad\qquad,\quad 其他$$

即 $Y_1=X_1+X_2$ 的分布是參數爲 $\alpha_1+\alpha_2$ 的波瓦松分布。

接着我們來研究一下連續隨機變數的轉換。同樣地由一個實例開始。

例 8-11 已知連續隨機變數X的機率密度函數爲

$$f(x)=\begin{cases}2x, & 0<x<1\\ 0\ , & 其他\end{cases}$$

若 $Y=8X^3$，試求Y的機率密度函數。

解：設 R_X 爲使 $f(x)>0$ 的空間 $\{x:0<x<1\}$

$y=8x^3$ 將 R_X 蓋射至使 $g(y)>0$ 的集合 $R_Y=\{y:0<y<8\}$

且爲嵌射。對於任何 $0<a<b<8$,

事件 $\{a<Y<b\}$ 與 $\left\{\frac{1}{2}\sqrt[3]{a}<X<\frac{1}{2}\sqrt[3]{b}\right\}$ 爲同義。

因此　$P(a<Y<b)=P\left(\frac{1}{2}\sqrt[3]{a}<X<\frac{1}{2}\sqrt[3]{b}\right)$

$$=\int_{\frac{1}{2}\sqrt[3]{a}}^{\frac{1}{2}\sqrt[3]{b}}2x\,dx$$

將上式中的變數換爲 $y=8x^3$ 或 $x=\frac{1}{2}\sqrt[3]{y}$

$$\frac{dx}{dy}=\frac{1}{6y^{2/3}}\ ,\qquad dx=\frac{1}{6y^{2/3}}dy$$

$$P(a<Y<b)=\int_a^b 2\left(\frac{\sqrt[3]{y}}{2}\right)\left(\frac{1}{6y^{2/3}}\right)dy$$
$$=\int_a^b \frac{1}{6y^{1/3}}\,dy$$

由於上式對任何 $0<a<b<8$ 均成立，因此 Y 的機率密度函數 $g(y)$ 就是被積函數，即

$$g(y)=\begin{cases}\dfrac{1}{6y^{1/3}}, & 0<y<8\\ 0, & \text{其他}\end{cases}$$

值得注意的是我們找到 $Y=8X^3$ 的機率密度函數是利用關於定積分之變數變換的一個定理。然而，事實上我們想求 $g(y)$，只須知道兩件事：(1) 使 $g(y)>0$ 的集合 R_Y，(2) 與 $P(a<Y<b)$ 相等的對 y 積分的被積函數。這些都可由以下兩個簡單的法則得知：

(*a*) 檢驗轉換 $y=8x^3$ 是否將 $R_X=\{x|0<x<1\}$ 對射至 $R_Y=\{y:0<y<8\}$

(*b*) 將 $f(x)$ 中的 x 以 $\frac{1}{2}\sqrt[3]{y}$ 替代，再將所得乘以 $\frac{1}{2}\sqrt[3]{y}$ 的導數即得 $g(y)$

$$g(y)=\begin{cases}f\left(\dfrac{\sqrt[3]{y}}{2}\right)\dfrac{d}{dy}\left[\dfrac{1}{2}\sqrt[3]{y}\right]=\dfrac{1}{6y^{1/3}}, & 0<y<8\\ 0, & \text{其他}\end{cases}$$

我們把上例所示方法推廣一般化的結果如下:

設連續隨機變數 X 的機率密度函數爲 $f(x)$，並設 R_X 爲使 $f(x)>0$ 的集合，考慮隨機變數 $Y=u(X)$，$y=u(x)$ 將 R_X 對射另一集合 R_Y。若 $y=u(x)$ 的逆函數爲 $x=w(y)$，並且其導數 $\dfrac{dx}{dy}=w'(y)$ 爲連續，對 R_Y 中

任何點 y 皆不爲 0，則隨機變數 $Y=u(X)$ 的機率密度函數爲

$$g(y)=\begin{cases} f(w(y))\,|w'(y)|, & y\in R_Y \\ 0, & \text{其他} \end{cases}$$

其中 $|w'(y)|$ 表 $w'(y)$ 的絕對値，我們稱 $\dfrac{dx}{dy}=w'(y)$ 爲本轉換的傑可比行列式 (Jacobian)，以 J 表示。細心的讀者必可立即發現本法實與 4-3 節所述相同。

現在我們要把方才有關一個隨機變數的方法推廣至兩個變數的情形。我們同樣考慮構成嵌射轉換的函數。

例 **8-12**　設 $y_1=u_1(x_1,x)$，$y_2=u_2(x_1,x_2)$ 是將平面上的二維集合 $R_{X\times X}$ 對射 y_1,y_2 平面上的二維集合 $R_{Y\times Y}$ 的嵌射轉換。倘若我們以 y_1，y_2 來分別表示 x_1,x_2 就可得 $x_1=w_1(y_1,y_2)$，$x_2=w_2(y_1,y_2)$，則 2 階之行列式

$$\begin{vmatrix} \partial x_1/\partial y_1 & \partial x_1/\partial y_2 \\ \partial x_2/\partial y_1 & \partial x/_2\partial y_2 \end{vmatrix}$$

稱爲此轉換之傑可比行列式，以 J 表示。我們假設這些一階偏導數爲連續，並且在 $R_{Y\times Y}$ 中 J 不等於 0。在繼續進行二連續型隨機變數的變數變換法之前，先看下述的例題:

例 **8-13**　設 $R_{X\times X}$ 爲集合 $R_{X\times X}=\{(x_1,x_2):0<x_1<1,0<x_2<1\}$

如圖 (8-6) 中所示，在嵌射轉換

$$y_1=u_1(x_1,x_2)=x_1+x_2$$

$$y_2=u_2(x_1,x_2)=x_1-x_2$$

之下，考慮其傑可比行列式。

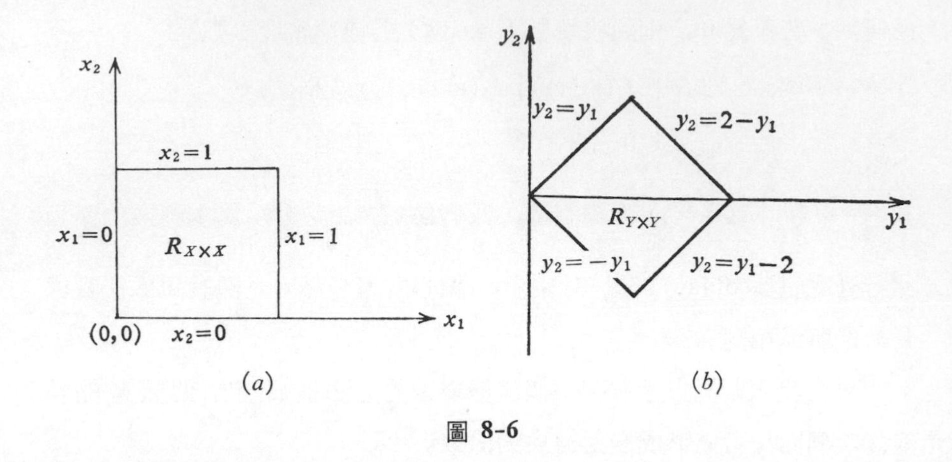

圖 8-6

由於在此轉換下，$R_{X\times X}$ 對射至 $R_{Y\times Y}$, $R_{Y\times Y}$ 表 y_1y_2 平面上的點集合。欲求 $R_{Y\times Y}$，先考慮 $R_{X\times X}$ 的邊界轉換成 $R_{Y\times Y}$ 的邊界如下:

$$x_1=0 \text{ 映至 } 0=\frac{1}{2}(y_1+y_2)$$

$$x_1=1 \text{ 映至 } 1=\frac{1}{2}(y_1+y_2)$$

$$x_2=0 \text{ 映至 } 0=\frac{1}{2}(y_1-y_2)$$

$$x_2=1 \text{ 映至 } 1=\frac{1}{2}(y_1-y_2)$$

由此可知 $R_{Y\times Y}$ 爲如圖 8-6 (b) 所示，而且

$$J=\begin{vmatrix} \partial x_1/\partial y_1 & \partial x_1/\partial y_2 \\ \partial x_2/\partial y_1 & \partial x_2/\partial y_2 \end{vmatrix}=\begin{vmatrix} 1/2 & 1/2 \\ 1/2 & -1/2 \end{vmatrix}=-1/2$$

現在我們要求二連續型隨機變數的二函數之聯合機率密度函數。設 X_1 與 X_2 表連續型隨機變數，其聯合機率密度函數爲 $\varphi(x_1,x_2)$，設 $R_{X\times X}$ 爲使 $\varphi(x_1,x_2)>0$ 的 x_1 x_2 平面上的點 (x_1,x_2) 所成之集合。設今欲求

$Y_1=u_1(X_1,X_2)$ 的機率密度函數，若 $y_1=u_1(x_1,x_2)$，$y_2=u_2(x_1,x_2)$ 將 $R_{X\times X}$ 對射至 y_1y_2 平面上的點集合 $R_{Y\times Y}$，且其傑可比行列式恒不爲 0，則我們可由分析學上的定理求出 $Y_1=u_1(X_1,X_2)$ 與 $Y_2=u_2(X_1,X_2)$ 的聯合機率密度函數。設 E 爲 $R_{X\times X}$ 的子集，且 F 表 E 經由此轉換所映成至 $R_{Y\times Y}$ 的子集（見圖 8-7），則事件 $(X_1,X_2)\in E$ 與 $(Y_1,Y_2)\in F$ 爲同義，因此

$$P[(Y_1,Y_2)\in F]=P[(X_1,X_2)\in E]$$
$$=\int_E\int\varphi(x_1,x_2)\,dx_1\,dx_2$$

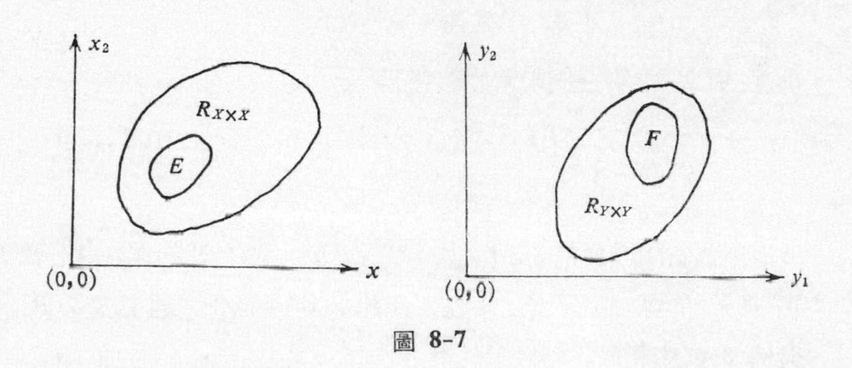

圖 8-7

我們要由 $y_1=u_1(x_1,x_2)$，$y_2=u_2(x_1,x_2)$

或 $x_1=w_1(y_1,y_2)$，$x_2=w_2(y_1,y_2)$

來變積分公式中的變數，在分析學中已得知該變數變換必須爲

$$\int\int_E\varphi(x_1,x_2)\,dx_1\,dx_2$$
$$=\int\int_F\varphi[w_1(y_1,y_2),w_2(y_1,y_2)]\,|J|\,dy_1\,dy_2$$

所以對 $R_{Y\times Y}$ 中任何集合 F，均有

$$P[(Y_1, Y_2) \in F]$$

$$= \iint_F \varphi[w_1(y_1, y_2), w_2(y_1, y_2)]\,|J|\,dy_1\,dy_2$$

上式告訴我們 Y_1 與 Y_2 之聯合機率密度函數 $g(y_1, y_2)$ 應爲

$$g(y_1, y_2) = \begin{cases} \varphi[w_1(y_1, y_2), w_2(y_1, y_2)]\,|J|, & (y_1, y_2) \in R_{Y\times Y} \\ 0, & \text{其他} \end{cases}$$

所以 Y_1 的邊際機率密度函數 $g_1(y_1)$ 可照以前的方法對 y_2 積分而得。

例 8-14 設二獨立隨機變數 X_1, X_2 的機率密度函數均爲

$$f(x_i) = \begin{cases} 1, & 0 < x_i < 1,\ i = 1, 2 \\ 0, & \text{其他} \end{cases}$$

則 X_1 與 X_2 之聯合機率密度函數爲

$$\varphi(x_1, x_2) = \begin{cases} f(x_1)f(x_2) = 1, & 0 < x_1 < 1,\ 0 < x_2 < 1 \\ 0, & \text{其他} \end{cases}$$

考慮兩個新隨機變數 Y_1, Y_2 其中 $Y_1 = X_1 + X_2$，$Y_2 = X_1 - X_2$ 欲求 Y_1 與 Y_2 的聯合機率密度函數。在此 x_1x_2 平面上二維點集合 $R_{X\times X}$ 與例 8-6 中相同，則嵌射轉換 $y_1 = x_1 + x_2, y_2 = x_1 - x_2$ 將 $R_{X\times X}$ 蓋射 $R_{Y\times Y}$, $R_{Y\times Y}$ 與例 8-6 中相同。

上述轉換的傑可比行列式爲 $J = -1/2$，所以

$$g(y_1, y_2) = \varphi\left[\frac{1}{2}(y_1 + y_2), \frac{1}{2}(y_1 - y_2)\right]\,|J|$$

$$= f\left[\frac{1}{2}(y_1 + y_2)\right] f\left[\frac{1}{2}(y_1 - y_2)\right]\,|J|$$

$$= 1/2, \qquad (y_1, y_2) \in R_{Y\times Y}$$

$$= 0\ , \qquad \text{其他}$$

因 $R_{Y\times Y}$ 並非積空間 (product space)，因此隨機變數 Y_1 與 Y_2 爲隨機相關，Y_1 的邊際機率密度函數爲

$$g_1(y_1)=\int_{-\infty}^{\infty} g(y_1,y_2)\,dy_2$$

參照圖 8-6 可見

$$g_1(y_1)=\begin{cases}\displaystyle\int_{-y_1}^{y_1}\frac{1}{2}dy_2=y_1\ , & 0<y_1<1\\ \displaystyle\int_{y_1-2}^{2-y_1}\frac{1}{2}dy_2=2-y_1\ , & 1<y_1<2\\ 0\ , & \text{其他}\end{cases}$$

同理 y_2 之邊際機率密度函數爲

$$g_2(y_2)=\begin{cases}\displaystyle\int_{-y_2}^{y_2+2}\frac{1}{2}dy_1=y_2+1\ , & -1<y_2\leq 0\\ \displaystyle\int_{y_2}^{2-y_2}\frac{1}{2}dy_1=1-y_2\ , & 0<y_2<1\\ 0\ , & \text{其他}\end{cases}$$

例 8-15　設 X_1 與 X_2 爲二隨機獨立的隨機變數，都成伽瑪分布，其聯合機率密度函數爲

$$f(x_1,x_2)=\frac{1}{\Gamma(\alpha)\Gamma(\beta)}x_1^{\alpha-1}\,x_2^{\beta-1}\,e^{-x_1-x_2}\ ,\qquad \begin{matrix}0<x_1<\infty,\\ 0<x_2<\infty\end{matrix}$$

其他處爲 0，其中 $\alpha>0$, $\beta>0$，設 $Y_1=X_1+X_2$, $Y_2=X_1/(X_1+X_2)$ 我們要證明 Y_1 與 Y_2 爲隨機獨立。

空間 $R_{X\times X}$ 爲 x_1x_2 平面上不包括座標軸的第一象限內的點所成的集合，因爲

$$y_1=u_1(x_1,x_2)=x_1+x_2$$

$$y_2=u_2(x_1,x_2)=\frac{x_1}{x_1+x_2}$$

可以寫爲 $x_1=y_1y_2$，$x_2=y_1(1-y_2)$

所以

$$J=\begin{vmatrix} y_2 & y_1 \\ 1-y_2 & -y_1 \end{vmatrix}=-y_1\neq 0$$

即此轉換爲對射，而且將 $R_{X\times X}$ 蓋射至 y_1y_2 平面上的點集 $R_{Y\times Y}=\{(y_1,y_2):0<y_1<\infty,0<y_2<1\}$，因此 Y_1,Y_2 的聯合機率密度函數爲

$$\begin{aligned} g(y_1,y_2)&=y_1\frac{1}{\Gamma(\alpha)\Gamma(\beta)}(y_1y_2)^{\alpha-1}[y_1(1-y_2)]^{\beta-1}e^{-y_1} \\ &=\frac{y_2^{\alpha-1}(1-y_2)^{\beta-1}}{\Gamma(\alpha)\Gamma(\beta)}y_1^{\alpha+\beta-1}e^{-y_1}, \quad 0<y_1<\infty,\ 0<y_2<1 \\ &=0 \quad ,\ \text{其他} \end{aligned}$$

這兩個隨機變數爲隨機獨立，因此 Y_2 的邊際機率密度函數爲

$$\begin{aligned} g_2(y_2)&=\frac{y_2^{\alpha-1}(1-y_2)^{\beta-1}}{\Gamma(\alpha)\Gamma(\beta)}\int_0^\infty y_1^{\alpha+\beta-1}e^{-y_1}dy_1 \\ &=\frac{\Gamma(\alpha+\beta)}{\Gamma(\alpha)\Gamma(\beta)}y_2^{\alpha-1}(1-y_2)^{\beta-1}, \quad 0<y_2<1 \\ &=0 \quad ,\ \text{其他} \end{aligned}$$

這機率密度函數表一貝塔分布，α 與 β 爲其參數。

因 $g(y_1,y_2)\equiv g_1(y_1)g_2(y_2)$，則 Y_1 的機率密度函數必爲

$$\begin{aligned} g_1(y_1)&=\frac{1}{\Gamma(\alpha+\beta)}y_1^{\alpha+\beta-1}e^{-y_1}, \quad 0<y_1<\infty \\ &=0 \quad ,\ \text{其他} \end{aligned}$$

即參數是 $\alpha+\beta$ 與 1 的伽瑪分布

例 8-16　設 $Y_1=\frac{1}{2}(X_1-X_2)$，其中 X_1 與 X_2 爲二隨機獨立的隨機變數，並且均爲 $\chi^2(2)$。則 X_1 與 X_2 的聯合機率密度函數爲

$$f(x_1)f(x_2)=\frac{1}{4}\exp\left(-\frac{x_1+x_2}{2}\right),\ 0<x_1<\infty,\ 0<x_2<\infty$$

$$=0\qquad\qquad，其他$$

設 $Y_2=X_2$ 則 $y_1=\frac{1}{2}(x_1-x_2)$，$y_2=x_2$ 或 $x_1=2y_1+y_2, x_2=y_2$ 是由 $R_{X\times X}=\{(x_1,x_2):0<x_1<\infty, 0<x_2<\infty\}$蓋射$R_{Y\times Y}=\{(y_1,y_2):-2y_1<y_2$ 且 $0<y_2, -\infty<y_1<\infty\}$ 的嵌射轉換，上述轉換的傑可比行列式爲

$$J=\begin{vmatrix}2 & 1\\ 0 & 1\end{vmatrix}=2$$

所以 Y_1 與 Y_2 的聯合機率密度函數爲

$$g(y_1,y_2)=\begin{cases}\frac{|2|}{4}e^{-y_1-y_2}, & (y_1,y_2)\in R_{Y\times Y}\\ 0\end{cases}$$

故 Y_1 的機率密度函數爲

$$g_1(y_1)=\int_{-2y_1}^{\infty}\frac{1}{2}e^{-y\ -y_2}\,dy_2=\frac{1}{2}e^{y_1},\qquad -\infty<y_1<0$$

$$=\int_{0}^{\infty}\frac{1}{2}e^{-y_1-y_2}\,dy_2=\frac{1}{2}e^{-y_1},\qquad 0\leq y_1<\infty$$

或 $$g_1(y_1)=\frac{1}{2}e^{-|y_1|},\qquad -\infty<y_1<\infty$$

這類函數稱爲雙指數機率密度函數 (double exponential p. d. f)

例 8-17　設 X_1 與 X_2 爲二連續型隨機獨立的隨機變數，其聯合機率密度函數 $f_1(x_1)f_2(x_2)$ 在二維點集 $R_{X\times X}$ 中爲正。設 $Y_1=u_1(X_1)$，僅與 X_1 有關，$Y_2=u_2(X_2)$，僅與 X_2 有關，暫時假定 $y_1=u_1(x_1)$，$y_2=u_2(x_2)$ 爲可將 x_1x_2 平面上的二維空間 $R_{X\times X}$ 對射 y_1y_2 平面上之二維空間 $R_{Y\times Y}$。以 y_1, y_2 表 x_1, x_2 可得 $x_1=w_1(y_1), x_2=w_2(y_2)$，則

$$J=\begin{vmatrix} w_1'(y_1) & 0 \\ 0 & w_2'(y_2) \end{vmatrix}=w_1'(y_1)\,w_2'(y_2)\neq 0$$

因此 Y_1 與 Y_2 的聯合機率密度函數爲

$$\begin{aligned} &g(y_1,y_2)\\ &=f_1[w_1(y_1)]f_2[w_2(y_2)]\,|w_1'(y_1)\,w_2'(y_2)|, \quad (y_1,y_2)\in R_{Y\times Y}\\ &=0 \quad\quad\quad\quad ,\text{其他} \end{aligned}$$

又由單隨機變數的變數變換的過程中，得知 Y_1, Y_2 的邊際機率密度函數，當 y_1, y_2 在適當的集合中時，分別爲

$$g_1(y_1)=f_1[w_1(y_1)]\,|w_1'(y_1)|,$$

與 $$g_2(y_2)=f_2[w_2(y_2)]\,|w_2'(y_2)|,$$

即 $$g(y_1,y_2)\equiv g_1(y_1)\,g_2(y_2)$$

因此可獲致結論，若 X_1 與 X_2 爲隨機獨立的隨機變數，則隨機變數 $Y_1=u_1(X_1)$ 與 $Y_2=u_2(X_2)$ 也是隨機獨立。

最後，我們定義兩個在統計推論上有重大應用的分布。

設 Z 爲標準常態分布 $N(0,1)$，Y 表卡方分布 $\chi^2(r)$ 並且 Z 和 Y 爲隨機獨立，設 $T=\dfrac{Z}{\sqrt{Y/r}}$ 則利用變數變換法，可求得其機率密度函數 $g_1(t)$。T 通常稱爲 t 分布 (student's t distribution)。讀者請注意，t 分布完全決定於參數 r，即卡方分布的自由度。對於某些 r 和 t 值

$$P(T\leq t)=\int_{-\infty}^{t} g_1(u)\,du$$

的值可由附表中查出。

其次，設 U，V 分別爲自由度等於 r_1 和 r_2 的卡方分布並且彼此隨機獨立。設

$$F=\frac{U/r_1}{V/r_2}$$

則F稱爲F分布 (F distribution)。F分布完全決定於兩個參數 r_1 和 r_2。附表中附有一些 r_1, r_2 和f值的

$$P(F \leq f) = \int_{-\infty}^{f} g_1(u)\,du$$

8-4 條件法 (method of the conditioning)

條件機率密度函數常能爲我們尋求隨機變數的函數的分布提供一條便捷的遵循途徑。假設 X_1 和 X_2 有一個聯合機率密度函數，而我們想求 $Y=h(X_1, X_2)$ 的機率密度函數。我們注意到Y的機率密度函數 $g(y)$ 可以寫成

$$g(y) = \int_{-\infty}^{\infty} f(y, x_2)\,dx_2$$

由於已知 X_2 時Y的條件機率密度函數爲

$$f(y|x_2) = \frac{f(y, x_2)}{f_2(x_2)}$$

因此　$$g(y) = \int_{-\infty}^{\infty} f(y|x_2) f_2(x_2)\,dx_2$$

例 8-18　設 X_1 和 X_2 爲獨立的隨機變數，其機率密度函數各爲

$$f(x) = \begin{cases} e^{-x}, & x > 0 \\ 0\ , & \text{其他} \end{cases}$$

試求 $Y=X_1/X_2$ 的機率密度函數。

解: 首先用變數變換法求出已知 $X_2=x_2$ 時Y的條件機率密度函數。

當 X_2 固定於常數 x_2 時，Y 變成$\dfrac{X_1}{x_2}$，其中 X_1 爲指數密度函數，

因此我們要求 $Y=\dfrac{X_1}{x_2}$的機率密度函數，其逆函數爲$X_1=Yx_2$，

因此　$f(y|x_2)=f(yx_2)\left|\dfrac{dx_1}{dy}\right|=e^{-yx_2}x_2,\quad y>0$

$\qquad\qquad\qquad\qquad =0\quad,\quad$ 其他

所以　$g(y)=\displaystyle\int_{-\infty}^{\infty} f(y|x_2)f(x_2)\,dx_2$

$$=\int_0^{\infty} e^{-yx_2}\,x_2\,(e^{-x_2})\,dx_2$$

$$=\int_0^{\infty} x_2\,e^{-x_2(y+1)}\,dx_2$$

$$=(y+1)^{-2},\quad y>0$$

$=0\quad,\quad$ 其他

除了以上所介紹的各種常用方法之外，有時候也可利用機率生成函數求得機率分布如下例所示:

例 8-19　甲投擲一粒公正骰子直到出現偶數爲止，乙則投擲同粒骰子直到出現 1 或 2，若二人的投擲骰子爲獨立試行，試求甲乙二人投擲總次數的分布。

解: 設 X 代表甲的投擲次數，Y 代表乙的投擲次數，則 X 和 Y 爲獨立隨機變數，並且 X 和 Y 分別爲 $p=1/2$ 和 $p=1/3$ 的幾何分布，其機率生成函數分別爲

$$g_X(t)=\frac{\frac{1}{2}t}{1-\frac{1}{2}t}\quad 和\quad g_Y(t)=\frac{\frac{1}{3}t}{1-\frac{1}{3}t}$$

由於 X 和 Y 爲獨立，因此

$$g_{X+Y}(t)=g_X(t)g_Y(t)=\frac{t^2}{6}\left[\frac{1}{1-\frac{2}{3}t}\cdot\frac{1}{1-\frac{1}{2}t}\right]$$

$$= t^2\left[\frac{\frac{2}{3}}{1-\frac{2}{3}t} - \frac{\frac{1}{2}}{1-\frac{1}{2}t}\right]$$

$$= t^2\left[\frac{2}{3}\sum_{r=0}^{\infty}\left(\frac{2}{3}\right)^r t^r - \frac{1}{2}\sum_{r=0}^{\infty}\left(\frac{1}{2}\right)^r t^r\right]$$

$$= \sum_{r=0}^{\infty}\left[\left(\frac{2}{3}\right)^{r+1} - \left(\frac{1}{2}\right)^{r+1}\right]t^{r+2}$$

因此　　$P(X+Y=r) = t^r$ 的係數

$$= \left(\frac{2}{3}\right)^{r-1} - \left(\frac{1}{2}\right)^{r-1} \qquad r=2, 3, \cdots\cdots$$

8-5　本章提要

本章主要在於關切如何求得隨機變數函數的機率分布，這是一個統計學上重要的問題，因爲羣體參數的估計量就是隨機變數的函數，除了統計上的應用之外，其他還有許多眞實世界上我們關心的變數都可視爲其他隨機變數的函數。例如一個複雜的電子系統的壽命，一條河流在一年內上漲最高的高度，都是這類的例子。

尋求隨機變數函數的機率分布的方法有分布函數法，變數變換法(change of variable technique)，動差生成函數法(method of moment generating function) 和條件法 (method of conditioning)。讀者必須注意並沒有任何方法永遠是最好的，它必須視所牽涉到的函數而定。其中動差生成函數法由於牽涉到多元隨機變數期望值的計算，將於下一章中討論。

參考書目

1. R. V. Hogg, A. T. Craig *Introduction to mathematical statistics* 4th ed. MacMillan 1978
2. R. Khazanie *Basic probability theory and applications* Goodyear Publishing Co. 1976
3. C. P. Tsokos *Probability Distributions: An Introduction to Probability Theory with Applications* Wadsworth Publishing Co. 1972
4. R. E. Walpole, R. H. Myers *Probability and Statistics for Engineers and Scientists* 2nd ed. MacMillan Co. 1978

習　題　八

1. 設隨機變數 X_1 和 X_2 的聯合機率密度函數爲

$$f(x_1,x_2)=\begin{cases}\dfrac{x_1x_2}{36} & x_1=1,2,3,\ x_2=1,2,3\\ 0 & \text{其他}\end{cases}$$

(1) 試求 $Y_1=X_1X_2$ 和 $Y_2=X_2$ 的聯合機率密度函數

(2) 試求 Y_1 的邊際機率密度函數

2. 已知獨立隨機變數 X_1 和 X_2 的機率函數均爲二項分布，分別以 $b(n_1,p)$ 及 $b(n_2,p)$ 表之

(1) 試求 $Y_1=X_1+X_2$ 和 $Y_2=X_2$ 的聯合機率密度函數

(2) 試求 Y_1 的邊際機率密度函數

3. 某產品在一週內的需求量的機率分布如下所示

需求量	機　率
0	0.3
1	0.4
2	0.2
3	0.1

試求該產品在二週內需求量的機率分布

4. (1) 若 X_1,X_2 爲二獨立指數分布隨機變數，其參數分別爲 λ_1 和 λ_2，設 $Y_1=X_1+X_2$，$Y_2=X_1-X_2$，試求 Y_1 和 Y_2 的聯合機率密度函數

(2) 若 X_1,X_2 爲二獨立標準常態分布，設 $Y_1=X_1+X_2$，$Y_2=X_1-X_2$，試求 Y_1 和 Y_2 的聯合機率密度函數

5. 設隨機變數 X_1 和 X_2 的聯合機率密度函數爲

$$f(x_1,x_2)=\begin{cases}6e^{-3x_1-2x_2} & x_1>0,\ x_2>0\\ 0 & \text{其他}\end{cases}$$

試求隨機變數 $Y=X_1+X_2$ 的機率密度函數

6. 設隨機變數 X_1 和 X_2 的聯合機率密度函數爲

$$f(x_1,x_2)=\begin{cases}4x_1x_2e^{-(x_1^2+x_2^2)} & x_1>0,\ x_2>0\\ 0 & \text{其他}\end{cases}$$

若 $Y=\sqrt{X_1^2+X_2^2}$ 　試求

(1) Y 的分布函數

(2) Y 的機率密度函數

7. 若隨機變數 X_1 和 X_2 的聯合機率密度函數爲

$$f(x_1,x_2)=\begin{cases}e^{-(x_1+x_2)} & x_1>0,\ x_2>0\\ 0 & \text{其他}\end{cases}$$

試求 $Y=\dfrac{X_1}{X_1+X_2}$ 的機率密度函數

8. 若隨機變數 X_1,X_2,X_3 的聯合機率密度函數

$$f(x_1,x_2,x_3)=\begin{cases}e^{-(x_1+x_2+x_3)} & x_1>0,\ x_2>0,\ x_3>0\\ 0 & \text{其他}\end{cases}$$

試求 $Y=X_1+X_2+X_3$ 的機率密度函數

9. 設隨機變數 X 和 Y 的聯合機率密度函數爲

$$f(x,y)=\begin{cases}\dfrac{1}{2\pi\sigma^2}e^{-\left(\frac{1}{2\sigma^2}\right)(x^2+y^2)} & -\infty<x<\infty,\ -\infty<y<\infty\\ 0 & \text{其他}\end{cases}$$

10. 設 $U=\sqrt{X^2+Y^2}$ 和 $V=\tan^{-1}\left(\dfrac{Y}{X}\right)$ 　$0\leq V\leq 2\pi$

試求 U 和 V 的聯合機率密度函數和 U 與 V 的邊際機率密度函數。

11. 設隨機變數 X 和 Y 的聯合機率密度函數爲

$$f(x,y)=\begin{cases}\beta^{-\frac{1}{2}}e^{-\frac{x+y}{\beta}} & x,y>0,\ \beta>0\\ 0 & \text{其他}\end{cases}$$

設 $U=\dfrac{1}{2}(X-Y)$ 和 $V=Y$

試求U和V的邊際機率密度函數

12. 設 X 和 Y 爲二獨立卡方分布，自由度各爲 n_1 和 n_2，若 $U=X+Y$ 和 $V=\frac{X}{Y}$，試求U和V的聯合機率密度函數。

13. 設隨機變數X和 θ 的聯合機率密度函數爲

$$f(x,\theta)=\begin{cases}\dfrac{1}{\sigma\pi\sqrt{2\pi}}e^{-\frac{x^2}{2\sigma^2}} & -\infty<x<\infty,\ 0<\theta<\pi,\ \sigma>0\\ 0 & \text{其他}\end{cases}$$

若 $U=X+a\cos\theta$，其中 a 爲一任意常數，試求U的機率分布。

14. 已知隨機變數 X_1,X_2,X_3 的聯合機率密度函數爲

$$f(x_1,x_2,x_3)=\begin{cases}\dfrac{1}{\beta^3}e^{-\frac{1}{\beta}(x_1+x_2+x_3)} & x_1,x_2,x_3>0,\ \beta>0\\ 0 & \text{其他}\end{cases}$$

試求　(1) $P(X_1\leq 2,\ X_2\geq 3,\ X_3<1)$

(2) $P\left(X_1+X_2<3,\ X_3\leq\frac{1}{2}\right)$

(3) 分布函數 $F(x_1,x_2,x_3)$

(4) 邊際分布函數 $G(x_1)$，$G(x_1,x_3)$

15. 設 X_1, X_2, X_3 爲獨立常態分布，$E(X_1)=1$，$E(X_2)=2$，$E(X_3)=5$ 和 $V(X_1)=2$，$V(X_2)=2$，$V(X_3)=4$

(1) 試求 $Y=X_1-2X_2+X_3$ 的動差生成函數

(2) 試求 $P(Y>8)$ 的值

16. 設 X_1,X_2,X_3 均爲獨立標準常態分布，若 $Y=X_1^2+X_2^2+X_3^2$，試求Y的機率分布。

17. 設 X_1,X_2,X_3 均爲獨立常態分布 $N(6,4)$，試求 $P(\max(X_1,X_2,X_3)>8)$。

18. 設二獨立隨機變數 X_1,X_2 的機率密度函數均爲

$$f(x)=\begin{cases}2x & 0<x<1\\ 0 & \text{其他}\end{cases}$$

試求 (1) $P\left(X_1/X_2 \leq \frac{1}{2}\right)$

(2) $P(X_1 < X_2 | X_1 < 2X_2)$

19. 已知二隨機變數X和Y的聯合機率函數爲

$$P(X=x,\ Y=y)=\begin{cases} \frac{1}{42}(x+y^2) & x=1,4,\ y=-1,0,1,3 \\ 0 & \text{其他} \end{cases}$$

試求 (1) $Z=X+Y$　　(2) $U=X-Y$

(3) $V=\max(X,Y)$　　(4) $W=\min(X,Y)$

(5) $R=XY$　　(6) $Z=Y/X$

20. 已知X和Y的聯合機率密度函數爲

$$f(x,y)=\begin{cases} 2e^{-(x+y)} & 0 \leq y \leq x < \infty \\ 0 & \text{其他} \end{cases}$$

試求 (1) $Z=X+Y$ 的機率密度函數

(2) $U=X/Y$ 的機率密度函數

21. 已知X和Y的聯合機率密度函數爲

$$f(x,y)=\begin{cases} \frac{2y}{x^2} & 0 \leq y \leq 1,\ x \geq 1 \\ 0 & \text{其他} \end{cases}$$

試求 (1) $Z=X+Y$ 的機率密度函數

(2) $U=XY$ 的機率密度函數

22. 已知X和Y的聯合機率密度函數爲

$$f(x,y)=\begin{cases} 2(x+y-3xy^2) & 0 < x < 1,\ 0 < y < 1 \\ 0 & \text{其他} \end{cases}$$

試求 (1) $V=\max(X,Y)$ 的機率密度函數

(2) $W=\min(X,Y)$ 的機率密度函數

23. 設二連續隨機變數X, Y的聯合機率密度函數為

$$f(x,y)=\begin{cases} e^{-x-y} & x\geq 0,\ y\geq 0 \\ 0 & \text{其他} \end{cases}$$

試求 $U=X+Y$, $V=Y/X$ 的聯合機率密度函數

24. 設X和Y為二獨立隨機變數，其機率函數形式均為

$$f(u)=\frac{\lambda^u e^{-\lambda}}{u!} \qquad u=0,1,2,\cdots\cdots$$

$$=0 \qquad \text{其他}$$

其中 $\lambda>0$，試證 $X+Y$ 的機率函數為

$$g(u)=\frac{(2\lambda)^u e^{-2u}}{u!} \qquad u=0,1,2,\cdots\cdots$$

$$=0 \qquad \text{其他}$$

第九章　多元隨機變數的期望值

9-1 緒　論

在統計學上很多問題都牽涉到一組變數 $X_1, X_2, \cdots\cdots, X_n$ 而非單一變數，因此我們經常必須把 n 個變數簡化爲一個或兩三個摘要性的統計量或隨機變數的函數。例如假設 $X_1, X_2, \cdots\cdots, X_n$ 爲由某一羣體隨機抽樣所得的 n 個人的體重，則平均數 $\bar{X}=\frac{1}{n}\sum X_i$ 可算是一個方便的摘要性的統計量， $\bar{X}$ 稱爲樣本平均， 並且通常用來當羣體平均的估計量 (estimator)。爲了要測度 $\bar{X}$ 和羣體平均數「接近」的程度 (closeness)，有時稱爲該估計量的優異程度 (goodness)，我們必須知道 $\bar{X}$ 的機率分布的情形。

9-2 多元隨機變數函數的期望值

第五章所討論的都是關於單一隨機變數的情況，尤其是二隨機變數的情形。

設X和Y爲有聯合分布的二隨機變數，並且設 $Z=h(X,Y)$ 爲實數值函數，則Z也是一個隨機變數，我們想計算 $h(X,Y)$ 的期望值。若 $Z=h(X,Y)$ 的分布爲已知，則我們能用早先的基本定義計算Z的期望值。

$$E(Z)=\begin{cases}\sum\limits_{z_i} z_i P(Z=z_i)\text{，若}Z\text{爲離散隨機變數}\\ \int_{-\infty}^{\infty} zf(z)\,dz\text{，若}Z\text{爲連續隨機變數}\end{cases}$$

若Z的分布爲未知，則利用下述定理可不必先求Z的機率分布而直接由X和Y的聯合機率密度函數求得 $E(Z)$。

定理 9-1　設X和Y爲有聯合分布的二隨機變數，並且 $Z=h(X,Y)$ 則

$$E(Z)=E(h(X,Y))$$

$$=\begin{cases}\sum\limits_{x_i}\sum\limits_{y_j} h(x_i,y_j)\,p(x_i,y_j)\text{，若}Z\text{爲離散隨機變數} & (9\text{–}1)\\ \int_{-\infty}^{\infty}\int_{-\infty}^{\infty} h(x,y)\,f(x,y)\,dy\,dx\text{，若}Z\text{爲連續隨機變數} & (9\text{–}2)\end{cases}$$

證明從略

例 9-1　設X和Y有連續聯合分布，若 $Z=X+Y$ 試證

$$\int_{-\infty}^{\infty} zf(z)\,dz=\int_{-\infty}^{\infty}\int_{-\infty}^{\infty}(x+y)\,f(x,y)\,dy\,dx$$

因此至少在 $h(X,Y)=X+Y$ 時，我們見到了兩個期望值確爲同義。

解：在第八章中，我們見到Z的分布爲

$$f(z)=\int_{-\infty}^{\infty} f(x,z-x)\,dx \qquad -\infty<z<\infty$$

因此　$$E(Z)=\int_{-\infty}^{\infty} zf(z)\,dz$$

$$=\int_{-\infty}^{\infty} z\Big[\int_{-\infty}^{\infty} f(x,z-x)\,dx\Big]dz$$

$$= \int_{-\infty}^{\infty}\int_{-\infty}^{\infty} zf(x, z-x)\,dx\,dz$$

令 $y=z-x$，$dy=dz$

$$E(Z) = \int_{-\infty}^{\infty}\int_{-\infty}^{\infty} (x+y)f(x, y)\,dx\,dy$$

例 **9-2**　設 X 和 Y 爲獨立隨機變數，二者均爲佈於區間〔0, 1〕的均等分布，若 $Z=\max(X, Y)$，試求 $E(Z)$

解：（法一）由於 X 和 Y 爲獨立

$$\begin{aligned} f(x, y) = f(x)f(y) &= 1 \qquad 0\leq x\leq 1,\ 0\leq y\leq 1 \\ &= 0 \qquad \text{其他} \end{aligned}$$

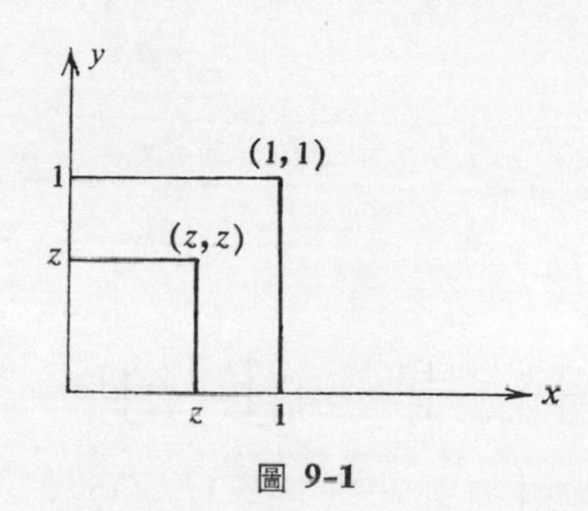

圖 **9-1**

$$\begin{aligned} G(Z) &= P(\max(X, Y)\leq z) \\ &= P(X\leq z, Y\leq z) \\ &= P(X\leq z)\,P(Y\leq z) \\ &= \begin{cases} 0 & z<0 \\ z^2 & 0\leq z<1 \\ 1 & z\geq 1 \end{cases} \end{aligned}$$

因此

$$g(z)=\begin{cases} 2z & 0<z<1 \\ 0 & \text{其他} \end{cases}$$

所以

$$E(Z)=\int_{-\infty}^{\infty} zg(z)\,dz=\int_0^1 z\cdot 2z\,dz=2/3$$

（法二）

$$E(Z)=\int_{-\infty}^{\infty}\int_{-\infty}^{\infty}\max(x,y)f(x,y)\,dy\,dx$$

$$=\int_0^1\int_0^1\max(x,y)\ (1)\ dy\,dx$$

$$=\int_0^1\left[\int_0^x\max(x,y)\,dy+\int_x^1\max(x,y)\,dy\right]dx$$

因爲

$$\max(x,y)=\begin{cases} x & \text{當 } 0<y<x \\ y & \text{當 } x<y<1 \end{cases}$$

因此

$$E(Z)=\int_0^1\left[\int_0^x x\,dy+\int_x^1 y\,dy\right]dx$$

$$=\int_0^1\left[x^2+\left(\frac{1}{2}-\frac{x^2}{2}\right)\right]dx=2/3$$

例 9-3 某對新婚夫婦計劃生育三子女，設X表前二次中生育男孩的次數，Y代表後二次中生育男孩的次數，試求

(1) $E(XY)$

(2) $E(X+Y)$

解: 首先我們必須求出X和Y的聯合機率函數，每一樣本點的隨機變數的值如下表所示:

樣本點	X的值	Y的值	機率
男男男	2	2	1/8
男男女	2	1	1/8
男女男	1	1	1/8
女男男	1	2	1/8
男女女	1	0	1/8
女男女	1	1	1/8
女女男	0	1	1/8
女女女	0	0	1/8

因此得出X和Y的聯合機率函數如下表所示

X \ Y	0	1	2
0	1/8	1/8	0
1	1/8	2/8	1/8
2	0	1/8	1/8

(1) $E(XY)=\sum_x \sum_y xyP(X=x, Y=y)$

$$=2\cdot2\left(\frac{1}{8}\right)+2\cdot1\left(\frac{1}{8}\right)+1\cdot2\left(\frac{1}{8}\right)+1\cdot1\left(\frac{2}{8}\right)$$

$$+1\cdot0\left(\frac{1}{8}\right)+0\cdot1\left(\frac{1}{8}\right)+0\cdot0\left(\frac{1}{8}\right)$$

$=5/4$

(2) $E(X+Y)=\sum_x \sum_y (x+y)P(X=x, Y=y)$

$$=(2+2)\frac{1}{8}+(2+1)\frac{1}{8}+(1+1)\frac{1}{8}+(1+1)\frac{2}{8}$$

$$+(1+0)\frac{1}{8}+(0+1)\frac{1}{8}+(0+0)\frac{1}{8}$$

$$=2$$

例 **9-4** （三項分布）

設 X 和 Y 的聯合機率函數為

$$P(X=i, Y=j)=\frac{n!}{i!\,j!\,(n-i-j)!}p_1{}^i\,p_2{}^j(1-p_1-p_2)^{n-i-j}$$

$$0<p_1<1,\ 0<p_2<1,\ 0<p_1+p_2<1$$

試求 $E(XY)$

解:

$$E(XY)=\sum_{i=0}^{n}\sum_{j=0}^{n-i} i\,j\frac{n!}{i!\,j!\,(n-i-j)!}p_1{}^i\,p_2{}^j(1-p_1-p_2)^{n-i-j}$$

$$=\sum_{i=1}^{n-1}\sum_{j=1}^{n-i}\frac{n!}{(i-1)!\,(j-1)!\,(n-i-j)!}p_1{}^i\,p_2{}^j$$

$$(1-p_1-p_2)^{n-i-j}$$

$$=n(n-1)p_1p_2\sum_{i=1}^{n-1}\sum_{j=1}^{n-i}\frac{(n-2)!}{(i-1)!\,(j-1)!\,(n-i-j)!}$$

$$p_1{}^{i-1}\,p_2{}^{j-1}(1-p_1-p_2)^{n-i-j}$$

設 $j-1=t$，$i-1=s$ 則

$$E(XY)=n(n-1)p_1p_2\sum_{s=0}^{n-2}\sum_{t=0}^{n-2-s}\frac{(n-2)!}{s!\,t!\,(n-2-t-s)!}p_1{}^s\,p_2{}^t$$

$$(1-p_1-p_2)^{n-2-s-t}$$

$$=n(n-1)p_1p_2[p_1+p_2+(1-p_1-p_2)]^{n-2}$$

$$=n(n-1)p_1p_2$$

在 4-4 節中，我們曾提到混合型分布 $F(x)$ 可寫成

$$F(x)=c_1F_1(x)+c_2F_2(x)$$

其中 $F_1(x)$ 為一階梯分布函數，$F_2(x)$ 為連續分布函數。混合型隨機變數的期望值的求取方法如下所示

定理 9-2　若X有混合型分布函數

$$F(x)=c_1F_1(x)+c_2F_2(x)$$

並且假設 X_1 爲一個離散隨機變數，其分布函數爲 $F_1(x)$，而 X_2 爲連續隨機變數，其分布函數爲 $F_2(x)$。若 $g(X)$ 爲X的函數，則

$$E(g(X))=c_1E(g(X_1))+c_2E(g(X_2))$$

例 9-5　試求例 4-20 中隨機變數的期望值和變異數。

解： $E(X_1)=0$

$$E(X_2)=\int_0^\infty xe^{-x}\,dx=1$$

因此　$$E(X)=\frac{1}{4}E(X_1)+\frac{3}{4}E(X_2)$$

$$=3/4$$

同時　$$E(X_1^2)=0$$

$$E(X_2^2)=\int_0^\infty x^2e^{-x}\,dx=2$$

所以　$$E(X^2)=\frac{1}{4}E(X_1^2)+\frac{3}{4}E(X_2^2)$$

$$=3/2$$

$$V(X)=E(X^2)-[E(X)]^2$$

$$=3/2-(3/4)^2=15/16$$

9-3　期望值的性質

定理 9-3　（隨機變數函數相加的期望值）

設 $h_1(X,Y)$ 和 $h_2(X,Y)$ 爲二實數值函數，a 和 b 爲二常數，則

$$E(ah_1(X,Y)+bh_2(X,Y))$$

$$=aE(h_1(X,Y))+bE(h_2(X,Y)) \tag{9-3}$$

證明: 我們僅證連續型的情形如下

$$E(ah_1(X,Y)+bh_2(X,Y))$$

$$=\int_{-\infty}^{\infty}\int_{-\infty}^{\infty}[ah_1(x,v)+bh_2(x,y)]f(x,y)\,dy\,dx$$

$$=a\int_{-\infty}^{\infty}\int_{-\infty}^{\infty}h_1(x,y)f(x,y)\,dy\,dx$$

$$+b\int_{-\infty}^{\infty}\int_{-\infty}^{\infty}h_2(x,y)f(x,y)\,dy\,dx$$

$$=aE(h_1(X,Y))+bE(h_2(X,Y))$$

特例: (1) 令 $h_1(X,Y)=X$, 和 $h_2(X,Y)=1$, 則

$$E(aX+b)=aE(X)+b \qquad (9\text{-}4)$$

(2) 令 $h_1(X,Y)=X$ 和 $h_2(X,Y)=Y$, $a=b=1$, 則

$$E(X+Y)=E(X)+E(Y) \qquad (9\text{-}5)$$

隨機變數和的期望值等於其期望值的和。

我們可以把線性組合的期望值推廣到 n 個隨機變數 $X_1, X_2, \cdots\cdots, X_n$ 的情形。

$$E(\sum_{i=1}^{n}a_iX_i)=\sum_{i=1}^{n}a_iE(X_i) \qquad (9\text{-}6)$$

若對於 $i=1,2,\cdots\cdots,n$ $a_i=1$, 則

$$E(\sum_{i=1}^{n}X_i)=\sum_{i=1}^{n}E(X_i) \qquad (9\text{-}7)$$

定理 9-4 (隨機變數函數相乘的期望值)

若 X 和 Y 爲獨立隨機變數, $h(X)$, $g(Y)$ 分別爲 X 和 Y 的實數值函數, 則

$$E(h(X)g(Y))=E(h(X))E(g(Y)) \qquad (9\text{-}8)$$

證明:

$$\begin{aligned}E(h(X)g(Y)) &= \int_{-\infty}^{\infty}\int_{-\infty}^{\infty} h(x)g(y)f(x,y)\,dy\,dx \\ &= \int_{-\infty}^{\infty}\int_{-\infty}^{\infty} h(x)g(y)f_1(x)f_2(y)\,dy\,dx \\ &= \left[\int_{-\infty}^{\infty} h(x)f_1(x)\,dx\right]\left[\int_{-\infty}^{\infty} g(y)f_2(y)\,dy\right] \\ &= E(h(X))\,E(g(Y))\end{aligned}$$

設 $h(X)=X$，$g(Y)=Y$，則

$$E(XY)=E(X)E(Y) \tag{9-9}$$

若二隨機變數爲獨立，則其相乘的期望值等於期望值的相乘。讀者請注意「獨立」的條件，即若 $E(XY)=E(X)E(Y)$ 並不一定表示 X 和 Y 爲獨立，即上項敍述的逆定理並不成立。

例 9-6　設 X 的機率函數如下所示

x	$P(X=x)$
-1	$\frac{1}{4}$
0	$\frac{1}{2}$
1	$\frac{1}{4}$

若 $Y=X^2$，則 $E(XY)=E(X)E(Y)$，但 X 和 Y 却非獨立

解：由於 $Y=X^2$，所以

$$P(Y=0)=P(Y=1)=\frac{1}{2}$$

X 和 Y 顯然並非獨立，例如

$$P(X=0,Y=1)=0\neq P(X=0)P(Y=1)$$

因爲當 $X=0$ 時，$Y=0$，不可能有 $Y=1$ 的情形發生。

$$E(X)=0 \qquad E(Y)=\frac{1}{2}$$

而

$$\begin{aligned} E(XY) &= E(X^3) \\ &= (-1)^3\frac{1}{4}+0\cdot\frac{1}{2}+(1)^3\left(\frac{1}{4}\right) \\ &= 0 \end{aligned}$$

因此 $E(XY)=E(X)E(Y)$，但是 X 和 Y 非獨立。

例 9-7 假設想化驗許多人的某種特性是呈陽性反應或陰性反應，同時也假設可由數人分別取樣而後混合爲一單位再化驗，例如驗血就是如此。假設混合樣本呈陰性反應的充要條件爲所有該數人的樣本均呈陰性反應。因此，當混合樣本呈陽性反應時，該數人要再次個別化驗，以確定那些人爲呈陽性反應。

現設有 N 人待化驗，將其分爲 n 組，每組 k 人（假設 $N=kn$），則有下列兩種選擇:

(1) 所有 N 人均個別化驗，需要化驗 N 次；

(2) 以 k 人爲一組化驗，若每次混合樣本均呈陰性反應，則僅需化驗 $n=N/k$ 次，反之若每次混合樣本均呈陽性反應，則共需化驗 $N+n$ 次。

因此本題中將研究情形 (2) 時的期望化驗次數，然後與 N 相較。假設每個人的化驗反應呈陽性的機率爲 p，另外同組內每個人的化驗出象爲獨立。設 X 爲判定所有 N 人的特性所需的總化驗次數，X_i 爲判定所有第 i 組的人的特性所需的化驗次數，$i=1,2,3,\cdots,n$ 因此 $X=X_1+X_2+\cdots\cdots+X_n$，亦卽

$$E(X)=E(X_1)+\cdots\cdots+E(X_n)=nE(X_1)$$

因為所有 X_i 均有相同的期望值。由於 X_1 只有二值即 1 和 $k+1$，另外

$$P(X_1=1)=P\text{（第一組所有 }k\text{ 人均呈陰性反應）}$$
$$=(1-p)^k$$

所以 $$P(X_1=k+1)=1-P(X=1)$$
$$=1-(1-p)^k$$

因此 $$E(X_1)=1\cdot P(X=1)+(k+1)P(X_1=k+1)$$
$$=1\cdot(1-p)^k+(k+1)[1-(1-p)^k]$$
$$=k\left[1-(1-p)^k+\frac{1}{k}\right]$$

$$E(X)=nE(X_1)=N\left[1-(1-p)^k+\frac{1}{k}\right]$$

上式僅當 $k>1$ 時方才成立。若 $k=1$，卽意為個別化驗，$E(X)=N+pN$ 顯然不成立，因為若為個別化驗，則總共需化驗 N 次。在本題中，有兩個令人感到興趣的問題：

（i）　我們應如何決定數值 k 使 $E(X)$ 為最小呢？（見習題）

（ii）　什麼條件下第 (2) 種選擇要比第一種為優呢？為了要使「集體化驗」比個別化驗有利，必須 $E(X)<N$，亦卽

$$1-(1-p)^k+\frac{1}{k}<1,\ \text{卽}\ \frac{1}{k}<(1-p)^k$$

上式若 $(1-p)<1/2$，必不成立，因此得到下述結論：若每個人呈陽性反應的機率 $p>1/2$ 則 (1) 比 (2) 為優，否則以集體化驗較優。

例 9-8 佳香美味鮮舉辦集字大贈獎，每包「佳香美味鮮」內均附有一張集字券，凡能集全「佳香美味鮮」五個字的人就可獲得一贈品，倘若得到每一字的機率均為相同。試問平均要買多少包這種零食，才可集齊一組集字。

解： 設 X_i 為首次得到第 i 個新集字所需購買佳香美味鮮的包數，由第一包可得一個集字，第二包得到一個新集字的機率為 4/5，因為這是幾何分布，因此 $E(X_1)=1, E(X_2)=\dfrac{1}{4/5}=5/4$ 同理可得

$$E(X_3)=5/3,\ E(X_4)=5/2,\ E(X_5)=5$$

若 X 為蒐集一組集字所需購買的總包數，則

$$X=X_1+X_2+\cdots\cdots+X_5$$

$$E(X)=E(X_1)+\cdots\cdots+E(X_5)$$

$$=1+5/4+5/3+5/2+5$$

$$=5\left(\frac{1}{5}+\frac{1}{4}+\frac{1}{3}+\frac{1}{2}+1\right)\approx 11.42$$

雖然在本題中的倒數相加非常容易計算，但若假設一組集字的張數相當多，則知道尤拉的調和級數部分和近似值（Euler's approximation for harmonic sum）公式對我們的計算頗有助益。

$$1+\frac{1}{2}+\frac{1}{3}+\cdots\cdots+\frac{1}{n}\approx \log_e n+\frac{1}{2n}+0.57721 \qquad (9\text{-}10)$$

（0.57721……稱為尤拉常數）。當一組集字為 n 張時，平均的美味鮮包數近似於

$$n \log_e n + 0.57721\, n + \frac{1}{2}$$

當 $n=5$ 時，$\log_e 5 \approx 1.6094$，利用尤拉近似值得 11.43，非常接近11.42，通常我們在尤拉近似公式中略去 $\frac{1}{2n}$ 項。

9-4　動差生成函數法

由第八章中，可看出在一些狀況下，欲求數個隨機變數的函數的分布，用變數變換法相當有效。在本節中我們要介紹另一種方法，它是由動差生成函數的概念而來。本法對某些狀況特別有效。讀者應記得動差生成函數的性質：若動差生成函數存在，則可唯一決定其機率的分布。

設 $\varphi(x_1, x_2, \cdots\cdots, x_n)$ 表 n 個隨機變數 $X_1, X_2, \cdots\cdots, X_n$ 的聯合機率密度函數。再設 $Y_1=\mu_1(X_1, X_2, \cdots\cdots, X_n)$，現欲求隨機變數 Y_1 的機率密度函數 $g(y_1)$。考慮 Y_1 的動差生成函數，若存在，則爲

$$M(t)=E(e^{tY_1})=\int_{-\infty}^{\infty} e^{ty_1} g(y_1)\, dy_1$$

這是連續型的表示法，或許有人以爲要計算 $M(t)$，必須先知道 $g(y_1)$，事實上並非如此，爲了明瞭這一點，考慮

$$\int_{-\infty}^{\infty}\cdots\cdots\int_{-\infty}^{\infty} \exp[t\mu_1(x_1, \cdots\cdots, x_n)]\varphi(x_1, \cdots\cdots, x_n)\, dx_1\cdots\cdots dx_n \tag{9-11}$$

設上式在 $-h<t<h$ 時存在。現在引進 n 個新的積分變數 $y_1=\mu_1(x_1, x_2, \cdots\cdots, x_n)\cdots\cdots, y_n=\mu_n(x_1, x_2, \cdots\cdots, x_n)$。暫時假設這些函數可定義一對一轉換。設 $x_i=w_i(y_1, y_2, \cdots\cdots, y_n), i=1, 2, \cdots\cdots n$，表示反函數，並以 J 表示傑可比行列式。所以在這轉換下，(9-11) 式可改寫爲

$$\int_{-\infty}^{\infty}\cdots\cdots\int_{-\infty}^{\infty} e^{ty_1}|J|\varphi(w_1,\cdots\cdots,w_n)\,dy_2\cdots\cdots dy_n\,dy_1 \qquad (9\text{-}12)$$

由前節可知

$$|J|\varphi[w_1(y_1,y_2,\cdots\cdots y_n),\cdots\cdots,w_n(y_1,y_2,\cdots\cdots,y_n)]$$

即爲 $Y_1,Y_2,\cdots\cdots,Y_n$ 的聯合機率密度函數。Y_1 的邊際密度函數可由上式的聯合機率密度函數對 $y_2,\cdots\cdots,y_n$ 積分而得。因爲 e^{ty_1} 與變數 $y_2,\cdots\cdots,y_n$ 無關，所以 (9-11) 式可改寫爲:

$$\int_{-\infty}^{\infty} e^{ty_1}g(y_1)\,dy_1$$

由定義可知上式即爲 Y_1 的分布的動差生成函數。換句話說，若 $Y_1=\mu_1(X_1,X_2,\cdots\cdots,X_n)$ 時，我們計算 $E[\exp(t\mu_1(X_1,\cdots\cdots,X_n))]$ 就可得到 $E(e^{tY_1})$ 的值。上述的事實提供了求多元隨機變數函數的機率密度函數的新方法。因爲若 Y_1 的動差生成函數是某分布的動差生成函數，則由唯一性可知 Y_1 的分布就是該分布。當由本法求得 Y_1 的機率密度函數時， 我們說這是依據動差生成函數法 (moment—generating—function technique) 求得的。

讀者應注意到，剛才我們假設轉換爲一對射，只是爲了說明上的方便。若轉換不是一對射，則令

$$x_j=w_{ji}(y_1,y_2,\cdots\cdots,y_n)\quad j=1,2,\cdots\cdots,n,\quad i=1,2,\cdots\cdots,k$$

表 k 組 n 個反函數。設 J_i, $i=1,2,\cdots\cdots,k$ 表其 k 個傑可比行列式，則

$$\sum_{i=1}^{k}|J_i|\varphi[w_{1i}(y_1,\cdots\cdots,y_n),\cdots\cdots,w_{ni}(y_1,\cdots\cdots,y_n)] \qquad (9\text{-}13)$$

即爲 $Y_1,Y_2,\cdots\cdots,Y_n$ 的聯合機率密度函數。若將 (9-11) 式中的 $|J|\varphi(w_1,\cdots\cdots,w_n)$ 以 (9-13) 式代替，即可將該式改寫爲 (9-12) 式。因此即使轉換不是一對射，我們剛才的結果仍然可行。自然離散型的狀況也相似。

接着我們要以動差生成函數法來處理幾個例子，並證明一些定理。在第一個例題中，爲了要強調本例的性質，我們特別要求由直接機率討論法與動差生成函數法兩種方法來求機率分布。

例 9-9　設 X_1, X_2 爲二隨機獨立的隨機變數，其機率函數均爲

$$p(x_i)=\begin{cases}\dfrac{x_i}{6} & x_i=1,2,3\\ 0 & \text{其他}\end{cases}$$

即 X_1, X_2 之機率密度函數分別爲 $p(x_1)$ 與 $p(x_2)$，所以 X_1 與 X_2 的聯合機率密度函數爲

$$p(x_1,x_2)=p(x_1)p(x_2)=\begin{cases}\dfrac{x_1x_2}{36} & x_1=1,2,3, x_2=1,2,3\\ 0 & \text{其他}\end{cases}$$

倘若欲求 $Y=X_1+X_2$ 的機率函數，則像 $P(X_1=2, X_2=3)$ 的機率，可以直接求得爲$(2)(3)/36=1/6$，但是如果考慮機率 $P(X_1+X_2=3)$ 則首先要設事件 $X_1+X_2=3$ 爲互斥的二事件（$X_1=1, X_2=2$）與（$X_1=2, X_2=1$）的聯集，當機率爲 0 的事件我們不加以考慮，則

$$P(X_1+X_2=3)=P(X_1=1, X_2=2)+P(X_1=2, X_2=1)$$
$$=\frac{(1)(2)}{36}+\frac{(2)(1)}{36}=4/36$$

爲了更一般化，設 y 爲 2, 3, 4, 5, 6 中任一個數，則 $X_1+X_2=y$, $y=2, 3, 4, 5, 6$ 的任一事件的機率可由相同於 $y=3$ 的事件的方法求得。設 $p(y)=P(X_1+X_2=y)$，則由表

y	2	3	4	5	6
$p(y)$	1/36	4/36	10/36	12/36	9/36

可得當 $y=2,3,4,5,6$ 時 $p(y)$ 的值。對 y 的其他值而言，$p(y)=0$。我們剛才所做的，事實上就是定義一個新隨機變數 $Y=X_1+X_2$ 求得 Y 的機率函數 $p(y)$。接下來我們改以動差生成函數法來解這題。

因爲 X_1 與 X_2 爲隨機獨立，所以 Y 的動差生成函數爲

$$\begin{aligned} M(t) &= E(e^{t(X_1+X_2)}) \\ &= E(e^{tX_1}e^{tX_2}) = E(e^{tX_1})E(e^{tX_2}) \\ &= M_{X_1}(t)M_{X_2}(t) \end{aligned}$$

在本例中，X_1 與 X_2 的機率函數相同，因此其動差生成函數也相同，即

$$E(e^{tX_1}) = E(e^{tX_2}) = \frac{1}{6}e^t + \frac{2}{6}e^{2t} + \frac{3}{6}e^{3t}$$

所以

$$\begin{aligned} M(t) &= \left(\frac{1}{6}e^t + \frac{2}{6}e^{2t} + \frac{3}{6}e^{3t}\right)^2 \\ &= \frac{1}{36}e^{2t} + \frac{4}{36}e^{3t} + \frac{10}{36}e^{4t} + \frac{12}{36}e^{5t} + \frac{9}{36}e^{6t} \end{aligned}$$

由於 $M(t)$ 的此種型式，因此立即可知 Y 的機率函數 $p(y)$ 的值，當 $y=2,3,4,5,6$ 等值時，分別爲 $\frac{1}{36},\frac{4}{36},\frac{10}{36},\frac{12}{36},\frac{9}{36}$ 並且 y 爲其他值時，$p(y)=0$。與我們用第一種方法做出的結果相同。在此我們很難判定那一種解法較好，但是當問題較複雜，特別是牽涉及連續型隨機變數的問題中，讀者會發現動差生成函數法較簡便。

例 9-10　在第六章討論卡方分布時，曾經提到隨機變數 Z 爲標準常態分布 $N(0,1)$，則可利用動差生成函數法求出 Z^2 的機率分布爲一個自由度的卡方分布 $\chi^2(1)$。

定理 9-5　設X和Y爲獨立隨機變數，並且 $Z=X+Y$，若 $M_Z(t)$，$M_Y(t)$ 和 $M_X(t)$ 分別爲Z，Y和X的動差生成函數，則

$$M_Z(t)=M_X(t)M_Y(t) \tag{9-14}$$

定理 9-5 可推廣如下：

若 $X_1, X_2, \cdots\cdots, X_n$ 爲獨立隨機變數，其動差生成函數分別爲M_{X_i}，$i=1,2,\cdots\cdots,n$，若 $Z=X_1+X_2+\cdots\cdots+X_n$

則
$$M_Z(t)=M_{X_1}(t)M_{X_2}(t)\cdots\cdots M_{X_n}(t) \tag{9-15}$$

有些機率分布具有下述值得注意同時也相當有用的性質。

定義 9-1　若具有某一分布的兩個(或以上)的獨立隨機變數相加，其結果的隨機變數仍屬同型分布，則稱這種性質爲再生性(reproductive property)。

我們將利用動差生成函數的唯一性和定理 9-5 建立一些重要分布的再生性。

例 9-11　設 X 和 Y 爲獨立的隨機變數，其分布分別爲 $N(\mu_1, \sigma_1{}^2)$ 和 $N(\mu_2, \sigma_2{}^2)$ 若 $Z=X+Y$，則

$$M_Z(t)=M_X(t)M_Y(t)=e^{\mu_1 t+\frac{\sigma_1{}^2 t^2}{2}}e^{\mu_2 t+\frac{\sigma^2 t^2}{2}}$$

$$=e^{\left[(\mu_1+\mu_2)t+\frac{(\sigma_1{}^2+\sigma_2{}^2)t}{2}\right]}$$

但上述函數爲 $N(\mu_1+\mu_2, \sigma_1{}^2+\sigma_2{}^2)$ 的動差生成函數，即 Z 爲 $N(\mu_1+\mu_2, \sigma_1{}^2+\sigma_2{}^2)$

讀者請注意上述Z的期望值 $E(Z)=\mu_1+\mu_2$ 和變異數 $V(Z)=\sigma_1{}^2+\sigma_2{}^2$ 可由期望值和變異數的性質很快地計算得出。但是Z仍屬常態分布的事實，則必須用動差生成函數方可。

例 9-12 若某種棒長度爲常態分布的隨機變數，期望值爲 10 公分和變異數爲(1 公分)^2。現將兩根這種棒相啣接置入一漕溝中，該漕溝長度爲 20 公分，其公差 (tolerence) 爲 ± 1 公分，試求該二棒恰可置入該漕溝的機率。

解: 設 L_1 和 L_2 分別表示棒 1 和棒 2 的長度，則 $L=L_1+L_2$ 爲常態分布，$E(L)=20$，$V(L)=2$

因此 $$P(19<L<21)=P\left(\frac{19-20}{1.4}\leq\frac{L-20}{1.4}\leq\frac{21-20}{1.4}\right)$$

$$=\Phi(0.714)-\Phi(-0.714)=0.526$$

由查閱常態分布數表即可得上述數值。

定理 9-6 (常態分布的再生性)

設 $X_1, X_2, \cdots\cdots, X_r$ 爲 r 獨立常態分布的隨機變數，其分布分別爲 $N(\mu_i, \sigma_i{}^2)$ $i=1,2,\cdots\cdots,r$。設 $Z=X_1+X_2+\cdots\cdots+X_r$ 則 Z 爲

$$N\left(\sum_{i=1}^{r}\mu_i,\ \sum_{i=1}^{r}\sigma_i{}^2\right)$$

相同參數 p 的二項分布具有再生性，即例 8-2 的推廣形式。

定理 9-7 設 $X_1, X_2, , \cdots\cdots, X_r$ 爲 r 個獨立二項分布的隨機變數，其分布分別爲 $B(n_i, p), i=1,2,\cdots\cdots,r$。設 $Z=X_1+X_2+\cdots\cdots+X_r$，則 Z 爲

$$B\left(\sum_{i=1}^{r}n_i,\ p\right)$$

波瓦松分布具有再生性曾於例 8-10 中見過。

定理 9-8 (波瓦松分布的再生性)

設 $X_i, i=1,2,\cdots\cdots,r$ 爲參數是 α_i 的獨立波瓦松分布隨機變數，設 $Z=X_1+X_2+\cdots\cdots+X_r$，則 Z 爲參數是 $\sum_{i=1}^{r}\alpha_i$ 的波瓦松分布。

例 9-13　設某人於上午 9 點至 10 點接到的電話次數 X_1 爲參數是 3 的波瓦松分布，10 點至 11 點接到的電話次數 X_2 爲參數是 5 的波瓦松分布，試問某人於 9 點至 11 點之間接到 5 次以上電話的機率。

解： 設 $Z=X_1+X_2$ 由定理 9-8 可知 Z 爲參數是 8 的波瓦松分布，因此

$$P(Z>5)=1-P(Z\leq 5)$$

$$=1-\sum_{k=0}^{5}\frac{e^{-8}(8)^k}{k!}$$

$$=1-0.1912$$

$$=0.8088$$

另一具有再生性的分布爲卡方分布

定理 9-9　設 X_i 的分布爲 $\chi^2(n_i)$，$i=1,2,\cdots\cdots,r$，其中每個 X_i 均爲獨立隨機變數，設 $Z=X_1+X_2+\cdots\cdots+X_r$，則 Z 爲 $\chi^2(n)$，其中

$$n=\sum_{i=1}^{r}n_i$$

證明： 因爲卡方分布的動差生成函數爲

$$M_X(t)=(1-2t)^{-\frac{n}{2}}$$

因此

$$M_Z(t)=M_{X_1}(t)M_{X_2}(t)\cdots\cdots M_{X_r}(t)$$

$$=(1-2t)^{-\frac{n_1+\cdots\cdots+n_r}{2}}$$

早先在第六章的定理6-16中曾經證明若 X 爲標準常態分布 $N(0,1)$，則 X^2 爲卡方分布 $\chi^2(1)$。現將這一事實與上一定理合併，得到下述定理。

定理 9-10 設 $X_1,X_2,\cdots\cdots,X_r$ 爲獨立隨機變數，每一 X_i 均爲 $N(0,1)$，則 $S=X_1{}^2+X_2{}^2+\cdots\cdots+X_r{}^2$ 爲 $\chi^2(r)$

介紹過了一些具有再生性的機率分布之後，我們來研究一下指數分布。嚴格地說，它並不具再生性，而是具有類似的性質。

設 $X_i, i=1,2,\cdots\cdots,r$ 爲 r 個獨立，並且完全相等具有參數 λ 的指數分布隨機變數，則 X_i 的動差生成函數爲

$$M_{X_i}(t)=\frac{\lambda}{\lambda-t}$$

若 $Z=X_1+X_2+\cdots\cdots+X_r$ 則

$$M_Z(t)=\left(\frac{\lambda}{\lambda-t}\right)^r$$

上式恰爲參數是 λ 和 r 的伽瑪分布。除非 $r=1$, 否則它不爲指數分布的動差生成函數，因此該分布不具有再生性質。

定理 9-11 設 $Z=X_1+X_2+\cdots\cdots+X_r$, 其中 X_i 爲 r 個獨立相同分布的隨機變數，每一個均爲參數 λ 的指數分布，則 Z 爲參數是 λ 和 r 的伽瑪分布。

由以上這些討論可知，動差生成函數對於研究各類機率分布來說，實爲相當強有力的工具，尤其於探究獨立且完全相等的分布的隨機變數之和時最爲有用，可據以得出許多再生律。

9-5 共變數與相關係數

爲了要測度二隨機變數 X 和 Y 之間的相關程度，我們可以用共變數 (covariance) 表示。

定義 9-2 隨機變數 X, Y 的共變數，記爲 $\text{cov}(X,Y)$ 界定爲

$$\text{cov}(X,Y)=E[(X-\mu_1)(Y-\mu_2)] \tag{9-16}$$

其中 $\mu_1=E(X)$，$\mu_2=E(Y)$

在上述定義中，令 $X=Y$，則

$$\text{cov}(X,X)=E[(X-\mu)^2]=V(X)$$

換句話說，一個隨機變數與其自身的共變數即其變異數。

通常於計算共變數時，以使用下述形式較爲便利。

$$\mathrm{cov}(X,Y)=E(XY)-E(X)E(Y) \tag{9-17}$$

讀者請注意：

(1) 若X和Y爲獨立隨機變數，則因 $E(XY)=E(X)E(Y)$
因此 $\mathrm{cov}(X,Y)=E(XY)-E(X)E(Y)=0$，但其逆定理不成立。換句話說，若二隨機變數$X,Y$爲獨立，則 $\mathrm{cov}(X,Y)=0$，反之當 $\mathrm{cov}(X,Y)=0$，並非一定表示X,Y爲獨立。

(2) 因 $x^2\pm 2xy+y^2=(x\pm y)^2\geq 0$，故 $|xy|\leq\frac{x^2+y^2}{2}$

$$\int_{-\infty}^{\infty}\int_{-\infty}^{\infty}|xy|f(x,y)\,dy\,dx\leq\int_{-\infty}^{\infty}\int_{-\infty}^{\infty}\frac{x^2+y^2}{2}f(x,y)\,dy\,dx$$

$$=\frac{1}{2}\left[\int_{-\infty}^{\infty}\int_{-\infty}^{\infty}x^2f(x,y)\,dy\,dx+\int_{-\infty}^{\infty}\int_{-\infty}^{\infty}y^2f(x,y)\,dy\,dx\right]$$

$$=\frac{1}{2}[E(X^2)+E(Y^2)]$$

因此，若 $E(X^2)<\infty$ 和 $E(Y^2)<\infty$，則 $E(XY)$ 存在。
換句話說，當 $E(X^2)$ 和 $E(Y^2)$ 均爲有限値時，共變數的定義才有意義。

共變數的數值爲正値時，表示X和Y爲正相關，即當X增大時，Y亦增大，X變小時，Y亦變小；共變數爲負値時，表示X和Y爲負相關，即X增大時，Y變小，X變小時，Y增大。共變數雖能表達X和Y的相關程度，但是其數値却深受X和Y所用單位的影響。例如在決定父子身高相關程度時，則以吋爲單位和以呎爲單位所得互變數的數值爲 12 的倍數。爲了避免這種不便，我們通常改以相關係數(correlation coefficient)表示二變數相關的程度，以 $\rho(X,Y)$ 表示。

定義 9-3　隨機變數X和Y之間的相關係數，以 $\rho(X,Y)$ 表示，界定爲

$$\rho(X,Y)=\frac{\mathrm{cov}(X,Y)}{\sqrt{V(X)V(Y)}} \tag{9-18}$$

如此一來，相關係數變成了無因次的量(dimensionless quantity)，即與

X, Y 的單位無關的數值。

例 9-14 已知隨機變數 X 和 Y 的聯合機率密度函數為

y \ x	0	1	$P(y)$
0	1/3	1/3	2/3
1	1/3	0	1/3
$P(x)$	2/3	1/3	1

試求 X 和 Y 的相關係數。

解: $E(X)=0\left(\frac{2}{3}\right)+1\left(\frac{1}{3}\right)=1/3,\ E(X^2)=0^2\left(\frac{2}{3}\right)+1^2\left(\frac{1}{3}\right)=1/3$

$$E(Y)=0\left(\frac{2}{3}\right)+1\left(\frac{1}{3}\right)=1/3,\ E(Y^2)=0^2\left(\frac{2}{3}\right)+1^2\left(\frac{1}{3}\right)=1/3$$

$$E(XY)=0\cdot 0\left(\frac{1}{3}\right)+0\cdot 1\left(\frac{1}{3}\right)+1\cdot 0\left(\frac{1}{3}\right)+1\cdot 1\cdot 0=0$$

$$V(X)=E(X^2)-[E(X)]^2=1/3-\frac{1}{9}=2/9$$

$$V(Y)=E(Y^2)-[E(Y)]^2=1/3-1/9=2/9$$

$$\rho(X,Y)=\frac{E(XY)-E(X)E(Y)}{\sqrt{V(X)V(Y)}}=\frac{0-\frac{1}{3}\cdot\frac{1}{3}}{\sqrt{2/9\cdot 2/9}}=-\frac{1}{2}$$

例 9-15 隨機變數 X 和 Y 的聯合機率密度函數為

$$f(x,y)=\begin{cases} x+y & 0<x<1,\ 0<y<1 \\ 0 & \text{其他} \end{cases}$$

試計算 X 和 Y 的相關係數。

解: $\mu_1=E(X)=\int_0^1\int_0^1 x(x+y)\,dx\,dy=7/12$

$$\sigma_1^2 = E(X^2) - \mu_1^2 = \int_0^1 \int_0^1 x^2(x+y)\,dx\,dy - (7/12)^2 = 11/144$$

同理　$\mu_2 = E(Y) = 7/12$

$$\sigma_2^2 = E(Y^2) - \mu_2^2 = 11/144$$

$$\text{cov}(X,Y) = E(XY) - \mu_1\mu_2 = \int_0^1 \int_0^1 xy(x+y)\,dx\,dy - (7/12)^2$$

$$= -1/144$$

因此

$$\rho(X,Y) = \frac{-\dfrac{1}{144}}{\sqrt{(11/144)\,(11/144)}} = -\frac{1}{11}$$

例 9-16　（三項分布）設X和Y的聯合機率函數爲

$$P(X=i, Y=j) = \frac{n!}{i!\,j!\,(n-i-j)!} p_1^{\,i}\, p_2^{\,j} (1-p_1-p_2)^{n-i-j}$$

$$i, j = 0, 1, 2, \cdots\cdots, n,\ \ 0<p_1<1, 0<p_2<1,\ \ 0\leq i+j\leq n$$

試求　(1) $\text{cov}(X,Y)$

(2) $\rho(X,Y)$

解：三項分布的邊際分布分別爲

$$X \sim B(n; p_1),\ \ Y \sim B(n; p_2)$$

因此　$E(X) = np_1$　　$V(X) = np_1(1-p_1)$

$E(Y) = np_2$　　$V(Y) = np_2(1-p_2)$

同時由例 9-4　　$E(XY) = n(n-1)p_1p_2$

所以　(1) $\text{cov}(X,Y) = E(XY) - E(X)E(Y)$

$$= n(n-1)p_1p_2 - (np_1)(np_2)$$

$$= -np_1p_2$$

(2) $$\rho(X,Y) = \frac{\text{cov}(X,Y)}{\sqrt{V(X)V(Y)}} = \frac{-np_1p_2}{\sqrt{np_1(1-p_1)np_2(1-p_2)}}$$

$$= -\sqrt{\frac{p_1 p_2}{(1-p_1)(1-p_2)}}$$

若隨機變數X和Y的相關係數 $\rho(X,Y)=0$， 則稱X和Y爲不相關 (uncorrelated)，若X和Y爲獨立，則 $\text{cov}(X,Y)=0$ 亦卽 $\rho(X,Y)=0$，讀者請注意， 反之若 $\rho(X,Y)=0$， 我們並不能因此說X和Y爲獨立，總而言之，隨機變數X，Y獨立必爲不相關，但是X和Y不相關則不一定爲獨立。嚴格地說，這裏所指的相關實爲線性相關(linear correlation)，卽 $\rho(X,Y)=0$ 表示X和Y並非線性相關而已。譬如在例9-6 中 $Y=X^2$ 顯然爲二次相關 (quadratic correlation)，但 $\rho(X,Y)=0$

接着我們討論 $g(x)$ 和 $h(y)$ 的共變數的計算如下:

設X和Y爲二隨機變數，a_1, a_2, b_1, b_2 爲任意常數，

$E(X)=\mu_1$，$E(Y)=\mu_2$，若 $S=a_1X+b_1$，$T=a_2Y+b_2$，則

$$\text{cov}(S,T)=\text{cov}(a_1X+b_1, a_2Y+b_2)=a_1a_2\text{cov}(X,Y) \quad (9\text{-}19)$$

上述結果可推廣如下:

設 $X_1, X_2, \cdots\cdots, X_n$ 和 $Y_1, Y_2, \cdots\cdots, Y_m$ 爲隨機變數， 其期望值分別爲

$$E(X_i)=\mu_i,\ i=1,2\cdots\cdots n,\quad E(Y_j)=\lambda_j,\quad j=1,2,\cdots\cdots,m$$

若
$$S=\sum_{i=1}^{n} a_i X_i,\ T=\sum_{j=1}^{m} b_j Y_j$$

則
$$\text{cov}(S,T)=\sum_{i=1}^{n}\sum_{j=1}^{m} a_i b_j \text{cov}(X_i, Y_j) \qquad (9\text{-}20)$$

9-6 多元隨機變數的變異數

基本性質

早先我們證明了隨機變數的線性組合的期望值等於各隨機變數期望

值的線性組合，但是變異數則沒有這種性質。

定理 9-12　若 X 和 Y 爲二隨機變數，a，b 爲二常數，則

$$V(aX+bY)=a^2V(X)+b^2V(Y)+2ab\,\mathrm{cov}(X,Y) \qquad (9\text{-}21)$$

證明：留爲習題

特例：

(i)　令 $Y=1$ 則 $V(aX+b)=a^2V(X)$

(ii)　令 $a=b=1$，則 $V(X+Y)=V(X)+V(Y)+2\,\mathrm{cov}(X,Y)$

若令 $a=1$，$b=-1$，則

$V(X-Y)=V(X)+V(Y)-2\,\mathrm{cov}(X,Y)$

(iii)　若 X 和 Y 爲獨立，由於 $\mathrm{cov}(X,Y)=0$

$$V(aX\pm bY)=a^2V(X)+b^2V(Y) \qquad (9\text{-}22)$$

若 $a=b=1$

$V(X\pm Y)=V(X)+V(Y)$

以上有關線性組合的變異數的結果可以推廣至 n 隨機變數 X_1，X_2，……，X_n 如下，對於任何常數 $a_1, a_2, \cdots\cdots, a_n$

$$V\left(\sum_{i=1}^{n} a_iX_i\right)=\sum_{i=1}^{n} a_i^2V(X_i)+2\sum_{i<j} a_ia_j\,\mathrm{cov}(X_i,X_j) \qquad (9\text{-}23)$$

若 $X_1, X_2, \cdots\cdots, X_n$ 爲相互獨立，則

(i) 當 $i\neq j$，$\mathrm{cov}(X_i,X_j)=0$

$$V\left(\sum_{i=1}^{n} a_iX_i\right)=\sum_{i=1}^{n} a_i^2V(X_i) \qquad (9\text{-}24)$$

(ii) 令 $a_1=a_2=\cdots\cdots a_n=1$，則

$$V\left(\sum_{i=1}^{n} X_i\right)=\sum_{i=1}^{n} V(X_i) \qquad (9\text{-}25)$$

隨機變數之和的變異數等於其變異數之和。

例 9-17 已知袋中有 4 小球分別標以 1，4，6，9 號。現若以放回方式隨機抽取 10 次，試求總和的期望值與變異數。

解： 設 X_i 爲第 i 次所抽到的數值，$i=1,2,\cdots\cdots,10$

由於每次取球爲放回方式，因此 $X_1, X_2, \cdots\cdots, X_{10}$ 爲相互獨立，同時 X_i 的機率函數均爲

$$P(X_i=j)=\begin{cases} 1/4 & j=1,4,6,9 \\ 0 & \text{其他} \end{cases}$$

$i=1,2,\cdots\cdots,10$

因此 $E(X_i)=5,\ E(X_i{}^2)=33.5$

即 $V(X_i)=(33.5)-5^2=8.5$

現設 $X=\sum_{i=1}^{10} X_i$

則 $E(X)=\sum_{i=1}^{10} E(X_i)=50$

$$V(X)=\sum_{i=1}^{10} V(X_i)=85$$

例 9-18 n 次獨立的柏努利試行的隨機試行中，$P(E)=p, P(E')=q$，若設 X 爲事件 E 發生的總次數，則 X 爲二項分布，換句話說，設

$$X_i=\begin{cases} 1 & \text{事件}E\text{發生} \\ 0 & \text{事件}E\text{不發生} \end{cases}$$

則 $X=\sum_{i=1}^{n} X_i$ 爲二項分布

$$E(X)=E\left(\sum_{i=1}^{n} X_i\right)=\sum_{i=1}^{n} E(X_i)=np$$

$$V(X)=V\left(\sum_{i=1}^{n} X_i\right)=\sum_{i=1}^{n} V(X_i)=npq$$

例 9-19　負二項分布的期望值和變異數亦可計算如下:

設E爲隨機試驗的一事件，$P(E)=p$，$P(E')=1-p=q$

X_1＝首次發生事件E所需重複試驗的次數

X_2＝首次發生事件E後至第二次發生事件E所需重複試驗的次數。

⋮

X_r＝第 $(r-1)$ 次發生事件E後至第 r 次發生E所需重複試驗的次數。

由於所有 X_i 爲獨立隨機變數，並且每一 X_i 均有幾何分布

$$E(X_i)=\frac{1}{p},\ V(X_i)=\frac{q}{p^2},$$

同時 $X=X_1+X_2+\cdots\cdots+X_r$，因此依據 (9-7) 式和 (9-25) 式而得

$$E(X)=E(X_1)+\cdots\cdots+E(X_r)=\frac{r}{p}$$

$$V(X)=V(X_1)+\cdots\cdots+V(X_r)=\frac{rq}{p^2}$$

例 9-20　在例 4-2 中曾經提及一個配對問題 (match problem)

現設有n人參加開心俱樂部舉行的晚會，將他們的外套交給衣帽間的管理員保管，散會時，管理員將外套隨機取出退還，設X表得回自己外套的總人數，試求$E(X)$ 和$V(X)$ 的值

解: 設想n人排成一列，依序從管理員手中取回一件外套

設　$$X_i=\begin{cases}1 & \text{若第 } i \text{ 人得回自己的外套}\\ 0 & \text{若所取回的外套並非自己的}\end{cases}$$

則　$$X=\sum_{i=1}^{n}X_i$$

由於 X_i 爲 $P=\frac{1}{n}$的柏努利試行，因此

$$E(X_i)=\frac{1}{n}$$

$$V(X_i)=\frac{1}{n}(1-\frac{1}{n})$$

$$E(X)=\sum_{i=1}^{n}E(X_i)=\sum_{i=1}^{n}\frac{1}{n}=1$$

因此平均僅有一人取得自己的外套

在本題中，取得自己的外套並非獨立事件，例如 $n=2$，若甲所取回外套不是自己的，則乙也不可能取得自己的外套。所以，在求 $V(X)$ 時，應用 (9-23) 式

$$V(X)=\sum_{i=1}^{n}V(X_i)+2\sum_{i<j}\sum\operatorname{cov}(X_i,X_j)$$

並且 $\operatorname{cov}(X_i,X_j)=E(X_iX_j)-E(X_i)E(X_j)$

$$X_iX_j=\begin{cases}1 & \text{若第 } i \text{ 人及第 } j \text{ 人均取回自己的外套}\\ 0 & \text{其他}\end{cases}$$

$$\begin{aligned}E(X_iX_j)&=P(X_i=1,X_j=1)\\&=P(X_i=1)P(X_j=1\mid X_i=1)\\&=\frac{1}{n(n-1)}\end{aligned}$$

因此 $\operatorname{cov}(X_i,X_j)=\frac{1}{n(n-1)}-\left(\frac{1}{n}\right)^2=\frac{1}{n^2(n-1)}$

即
$$\begin{aligned}V(X)&=\frac{n-1}{n}+2\binom{n}{2}\frac{1}{n^2(n-1)}\\&=\frac{n-1}{n}+\frac{1}{n}\\&=1\end{aligned}$$

9-7　再論相關係數

本節的主要目的在於證明定理 9-13。首先我們必須證明以下兩個結果。

(1) 若隨機變數X的期望值 $E(X)=\mu$，和變異數 $V(X)=\sigma^2$，

設$X^*=\dfrac{X-\mu}{\sigma}$，則$E(X^*)=0$　和$V(X^*)=1$

證明留爲習題

通常隨機變數 $X^*=\dfrac{X-\mu}{\sigma}$稱爲標準化隨機變數。

(2) X和Y之間的相關係數等於二相對應標準化隨機變數之間共變數，即 $\rho(X,Y)=\text{cov}(X^*,Y^*)$

證明：設 $X^*=\dfrac{X-\mu_1}{\sigma_1}$，$Y^*=\dfrac{Y-\mu_2}{\sigma_2}$

由於 $E(X^*)=E(Y^*)=0$　$V(X^*)=V(Y^*)=1$

$$\rho(X,Y)=\frac{E[(X-\mu_1)(Y-\mu_2)]}{\sigma_1\sigma_2}$$

$$=E\left[\left(\frac{X-\mu_1}{\sigma_1}\right)\left(\frac{Y-\mu_2}{\sigma_2}\right)\right]$$

$$=E[X^*Y^*]$$

$$= E(X^*Y^*) - E(X^*)E(Y^*)$$

$$= \text{cov}(X^*, Y^*)$$

定理 9-13 對於任意二隨機變數 X 和 Y

$$-1 \leq \rho(X, Y) \leq 1 \tag{9-26}$$

證明： 設 $X^* = \dfrac{X-\mu_1}{\sigma_1}$， $Y^* = \dfrac{Y-\mu_2}{\sigma_2}$

則 $$V(X^*-Y^*) = V(X^*) + V(Y^*) - 2\text{cov}(X^*, Y^*)$$
$$= 2 - 2\rho(X, Y)$$

由於 $V(X^*-Y^*) \geq 0$

因此 $$\rho(X, Y) \leq 1 \tag{9-27}$$

$$V(X^*+Y^*) = V(X^*) + V(Y^*) + 2\,\text{cov}(X^*, Y^*)$$
$$= 2 + 2\rho(X, Y)$$

由於 $V(X^*+Y^*) \geq 0$

因此 $$-1 \leq \rho(X, Y) \tag{9-28}$$

合併 (9-27) 和 (9-28) 即得 (9-26)

$$-1 \leq \rho(X, Y) \leq 1$$

二元常態分布

定義 9-4 若隨機變數 X 和 Y 的聯合機率密度函數爲

$$f(x, y) = \frac{1}{2\pi\sigma_1\sigma_2\sqrt{1-\rho^2}} e^{-\frac{q}{2}} \tag{9-29}$$

$$-\infty < x < \infty, \qquad -\infty < y < \infty$$

其中 $\sigma_1 > 0$，$\sigma_2 > 0$，$-1 < \rho < 1$

$$q = \frac{1}{1-\rho^2}\left[\left(\frac{X-\mu_1}{\sigma_1}\right)^2 - 2\rho\left(\frac{X-\mu_1}{\sigma_1}\right)\left(\frac{Y-\mu_2}{\sigma_2}\right) + \left(\frac{Y-\mu_2}{\sigma_2}\right)^2\right]$$

則稱 X 和 Y 爲二元常態分布 (bivariate normal distribution)。

定理 9-14　若隨機變數X和Y的聯合機率密度函數如 (9-29) 所示，則

(i)　X和Y的邊際分布分別為 $N(\mu_1, \sigma_1^2)$ 和 $N(\mu_2, \sigma_2^2)$

(ii)　參數ρ為　　　相關係數

(iii)　已知 $Y=y$ 時X的條件分布和已知 $X=x$ 時Y的條件分布分別為

$$N\left[\mu_1+\rho\frac{\sigma_1}{\sigma_2}(y-\mu_2),\ \sigma_1^2(1-\rho^2)\right]$$

和　$$N\left[\mu_2+\rho\frac{\sigma_2}{\sigma_1}(x-\mu_1),\ \sigma_2^2(1-\rho^2)\right]$$

讀者請注意定理 9-14(i) 的逆定理不成立。換句話說X和Y雖然均為常態分布，但却不能保證其聯合分布必為二元常態分布。

例 9-22　設已婚人士所成的羣體中，丈夫的身高 X_1 和妻子的身高 X_2 為二元常態分布，其參數 $\mu_1=5.8$ 呎，$\mu_2=5.3$呎，$\sigma_1=\sigma_2=0.2$呎，$\rho=0.6$，倘若已知 $x_1=6.3$，則 X_2 的條件機率密度函數為常態分布

$\mu_2=5.3+(0.6)(6.3-5.8)=5.6$

$$\sigma_2=0.2\sqrt{1-0.36}=0.16$$

因此　$x_1=6.3$時$\{5.28<X_2<5.92\}$ 的條件機率為

$$P(5.28<X_2<5.92\,|\,x_1=6.3)$$
$$=\Phi(2)-\Phi(-2)$$
$$=0.954$$

9-8　二元隨機變數的動差生成函數

定義 9-5　設二隨機變數X和Y具有聯合機率密度函數 $f(x, y)$，設 h_1，h_2 為二正數，若當 $-h_1<t_1<h_1$，$-h_2<t_2<h_2$ 時 $E(e^{t_1X+t_2Y})$ 存在，則以 $M(t_1, t_2)$ 表示，並稱之為X和Y的聯合分布的動差生成

函數。

$$M(t_1, t_2) = E(e^{t_1X+t_2Y})$$

$$= \begin{cases} \sum_x \sum_y e^{t_1x+t_2y}\, p(x, y) & \text{離散型隨機變數} \\ \int_{-\infty}^{\infty} \int_{-\infty}^{\infty} e^{t_1x+t_2y} f(x, y)\, dx\, dy & \text{連續型隨機變數} \end{cases}$$

正如單一隨機變數的情形一樣，動差生成函數 $M(t_1, t_2)$ 完全決定 X 和 Y 的聯合分布以及 X 和 Y 的邊際分布。事實上

$$M(t_1, 0) = E(e^{t_1X}) = M(t_1)$$

$$M(0, t_2) = E(e^{t_2Y}) = M(t_2)$$

另外，對於連續型的隨機變數

$$\frac{\partial^{k+m} M(t_1, t_2)}{\partial t_1{}^k\, \partial t_2{}^m} = \int_{-\infty}^{\infty} \int_{-\infty}^{\infty} x^k y^m e^{t_1x+t_2y} f(x, y)\, dx\, dy$$

因此

$$\left.\frac{\partial^{k+m} M(t_1, t_2)}{\partial t_1{}^k\, \partial t_2{}^m}\right|_{t_1=t_2=0} = \int_{-\infty}^{\infty} \int_{-\infty}^{\infty} x^k y^m f(x, y)\, dx\, dy$$

$$= E(X^kY^m) \tag{9-30}$$

例如，我們以簡化的符號表示如下:

$$\mu_1 = E(X) = \frac{\partial M(0, 0)}{\partial t_1} \tag{9-31}$$

$$\mu_2 = E(Y) = \frac{\partial M(0, 0)}{\partial t_2} \tag{9-32}$$

$$\sigma_1{}^2 = V(X) = E(X^2) - \mu_1{}^2 = \frac{\partial^2 M(0, 0)}{\partial t_1{}^2} - \mu_1{}^2 \tag{9-33}$$

$$\sigma_2{}^2 = V(Y) = E(Y^2) - \mu_2{}^2 = \frac{\partial^2 M(0, 0)}{\partial t_2{}^2} - \mu_2{}^2 \tag{9-34}$$

$$E[(X-\mu_1)(Y-\mu_2)] = \frac{\partial^2 M(0, 0)}{\partial t_1\, \partial t_2} - \mu_1 \mu_2 \tag{9-35}$$

以上諸式當X和Y爲離散型隨機變數時仍然成立。因此若X和Y的聯合分布的動差生成函數爲已知，則可利用該函數計算相關係數。

例 9-23　設連續隨機變數X和Y的聯合機率密度函數爲

$$f(x,y)=\begin{cases} e^{-y} & 0<x<y<\infty \\ 0 & \text{其他} \end{cases}$$

則該機率密度函數的動差生成函數爲

$$M(t_1,t_2)=\int_0^\infty\int_x^\infty e^{t_1x+t_2y-y}\,dy\,dx$$

$$=\frac{1}{(1-t_1-t_2)(1-t_2)}$$

若　$t_1+t_2<1$　$t_2<1$

因此可計算得出　$\mu_1=1$　$\mu_2=2$

$$\sigma_1{}^2=1 \quad \sigma_2{}^2=2$$

$E[(X-\mu_1)(Y-\mu_2)]=1$，X和Y的相關係數 $\rho=\dfrac{1}{\sqrt{2}}$

附帶一提，X和Y的邊際分布的動差生成函數分別是

$$M(t_1,0)=\frac{1}{1-t_1} \qquad t_1<1$$

$$M(0,t_2)=\frac{1}{(1-t_2)^2} \qquad t_2<1$$

以上兩動差生成函數所對應的二邊際機率密度函數分別如下所示

$$f_1(x)=\int_x^\infty e^{-y}\,dy=e^{-x} \qquad 0<x<\infty$$

$$=0 \qquad \text{其他}$$

$$f_2(y)=e^{-y}\int_0^y dx=ye^{-y} \qquad 0<y<\infty$$

$$=0 \qquad \text{其他}$$

9-9　再論隨機獨立

在第七章中，我們已定義二隨機變數爲隨機獨立的意義，並且曾證明一些定理，本節將討論二隨機變數爲獨立時，一些有關期望値和動差生成函數的定理。

定理 9-13　設二獨立隨機變數X和Y的邊際機率密度函數分別爲$f_1(x)$和$f_2(y)$，並且$u(X)$爲僅含X的函數，$v(Y)$爲僅含Y的函數，若$E[u(X)v(Y)]$存在，則

$$E[u(X)v(Y)]=E[u(X)]E[v(Y)] \tag{9-36}$$

早先我們曾提及若一機率分布的動差生成函數存在，則具有唯一性，因此它可唯一決定該機率分布的性質。以下我們要證明一個相當有用的關於獨立隨機變數的定理。

定理 9-15　設隨機變數X和Y的聯合機率密度函數爲$f(x, y)$，其邊際機率密度函數分別爲$f_1(x)$和$f_2(y)$，並且$M(t_1, t_2)$爲該聯合分布的動差生成函數，則X和Y爲隨機獨立的充要條件爲

$$M(t_1, t_2)=M(t_1, 0)M(0, t_2) \tag{9-37}$$

若X和Y爲隨機獨立，則聯合分布的動差生成函數可分解爲個別邊際分布的動差生成函數的乘積，證明留爲習題。

其次，若$M(t_1, t_2)=M(t_1, 0)M(0, t_2)$。$X$有唯一的動差生成函數，在連續情形爲

$$M(t_1, 0)=\int_{-\infty}^{\infty} e^{t_1 x} f_1(x)\,dx$$

同理，Y 的唯一動差生成函數，在連續情形爲

$$M(0, t_2) = \int_{-\infty}^{\infty} e^{t_2 y} f_2(y)\, dy$$

因此，

$$M(t_1, 0) M(0, t_2) = \left[\int_{-\infty}^{\infty} e^{t_1 x} f_1(x)\, dx \right]\left[\int_{-\infty}^{\infty} e^{t_2 y} f_2(y)\, dy \right]$$

$$= \int_{-\infty}^{\infty} \int_{-\infty}^{\infty} e^{t_1 x + t_2 y} f_1(x) f_2(y)\, dx\, dy$$

但因已知 $M(t_1, t_2) = M(t_1, 0) M(0, t_2)$，所以

$$M(t_1, t_2) = \int_{-\infty}^{\infty} \int_{-\infty}^{\infty} e^{t_1 x + t_2 y} f_1(x) f_2(y)\, dx\, dy$$

然而 $M(t_1, t_2)$ 爲 X 和 Y 的動差生成函數，因此

$$M(t_1, t_2) = \int_{-\infty}^{\infty} \int_{-\infty}^{\infty} e^{t_1 x + t_2 y} f(x, y)\, dx\, dy$$

由動差生成函數的唯一性，得知

$$f(x, y) = f_1(x) f_2(y)$$

所以若 $M(t_1, t_2) = M(t_1, 0) M(0, t_2)$，則 X 和 Y 爲獨立。

若 X, Y 爲離散隨機變數，則將證明中的積分符號以總和符號取代即可。

例 9-24　三項分布的動差生成函數，對於所有實數值 t_1 和 t_2，

$$M(t_1, t_2) = E(e^{t_1 i + t_2 j})$$

$$= \sum_{i=0}^{n} \sum_{j=0}^{n-i} \frac{n!}{i!\, j!\, (n-i-j)!} (p_1 e^{t_1})^i (p_2 e^{t_2})^j (1 - p_1 - p_2)^{n-i-j}$$

$$= [p_1 e^{t_1} + p_2 e^{t_2} + (1 - p_1 - p_2)]^n$$

同時　$M(t_1, 0) = [p_1 e^{t_1} + p_2 + (1 - p_1 - p_2)]^n$

$$= [(1 - p_1) + p_1 e^{t_1}]^n$$

$$M(0, t_2)=〔p_1+p_2 e^{t_2}+(1-p_1-p_2)〕^n$$
$$=〔(1-p_2)+p_2 e^{t_2}〕^n$$

由定理 9-15 可知X和Y爲隨機相依。

例 9-25 二元常態分布的動差生成函數爲

$$M(t_1, t_2)=\exp\left[\mu_1 t_1+\mu_2 t_2+\frac{{\sigma_1}^2{t_1}^2+2\rho\sigma_1\sigma_2 t_1 t_2+{\sigma_2}^2{t_2}^2}{2}\right] \qquad (9\text{-}38)$$

其導衍過程相當複雜，感興趣的讀者請參閱〔2〕。

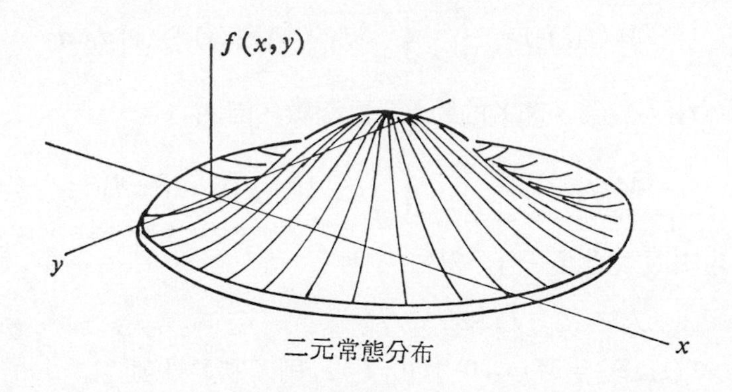

二元常態分布

讀者請注意：在上式中，若 $\rho=0$，則

$$M(t_1, t_2)=M(t_1, 0)M(0, t_2)$$

因此當 $\rho=0$，則X和Y爲獨立。

反之，若 $M(t_1, t_2)=M(t_1, 0)M(0, t_2)$ 則 $e^{\rho\sigma_1\sigma_2 t_1 t_2}=1$

由於 $\sigma_1>0$，$\sigma_2>0$，因此 $\rho=0$

定理 9-16 若X和Y爲參數是期望值 μ_1, μ_2，變異數 ${\sigma^2}_1, {\sigma_2}^2$ 和相關係數 ρ 的二元常態分布，則X和Y爲獨立的充要條件是 $\rho=0$。

早先在 9-5 節中，我們曾提到若隨機變數X和Y爲獨立，則其相關係數 $\rho=0$，但 $\rho=0$ 不一定得到X和Y爲獨立的結論。然而由定理 9-16 可知若X和Y爲二元常態分布時，X和Y爲獨立和 $\rho=0$ 同義 。

設隨機變數 $X_1, X_2, \cdots\cdots, X_n$ 的聯合機率密度函數爲 $f(x_1, x_2, \cdots\cdots, x_n)$，同時其邊際機率密度函數分別爲 $f_1(x_1), f_2(x_2), \cdots\cdots, f_n(x_n)$，則$X$和$Y$爲隨機獨立的定義可推廣爲 $X_1, X_2, \cdots\cdots, X_n$ 是相互隨機獨立如下:

定義 9-5 隨機變數 $X_1, X_2, \cdots\cdots, X_n$ 爲相互隨機獨立的充要條件是

$$f(x_1, x_2, \cdots\cdots, x_n) \equiv f_1(x_1) f_2(x_2) \cdots\cdots f_n(x_n)$$

依據定義 9-5，立即可得以下結果:

(1) $$P(a_1<X_1<b_1, a_2<X_2<b_2, \cdots\cdots, a_n<X_n<b_n)$$
$$= P(a_1<X_1<b_1) P(a_2<X_2<b_2) \cdots\cdots P(a_n<X_n<b_n)$$
$$= \prod_{i=1}^{n} P(a_i<X_i<b_i) \tag{9-39}$$

(2) $$E[u_1(X_1) u_2(X_2) \cdots\cdots u_n(X_n)]$$
$$= E[u_1(X_1)] E[u_2(X_2)] \cdots\cdots E[u_n(X_n)]$$

即 $$E\left[\prod_{i=1}^{n} u_i(X_i)\right] = \prod_{i=1}^{n} E[u_i(X_i)] \tag{9-40}$$

定義 9-6 設 h_i 爲正數，$-h_i<t_i<h_i$ $\quad i=1, 2, \cdots\cdots, n$

若 $E[\exp(t_1X_1+t_2X_2+\cdots\cdots+t_nX_n)]$ 存在，則以 $M(t_1, t_2, \cdots\cdots, t_n)$ 表示，稱爲 $X_1, X_2, \cdots\cdots, X_n$ 的聯合分布之動差生成函數。

例如，X_i 的邊際分布的動差生成函數爲

$M(0,0,\cdots\cdots,0,t_i,0,0,\cdots\cdots,0)$ 而 X_i 和 X_j 的邊際分布的動差生成函數以

$$M(0,0,\cdots\cdots,0,t_i,0,\cdots\cdots,0,t_j,0,\cdots\cdots,0)$$

表示等等。

(3) 隨機變數 $X_1,X_2,\cdots\cdots,X_n$ 爲相互獨立的充要條件爲

$$M(t_1,t_2,\cdots\cdots,t_n)=\prod_{i=1}^{n}M(0,0,\cdots\cdots,0,t_i,0,0,\cdots\cdots,0) \tag{9-41}$$

9-10 條件期望值

我們的目的在於定義已知其中一隨機變數的數值的情況下，二隨機變數X和Y函數的條件期望值，首先研究一下較簡單的情形。

定義 9-7 設X和Y爲二隨機變數，則已知 $Y=y$ 時的X的條件期望值以 $E(X|Y=y)$ 表示，界定爲

$$E(X|Y=y)=\begin{cases}\sum\limits_{i=1}^{\infty}x_i\,p(x_i|y) & \text{離散狀況}\\ \int_{-\infty}^{\infty}xg(x|y)\,dx & \text{連續狀況}\end{cases}$$

$E(Y|x)$ 也可以類似的方法定義。條件期望值的含意如下：由於 $g(x|y)$ 爲已知 $Y=y$ 時的X的條件機率密度函數，$E(X|y)$ 爲在以事件 $\{Y=y\}$ 爲條件之下的X的期望值。例如 X 和 Y 分別代表成年男子的身高和體重，則 $E(X|Y=60)$ 代表體重爲 60 公斤的成年男子的平均身高。

若X和Y爲獨立，則$E(X|Y=y)=E(X)$，進一步說，若h爲X和Y的實數值函數，則

$$E(h(X,Y)\,|\,Y=y)=\begin{cases}\sum_{x_i} h(x_i,y)\,p(x_i|y) & \text{離散狀況}\\ \int_{-\infty}^{\infty} h(x,y)\,g(x|y)\,dx & \text{連續狀況}\end{cases}$$

例 9-26　設隨機變數X和Y的聯合機率密度函數爲

$$f(x,y)=\begin{cases}6xy(2-x-y) & 0<x<1,\ 0<y<1\\ 0 & \text{其他}\end{cases}$$

試求 $E(X|Y=y)$

解:

$$\begin{aligned}f_2(y)&=\int_0^1 f(x,y)\,dx\\ &=\int_0^1 6xy(2-x-y)\,dx\\ &=\int_0^1 (12xy-6x^2y-6xy^2)\,dx\\ &=\left(6x^2y-2x^3y-3x^2y^2\Big|_0^1\right)\\ &=6y-2y-3y^2\\ &=4y-3y^2\\ &=y(4-3y)\end{aligned}$$

$$g(x|y)=\frac{f(x,y)}{f_2(y)}=\frac{6xy(2-x-y)}{y(4-3y)}$$

$$=\begin{cases}\dfrac{6x(2-x-y)}{4-3y} & 0<y<1\\ 0 & \text{其他}\end{cases}$$

$$E(X|Y=y)=\int_{-\infty}^{\infty} xg(x|y)\,dx$$

$$=\frac{6}{4-3y}\int_0^1 x\cdot x(2-x-y)\,dx$$

$$=\frac{6}{4-3y}\left[\frac{2x^3}{3}-\frac{x^4}{4}-\frac{yx^3}{3}\right]_0^1$$

$$=\frac{1}{2}\left(\frac{5-4y}{4-3y}\right) \qquad 0<y<1$$

讀者請注意: $E(X|Y)=\frac{1}{2}\left(\frac{5-4Y}{4-3Y}\right)$ 爲一個隨機變數，是隨機變數 Y 的函數，當 $Y=y$，其值爲 $\frac{1}{2}\left(\frac{5-4y}{4-3y}\right)$。

正如條件機率仍然適用非條件機率的一切運算，非條件期望值的運算性質對於條件期望值仍然適用。例如:

$$E[ah_1(X,Y)+bh_2(X,Y)|y_0]$$
$$=aE[h_1(X,Y)|y_0]+bE[h_2(X,Y)|y_0] \qquad (9\text{-}42)$$

定義 9-8 若已知 $Y=y$，則隨機變數 X 的條件變異數以 $V(X|Y=y)$ 或 $V(X|y)$ 表示，界定爲

$$V(X|Y=y)=E[(X-E(X|y))^2|Y=y]$$

$$=\begin{cases}\sum_{x_i}(x_i-E(X|y))^2p(x_i|y) & \text{離散狀況}\\ \int_{-\infty}^{\infty}(x-E(X|y))^2g(x|y)\,dx & \text{連續狀況}\end{cases}$$

所有非條件變異數的性質對於條件變異數仍然成立，例如

$$V(X|Y=y)=E[X^2|Y=y]-[E(X|Y=y)]^2 \qquad (9\text{-}43)$$

例 9-27　設X和Y的聯合機率密度函數為

$$f(x,y)=\begin{cases}2 & 0<x<y<1\\ 0 & \text{其他}\end{cases}$$

試求 $E(X|y)$ 和 $V(X|y)$

解:

$$f_2(y)=\int_0^y 2\,dx=2y \qquad 0<y<1$$

$$=0 \qquad \text{其他}$$

$$f(x|y)=\frac{2}{2y}=\frac{1}{y} \qquad 0<x<y,\ 0<y<1$$

$$=0 \qquad \text{其他}$$

因此　$$E(X|y)=\int_{-\infty}^{\infty} x f(x|y)\,dx$$

$$=\int_0^y x\left(\frac{1}{y}\right)dx=\frac{1}{2}y \qquad 0<y<1$$

$$V(X|y)=E[X^2|Y=y]-[E(X|Y=y)]^2$$

$$=\int_0^y x^2\left(\frac{1}{y}\right)dx-\left(\frac{1}{2}y\right)^2$$

$$=\frac{y^3}{3}\cdot\frac{1}{y}-\frac{y^2}{4}=\frac{1}{12}y^2 \qquad 0<y<1$$

當討論多於一個隨機變數的問題時，利用條件法 (method of conditioning) 解題通常不失為一個簡便的方法。因為既然 $E(X|Y)$ 為一個隨機變數，因此當它存在時，討論其期望值並非無意義之舉。由於 $E(X|Y)$ 為Y的函數，當我們求 $E(X|Y)$ 的期望值，即 $E(E(X|Y))$，自然要用到Y的分布。

定理 9-17 $E[E(X|Y)]=E(X)$ (9-44)

$E[E(Y|X)]=E(Y)$ (9-45)

證明： 在此僅證明連續的情況

$$E(X)=\int_{-\infty}^{\infty}\int_{-\infty}^{\infty}xf(x,y)\,dy\,dx$$

$$=\int_{-\infty}^{\infty}\left[\int_{-\infty}^{\infty}x\frac{f(x,y)}{f_2(y)}dx\right]f_2(y)\,dy$$

但是 $$\int_{-\infty}^{\infty}x\frac{f(x,y)}{f_2(y)}dx=\int_{-\infty}^{\infty}xg(x|y)\,dx=E[X|y]$$

因此 $$E(X)=\int_{-\infty}^{\infty}E(X|y)f_2(y)\,dy$$

$$=E[E(X|Y)]$$

若X和Y爲離散隨機變數，則

$$E[E(X|Y)]=\sum_{y=1}^{n}E(X|Y=y)\,P(Y=y)$$

讀者請注意： 當利用 $E(X)=E[E(X|Y)]$ 求 $E(X)$ 時，裏面的期望值，即 $E(X|Y)$，爲對 $f(x|y)$ 計算，外面的期望值則對 $f_2(y)$ 計算。

例 9-28 設 X_t 爲在時間區間 t 內打入某校總機的電話個數，設 X_t 爲參數是 αt 的波瓦松分布，若接線生回答任一電話的機率爲 p，$0\leq p\leq 1$，試求在時間區間 t 內，回答的電話個數的期望值。

解： （法一）設 Y_t 爲在時間區間 t 內接線生回答的電話個數，則由例 6-16 可知 Y_t 爲參數是 $p\alpha t$ 的波瓦松分布

因此 $E(Y_t)=p\alpha t$

（法二） $E(Y_t)=E[E(Y_t|X_t)]$

設有 X_t 個電話打入，則 Y_t 爲 $n=X_t$ 和成功的機率爲 p 的二項分布，即

$$E(Y_t|X_t)=X_t p$$

因此　$E(Y_t)=E(X_t p)=pE(X_t)=p\alpha t$

例 **9-29**　某心理學家進行智力試驗，將一隻老鼠置入有三出口的迷宮中，其中第一個出口的通道走了 5 分鐘後回到原處，第二個出口的通道走了 10 分鐘後回到原處，第三個出口的通道走了 12 分鐘後的終點有一塊乳酪，（假設老鼠無記憶性，每次選擇任一出口均爲獨立）設老鼠每次選擇任一出口的機率均相同，試問平均經過多久方可吃到乳酪?

解：設 X 爲老鼠吃到乳酪所花費的時間（以分爲單位），並設 Y 表老鼠所選出口號碼，則

$$\begin{aligned}E(X)&=E[E(X|Y)]\\&=E[X|Y=1]P(Y=1)+E[X|Y=2]P(Y=2)\\&\quad+E[X|Y=3]P(Y=3)\\&=\frac{1}{3}[E(X|Y=1)+E(X|Y=2)+E(X|Y=3)]\end{aligned}$$

若老鼠選擇第一個出口，則走了 5 分鐘後又回到原處，一旦回到原處，則牠又面臨相同的問題，牠能得到乳酪的時間仍爲 $E(X)$，因此

$$E(X|Y=1)=5+E(X)$$

同理　$E(X|Y=2)=10+E(X)$

$$E(X|Y=3)=12$$

所以　$E(X)=\dfrac{1}{3}(5+E(X)+10+E(X)+12)$

即　$E(X)=27$

例 9-30　設X和Y爲連續隨機變數，其聯合機率密度函數爲

$$f(x,y)=\begin{cases} n(n-1)(y-x)^{n-2} & 0\le x\le y\le 1 \\ 0 & \text{其他} \end{cases}$$

試求　$E(Y|x)$ 及 $E(Y)$

解:

$$f_1(x)=n(n-1)\int_x^1 (y-x)^{n-2}\,dy=n(1-x)^{n-1} \qquad 0\le x\le 1$$

$$f(y|x)=\frac{(n-1)(y-x)^{n-2}}{(1-x)^{n-1}} \qquad x\le y\le 1$$

$$=0 \qquad \text{其他}$$

因此，當 $0\le x<1$

$$E(Y|X=x)=\int_{-\infty}^{\infty} yf(y|x)\,dy$$

$$=(n-1)(1-x)^{1-n}\int_x^1 y(y-x)^{n-2}\,dy$$

$$=(n-1)(1-x)^{1-n}\int_x^1 [(y-x)^{n-1}+x(y-x)^{n-2}]\,dy$$

$$=(n-1)(1-x)^{1-n}\left[\frac{(1-x)^n}{n}+\frac{x(1-x)^{n-1}}{n-1}\right]$$

$$=\frac{(n-1)(1-x)}{n}+x$$

$$=\frac{n-1+x}{n}$$

$$E(Y)=\int_{-\infty}^{\infty} E[Y|X=x]f_1(x)\,dx$$

$$=\int_{-\infty}^{\infty}\left(\frac{n-1+x}{n}\right)n(1-x)^{n-1}\,dx$$

$$=n\int_0^1(1-x)^{n-1}dx-\int_0^1(1-x)^n dx$$

$$=1-\frac{1}{n+1}=\frac{n}{n+1}$$

例 9-31　設N爲任一天光顧日新雜貨店的人數平均是 20 人的隨機變數，並且設每位顧客購買的錢數爲平均數30元的獨立隨機變數，同時每位顧客的花費也與進入該店的總人數爲獨立，試求任一天該店的平均收入錢數。

解: 設N爲進入日新雜貨店的人數，並設 X_i 爲第 i 位顧客所花費的錢數，則總花費 $X=\sum_{i=1}^{N}X_i$

$$E(X)=E[E(X|N)]$$

但是　$E(X|N=n)=E[\sum_{i=1}^{N}X_i|N=n]$

$$=E[\sum_{i=1}^{n}X_i]=nE(X_i)$$

所以　$E(X)=E(NE(X_i))=E(N)E(X_i)$

$$=20\cdot 30=600$$

最後略討論三個變數以上的情況，設 $X_1, X_2, \cdots\cdots, X_n$ 爲 n 個隨機變數，若 $f_1(x_1)>0$，則 $f(x_2, x_3, \cdots\cdots, x_n|x_1)$ 界定爲

$$f(x_2,x_3,\cdots\cdots,x_n|x_1)=\frac{f(x_1,x_2,\cdots\cdots,x_n)}{f_1(x_1)}$$

並且 $f(x_2,x_3,\cdots\cdots,x_n|x_1)$ 稱爲已知 $X_1=x_1, X_2,\cdots\cdots,X_n$ 的聯合條件機率密度函數。

一般而言，若 $f_i(x_i)>0$，則已知 $X_i=x_i$ 時任意 $n-1$ 個隨機變數 $X_1,\cdots\cdots,X_{i-1},X_{i+1},\cdots\cdots,X_n$ 的聯合條件機率密度函數界定爲 $X_1, X_2,$

……, X_n 的聯合機率密度函數被邊際機率密度函數 $f_i(x_i)$ 除。另外，若 $f_1(x_1)>0$，則條件期望值界定爲

$$E[h(X_2,\cdots\cdots,X_n)\mid x_1]$$

$$=\int_{-\infty}^{\infty}\cdots\cdots\int_{-\infty}^{\infty}h(x_2,\cdots\cdots,x_n)f(x_2\cdots\cdots x_n\mid x_1)\,dx_2,\cdots\cdots,dx_n$$

若隨機變數爲離散型，則上述公式中積分號以總和號（Summation）取代。

9-11　本章提要

本章主要在討論多元隨機變數期望值與變異數的一些性質，以及介紹以相關係數表示二隨機變數的相關密切程度。同時說明在知道多元隨機變數期望值的求法之後，利用這種概念，計算一些隨機變數的分布的期望值要方便得多。另一方面則討論了多元隨機變數的動差生成函數，利用動差生成函數法求取具有再生性的多元隨機變數函數的分布，非常方便。在本章中值得特別提出的求期望值和變異數的方法是如例題 9-18 至9-20 所用的解法，就是如果一個隨機試行只有成功或失敗兩種可能，若進行 n 次，則可以設 X_i 表第 i 次爲成功或者失敗，如果爲成功則 $X_i=1$，否則 $X_i=0$，$X=\sum_{i=1}^{n}X_i$ 就是 n 次中成功的總次數，然後利用 (9-7) 式和 (9-23) 式可以求得 X 的期望值和變異數。

參考書目

1. R. V. Hogg, A. T. Craig *Introduction to mathematical statistics* 4th ed. MacMillan 1978
2. R. Khazanie *Basic probability theory and applications* Goodyear Publishing Co. 1976
3. R. E. Walpole, R. H. Myers *Probability and Statistics for Engineers and Scientists* 2nd ed. MacMillan Co. 1978
4. C. P. Tsokos *Probability Distributions: An Introduction to Probability Theory with Applications* Wadworth Publishing Co. 1972

習 題 九

1. 一袋中有大小相同的球 n 個，每球標一數，設此 n 數爲 $1, 2, 3 \cdots\cdots n$，現某人自袋中任取一球，並猜其數，看其是否猜中。每取一球放回後再取次一球，共猜 n 次，試求猜中次數的期望值與變異數?

2. 若 X, Y 分別爲期望值爲 λ_1 和 λ_2 的獨立波氏分布，試求 $E(X|X+Y=n)$ 的值?

3. 若 X 和 Y 爲獨立二項分布隨機變數，其二參數均爲 n 和 p，試求當 $X+Y=m$ 時 X 的條件機率函數?

4. 已知一實驗可得出的可能出象有三種，出象 i 發生的機率爲 p_i $i=1, 2, 3$。$\sum_{i=1}^{3} p_i=1$。現重複施行該實驗 n 次，並設 X_i 表出象 i 發生的總次數，試求已知 $X_2=m$ 時 X_1 的條件分布。

5. 已知 X 和 Y 的聯合機率密度函數爲

$$f(x, y)=\begin{cases} 4y(x-y)e^{-(x+y)} & 0<x<\infty,\ 0\leq y\leq x \\ 0 & \text{其他} \end{cases}$$

試求 $E(X|Y=y)$

6. 已知 X 和 Y 的聯合機率密度函數爲

$$f(x, y)=\begin{cases} \frac{1}{2}ye^{-xy} & 0<x<\infty,\ 0<y<2 \\ 0 & \text{其他} \end{cases}$$

試求 $E[e^{\frac{X}{2}}|Y=1]$

7. 已知兩隨機變數 X（價格）和 Y（數量）的聯合機率分布如下表所示

Y \ X	0.5	0.1	0.2
3	0.05	0.1	0.2
4	0.01	0.2	0.04
5	0.30	0.09	0.01

(1) 試求X的邊際分布

(2) 試求Y的邊際分布

(3) 已知 $Y=4$，試求X的條件機率

(4) 已知 $X=0.2$，試求Y的條件機率

(5) 試求 $E(X)$，$V(X)$

(6) 試求 $E(Y)$，$V(Y)$

(7) 試求X和Y的互變異數

(8) X和Y是否爲獨立？爲什麼？

8. 已知二隨機變數X和Y的聯合機率密度函數 $f(x,y)$ 如下

X \ Y	0	1	3	4
1	0.1	0.1	0	0.2
2	0.3	0	0.2	0.1

(1) 試求X和Y的邊際分布

(2) 試求 $P(Y=3|X=2)$ 與 $P(X=1|Y=0)$

(3) 試求下列機率函數

(a) $U=X+Y$

(b) $V=Y-X$

(4) 試求 $E(XY)$ 與 $V(XY)$

(5) 試求 $E(X+Y)$ 與 $V(X+Y)$

(6) 試計算相關係數 ρ 的值

9. 設隨機變數 X, Y 滿足 $E(XY)=E(X)E(Y)$，試舉例說明 X 和 Y 不一定獨立。

10. 試求 (1) 二正數之和為 8，乘積超過 15 的機率

(2) 二正數之和在 8 以下，乘積超過 15 的機率

11. 擲一枚均勻硬幣三次，設以隨機變數 X 表示前二次出現正面的次數 Y 表示後二次出現正面的次數

(1) 試求 X, Y 的聯合機率函數

(2) 試計算 $P(X<Y)$

(3) 試計算 $P(X+Y\leq 2|1\leq X+Y\leq 3)$

12. 已知隨機變數 X 和 Y 的聯合機率函數如下

Y \ X	0	1
0	$\frac{(N-n)(N-n-1)}{N(N-1)}$	$\frac{n(N-n)}{N(N-1)}$
1	$\frac{n(N-n)}{N(N-1)}$	$\frac{n(n-1)}{N(N-1)}$

求其共變數 $\text{cov}(X,Y)$ 的值，但 $N-1>n>1$

13. 已知二隨機變數 X（價格）和 Y（數量）的聯合機率分布如下表

Y \ X	0.5	0.2	0.1
3	0.05	0.2	0.1
4	0.01	0.04	0.2
5	0.30	0.01	0.09

(1) 試分別求 X, Y 的邊際分布及期望值和變異數

(2) 已知 $Y=4$ 時求 X 的條件機率

(3) 已知 $X=0.2$ 時求 Y 的條件機率

(4) 試求 X 和 Y 的共變數

(5) 試問 X 和 Y 是否獨立? 爲什麼?

14. 在一批製成品中，不良品的比率爲 $\frac{1}{4}$，若自製成品中隨機任取一件，令 X 表隨機變數，若所取爲不良品，則 $X=1$，否則 $X=0$

(1) 若 S_n 表示自批中隨機抽取 100 件時，所觀測發現的不良品總數，試求 S_n 的機率分布與標準差

(2) 某人已自批中抽取 100件，求不良品數大於或等於 30 件的機率（必須考慮修正項）。

15. 六粒骰子，一擲而得點數和爲 10 的機率爲若干?

16. 已知隨機變數 X_1 和 X_2 的聯合機率密度函數爲

$$f(x_1,x_2)=\begin{cases}1 & 0\leq x_1\leq 1,\ 0\leq x_2\leq 1\\ 0 & \text{其他}\end{cases}$$

試求 (1) $F(0.2,0.4)$ 的值

(2) $P(0.1\leq X_1\leq 0.3,\ 0\leq X_2\leq 0.5)$

17. 設隨機變數 X_1 和 X_2 的聯合機率密度函數爲

$$f(x_1,x_2)=\begin{cases}2x_1 & 0\leq x_1\leq 1,\ 0\leq x_2\leq 1\\ 0 & \text{其他}\end{cases}$$

(1) 試繪 $f(x_1,x_2)$

(2) 試分別求 X_1 和 X_2 的邊際密度函數

(3) X_1 和 X_2 是否爲獨立隨機變數

18. 一袋中有 3 紅球，4 白球和 5 黑球，現隨機自其中抽取 3 球，若以 R 和 W 分別表抽到的紅球和白球個數，R 和 W 的聯合機率密度函數

$$p(i,j)=P(R=i,W=j)\qquad i=0,1,2,3,\ j=0,1,2,3$$

(1) 試求 $p(i,j)$

(2) 試求邊際機率 $p(i)$，$p(j)$

19. 隨機變數X和Y的聯合機率密度函數爲

$$f(x,y)=\begin{cases} e^{-(x+y)} & 0<x<\infty,\ 0<y<\infty \\ 0 & 其他 \end{cases}$$

試求 $Z=X/Y$ 的機率密度函數

20. 王萍和丁成相約在「老地方」見面，若各人到達該地點分別爲在 12 點至到下午一點的均等分布，試求先到者必須等待對方多於 10 分鐘的機率?

21. 設X,Y,Z分別爲獨立的 $(0,1)$ 的均等分布，試計算 $P(X>YZ)$。

22. 設二獨立隨機變數X和Y均爲 $(0,1)$ 的均等分布， 試求 $Z=X+Y$ 的機率分布?

23. 設X和Y的聯合機率密度函數爲

$$f(x,y)=\begin{cases} \frac{1}{y}e^{-\frac{x}{y}}e^{-y} & 0<x<\infty,\ 0<y<\infty \\ 0 & 其他 \end{cases}$$

試求 $P(X>1|Y=y)$

24. 設 X 表投擲一粒紅色骰子出現的點數， Y 表投擲一粒綠色骰子出現的點數，試求:

(1) $E(X+Y)$　　(2) $E(X-Y)$　　(3) $E(XY)$

25. 假設X,Y爲獨立隨機變數，其機率密度函數分別爲

$$f(x)=\begin{cases} \frac{8}{x^3} & x>2 \\ 0 & 其他 \end{cases}$$

$$g(y)=\begin{cases} 2y & 0<y<1 \\ 0 & 其他 \end{cases}$$

試求 $Z=XY$ 的期望值

26. 若隨機變數X和Y的聯合機率密度函數爲

$$f(x,y)=\begin{cases} 2y_1 & 0\leq x\leq 1,\ 0\leq y\leq 1 \\ 0 & 其他 \end{cases}$$

試求　(1) $E(XY)$

(2) $E(X)$

(3) $V(X)$

27. 某生產線的品管計畫爲每天隨機抽取 $n=10$ 個產品爲樣本，並且 X 表其中不良品個數，若 p 爲發現一不良品的機率，若該生產線的產量頗多的話，則 X 爲一個二項分布，設 p 值每天不同，呈 $\left(0, \frac{1}{4}\right)$ 的均等分布，試求任一天的平均不良個數?

28. 若一公正骰子投擲 10 次，試求其期望點數和的值?

29. 若 X 和 Y 的聯合機率密度函數爲

$$f(x, y)=\begin{cases} \frac{1}{y}e^{-\frac{x}{y}}e^{-y} & 0<x<\infty,\ 0<y<\infty \\ 0 & \text{其他} \end{cases}$$

(1) 試求 $E(X|Y=y)$ 的值

(2) 試求 X 和 Y 的聯合動差生成函數

(3) 試求 X 和 Y 的個別動差生成函數

30. 在例 9-2 中若令 $Z=\min(X, Y)$，試求 $E(Z)$的值。

31. (1) 若 $N=50, P=0.3$，試決定 k 值使例 9-7 中$E(Z)$爲最小。

(2) 若 $N=50$，$P=0.3$，試決定 $k=5, 10, 15$時分組化驗是否較個別化驗爲佳。

32. 若 X, Y 爲二隨機變數，a，b 爲二常數，試證明

$V(aX+bY)=a^2V(X)+b^2V(Y)+2ab\text{cov}(X, Y)$

第十章　極限定理

10-1　緒　　論

在第九章中我們對多元隨機變數的函數，諸如平均值 (average) 或和 (sum) 經常感到興趣。然而不幸的是，應用第九章方法求取多元隨機變數函數的機率分布的時候，可能遭遇難以處置的數學問題。因此，我們需要一些簡單的方法，以求得隨機變數函數的機率分布的近似分布。

在本章中，我們將討論當變數個數 n 變得很大（趨向無限大）時，隨機變數函數的一些性質。例如，我們將會看到對於大的 n 值，即使 n 為定值時，有些隨機變數的函數很難求得其精確分布(exact distribution)，却可能很容易地求出它的近似分布。

極限定理是機率理論中最重要的理論結果，我們在第六章中看到諸如二項分布可為超幾何分布的極限分布，或波氏分布可為二項分布的極限分布，它們所依據的理論都將在本章中討論證明。其中最重要的是大數法則和中央極限定理。

10-2　機率收斂

設一硬幣於投擲一次時，出現正面的機率爲 p，$0\leq p\leq 1$，現在若投擲 n 次，則會觀察到正面出現多少次呢？設若出現 x 次，直覺告訴我們 $\frac{x}{n}$ 這個比值可以做爲 p 值的估計，雖然我們的假定和直覺在很多估計問題上可能正確，但是並非大的樣本量 (sample size) 必定可以導致較佳的估計值，因此這個例子引發了一個出現於所有估計問題上的疑問。到底估計值和它的目標參數 (target parameter) 之間的隨機距離 (random distance) 是多少呢？

假如用符號表示，設 X 表投擲 n 次硬幣所觀察到的正面次數，則期望值 $E(X)=np$，變異數 $V(X)=np(1-p)$，測度 $\frac{X}{n}$ 和 p 的接近程度的方法之一是檢視 $\left|\frac{X}{n}-p\right|$ 小於某一事先預定實數 ε 的機率。如果我們的直覺正確的話，當 n 值相當大時，這個機率 $P\left(\left|\frac{X}{n}-p\right|\leq\varepsilon\right)$ 應接近於 1。

下述定義將這個收斂概念正式化。

定義 10-1　若對於每一個正數 ε，

$$\lim_{n\to\infty} P\left(\left|\frac{X}{n}-p\right|<\varepsilon\right)=1$$

則稱隨機變數數列 $X_1, X_2, \cdots\cdots, X_n$ 爲機率收斂。

下述定理提供一個證明機率收斂的工具，就是著名的大數法則

定理 10-1　(大數法則)

設 $X_1, X_2, \cdots\cdots X_n$ 爲獨立和相同分布 (independent and identically distributed) 的隨機變數，並且 $E(X_i)=\mu$ 和 $V(X_i)=\sigma^2<\infty$，若

$\bar{X}_n=\frac{1}{n}\sum_{i=1}^{n}X_i$，則對任意正實數 ε

$$\lim_{n\to\infty}P(|\bar{X}_n-\mu|\geq\varepsilon)=0$$

或
$$\lim_{n\to\infty}P(|\bar{X}_n-\mu|<\varepsilon)=1$$

換句話說，$\bar{X}_n$ 機率收斂至 μ。

證：我們知道 $E(\bar{X}_n)=\mu$ 和 $V(\bar{X}_n)=\sigma^2/n$

依據柴比雪夫不等式 $P(|X-\mu|\geq k\sigma)\leq\frac{1}{k^2}$

其中 $E(X)=\mu$ 和 $V(X)=\sigma^2$，現以 $\bar{X}_n$ 取代 X，

$\frac{\sigma^2}{n}$ 取代 σ^2 則

$$P\left(|\bar{X}_n-\mu|\geq k\cdot\frac{\sigma}{\sqrt{n}}\right)\leq\frac{1}{k^2}$$

k 可以是任意實數，令 $k=\frac{\varepsilon}{\sigma}\sqrt{n}$，則

$$P\left(|\bar{X}_n-\mu|\geq\frac{\varepsilon\sqrt{n}}{\sigma}\ \frac{\sigma}{\sqrt{n}}\right)\leq\frac{\sigma^2}{\varepsilon n}$$

或
$$P(|\bar{X}_n-\mu|\geq\varepsilon)\leq\frac{\sigma^2}{\varepsilon n}$$

$$\lim_{n\to\infty}P(|\bar{X}_n-\mu|\geq\varepsilon)=0$$

由於
$$P(|\bar{X}_n-\mu|<\varepsilon)=1-P(|\bar{X}_n-\mu|\geq\varepsilon)$$

所以
$$\lim_{n\to\infty}P(|\bar{X}_n-\mu|<\varepsilon)=1$$

例 10-1　設隨機變數 X 爲參數是 n 和 p 的二項分布，其中 p 爲成功機率，n 爲試行次數，試證 $\frac{X}{n}$ 機率收斂至 p

解: 若第 i 次試行成功，令 $X_i=1$，否則 $X_i=0$

則成功次數

$$X=\sum_{i=1}^{n}X_i,\quad \frac{X}{n}=\frac{1}{n}\sum_{i=1}^{n}X_i$$

並且　　$\mu=E(X_i)=p$ 和 $\sigma^2=V(X_i)=p(1-p)$,

對於任意正實數 ε，依據大數法則可得

$$\lim_{n\to\infty}P\left(\left|\frac{X}{n}-p\right|\geq\varepsilon\right)=0$$

大數法則是許多實驗工作者得取用平均方式測度精確的理論依據。例如，實驗者可能對一個物品稱重 5 次，而後取其平均值的方式得取該物品較精確的估計值。這種做法是由於根據大數法則，數次獨立地得取一物品的重量，而後得出的平均值與眞正的重量非常接近的機率很大。

機率收斂理論正如同大數法則，有許多應用，下述定理 10-2 在此不擬證明，給出機率收斂概念的一些性質。

定理 10-2　設若 X_n 機率收斂至 μ_1, Y_n 機率收斂至 μ_2, 則

(1) X_n+Y_n 機率收斂至 $\mu_1+\mu_2$

(2) X_nY_n 機率收斂至 $\mu_1\mu_2$

(3) 若 $\mu_2\neq0$, X_n/Y_n 機率收斂至 μ_1/μ_2

(4) 若 $P(X_n\geq0)=1$ 則 $\sqrt{X_n}$ 機率收斂至 $\sqrt{\mu_1}$

例 10-2　設 $X_1,X_2,\cdots\cdots,X_n$ 爲獨立且相同分布的隨機變數，同時 $E(X_i)=\mu$, $E(X_i^2)=\mu_2'$, $E(X_i^3)=\mu_3'$, 和 $E(X_i^4)=\mu_4'$ 都是有限值，若 S_1^2 表樣本變異數，

$$S_1^2=\frac{1}{n}\sum_{i=1}^{n}(X_i-\bar{X})^2$$

試證 S_1^2 機率收斂至 $V(X_i)$

解: $S_1^2=\frac{1}{n}\sum_{i=1}^{n}X_i^2-\bar{X}^2$，其中 $\bar{X}=\frac{1}{n}\sum_{i=1}^{n}X_i$

爲了證明 S_1^2 機率收斂至 $V(X_i)$，我們必須利用定理 10-1 和 10-2，在 S_1^2 中 $\frac{1}{n}\sum_{i=1}^{n}X_i^2$ 爲 n 獨立且相同分布形如 X_i^2 的隨機變數，而 $E(X_i^2)=\mu_2'$ 和 $V(X_i^2)=\mu_4'-(\mu_2')^2$，既然 $V(X_i^2)$ 爲有限值，由大數法則可知 $\frac{1}{n}\sum_{i=1}^{n}X_i^2$ 機率收斂至 μ_2'。當 n 趨近無限大，由大數法則得到 $\bar{X}$ 機率收斂至 μ，並且由定理 10-2(2) 得 $\bar{X}^2$ 機率收斂至 μ^2，既然已證得 $\frac{1}{n}\sum_{i=1}^{n}X_i^2$ 和 $\bar{X}^2$ 分別機率收斂至 μ_2' 和 μ^2，由定理 10-2 得 $S_1^2=\frac{1}{n}\sum_{i=1}^{n}X_i^2-\bar{X}^2$ 機率收斂至 $\mu_2'-\mu^2=V(X_i)$

上例證明出在大樣本時，樣本變異數接近羣體變異數的機率很大。

10-3　分布收斂 (Convergence in distribution)

在 10-2 節中，我們僅只討論某些隨機變數收斂至一常數而並沒有提到任何關於它的機率分布形式的話。在本章中，我們將探究當 n 趨於無限時，某些型式隨機變數的機率分布會有什麼變化。

定義 10-2　設隨機變數 Y_n 的分布函數爲 $F_n(y)$，隨機變數 Y 的分布函數爲 $F(y)$，若對於每一點 y，$F(y)$ 爲連續，並且

$$\lim_{n\to\infty}F_n(y)=F(y)$$

則稱 Y_n 爲分布收斂至 Y，$F(y)$ 稱爲 Y_n 的極限分布函數 (limiting distribution function)。

例 10-3　設 $X_1,X_2,\cdots\cdots,X_n$ 爲區間 $(0,\theta)$ 的獨立均等隨機變數，其

中 θ 爲一正值常數，若 $Y_n=\max(X_1, X_2\cdots\cdots X_n)$，試求 Y_n 的極限分布

解: 均等隨機變數 X_i 的分布函數爲

$$F_X(y)=P(X_i\leq y)=\begin{cases}0 & y\leq 0\\ \dfrac{y}{\theta} & 0<y<\theta\\ 1 & y\geq\theta\end{cases}$$

$$\begin{aligned}G(y)&=P(Y_n\leq y)=P(X_1\leq y, X_2\leq y, \cdots\cdots X_n\leq y)\\ &=P(X_1\leq y)P(X_2\leq y)\cdots\cdots P(X_n\leq y)\\ &=[F_X(y)]^n\end{aligned}$$

其中 $F_X(y)$ 爲對每一個 X_i 的分布函數，因此

$$\lim_{n\to\infty}G(y)=\begin{cases}0 & y\leq 0\\ \lim\limits_{n\to\infty}\left(\dfrac{y}{\theta}\right)^n=0 & 0<y<\theta\\ 1 & y\geq\theta\end{cases}$$

因此 Y_n 分布收斂至一個隨機變數，具有在 θ 點的機率爲 1，其他點的機率爲 0。

在求取極限分布時，通常用動差生成函數法比較容易，定理 10-3 給出分布函數收斂以及動差生成函數收斂之間的關係。

定理 10-3 設隨機變數 Y_n 和 Y 的動差生成函數分別爲 $M_n(t)$ 和 $M(t)$，若對於所有實數 t

$$\lim_{n\to\infty}M_n(t)=M(t)$$

則 Y_n 分布收斂至 Y

例 10-4 設 X_n 爲 n 次試行，每次試行成功機率爲 p 的二項隨機變數，若 n 趨於無限大且 p 趨於 0，而 np 爲一定值，試證 X_n 分布收斂至一波氏隨機變數

解: 本例曾於 6-2-3 節中討論過，現在用動差生成函數和定理 10-3 解之。

已知 X_n 的動差生成函數 $M_n(t)$ 爲

$$M_n(t)=(q+pe^t)^n,$$

其中 $q=1-p$，則可改變爲

$$M_n(t)=[1+p(e^t-1)]^n$$

令 $np=\lambda$，代入上式，則可得

$$M_n(t)=\left[1+\frac{\lambda}{n}(e^t-1)\right]^n$$

由微積分得知

$$\lim_{n\to\infty}\left(1+\frac{k}{n}\right)^n=e^k$$

令 $k=\lambda(e^t-1)$，可得

$$\lim_{n\to\infty}M_n(t)=\exp[\lambda(e^t-1)]$$

這是波氏分布的動差生成函數，因此根據定理 10-3 可知 X_n 分布收斂至一波氏隨機變數

例 **10-5**　設 X 爲一期望值 λ 的波氏機率分布，欲求當 λ 值很大時 X 的近似機率分布，我們的做法是設 $Y=\dfrac{X-\lambda}{\sqrt{\lambda}}$，證明當 λ 趨於無限大時 Y 分布收斂至標準常態隨機變數

解: X 的動差生成函數爲 $M_X(t)=e^{\lambda(e^t-1)}$，由定理 5-8 的系 Y 的動差生成函數 $M_Y(t)$ 爲

$$M_Y(t)=e^{-\sqrt{\lambda}t}M_X(t/\sqrt{\lambda})$$
$$=e^{-\sqrt{\lambda}t}\exp[\lambda(e^{t/\sqrt{\lambda}}-1)]$$

$$e^{t/\sqrt{\lambda}}-1=\frac{t}{\sqrt{\lambda}}+\frac{t^2}{2\lambda}+\frac{t^3}{6\lambda^{3/2}}+\cdots\cdots$$

$$M_Y(t)=\exp\left[-\sqrt{\lambda t}+\lambda\left(\frac{t}{\sqrt{\lambda}}+\frac{t^2}{2\lambda}+\frac{t^3}{6\lambda^{3/2}}+\cdots\cdots\right)\right]$$

$$=\exp\left(\frac{t^2}{2}+\frac{t^3}{6\sqrt{\lambda}}+\cdots\cdots\right)$$

$$\lim_{\lambda\to\infty} M_Y(t)=e^{t^2/2}$$

所以Y分布收斂至標準常態隨機變數

譬如設 $\lambda=100$ 我們想求 $P(X\leq 110)$ 的值，方法如下

$$P(X\leq 110)=P\left(\frac{X-\lambda}{\sqrt{\lambda}}\leq\frac{110-\lambda}{10}\right)$$

$$=P\left(Y\leq\frac{110-100}{10}\right)$$

$$=P(Y\leq 1)$$

$$=0.8413$$

當 $\lambda\geq 25$ 時，用常態分布求得波氏機率就已相當精確。

10-4 中央極限定理

例 10-5 提供了一個隨機變數分布收斂至標準常態隨機變數的實例，事實上，有一大類型的隨機變數都分享了這個現象，其理論依據就是中央極限定理 (central limit theorem)。

定理 10-4 (中央極限定理)

設 $X_1, X_2\cdots\cdots X_n$ 為獨立且相同分布隨機變數，並且 $E(X_i)=\mu$ 和 $V(X_i)=\sigma^2<\infty$，若 $\bar{X}=\frac{1}{n}\sum_{i=1}^{n}X_i$，設

$$Y_n=\frac{\bar{X}-\mu}{(\sigma/\sqrt{n})}$$

則 Y_n 分布收斂至一個標準常態隨機變數

證: 我們僅在這裏概略地證明當 X_i 的動差生成函數存在時的情況（這並不是最一般化的證明，因爲動差生成函數並非必然存在）

由於

$$Y_n=\frac{\bar{X}-\mu}{\sigma/\sqrt{n}}=\frac{1}{\sqrt{n}}\quad\frac{\sum_{i=1}^{n}X_i-n\mu}{\sigma}$$

Y_n 的動差生成函數可以寫成

$$M_n(t)=[M(t)]^n$$

$$=e^{-\left(\frac{\sqrt{n}\,\mu}{\sigma}\right)t}\left[M\left(\frac{t}{\sqrt{n}\,\sigma}\right)\right]^n$$

即　$$\ln M_n(t)=\frac{-\sqrt{n}\,\mu}{\sigma}t+n\ln M\left(\frac{t}{\sqrt{n}\,\sigma}\right)$$

將 $M(t)$ 展開爲馬克勞林級數

$$M(t)=1+M'(0)\,t+\frac{M''(0)}{2}t^2+R$$

R 爲餘式，又因 $M'(0)=\mu$，$M''(0)=\mu^2+\sigma^2$

得　$$M(t)=1+\mu t+\frac{(\mu^2+\sigma^2)}{2}t^2+R$$

所以　$$\ln M_n(t)$$

$$=-\frac{\sqrt{n}\,\mu t}{\sigma}+n\ln\left[1+\frac{\mu t}{\sqrt{n}\,\sigma}+\frac{(\mu^2+\sigma^2)\,t^2}{2n\sigma^2}+R\right]$$

但因 $\ln(1+X)$ 的馬氏級數展開式爲

$$\ln(1+x)=x-\frac{x^2}{2}+\frac{x^3}{3}+\cdots\cdots\qquad |X|<1$$

設 $X=\dfrac{\mu t}{\sqrt{n}\,\sigma}+\dfrac{(\mu^2+\sigma^2)}{2n\sigma^2}t^2+R$ 若 n 值足夠大則其絕對值將小於 1

因此可得

$$\ln M_n(t)$$

$$= -\frac{\sqrt{n}\,\mu}{\sigma} + n\left[\left(\frac{\mu t}{\sqrt{n}\,\sigma} + (\mu^2+\sigma^2)\frac{t^2}{2n\sigma^2} + R\right)\right.$$

$$\left. - \frac{1}{2}\left(\frac{\mu t}{\sqrt{n}\,\sigma} + (\mu^2+\sigma^2)\frac{t^2}{2n\sigma^2} + R\right)^2 + \cdots\cdots\right]$$

經過一些代數運算及極限的討論，可得

$$\lim_{n\to\infty} \ln M_n(t) = \frac{t^2}{2}$$

所以 $\lim_{n\to\infty} M(t) = e^{-\frac{t^2}{2}}$

因此可得結論為 Y_n 分布收斂至標準常態分布，當 $n \geq 30$ 時用常態近似值來求 $\bar{X}$ 的機率分布，所得頗為相近，然而，倘若每個 X_i 有點單峯形式 (mound-shaped)，則即使 n 只有 5，$\bar{X}$ 的常態近似所得值已相當準確。

例 10-6 設某年高中聯招的數學科成績平均分數 60 分，變異數 64 分，某校 100 位考生的平均成績為 58 分，試問這是否表示該校學生數學程度較差。

解:

$$P(\bar{X} \leq 58) = P\left(Z \leq \frac{58-60}{\sqrt{64/100}}\right)$$

$$= P(Z \leq -2.5)$$

$$= 0.0062$$

由於這機率值如此之小，因此不太可能將這些學生視為由 $\mu = 60$，$\sigma^2 = 64$ 的羣體所抽取的隨機樣本，因此證實該校學生數學較差

10-5　機率收歛和分布收歛的組合

經常我們可能會對一組隨機變數的一些函數之乘或除的極限行爲感到興趣。下述定理就是組合機率收歛和分布收歛應用於二函數 X_n 和 Y_n 的相除。

定理 10-5　設 X_n 分布收歛至隨機變數 X，並且 Y_n 機率收歛至 1，則 X_n/Y_n 分布收歛至 X。

例 10-7　設 $X_1, X_2, \cdots\cdots X_n$ 爲獨立且相同分布的隨機變數，$E(X_i)=\mu$ 和 $V(X_i)=\sigma^2$ 若 S_1^2 爲

$$S_1^2=\frac{1}{n}\sum_{i=1}^{n}(X_i-\bar{X})^2$$

試證 $(\bar{X}-\mu)/(S_1/\sqrt{n})$ 分布收歛至標準常態隨機變數

解:　在例 10-2 已證明 S_1^2 機率收歛至 σ^2，因此依據定理 10-2(3), (4) 可知 S_1^2/σ^2 機率收歛至 1，也就是 S_1/σ 機率收歛至 1，由定理 10-4 可知

$$\frac{\bar{X}-\mu}{\sigma/\sqrt{n}}$$

分布收歛至標準常態隨機變數，所以依據定理 10-5

$$\frac{\bar{X}-\mu}{S_1/\sqrt{n}}=\left(\frac{\bar{X}-\mu}{S_1/\sqrt{n}}\right)\Big/(S_1/\sigma)$$

分布收歛至一標準常態隨機變數

10-6　本章提要

本章的目的在於當隨機變數函變的精確分布不易求得的情況，提供

一些求近似機率分布的方法，這些方法，當 n 值相當大時才成立，都是基於極限定理。

我們討論了兩種型態的極限定理，就是機率收歛和分布收歛。機率收歛就是提供一個當 n 相當大時關於隨機變數與一常數間距離的機率敍述。一般而言，這個常數多半是該隨機變數的期望值。機率收歛最主要的結果就是大數法則。分布收歛爲當 n 趨於無限大時求取一隨機變數的極限分布，最重要的一個定理就是中央極限定理。

當求取一個隨機變數的極限分布時，如果同時需要機率收歛和分布收歛，則定理 10-5 很有用處。

参考書目

1. S. Ross　*A first course in probability* 華泰書局翻印 1976
2. R. Khazanie　*Basic probability theory and applications* Goodyear Publishing Co. 1976
3. I. N. Gibra　*Probability and statistical inference for scientists and engineers* Prentice-Hall 1973
4. R. L. Scheaffer & W. Mendenhall　*Introduction to probability: Theory and applications* Duxbury 1975

習　題　十

1. 某天文學家有意測量由他的天文臺至某星球的距離（以光年爲單位），雖然他精於測量技術，他深知由於大氣狀況的改變和常態誤差，每次所測得的數值並不是精確的距離而僅爲一估計值。因此他計畫從事多次測量，然後取其平均值做爲實際距離。倘若該天文學家認爲每次測量所得數值爲獨立和相同分布的隨機變數，其共同平均值爲 d（實際距離），和共同變異數爲 4 光年，試問他應測多少次，使其所得估計值與實際距離的誤差在 ± 1.5 光年之內。

2. 選修普通心理學的學生人數爲期望值 100 的波氏分布隨機變數，上課的王教授決定若選課學生數多於 120 人，則他將把該課程分爲兩班，然而若少於 120 人則他將教授一大班，試求王教授將學生分班的機率爲若干。

3. 投擲 10 粒公正骰子，試求所得點數和介於 30 和 40 的機率近似值。

4. 設隨機變數 X 的期望值與變異數的值均爲 20，試求 $P(0 \leq X \leq 40)$。

5. 根據過去的經驗，李教授知道他的機率導論的班上學生期末考的成績爲隨機變數，平均值 75 分，變異數 25 分

   (1) 試求一學生的考試成績高於 85 分的機率上限

   (2) 試求一學生的考試成績介於 65 分與 85 分的機率

6. 市議員候選人張正仁認爲若在選區 I 的抽樣調查中至少有 55 %的選民投票給他，則他必可當選，他同時深信有 50 %的選民會在選舉時選他，若 $n=100$ 人爲樣本量，試求張正仁可得至少 55 %選票的機率爲若干?

7. 在一電子系統中，若一根保險絲燒壞，立即用相同的保險絲替換，已知這種保險絲的壽命爲平均 10 小時，變異數 2.5 小時，若某系統以全新保險絲啓用，開動 400 小時

   (1) 若一根保險絲爲 5 元，試求在這 400 小時內，保險絲的期望費用

   (2) 若庫存 42 根保險絲，試求在 400 小時內全用盡的機率

8. 某賭場中一對公正不偏的骰子，每小時擲 180 次，

試求 (1) 某一小時擲 180 次中，其點面和爲 7 至少 25 次的近似機率爲若干

(2) 某日全天 24 小時擲得和爲 7 的事件出現在 700 次至 750 次之間的機率爲若干?

9. 已知某電話交換機在上午 11 時至 12 時之間接到電話的次數服從波氏分布，而平均一小時打入 120 次，試問在 100 天中，該段時間接收次數超過 12500 次的機率爲若干

10. 已知利用某種新法生產的電子零件的壽命時間服從指數分布，其平均壽命爲1000小時，試問 100 個該種電子零件的平均壽命超過 950 小時的機率?

11. 已知長 10 公里的雙線道路上發生車禍次數服從波氏分布，平均每星期發生二次，試問一年內該段道路發生車禍少於 100 次的機率?

12. 已知 $X_1, X_2 \cdots\cdots X_n$ 爲服從柏努利試行的隨機樣本，試證明

(1) $P(\max(X_1, X_2, \cdots\cdots, X_n)=1)=1-(1-p)^n$

(2) $P(\min(X_1, X_2, \cdots\cdots X_n)=1)=p^n$

13. 某業餘氣象學家對天氣預測的方法是將每天歸類爲「乾」或「濕」。若給定某一天，則這天與前一天的天氣相同的機率爲常數 $p(0<p<1)$。設若一月一日的天氣爲「乾」的機率爲 β

(1) 試求第 n 天爲乾的機率 β_n 的值（以 p 及 β 表之）

(2) 試求 $\lim\limits_{n\to\infty}\beta_n$ 的值

14. 若有 n 袋編以 1，2 至 n 號，每袋中有 α 個白球和 β 個黑球，現自袋 1 中任取一球置入袋 2，然後由袋 2 中任取一球置入袋 3 中，……最後由袋 n 中任取一球。假若自袋 1 中所取爲白球，則最後取自袋 n 的球也是白的機率爲若干? 當 $n\to\infty$ 時又如何?

15. 袋 1 中有 α 個白球和 β 個黑球，袋 2 中有 β 個白球和 α 個黑球，隨機自二袋之一中任取一球，看到顏色後放回原袋，若所取爲白球，下一球抽自袋 1，若所取爲黑球，則下一球抽自袋 2，如此不斷進行。現如已知第一球

取自袋 1， 試求第 n 次所取球爲白球的機率， 同時求 $n \to \infty$ 時該機率爲若干?

16. 設 $X_1, X_2 \cdots\cdots X_n$ 爲獨立離散隨機變數，其機率函數均爲

$$f(x_i)=\begin{cases} 0.2 & x_i=0,1,2,3,4 \\ 0 & \text{其他} \end{cases}$$

試求 $P(\bar{X}_{100}>2)$

17. 假設一「偏心」硬幣出現正面的機率爲 0.75，現若投擲 2000 次，試求正面會出現次數在 1475 次與 1535 之間的機率爲若干?

18. 在一複雜的機械中，檢驗其電力系統中的 100 個零件，每一零件爲可操作或故障，若該零件爲可操作，令其值爲 1，若爲故障，則令其值爲 0，依據過去經驗，可知發現零件爲可操作的機率爲 $p=0.8$，試求可操作的零件數在 70 與 80 之間的機率?

19. 某成衣製造商深知他的製成品平均有 2 %無法滿足品質規格，試問每批製成品應爲若干件方可使一批中不良品少於 5 件的機率爲 0.95。

20. 設若某種電氣零件的使用壽命服從參數 $\alpha=1$，$\beta=10$ 的伽瑪分布， 某商號購買 100 件這種零件，試問這些零件的總壽命介於 850 和 1090 單位的機率。

第十一章　機率理論的一些應用

11-1　緒　論

早先在第一章的開端，我們就已指出機率理論如今廣泛地應用於各種不同的領域。經過一連串的機率理論方面的探討之後，我們列出下述數種應用實例做爲本書的結束。在 11-2 節中，簡單地介紹一些貝氏決策理論。第 11-3 節則介紹抽樣檢驗的概念，這是機率在品質管制上的應用。在這一節中，我們說明單次抽樣計劃和雙次抽樣計劃如何計算得出。11-4 節則概略地提到機率在可靠性理論的應用，在 11-5 節中則談到訊息理論 (information theory) 方面的一些機率概念。最後在11-6節中介紹馬可夫鏈。另外，我們知道作業研究 (operations research) 的機遇模式中用到很多機率理論，有志的讀者可參閱有關作業研究的專書。

11-2　貝氏決策理論

當一個決策者面對問題的時候，通常會考慮到數種可行的方案，每個方案是針對不同的本性狀況 (state of nature) 而擬定的。其中並沒有一個可行方案在任何狀況下所產生的結果會明顯地優於其他方案。由於不能確知什麼狀況會出現，因此要決定採取那一方案就要動點腦筋好好想想，無法直覺地立刻決定了。

這種情況下的決策如果各狀況出現的機率爲已知，稱爲風險情況下的決策 (decision making under risk)，如果各狀況出現的機率爲未知，則稱爲不定狀況下的決策 (decision making under uncertainty)，這時決策者可用主觀機率來替代未知的客觀機率。

在不定情況下，由於決策者有多項行動方案可供選擇，而每一項行動所引起的出象隨著行動方案付諸實施時的狀況不同而各異，這種狀況在作決策時是未知的，對於每一項行動在不同的特定狀況下產生的出象，都可以指定一償付值 (payoff)。假若這一償付值是利益，則這一利益的產生是由於採行了某種特定行動而且發生了某特定狀況下產生的，因此稱爲條件收益 (conditional profit) 設以 a 表行動，θ 表狀況，則條件收益以 $R(a,\theta)$ 表示。

例 11-1　某小販每星期週末都到臺北動物園外作生意，他可以賣冰淇淋或賣爆玉米花，但無法同時兼賣兩樣，而賣這兩種東西的收益視當天的天氣而定，如果該日是晴天，則賣冰淇淋可賺 450 元，賣爆玉米花只能賺到 250 元，若是陰天，賣冰淇淋只能賺 165 元，而賣爆玉米花可賺 630 元，由於 450 元的賺取是因爲賣冰淇淋，而且碰上晴天，所以 450 元是一條件收益。假設以 θ_1, θ_2 分別表示晴天和陰天，而以 a_1, a_2 分別代表賣冰淇淋和賣爆玉米花，可得出如下矩陣形式。

狀況 / 行動	θ_1	θ_2
a_1	450	165
a_2	250	630

這種矩陣通常稱爲償付矩陣 (payoff matrix)。

每一個行動方案所產生的收益隨狀況不同而異，因此決定採取一項行動時，並不能確知會產生多大收益，倘若將每一項行動在各種狀況下所能產生的各收益乘以各該狀況發生的機率，然後加起來則所得總值稱爲該項行動的期望收益 (expected monetary value, EMV)。

假如某一決策的可能狀況有 $\theta_1, \theta_2 \cdots\cdots \theta_n$，而可行方案爲 $a_1, a_2 \cdots\cdots a_m$，則行動方案 a_j 的期望收益爲

$$E(a_j) = E[R(a_j, \theta)]$$
$$= \sum_i R(a_j, \theta_i) p(\theta_i) \qquad j = 1, 2, \cdots\cdots m$$

以例 11-1 來說，假定

$$p(\theta_1) = \frac{3}{5}, \quad p(\theta_2) = \frac{2}{5}$$

則賣冰淇淋和賣玉米花的期望收益是

$$E(a_1) = 450\left(\frac{3}{5}\right) + 165\left(\frac{2}{5}\right) = 336 \text{ (元)}$$

$$E(a_2) = 250\left(\frac{3}{5}\right) + 630\left(\frac{2}{5}\right) = 402 \text{ (元)}$$

在不定狀況下，決策者雖然無法對每一狀況的發生得出一個客觀機率值，然而却可以依據以往的經驗預測未來的趨勢，對於每一狀況的發生給出一個主觀機率值，這個主觀機率稱爲事前機率 (prior probability) 利用這事前機率可以計算每一行動的期望收益，然後選取產生最大期望

收益的行動。

例 11-2　某小飯店出售快餐，每份 10 元，成本 6 元，快餐如果當天無法售完，就要廢棄，下列是售出 18 至 20 份的條件收益的償付矩陣

a \ θ	$\theta=18$	$\theta=19$	$\theta=20$
$\theta_1=18$	72	72	72
$\theta_2=19$	66	76	76
$\theta_3=20$	60	70	80

設若該飯店根據以往營業的紀錄，推測未來的趨勢，對各狀況所指定的事前機率爲

$$p(\theta_1)=\frac{1}{5}$$

$$p(\theta_2)=\frac{3}{5}$$

$$p(\theta_3)=\frac{1}{5}$$

則

$$E(a_1)=\sum_{i=1}^{3}R(a_1,\theta_i)\,p(\theta_i)$$

$$=\frac{1}{5}(72)+\frac{3}{5}(72)+\frac{1}{5}(72)$$

$$=72$$

$$E(a_2)=\sum_{i=1}^{3}R(a_2,\theta_i)\,p(\theta_i)$$

$$=\frac{1}{5}(66)+\frac{3}{5}(76)+\frac{1}{5}(76)$$

$$=74$$

$$E(a_3) = \sum_{i=1}^{3} R(a_3, \theta_i)\, p(\theta_i)$$

$$= \frac{1}{5}(60) + \frac{3}{5}(70) + \frac{1}{5}(80)$$

$$= 70$$

其中以 $E(a_2) = 74$（元）爲最大利益，所以應準備 19 份。

上述的決策方式稱爲貝氏決策準則。嚴格地說，依據貝氏準則作決策又可依有沒有抽樣試驗而分爲有抽樣的貝氏決策理論(Bayesian decision theory with sampling) 和不抽樣的貝氏決策理論 (Bayesian decision theory without sampling)。

不抽樣的貝氏決策理論爲根據事前機率求得各項行動方案的期望收益，如例 11-2 所示。有抽樣的貝氏決策理論則必須進一步利用抽樣試驗得出的資料，對事前機率加以修訂，求出事後機率，然後根據事後機率求出各項行動的期望收益。

例 11-3　已知某事件發生的事前機率爲

$$p(\theta_1) = 0.35$$

$$p(\theta_2) = 0.45$$

$$p(\theta_3) = 0.20$$

a \ θ	θ_1	θ_2	θ_3
a_1	4	4	4
a_2	3	6	6
a_3	2	5	8

以及條件收益如上表所示

(1) 試求期望收益及決定最佳行動

(2) 依據貝氏準則，當機率分配如何，方使決策者對行動方案 a_1, a_2, a_3 無所偏好。

解:

$$E(a_1) = \sum_{i=1}^{3} R(a_1, \theta_i) p(\theta_i)$$

$$= (0.35)(4) + (0.45)(4) + (0.20)(4)$$

$$= 4$$

$$E(a_2) = \sum_{i=1}^{3} R(a_2, \theta_i) p(\theta_i)$$

$$= (0.35)(3) + (0.45)(6) + (0.20)(6)$$

$$= 4.95$$

$$E(a_3) = \sum_{i=1}^{3} R(a_3, \theta_i) p(\theta_i)$$

$$= (0.35)(2) + (0.45)(5) + (0.20)(8)$$

$$= 4.55$$

所以應取 a_2

(2) 依貝氏準則，要使 a_1, a_2, a_3 所產生的期望收益均相等方能使決策者對它無所偏好，即 $E(a_1) = E(a_2) = E(a_3)$

$$E(a_1) = \sum_{i=1}^{3} R(a_1, \theta_i) p(\theta_i)$$

$$= 4p(\theta_1) + 4p(\theta_2) + 4p(\theta_3) \tag{11-1}$$

$$E(a_2) = 3p(\theta_1) + 6p(\theta_2) + 6p(\theta_3) \tag{11-2}$$

$$E(a_3) = 2p(\theta_1) + 5p(\theta_2) + 8p(\theta_3) \tag{11-3}$$

$$p(\theta_1) + p(\theta_2) + p(\theta_3) = 1 \tag{11-4}$$

由 (11-1) 可得 $E(a_1) = 4$ 即 $E(a_1) = E(a_2) = E(a_3) = 4$

(11-2) − (11-3)

$$p(\theta_1)+p(\theta_2)-2p(\theta_3)=0 \qquad (11\text{-}5)$$

(11-4) − (11-5) 得

$$3p(\theta_3)=1 \qquad p(\theta_3)=\frac{1}{3}$$

代入 (11-2)

$$4=3p(\theta_1)+6(p(\theta_2)+p(\theta_3))$$
$$=3p(\theta_1)+6(1-p(\theta_1))$$

得　$p(\theta_1)=\frac{2}{3}$　即　$p(\theta_2)=0$

因此當 $p(\theta_1)=\frac{2}{3}$，$p(\theta_2)=0$，$p(\theta_3)=\frac{1}{3}$ 時方足以使決策者對 a_1, a_3, a_3 無所偏好。

11-3 抽樣檢驗

工廠於製造產品時，都需要購買若干外來的材料和零件，因此，如何確保外來材料合於所需品質，實是品質管制部門的重要課題。為了明瞭外來材料是否合於品質，首先需將外來材料加以檢驗，然後與旣定的品質標準加以比較，以決定產品的允收與否。

檢驗可分全數檢驗與抽樣檢驗兩種，前者就是將產品一一檢驗，然後允收其良品，退回其不良品，這種選剔作業稱之爲全數檢驗。後者則是於一送驗批中隨機抽取一樣本加以檢驗，將其結果與判定準則比較以決定該送驗批爲允收或拒收，稱之爲抽樣檢驗。

由於抽樣廣泛應用在工業上外購材料的驗收，爲了便利使用起見，近二、三十年來，統計學家們利用統計及機率的原理，發展各種抽樣表以供抽樣檢驗使用。

抽樣表的應用，除了用於驗收外購材料外，為了確保運交顧客的產品能達到其所需的品質起見，亦用於製成品最終檢驗的抽樣檢驗。

常見的抽樣計劃有單次抽樣，雙次抽樣，多次抽樣以及逐次抽樣。為了說明各種計劃的意義，首先介紹下列各符號及其意義如下：

送驗批——由同類製品或半製成品所組成的集合，作為抽樣檢驗的對象。

N = 每一送驗品批之含製品件數，即批量（lot size)。

n = 由送驗批中抽取的樣本，其中所含製品件數稱為樣本大小 (Sample size) 或樣本量，於雙次或多次抽樣時，通常以 n_i $(i=1, 2, 3\cdots\cdots)$ 表第 i 次樣本的大小。

m = 樣本中所含不良製品件數，於雙次或多次抽樣時，以 m_i 表第 i 樣本中所含不良品件數。

c = 樣本中可允許的最大不良數或缺點數稱為允收數 (acceptance number)。

M = 送驗批中所含不良品件數。

p = 一送驗批的不良率。

$\bar{p}$ = 由樣本觀測所得各送驗批的平均不良率。

p' = 各送驗批平均不良率眞值。

p_a = 允收機率 (probability of acceptance)。

定義 11-1

根據一次樣本的檢驗結果，來判定該送驗批為允收或拒收稱為單次抽樣 (single sampling)。即由 N 中抽取 n 個樣本來檢驗，其中含有不良品數 m，則

$m \leq c$ 允收該批

$m > c$ 拒收該批

例如有一單次抽樣計劃: $N=50$, $n=5$, $c=0$ 之意義爲自一批 50 件產品中隨機抽取 5 件來檢驗，若其中不良數爲 0 時，允收該批，否則拒收。

定義 11-2

雙次抽樣 (double sampling) 爲自一批 N 件製品中，第一次抽取 n_1 件，其不良數爲 m_1，則

$m_1 \leq c_1$　允收該批

$m_1 > c_2$　拒收該批

$c_1 < m_1 \leq c_2$　作第二次抽樣

第二次抽取樣本 n_2 件，其不良數爲 m_2，則

$m_1 + m_2 \leq c_2$　允收該批

$m_1 + m_2 > c_2$　拒收該批

例 11-3　雙次抽樣計劃，其中

$$N=1000,\ n_1=36,\ c_1=0,\ n_2=59,\ c_2=3$$

其意義如下:

(a) 由 1000 件中抽取第一次樣本 36 件檢驗。

(b) 若第一次樣本不良數爲零，則允收該批。

(c) 若其不良數爲 4 件或 4 件以上時，則拒收該批。

(d) 若第一樣本的不良數爲 1，2，3 時，第二次抽取樣本 59 件，加以檢驗。

(e) 二次共抽樣本 59 件中，若不良數和爲 3 或少於 3 時，則允收該批。

(f) 若其總數不良數爲 4 件或 4 件以上時，則拒收該批。

定義 11-3

多次抽樣實爲雙次抽樣之延續，只要抽取次數在 3 次或 3 次以

上才能決定該批允收與否，通稱爲多次抽樣計劃，例如：

抽樣大小	樣本大小	累積樣本大小	允收數	拒收數
1	20	20	*	2
2	20	40	0	3
3	20	60	1	3
4	20	80	2	4
5	20	100	2	4
6	20	120	2	4
7	20	140	3	4

上例＊表示第一樣本不允收該批，也就是說，當第一樣本檢驗之後，只能判定拒收該批或作第二次抽樣。同時於第七次檢驗後，必能決定該批允收或拒收之。

定義 11-4

逐次抽樣乃每次僅自送驗批中抽取一件來檢驗，且每抽樣一件就決定是允收，拒收或繼續抽樣，但其總檢驗件數並沒有限制。

在本節中，我們僅擬對於單次抽樣計劃和雙次抽樣計劃如何計算得出說明之。對於多次抽樣和逐次抽樣計劃的擬定感興趣的讀者請參閱統計品管 (statistical quality control) 方面專書。

談到抽樣計劃，不可不對 *O. C* 曲線 (operating characteristic curve) 或稱操作特性曲線有所認識。

定義 11-5

所謂 *O. C* 曲線就是表示含有各種不良率的製品批，於一抽樣計劃下，能被允收之機率的曲線。

O. C 曲線可顯示一抽樣計劃能分辨好批與壞批之能力，所以於

決定抽樣計劃時，特別重要，通常以橫軸表示百分不良率 $p\,\%$，縱軸表示允收機率 p_a，繪成圖形。下圖所示就是抽樣計劃 $n=100$，$c=2$ 的 $O.C$ 曲線。

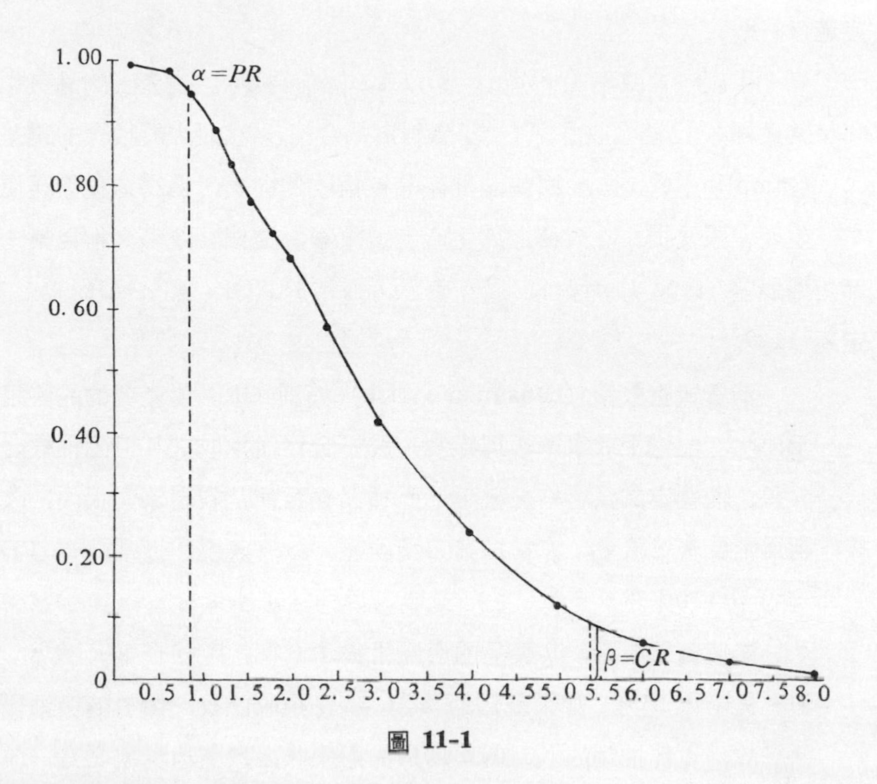

圖 11-1

在上圖中所用的一些專有名詞的意義如下：

定義 11-6

允收水準 (acceptable quality level) 簡記爲 AQL。所謂允收水準是指令消費者滿意的送驗批所含最大不良率。換言之，若生產者的產品，其平均不良率小於或等於這 AQL 時，理應判定爲合格而允收之，通常訂定允收機率爲 95% 時的不良率爲 AQL。

定義 11-7

拒收水準 (lot tolerance percent defective) 簡稱 LTPD。所謂拒收水準是指消費者認爲品質惡劣的送驗批所含最低不良率，通常訂允收機率爲 10% 之不良率爲 LTPD。

定義 11-8

生產者冒險率 (producer's risk) 簡稱爲 PR。生產者的品質相當良好，已達允收水準，理應判定爲合格，然而由於抽樣的誤差 (sampling error)，而使該批產品被拒收的機率，因爲這種錯誤使生產者蒙受損失，故稱之爲生產者冒險率，這個冒險率又稱爲第一型誤差 (type I error)，以 α 表示，通常於 AQL，訂 $\alpha=5\%$。

定義 11-9

消費者冒險率 (consumer's risk) 簡稱 CR。生產者的品質相當惡劣，已達拒收水準，理應判定爲不合格而拒收之，但因抽樣之誤差，而判定其爲合格之機率，此種錯誤致使消費者蒙受損失，故稱爲消費者冒險率，亦稱爲第二型誤差，以 β 表示，通常訂 LTPD 時的 $\beta=10\%$。

舉個例子來說，某製品的送驗批爲 100 個，其中 15 個不良品，即不良率爲 15%。如果我們的 AQL＝5% 拒收該批，由於隨機抽樣的緣故，可能抽到的 10 個均爲良品而允收之，這種現象便是一種抽樣誤差。

例 11-4

單次抽樣計劃

設有一單次抽樣計劃：$n=100$，$c=2$，則我們可以利用波瓦松分布數值表，即可求得其允收機率 p_a。並點繪 $O.C$ 曲線

允收機率的計算公式如下，結果以表列出如下。$O.C$ 曲線圖形如圖 11-1 所示。

$$p_a=\sum_{x=0}^{c}P(X=x)$$

送驗批不良率 p'	平均不良數 $\lambda=np'$	允收機率 p_a	p'	np'	p_a
0	0	1	0.020	2.0	0.677
0.002	0.2	0.999	0.024	2.4	0.570
0.004	0.4	0.992	0.030	3.0	0.423
0.006	0.6	0.977	0.040	4.0	0.238
0.008	0.8	0.953	0.050	5.0	0.125
0.010	1.0	0.920	0.060	6.0	0.062
0.012	1.2	0.879	0.070	7.0	0.030
0.014	1.4	0.833	0.080	8.0	0.014
0.016	1.6	0.783	0.09	9.0	0.006
0.018	1.8	0.731	0.100	10.0	0.003
			0.110	11.0	0.001

例 **11-5**

雙次抽樣計劃

設有一雙次抽樣計劃

$$\begin{cases} N=1,000 \\ n_1=36 \\ c_1=0 \\ n_2=59 \\ c_2=3 \end{cases}$$

其意義已如前述，不再贅述，但是爲計算$O.C$曲線，我們分析雙次抽樣計劃，共有四種可能，換句話說，將樣本空間劃分爲四部份如下所示:

(1) 第一樣本即允收。

(2) 第一樣本即拒收。

(3) 第二樣本才允收。

(4) 第二樣本才拒收。

(1) 項事實上是單次抽樣計劃 $N=1,000$, $n=36$, $c=0$。

(2) 項事實上是單次抽樣計劃 $N=1,000$, $n=36$, $c=3$。

這兩條曲線已經將空間劃分爲三部份，只要再求得第二樣本才允收的機率即可。但爲了繪圖需再加上第一樣本即允收的機率。因此其允收情況有下列的四種可能:

第 一 樣 本	第 二 樣 本
① $m_1=0$	不 必
② $m_1=1$	$m_2=0,1$ 或 2
③ $m_1=2$	$m_2=0$ 或 1
④ $m_1=3$	$m_2=0$

分析抽樣計劃可知，批量 $N=1000$ 中必會有 M 件不良品，自其中抽取樣本 n，計算其不良品數爲 m 的機率，顯然此種情形乃超幾何分布，但超幾何分布的計算麻煩，可以波瓦松分布來替代，爲了說明起見，先以超幾何分布來計算 $p=0.01$ 時的允收機率 p_a，然後再以波瓦松分布求 p_a 的近似值，最後比較其差異。

依超幾何分布計算:

$$M=Np=(1000)\times(0.010)=10$$

$$P(m_1=0)=\frac{\binom{990}{36}\binom{10}{0}}{\binom{1000}{36}}=0.692$$

$$P(m_1=1)=\frac{\binom{990}{35}\binom{10}{1}}{\binom{1000}{36}}=0.261$$

$$P(m_1=2)=\frac{\binom{990}{34}\binom{10}{2}}{\binom{1000}{36}}=0.043$$

$$P(m_1=3)=\frac{\binom{990}{33}\binom{10}{3}}{\binom{1000}{36}}=0.004$$

當 $m_1=1$ 時，則第二樣本的各機率爲

$$P(m_2=0)=\frac{\binom{955}{59}\binom{9}{0}}{\binom{964}{59}}=0.565$$

$$P(m_2=1)=\frac{\binom{955}{58}\binom{9}{1}}{\binom{964}{59}}=0.335$$

$$P(m_2=2)=\frac{\binom{955}{57}\binom{9}{2}}{\binom{964}{59}}=0.086$$

其和 $P(m_2=0,1,2\,|\,m_1=1)=0.986$

又當 $m_1=2$ 時，則

$$P(m_2=0)=\frac{\binom{956}{59}\binom{8}{0}}{\binom{964}{59}}=0.602$$

$$P(m_2=1)=\frac{\binom{956}{58}\binom{8}{1}}{\binom{956}{59}}=0.316$$

其和 $P(m_2=0,1|m_1=2)=0.918$

當 $m_1=3$ 時

$$P(m_2=0)=\frac{\binom{957}{59}\binom{7}{0}}{\binom{964}{59}}=0.642=P(m_2=0|m_1=3)$$

利用條件機率的定義，計算 p_a 如下：

$$P(m_1=0) \qquad\qquad =0.692$$

$$P(m_1=1, m_2=0,1,2)=(0.261)(0.986)=0.257$$

$$P(m_1=2, m_2=0,1) \quad =(0.043)(0.918)=0.039$$

$$P(m_1=3, m_2=0) \qquad =(0.004)(0.642)=0.003$$

$$p_a=0.991$$

現在利用波瓦松分布求 p_a 的近似值

第一樣本各機率：

$$np=(36)\times(0.010)=0.36$$

$$P(m_1=0)=0.698$$

$$P(m_1\leq 1)=0.948\Rightarrow P(m_1=1)=0.250$$

$$P(m_1\leq 2)=0.994\Rightarrow P(m_1=2)=0.046$$

$$P(m_1\leq 3)=1.000\Rightarrow P(m_1=3)=0.006$$

第二樣本各機率：

$$np=(59)\left(\frac{9}{964}\right)=0.55$$

$$\therefore \quad P(m_2\leq 2|m_1=1)=0.982$$

$$np=(59)\left(\frac{8}{964}\right)=0.49$$

$$\therefore \quad P(m_2\leq 1|m_1=2)=0.913$$

$$np=(59)\left(\frac{7}{964}\right)=0.43$$

$$P(m_2=0 \mid m_1=3)=0.648$$

$$P(m_1=0) \qquad\qquad =0.698$$

$$P(m_1=1, m_2=0, 1, 2)=(0.250)(0.982)=0.246$$

$$P(m_1=2, m_2=0, 1) \quad =(0.064)(0.913)=0.042$$

$$P(m_1=3, m_2=0) \quad =(0.006)(0.648)=0.004$$

$$p_a=0.990$$

比較兩種計算方法，其機率僅差 0.001 而已。

同理，可求得其他不良率時的允收機率如下所示

P	0.010	0.020	0.030	0.040	0.050	0.10
p_a	0.990	0.896	0.723	0.524	0.375	0.036

將上列資料，繪成 $O.C$ 曲線如圖 11-2 所示。

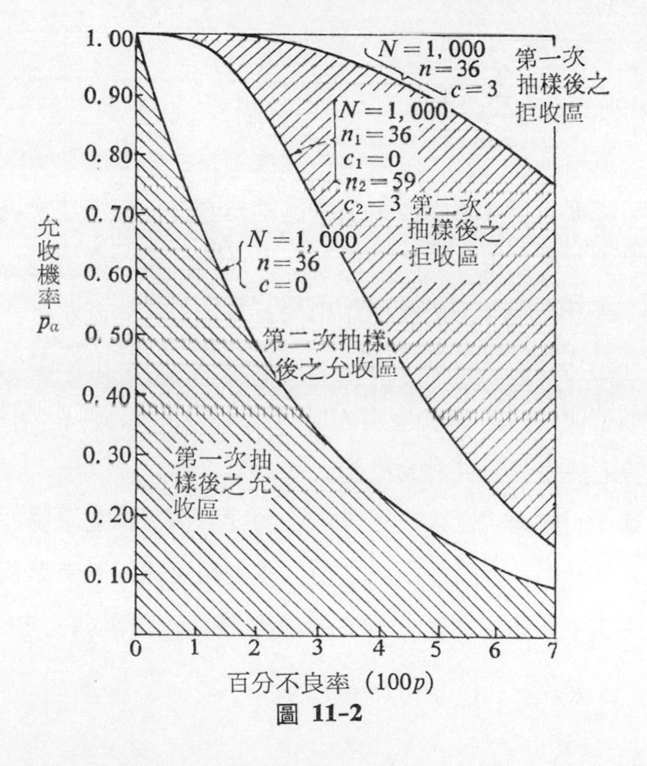

圖 11-2

11-4 可靠度理論

本節我們討論一些前章節曾提到概念日趨重要的應用。日常生活之中我們常常希望能夠獲知某一物件或某一系統的可靠度，以便事先能夠加以留意。譬如：電器壽命的長短，及由於衆多電氣組合而成物件（如收音機、電唱機、電視機等）的壽命長短。若以 T 表某物件的壽命（即該物件開始使用到其作用故障的一段時間），經驗告訴我們，T 值無法用科學方法事先預測，實爲一隨機變數，因此我們有下列的定義。

定義 11-10

設 T 表某物件壽命， 該物件在時間 t 的可靠度 (reliability)， 以 $R(t)$ 表之，界定爲

$$R(t)=P\{T>t\} \tag{11-6}$$

$R(t)$ 稱爲可靠度函數。

一般而言，T 似乎是具有某種機率密度函數的連續隨機變數。雖然可靠度有很多不同技術上的解釋與意義，但上述定義的使用使之成爲更平常而可接受的重要觀念。此處的可靠度的定義即在區間〔$0, t$〕內此類物件仍然產生作用的百分比。換句話說，在時間 t 此類物件的功能仍然有效的可能性。例如 $R(t_1)=0.9$ 表示在某些條件限制下使用時， 則大概有百分之九十的該類物件在時間爲 t_1 時仍然沒有失去其應具有的機能。

除了可靠函數之外，另外有一種函數對於描述一物件衰退性扮演重要的角色。介紹該函數之前，先列出可靠函數與累積分布函數及機率密度函數的關係。若 T 的機率密度函數爲 f，則

$$R(t)=\int_t^{\infty} f(s)\,ds$$

又若T的累積分布函數爲F，則

$$R(t)=1-P(T\leq t)=1-F(t)$$

考慮在時間 t 時該物件作用仍在，而在接着的瞬間 Δt 時間內該物件的作用故障的條件機率爲

$$\begin{aligned}&P(t\leq T\leq t+\Delta t\,|\,T>t)\\&=\frac{P(t<T\leq t+\Delta t)}{P(T>t)}\\&=\frac{\int_t^{t+\Delta t}f(x)\,dx}{P(T>t)}=\frac{\Delta t f(\zeta)}{R(t)}\end{aligned}$$

其中 $t\leq\zeta\leq t+\Delta t$（當然 $f(.)$ 在〔$t, t+\Delta t$〕必須連續）

因此　$$\lim_{\Delta t\to 0}\frac{P(t\leq T\leq t+\Delta t\,|\,T>t)}{\Delta t}=\frac{f(x)}{R(t)}$$

換句話說，$\dfrac{f(t)}{R(t)}$大致可解釋爲，在時間 t 該類物件功能仍在，而在接着的瞬間 Δt，該類物件的作用故障的比例。總結以上的討論，我們可得故障率定義如下：

定義 11-11

設T表物件的壽命，若其累積分布函數 $F(t)<1$，則該物件在時間 t 的故障率 (failure rate)，界定爲

$$Z(t)=\frac{f(t)}{1-F(t)}=\frac{f(t)}{R(t)} \tag{11-7}$$

由定義知，T 的機率密度函數唯一決定故障率。下面定理告訴我們，其逆亦眞。

定理 11-1

設故障時間T爲一連續隨機變數，且設 $F(0)=0$，其中F爲T的累積分布函數，則T的機率密度函數f可以（故障率）Z表之，

即

$$f(t)=Z(t)e^{-\int_0^t Z(s)ds}$$

證明： 因 $R(t)=1-F(t)$，故 $R'(t)=-F'(t)=-f(t)$，因此

$$Z(t)=\frac{f(t)}{R(t)}=\frac{-R'(t)}{R(t)}$$

而
$$\int_0^t Z(s)\,ds=-\int_0^t \frac{R'(s)}{R(s)}ds=-\ln R(s)\Big|_0^t$$
$$=-\ln R(t)+\ln R(0)$$

因 $F(0)=0$，故 $R(0)=1$ 而 $\ln R(0)=0$，因此可得

$$\int_0^t Z(s)ds=-\ln R(t)$$

或 $R(t)=e^{-\int_0^t Z(s)ds}$

故
$$f(t)=+R'(t)Z(t)=Z(t)\cdot e^{-\int_0^t Z(s)ds} \tag{11-8}$$

在定理 11-1 中，$F(0)=0$ 的假設是一很自然的假設：開始使用時，即發現該物件的故障的機率爲零。接着我們討論可靠函數 $R(t)$ 與期望的故障時間 $E(t)$ 的關係。

定理 11-2

若 $E(t)<\infty$，則 $E(T)=\int_0^\infty R(t)dt$　　(11-9)

證明： $\int_0^\infty R(t)dt=\int_0^\infty\left[\int_t^\infty f(s)ds\right]dt$

利用部份積分，令 $u=\int_t^\infty f(s)ds$，$dv=dt$，則 $v=t$

$du=-f(t)dt$，因之可得

$$\int_0^\infty R(t)dt=t\int_t^\infty f(s)ds\Big|_0^\infty+\int_0^\infty tf(t)dt$$

明顯地，當 $t=0$ 時，$t\int_t^\infty f(s)ds=0$

因 $t\int_t^{\infty} f(s)ds \leq \int_t^{\infty} sf(s)ds$，又因 $E(T)<\infty$，

故當 $t\to\infty$ 時，$t\int_t^{\infty} f(s)ds\to 0$，最後可得

$$\int_0^{\infty} R(t)dt = E(T)$$

由以上討論可知，可靠度及故障率實爲徹底研究功能故障模型的重要工具。不過我們只關心下面兩個問題:

(*a*) 如何合理地假設故障法則？換言之，故障時間 T 具有什麼形式的機率密度函數。

(*b*) 假設已知兩物件 C_1, C_2 的故障法則，若將那兩個物件串聯或並聯而形成一個系統，則該系統的故障法則及可靠度又是如何變化?

依純數學的觀點來看，故障時間 T 可爲任何形式的連續隨機變數。不過，以下我們只討論有實際資料與之對應的機率模型。

(*A*) 常態故障法則

有很多類型的物件的故障時間 T 具常態分布，但實際上 T 必須大於（或等於）零，也就是說 $P(T\leq 0)=0$，因之得 T 的機率密度函數爲

$$f(t)=\frac{1}{\sigma\sqrt{2\pi}}\exp\left(\frac{-1}{2}\left[\frac{t-\mu}{\sigma}\right]^2\right),\quad t\geq 0,\ \mu,\ \sigma>0$$

因此獲得可靠度函數爲

$$\begin{aligned}R(t)&=P(T>t)=1-P(T\leq t)\\&=1-\frac{1}{\sigma\sqrt{2\pi}}\int_0^t \exp\left(\frac{-1}{2}\left[\frac{X-\mu}{\sigma}\right]^2\right)dx\\&=1-\Phi\left(\frac{t-\mu}{\sigma}\right)\end{aligned}$$

$$R(t)=1-\Phi\left(\frac{t-\mu}{\sigma}\right)$$

其中 Φ 爲標準常態累積分布函數。由上式可知：當 t 比 μ 小得很多時，則 $R(t)$ 必然很大。

例 11-6

設一物件壽命長度具有標準差爲 10 小時的常態分布，若該物件可操作 100 小時的可靠度爲 0.99，試求其期望壽命長度？

解： 因 $0.99=1-\Phi\left(\frac{100-\mu}{10}\right)$

又由常態分布表（表七）知

$$\frac{100-\mu}{10}=-2.33$$

即所求的期望壽命長度爲 $\mu=123.3$ 小時。

一般而言，常態故障法則是一個代表物件逐漸磨損的結果而使功能故障的最適當的模型。不過，這個模型並不是所遇到的最重要的模型之一。

(*B*) 指數故障法則

故障最重要的模型之一爲其故障時間具有指數分布。我們可以用很多方法來敍述這一模型，但最簡單的方法是假設故障率爲一常數，即對任何時間 t，$Z(t)=\alpha$。由定理 11-1 可得，故障時間 T 具有參數爲 α 的指數分布，也就是 T 的機率密度函數爲

$$f(t)=\alpha e^{-\alpha t},\quad t>0$$

反之，若直接假設 T 具有指數分布，則

$$R(t)=1-F(t)=1-\int_0^t \alpha e^{-\alpha t}dt$$

$$=e^{-\alpha t}$$

因此由故障率定義可知

$$Z(t)=f(t)/R(t)=\alpha$$

因之，我們可以歸納成下面定理。

定理 11-3

若故障時間 T 為一連續正隨機變數，則 T 具有指數分布的充要條件為其故障率為常數。

故障率為常數，可解釋為：若物件一經啓用，則其故障的機率不變。換句話說，該物件的壽命不因使用時磨損而縮短。對任何 $\Delta t>0$，若 T 具有指數分布，則

$$P(t\leq T\leq t+\Delta t\,|\,T>t)$$

$$=\frac{e^{-\alpha t}-e^{-\alpha(t+\Delta t)}}{e^{-\alpha t}}$$

$$=1-e^{-\alpha\Delta t}$$

因之，在時間 t 時已知該物件的功能仍在，而於其次 Δt 的瞬間內該物件故障的條件機率與時間 t 無關，只與 Δt 有關。換句話說，只要功能還在，可視為與新的一樣。利用麥克勞林展開式，上式可改成：

$$P(t\leq T\leq t+\Delta t\,|\,T>t)$$

$$=1-\left[1-\alpha\Delta t+\frac{(\alpha\Delta t)^2}{2!}-\frac{(\alpha\Delta t)^3}{3!}+\cdots\cdots\right]$$

$$=\alpha\Delta t+h(\Delta t)$$

若 Δt 非常小，可將 $h(\Delta t)$ 忽略，因之以上的條件機率與 Δt 成比例，其比值即為故障率。當然這種模型也是有實際的例子可資證明，如保險絲未斷之前，它的功能如新。不過，若發現某物件的功能有逐漸減去的趨勢，則其故障法則必不為指數模型。另一導致指數法則的現象為：若 T 為一非負連續隨機變數且滿足下式

$$P(T>s+t \mid T>s)=P(T>t)$$

其中 s，$t>0$，則 T 具有指數分布。利用以上的等式比較容易看出，放射性物質失去放射性之時間具有指數分布。

例 11-7

設 T 表某機器故障的時數，且知具有參數爲 α 的指數分布。又設該機器至少必須工作 t_0 小時以上，否則必須退還 $K(t_0-T)$ 元，其中 K 爲一正數。若該機器工作一小時可賺 D 元，試求購買該機器的期望利潤如何？

解：設該機器的成本爲 C，則其利潤爲

$$P=\begin{cases} DT-C, & T>t_0 \\ DT-C+K(t_0-T), & T<t_0 \end{cases}$$

因之，該機器的期望利潤爲

$$\begin{aligned} E(P) &= \int_{t_0}^{\infty}(Dt-C)\alpha e^{-\alpha t}dt \\ &\quad + \int_0^{t_0}[(D-K)t-C+Kt_0]\alpha e^{-\alpha t}dt \\ &= \frac{D}{2}-C+K\left[\frac{1}{2}-\frac{e^{-\alpha t}}{\alpha}-t_0\right] \end{aligned}$$

功能故障常常導因於某些隨機干擾 (noise) 的出現。設 X_t 表在時間區間〔0, t〕內干擾的次數，且知爲一波瓦松過程，又設 T 表故障的時間，則在時間區間〔0, t〕內導致功能故障的充要條件爲至少有一干擾，因之 $T>t$ 之充要條件爲 $X_t=0$，故

$$\begin{aligned} F(t) &= 1-P(T>t) \\ &= 1-P(X_t=0)=1-e^{-\alpha t} \end{aligned}$$

其中 α 表波瓦松分布的參數。由以上討論可得，T 具參數 α 的指數分布。若將條件改爲：在時間〔0, t〕內導致故障的充要條件至少有

r 次干擾，則利用以上同樣的討論，我們可得

$$F(t)=1-\sum_{h=0}^{r-1}\frac{(\alpha t)^k e^{-\alpha t}}{k!} \tag{11-10}$$

T 服從伽瑪故障法則。$r=1$ 時，T 遵守指數法則。

(*C*) 韋布故障法則

若將導致指數故障法則的故障率爲常數的假設加以如下改變:

$$Z(t)=(\alpha\beta)\,t^{\beta-1} \tag{11-11}$$

其中 α、β 皆爲正常數，則由定理 8-1 知，故障時間 T 之機率密度函數爲

$$f(t)=(\alpha\beta)\,t^{\beta-1}e^{-\alpha t^{\beta}},\quad t>0 \tag{11-12}$$

具有以上的機率密度函數的隨機變數爲韋布分布。很明顯地，指數分布爲韋布分布的特殊情形，即當 $\beta=1$。經過很簡單的計算可導出可靠度 $R(t)=e^{-\alpha t^{\beta}}$ 爲 t 的遞減函數。若由很多零件組成的系統，其故障主要是由於該系統很多缺陷中最嚴重的缺陷所導致，則韋布分布爲一代表該系統故障法則最適當的模型。採用韋布分布的另一好處是參數 β 的不同選擇可改變故障率爲時間的遞增函數或遞減函數。

雖然限於篇幅不能把另外一些合理的故障法則詳加敍述，不過以上所指的都是一些十分重要的模型。接着我們討論上述的問題 (*b*)：若已知各零件的可靠度，其由這些零件所組成的系統的可靠度又該怎麼求呢？當然這是一個很困難的問題，下面我們僅討論幾個較重要的情形。(i)首先討論串聯情形。如圖 11-3

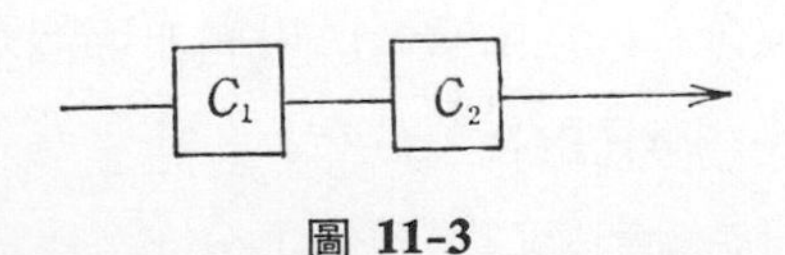

圖 11-3

其中兩零件C_1, C_2的功用爲獨立。若以T, T_1, T_2分別表示由C_1, C_2所組成的系統，及其個別的壽命，則該系統的可靠度爲

$$R(t)=P(T>t)$$

$$\begin{aligned}R(t)&=P(T>t)\\&=P(T_1>t, T_2>t)\\&=P(T_1>t)P(T_2>t),\text{（因 } t_1, t_2 \text{ 爲獨立）}\\&=R_1(t)R_2(t)\end{aligned}$$

其中R_i表零件C_i的可靠度；$i=1,2$。很明顯地，$R(t)\leq \text{Min}(R,(t), R_2(t))$，卽由兩個作用彼此不相干的零件組成的系統，其可靠度比任何一零件的可靠度還小。換句話說，串聯並不增加可靠度。以上的討論可以推廣到n個零件組成的系統。

定理 11-4

若將n個作用彼此無關的零件串聯而成一系統，則本系統的可靠度爲

$$R(t)=R_1(t)R_2(t)\cdots\cdots R_n(t) \tag{11-13}$$

其中R_i表第i個零件的可靠度。

若T_1, T_2分別具有參數爲α_1, α_2的指數故障法則，則我們可得

$$R(t)=e^{-\alpha_1 t}e^{-\alpha_2 t}=e^{-(\alpha_1+\alpha_2)t}$$

因之該系統壽命T具有參數爲$(\alpha_1+\alpha_2)$的指數分布。同樣的討論也可以推廣到由n個零件所串聯成功的系統。

定理 11-5

若n個作用彼此不相關的零件的壽命分別具有參數α_i; $i=1,2,3\cdots\cdots n$，的指數分布，則由它們所串聯而成的系統的壽命具有參數爲$(\alpha_1+\alpha_2+\cdots\cdots+\alpha_n)$的指數分布。

其實也可以將以上的討論應用到伽瑪分布。

例 11-8

考慮由 4 個電晶體，10 個眞空管，20 個電阻器，10 個電容器串聯而成的電路。設在某些條件下（如指定的電壓、電流強度、溫度等），各零件有如下的故障率:

電晶體	0.00001
眞空管	0.000002
電阻器	0.000001
電容器	0.000002

因故障率爲常數，故各零件壽命具有指數分布，其參數卽爲其故障率。由定理 8-5 知，該電路的可靠度爲具有參數

$$4(0.00001)+10(0.000002)+20(0.000001)+10(0.000002)=0.0001$$

的指數分布，卽 $R(t)=e^{-0.0001t}$。換句話說，若該電路作用 10 小時，該電路仍然在作用之中的機率爲 $e^{-0.0001(10)}=0.999$，而故障的期望時間爲 $1/0.0001=10,000$ 小時。

(ii) 接着我們討論並聯情形。由兩個或兩個以上的零件並聯組成的系統，其故障僅當每一個零件的功能皆故障才發生。當然我們需更進一步假設每一零件的作用彼此獨立。下面我們討論兩個零件並聯而成的系統:

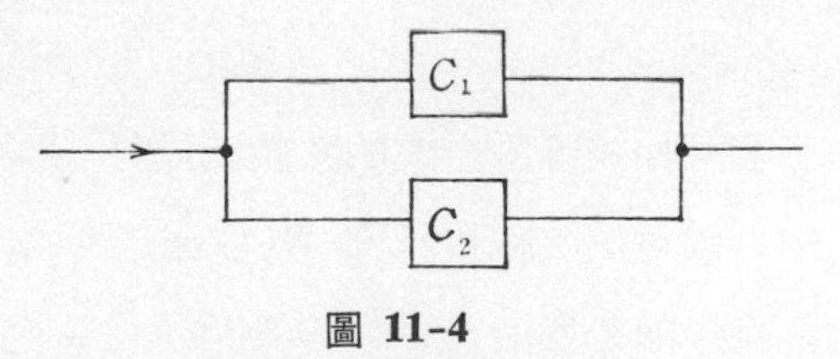

圖 11-4

以 T, T_1, T_2 分別表示並聯系統，C_1 及 C_2 的壽命，則該系統之可靠度爲

$$R(t)=P(T>t)=1-P(T\leq t)$$
$$=1-P[T_1\leq t, T_2\leq t]$$
$$=1-P(T_1\leq t)P(T_2\leq t), \qquad \text{因 } T_1, T_2 \text{ 爲獨立}$$
$$=1-[1-R_1(t)][1-R_2(t)]$$
$$=R_1(t)+R_2(t)-R_1(t)R_2(t)$$

其中 R_i 表 C_i 的可靠度；$i=1,2$。很明顯，

$R(t)\geq \text{Max}[R_1(t), R_2(t)]$，卽並聯可增加可靠度。以上的討論可推廣到 n 個零件並聯成的系統。

定理 11-6

若將 n 個作用彼此獨立的零件並聯而成一系統，則此系統的可靠度爲

$$R(t)=1-[1-R_1(t)][1-R_2(t)]\cdots\cdots[1-R_n(t)] \quad (11\text{-}14)$$

其中 R_i 表第 i 個零件可靠度。

讀者請特別注意：雖然 T_1, T_2 具有參數爲 α_1, α_2 的指數分布，但 T 並不具有指數分布；因

$$R(t)=R_1(t)+R_2(t)-R_1(t)R_2(t)$$
$$=e^{-\alpha_1 t}+e^{-\alpha_2 t}-e^{-(\alpha_1+\alpha_2)t}$$

故 T 不是一個具有指數分布的隨機變數，但因 T 的機率密度函數甚爲難求。故只能利用定理 11-2 而求得下式：

$$E(t)=\frac{1}{\alpha_1}+\frac{1}{\alpha_2}-\frac{1}{\alpha_1+\alpha_2}$$

例 11-9

考慮由三個零件並聯所組成的系統。設每一零件有常數功能故障率 $\alpha=0.01$，故每個零件可靠度 $R(t)=e^{-0.01t}$，因之在 10 小時內該零件仍然作用的機率爲 $e^{-0.1}=0.905$。

若將三個零件並聯，其可靠度爲

$$R(t)=1-[1-e^{-0.001t}]^3$$

而該系統在 10 小時內仍然作用的機率為

$$R(10)=1-(1-0.905)^3=0.99914$$

由此可見，並聯可增加可靠度。當然故障的期望值也隨著增大，即由 100 小時增加到

$$E(t)=\frac{1}{0.01}+\frac{1}{0.01}+\frac{1}{0.01}-\frac{1}{0.01+0.01+0.01}$$
$$=267.33\text{小時}$$

(iii) 最後一種情形為串聯與並聯混合情形。一般而言，有下列兩種情形：

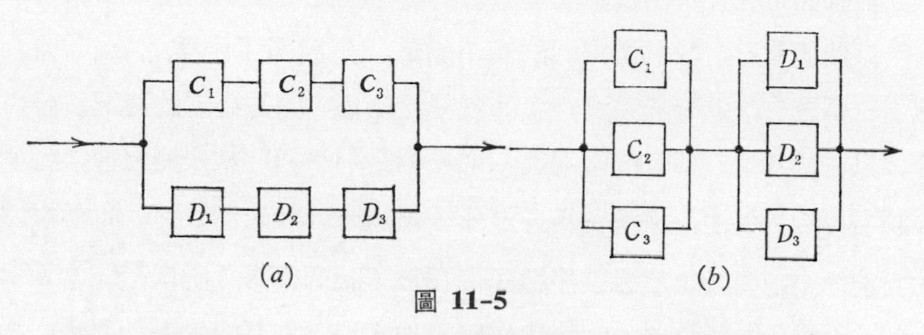

圖 11-5

即先串聯然後再加以並聯或先並聯再串聯。至於其他更複雜情況，本節不擬討論。

11-5 訊息理論

假定我們進行某個試驗來觀察一個特定的隨機現象，我們自然會問：能不能找到一個適當的量來度量該試驗所能提供的訊息(information)？換一個角度來看，在試驗之前，由於無法預知會出現什麼結果，因此試驗具有隨機性 (uncertainty)，試驗之後我們知道了結果，隨機性就消失了，消失的隨機性可以看成是我們所獲得的訊息。那麼隨機性是否可以度量？如果可以，用什麼適當的量來度量一個試驗的隨機性？

例如大家都知道耶誕燈泡是由好些個燈泡串起來的。要是其中有一

個燈泡是壞的，那麼整串的燈泡都不會亮了，我們該怎樣才能儘快地找出壞的燈泡來呢？爲了簡化討論，我們假定耶誕燈一共有m個燈泡，而其中只有一個是壞的。通常的方法是把測儀的兩根引線接到彩燈路線中的兩點，以斷定壞燈是不是在這兩點之間，在這樣的做法下，用測儀檢定m次便足以找出壞燈泡（依次的把測儀接在每一盞燈的兩邊），很自然的，我們要問，至少要檢驗幾次才能保證找到壞燈泡？

假若 $m=2^k$，k 爲一非負的整數，則我們可以證明：至少需要測 k 次，而且必可在 k 次內找出壞燈泡。

讓我們看看，我們所得到的簡單結論，只說明了什麼。$k=0$ 時，只有一個燈泡，這時無需測，壞的就是這一個；這是確定的情況。$k=1$ 時，只需測其中一個燈的兩端就知道壞的是那一個；在未測之前，每個燈都有壞的可能性，機率各爲$\frac{1}{2}$。當 k 增大時，在未測之前，每個燈壞的可能變小，要找出壞燈就變難了。用機率論的術語來說則是：當 k 增大時，壞燈所在的位置的隨機性也隨着增大。

至少，在上面的例子中，隨機性是可以量的。我們知道，當 $m=2^k$ 時，找出壞燈至少需要檢驗 k 次才行，因此用 k 來表示壞燈所在位置的隨機性是極自然的；把每次的檢驗想成是我們所得到的一個訊息，則總共需要 k 次訊息才能定出壞燈的位置。

把這種論法推廣到比較一般的隨機性問題，就是訊息理論的內容。它是美國數學家兼工程師商南氏 (Claude Shannon) 在 1947-1948 年間提出的。商南的論文爲訊息概念提供了明確的意義，立即引起各方的重視。商南氏提出訊息理論的目的是解決訊號傳遞問題上的一些困難；近年來訊息論已成功地應用到許多科學的分枝，特別是它的主要概念——試驗的熵數 (entropy of experiments) 經俄國數學家柯摩哥羅夫的修訂之後在數學上有了極爲突出的貢獻。

11-5-1　試驗的熵數

訊息和隨機性是由兩種不同角度來談論問題的相同概念。

假定 $\theta_1, \theta_2, \cdots\cdots \theta_n$ 是某個試驗的所有可能出象。如果 $p(\theta_i) > p(\theta_j)$，則 θ_j 出現比 θ_i 出現要使我們驚奇，就如像稀有的社會事件具有非常新聞價值一樣。也就是說，機率不同的出象會提供不同的訊息。因此，用來量度試驗所能提供的訊息（或試驗的隨機性）的那個量，必須是各個出象的量，而用 $I(\alpha)$ 來代表事件 α 所能提供的訊息，則 $I(\alpha)$ 應當滿足:

(1) $I(\alpha) \geq 0$　(11-15)

(2) $I(\alpha)$ 完全由 α 的機率決定，換句話說，

$$I(\alpha) = g(p(\alpha)) \tag{11-16}$$

g 是個界定在 0 到 1 之間的函數。

(3) 如果 $p(\alpha) \geq p(\beta)$，則 $I(\alpha) \leq I(\beta)$　(11-17)

條件 (1) 僅表示取定一個適當的準點；條件 (2) 是強調機率的特點，我們說過事件的隨機規律性是由它的機率來代表的，因此和事件有關的重要數量也該是完全由事件發生的機率來決定。現在我們進一步考慮兩個獨立事件 α 和 β 。$\alpha \cap \beta$ 可以解釋爲在 α 出現的情況下，β 又出現的事件，但是 α 和 β 是獨立的，由 α 出現所得的訊息自然無法幫助我們預測 β 出現的可能性，因此已知 α 出現後，又知道 β 出現所提供的訊息，應當爲 α、β 各別出現所得訊息的和，亦卽 $I(\alpha \cap \beta) = I(\alpha) + I(\beta)$ 。相應地，我們要求 g 滿足:

(4) $g(p(\alpha)p(\beta)) = g(p(\alpha)) + g(p(\beta))$　(11-18)

$p(\alpha)$、$p(\beta) \in [0, 1]$

將(1)、(2)、(3)和(4)綜合起來就是一個定義在〔0, 1〕上，滿足(4)

的遞減函數 g。這種函數很多，譬如說，$g(t)=-\log_a t$，$t\in(0,1]$，a 爲某個正實數，取不同的 a 僅僅表示選取不同的單位長度。在下面我們取 $g(t)=-\log_2 t$，也就是令 $I(\alpha)=-\log_2 p(\alpha)$。

例 11-10　在早先我們所提的耶誕燈泡，我們有 2^k 個燈泡，其中一個是壞了，在檢驗之前，我們認爲每個燈壞的機率是一樣的，即 2^{-k}。設 A_n 爲第 n 個燈泡壞了的事件，則

$$I(A_n)=-\log_2 p(A_n)=-\log 2^{-k}=k$$

這時，測出任何一個壞燈所能提供的訊息，皆爲 k，因此 k 度量着測出壞燈位置所獲得的訊息，也就是壞燈位置的隨機性。一般來說，如果試驗中的每個出象具有同樣的可能性（出現的機率一樣），則 $-\log_2\left(\frac{1}{n}\right)=\log_2 n$ 代表着該試驗所提供的訊息；其中 n 是所有可能出象的個數，譬如，丟擲一枚不偏倚銅板，觀察正面或反面出現所得的訊息爲

$$-\log 2\left(\frac{1}{2}\right)=\log_2 2=1。$$

例 11-11　同時投擲二公正骰子，考慮出現的點數和

s_i	2	3	4	5	6	7	8	9	10	11	12
$p(s_i)$	$\frac{1}{36}$	$\frac{2}{36}$	$\frac{3}{36}$	$\frac{4}{36}$	$\frac{5}{36}$	$\frac{6}{36}$	$\frac{5}{36}$	$\frac{4}{36}$	$\frac{3}{36}$	$\frac{2}{36}$	$\frac{1}{36}$

$$I(\{7\})=-\log_2\frac{6}{36}=\log_2 6$$

$$I(\{10\})=-\log_2\frac{3}{36}=\log_2 12$$

因出現 7 點的機率較大，故其隨機性較低。反之，出現 10 點的機率較小，故其隨機性較高。

例 11-12　投擲兩粒骰子，並從一副（52 張）撲克牌中隨機抽取一張牌，試問出現點數和爲 5，且抽得一張黑桃的隨機性爲若干？

解: 設出現 5 點的事件爲 α，抽得一張黑桃的事件爲 β，因出現 5 點的機率爲 $\frac{4}{36}$，抽得一張黑桃的機率爲 $\frac{13}{50}$，兩種出象同時發生的機率 $\frac{4}{36}\times\frac{13}{52}=\frac{1}{36}$

故 $$I(\alpha\cap\beta)=-\log_2\frac{1}{36}=\log_2 36 \tag{1}$$

若單據出象爲 5 點的隨機性爲

$$I(\alpha)=-\log_2\frac{4}{36}=\log_2 9 \tag{2}$$

單據出象爲黑桃的隨機性爲

$$I(\beta)=-\log_2\frac{13}{52}=\log_2 4 \tag{3}$$

因爲　$\log_2 9+\log_2 4=\log_2(9\times4)=\log_2 36$

即 $(2)+(3)=(1)$ 故加法性成立，對於三個以上的獨立事件 $I(\alpha)$ 的加法性仍成立。

定義 11-12

假定 $\alpha_1,\alpha_2\cdots\cdots\alpha_n$ 是某個試驗的所有可能出象，我們知道事件 α_i 所能提供的訊息是 $-\log_2 p(\alpha_i)$，因此，觀察一次試驗所得到的訊息是個隨機變數。該隨機變數的期望值就是多次獨立觀察該試驗所得的平均值叫做試驗的熵數。

形式上說，如果 $A=(\alpha_1\cdots\cdots\alpha_n, p(\alpha_1)\cdots\cdots p(\alpha_n))$ 是一機率空間 (Ω,p) 的一個試驗，則 A 的熵數 $H(A)$ 定義爲

$$H(A)=-\sum_{i=1}^{n}p(\alpha_i)\log_2 p(\alpha_i) \tag{11-19}$$

最早考慮熵數的人是美國電信工程師哈特雷 Hartley (1928年)，他把試驗熵數定義爲 $\log_2 n$，但他僅考慮到試驗中可能出現的出象的個數，却忽略了每個出象出現的機率。這個概念在 1947-1948 年間由商南氏予以修正，而成了目前數學家和工程師所採用的形式。

常用試驗的熵數單位有下列三種

(1) 對數的底爲 2 時稱爲 bit (binary digit)

(2) 對數的底爲 10 時稱爲 decit

(3) 對數的底爲 e 時稱爲 nat

在本章我們以位元 (bit) 爲單位。

例 11-13　依照上述的符號，我們要問的試驗

$A=\begin{pmatrix}\alpha_1\cdots\cdots\alpha_{2^k}\\ 1/2^k\cdots\cdots 1/2^k\end{pmatrix}$ 的熵數 $H(A)$。根據剛才的定義，

$H(A)=-\sum_{i=1}^{2^k}\frac{1}{2^k}\log_2(2^{-k})=k$，這正是我們最初的意思。

例 11-14　試求擲兩個骰子的試驗熵數。

解: 擲兩個骰子時，各點數出現的機率如例 11-11 所示，故其試驗熵數爲

$$\begin{aligned}H(A)=-\Big(&\frac{1}{36}\log\frac{1}{36}+\frac{2}{36}\log\frac{2}{36}+\frac{3}{36}\log\frac{3}{36}\\&+\frac{4}{36}\log\frac{4}{36}+\frac{5}{36}\log\frac{5}{36}+\frac{6}{36}\log\frac{6}{36}\\&+\frac{5}{36}\log\frac{5}{36}+\frac{4}{36}\log\frac{4}{36}+\frac{3}{36}\log\frac{3}{36}\\&+\frac{2}{36}\log\frac{2}{36}+\frac{1}{36}\log\frac{1}{36}\Big)\end{aligned}$$

試驗熵數的値表示一試驗的平均隨機性，數値大表示該試驗的出象不易猜測。

例 11-15　若有人要猜「1 至 100 之間的某一數」，對方只能回答「是」

或「否」，問這件事的熵數爲若干？

解: 本題的試驗熵數也就是難猜程度，因爲 1 到 100 中間的一數出現的機率爲 $\frac{1}{100}$

$$H(A)=-\sum_{i=1}^{100} p_i \log_2 p_i=-100\times\frac{1}{100}\times\log_2\frac{1}{100}$$

$$=\log_2 100=6.67$$

6.67 位元更具體的解釋如下:

設要猜的數是 5.7，這個猜測問答的進行一例是

發問 (1) 此數在 1 與 50 之間? 答 (1) 否
(2) 此數在 51 與 75 之間? 答 (2) 是
(3) 此數在 51 與 63 之間? 答 (3) 是
(4) 此數在 51 與 57 之間? 答 (4) 是
(5) 此數在 51 與 54 之間? 答 (5) 否
(6) 此數是 55 或 56? 答 (6) 否

此人發出 6 個問題之後已知此數爲 57。若在第 5 問以下改爲如下，則需要 7 個問題才能猜到。

(5′) 此數在 51 與 53 之間? 答 (5′) 否
(6′) 此數是 54 或 55? 答 (6′) 否
(7′) 此數是 56? 答 (7′) 否

因此 6.67 位元的意義是他問了 6 個或 7 個問題之後能夠猜到的意思。

例 11-16　有一賭場號召下列遊戲。顧客繳了一元，就可從 52 張撲克牌中抽出一張。若他抽出大牌 (A, K, Q, J) 可得獎金 2.5 元，若抽出其他牌則不能得獎。問顧客期望值及遊戲的試驗熵數爲若干?

解: A, K, Q, J 出現的機率爲 $\frac{16}{52}$，其他的牌出現機率爲$\frac{36}{52}$，設顧客的

期望值爲E，熵爲H，則

$$E=\frac{16}{52}\times 2.5+\frac{36}{52}\times 0=\frac{40}{52}=0.77$$

$$H=-\sum p_i \log p_i=-\left(\frac{16}{52}\times\log\frac{16}{52}+\frac{36}{52}\times\log\frac{36}{52}\right)$$
$$=0.618$$

所以本題的期望值爲 0.77，試驗熵數爲 0.618 位元。

例 11-17 設另一賭場號召下，顧客繳了一元，就可從 52 張撲克牌中抽出一張，若他抽出A，可得獎金 10 元，若抽出其他的牌無獎金，問顧客期望值與熵數各爲若干？

解:

$$E=\frac{4}{52}\times 10+\frac{48}{52}\times 0=\frac{40}{52}=0.77$$

$$H=-\sum p_i \log_2 p_i=-\left(\frac{4}{52}\log_2\frac{4}{52}+\frac{48}{52}\log_2\frac{48}{52}\right)$$
$$=0.27$$

例 11-16 與例 11-17 期望值相等，它比顧客繳的錢少得多。若賭場一天有 1000 個客人，賭場可以穩賺 230 元。但兩題的試驗熵數不同，例 11-16 表示出象（得獎或不得獎）比較難於猜測，例 11-17 的熵數小，表示得獎或不得獎較易猜得到（大多數人不會得獎）。

11-5-2 熵數的性質

爲了方便起見，在以下的討論中，我們特用 p_i 替代 $p(\alpha_i)$, $i=1, 2, \cdots\cdots n$。

定理 11-7

試驗的熵數具有下列性質:

假設 $A=(\alpha_1, \alpha_2\cdots\cdots\alpha_n)$ 爲機率空間 (Ω, p) 的試驗，則

$H(A)\geq 0$; $H(A)=0$ 的充要條件是某個 α_i 爲必然事件，而其餘的均爲不可能事件。

證明

$H(A)\geq -p_k\log p_k\geq 0, k=1,2\cdots\cdots m$，而且僅當 $x=0$ 或 $x=1$，$x\log x=0$。因此若 $H(A)=0$ 則 $p_k=0$ 或 $p_k=1, k=1,2\cdots\cdots m$ 但 $\sum_i P_i=1$ 因此並非所有 p_k 均能爲 0

反之，若其中有一個 p（例如 p_1）等於 1 則其他 p_i 必須爲 0，即 $H(A)=0$

讀者或許還記得凹函數 (concave function) 的性質:

設 $\lambda_1,\lambda_2\geq 0$, $\lambda_1+\lambda_2=1$

若 $f(x)$ 爲凹函數則必須滿足不等式

$$\lambda_1 f(x_1)+\lambda_2 f(x_2)\leq f(\lambda_1 x_1+\lambda_2 x_2)$$

由圖 11-6 我們可知 $f(x)=-x\log x$ 爲連續並爲一凹函數

x	0	$\frac{1}{4}$	$\frac{1}{e}=0.367$	$\frac{1}{2}$	$\frac{3}{4}$	1
$-x\log_2 x$	0	$\frac{1}{2}$	0.53	$\frac{1}{2}$	0.31	0

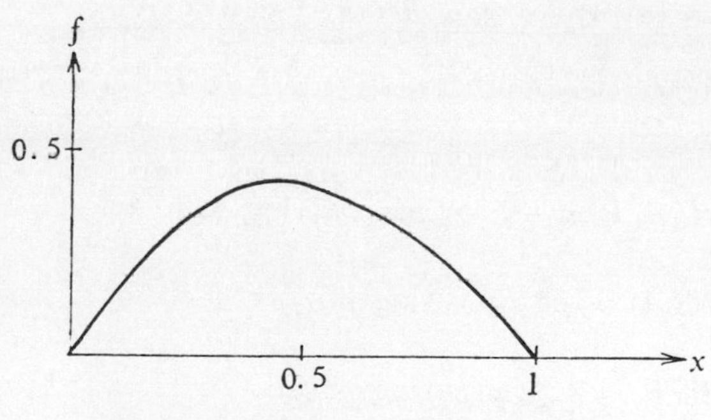

圖 11-6　$f(x)=-x\log_2 x$ 的圖形

設 $\lambda_k\geq 0$, $\sum_k^n \lambda_k=1$ 則凹函數必滿足

$$\sum_{k}^{n} \lambda_k f(x_k) \leq f\left(\sum_{k}^{n} \lambda_k x_k\right)$$

定理 11-8

$H(A) \leq \log n$; $H(A) = \log n$ 的充要條件是

$$p(\alpha_1) = p(\alpha_2) = \cdots\cdots = p(\alpha_n) = \frac{1}{n}$$

證明

若 $f(x) = -x \log x$, $\lambda_1 = \lambda_2 = \lambda_n = \dfrac{1}{n}$

並且 $x_k = p_k$, $k = 1, 2 \cdots\cdots n$ 則凹函數性質

$$\sum_{k} \frac{1}{n}(-p_k \log p_k) \leq -\left(\sum_{k=1}^{n} \frac{1}{n} p_k\right) \log\left(\sum_{k} \frac{1}{n} p_k\right)$$

因 $\sum_{k} p_k = 1$ 上式可簡化為

$$-\sum_{k} p_k \log p_k \leq -\log\left(\frac{1}{n}\right) = \log n$$

即 $H(A) \leq \log n$

定理 11-9

設 $A = \{\alpha_1, \alpha_2 \cdots\cdots \alpha_n\}$, $B = \{\beta_1, \beta_2 \cdots\cdots \beta_n\}$

為兩個同時發生的事件, $p(\alpha_k, \beta_j)$ 為 α_k 與 β_j 發生的機率, 又令

$$H(A, B) = -\sum_{i} \sum_{j} p(\alpha_i, \beta_j) \log p(\alpha_i, \beta_j)$$

$$H(A) = -\sum_{i} p(\alpha_i) \log p(\alpha_i)$$

$$H(B) = -\sum_{j} p(\beta_j) \log p(\beta_j)$$

則 $H(A, B) \leq H(A) + H(B)$。若 A 和 B 互為獨立, 則

$p(\alpha_i, \beta_j) = p(\alpha_i) \times p(\beta_j)$, 即等號成立。

我們僅證明定理 11-9 的特殊情形如下

$A\cap B=(\alpha_1\cap\beta_1,\cdots\cdots\alpha_n\cap\beta_m)$ 由於 A 與 B 是獨立的

$$p(\alpha_i,\beta_j)=p(\alpha_i)p(\beta_j)$$

因此

$$\begin{aligned}H(A,B)&=-\sum_i\sum_j p(\alpha_i\cap\beta_j)\log_2 p(\alpha_i\cap\beta_j)\\&=-\sum_i\sum_j p(\alpha_i)p(\beta_j)[\log_2 p(\alpha_i)+\log_2 p(\beta_j)]\\&=-(\sum_i[p(\alpha_i)\log_2 p(\alpha_i)])(\sum_j p(\beta_j))\\&\quad-(\sum_j p(\beta_j)\log_2 p(\beta_j)]\times(\sum_j p(\alpha_i))\\&=H(A)+H(B)。\end{aligned}$$

定理 11-7 可解釋爲：如果在某試驗中，會有一個必然事件產生，則觀察這個試驗並不能提供任何訊息，也就是說這個訊息沒有隨機性。當試驗中的各個事件均有同樣的機率時，我們把它叫做不偏倚試驗 (unbiased experiment)。

定理 11-8 告訴我們，在具有 n 個事件的試驗中，非偏倚試驗的隨機性最大，其熵數爲 $\log_2 n$，這是合乎直覺要求的；因爲在觀察偏倚試驗時，我們是預先就知道了某些事件比較容易發生，而另一些事件則比較不容易發生；這種含糊的預知就說明了偏倚試驗的隨機性比較小。其實，如果偏倚到了極點，就沒有隨機性了，而這正是定理 11-7 所要描述的。依照前面的說法，$A\cap B$ 指的是同時觀察 A 和 B 二個試驗，依此，定理 11-9 可以如下敍述：如果 A 和 B 是獨立試驗，則同時觀察 A 和 B 所得的訊息爲分別觀察 A 和 B 所得訊息的和。總結起來，我們所定義的試驗的熵數的確是描述了我們所期望的各項簡單性質，這些就注定着它會是一個重要而有用的概念。

假設 $A=(\alpha_1\cdots\cdots\alpha_n)$ 爲一試驗，β 爲一事件，則

$(\alpha_1 \cap \beta_1 \cdots\cdots \alpha_n \cap \beta_n)$ 也可看成是一個試驗。

這個試驗是在 β 已經發生的情況下來觀察 A 的試驗。我們把這個試驗記爲 $A|B$。

試驗 $A|B$ 的熵數 $H(A|B)$ 表示着在事件 B 已經發生的情況下，試驗 A 所留存的隨機性。例如 $\beta=\alpha_i$，則在 α_i 出現的情況下，A 已不具有任何隨機性，因此 $H(A|\alpha_i)=0$（這點可以很容易的從定理 11-7 導出)。$H(A|B)$ 稱爲試驗 A 相對於事件 B 的條件熵數。

定義 11-13

(1) 設條件機率爲 $p(\alpha_i|\beta_j)$ 則稱

$H(A|B_j)=-\sum_i p(\alpha_i|\beta_j)\log p(\alpha_i|\beta_j)$ 爲 β_j 發生時的 A 條件熵數 (conditional entropy)

(2) $H(A|B)=\sum_j p(\beta_j)H(A|\beta_j)$ 爲已知 B 發生時的 A 的條件熵數

定理 11-10

熵數的另外兩種重要性質是：假設 A, B 是兩個試驗，則

(1) $H(A, B)=H(B)+H(A|B)$　　(11-20)

(2) $0\leq H(A|B)\leq H(A)$　　(11-21)

定理 11-10 的 (1) 的證明跟定理 11-9 的完全一樣，只要把 $p(\alpha_i\cap\beta_j)=p(\alpha_i)p(\beta_j)$ 換成 $p(\alpha_i\cap\beta_j)=p(\beta_j)p(\alpha_i|\beta_j)$ 就行了。我們要提醒讀者一點：在直覺上，定理 11-10 的 (2) 是極爲顯然的，因爲在觀察 B 之後，我們多多少少會得到些訊息，這些訊息只可能減少 A 的隨機性。另外，從定理 11-9 和定理 11-10 的(1)可以看出，如果 A 和 B 是獨立的，則 $H(A|B)=H(A)$。

從上述的討論可以看出 $H(B)-H(B|A)$ 量度的是試驗 B 在觀察了試驗 A 之後所減少的隨機性。因此，我們可以把 $H(B)-H(B|A)$ 看成

是試驗 A 提供給 B 的訊息。記爲 $I(A, B)$。有時候，我們稱 $I(A, B)$ 爲 B 存於 A 中的訊息。由於 $H(A, B)=H(A)+H(B|A)=H(B)+H(A|B)$，可得到下面的關係式：

$$I(A, B)=H(B)-H(B|A)=H(A)-H(A|B)=I(B, A)$$

在應用的時候，B 是我們要研究的對象，A 是爲了消息 B 的隨機性而考慮的輔助試驗。

當 A 和 B 爲獨立試驗時

即 $p(\alpha_i|\beta_j)=p(\alpha_i)$ 則

$$\begin{aligned} H(A|B) &= H(B)-\sum_i\sum_j p(\alpha_i, \beta_j)\log p(\alpha_i) \\ &= H(B)-\sum_i\sum_j p(\alpha_i)p(\beta_j)\log p(\alpha_i) \\ &= H(B)+H(A) \end{aligned}$$

換言之，二獨立試驗的訊息相加得出複合試驗 (compound experiment) 的訊息，即定理 11-9 是定理 11-10 的 (1) 的特例。

另外，倘若 B 的出象唯一決定 A 的出象，則每一個對於所有 $\alpha_i \in A$，$P(\alpha_i|\beta_j)$ 等於 1 或 0。

因此，對於每一個 α_i 和 β_j，

$$p(\alpha_i, \beta_j)\log p(\alpha_i|\beta_j)=p(\beta_j)p(\alpha_i|\beta_j)\log p(\alpha_i|\beta_j)=0$$

因此　$H(A|B)=0$，$H(A, B)=H(B)$

這個結論與直覺相吻合，因爲它表示若 A 的出象依 B 的出象而定，則 B 的平均訊息等於複合試驗 (A, B) 的平均訊息。

定理 11-10(2) 的證明如下

令 $f(x)=-x\log x$，$\lambda_k=p(\beta_k)$ 和 $x_k=p(\alpha_i|\beta_k)$

則由凹函數性質得

$$\sum_k \lambda_k\cdot f(x_k)\leq f(\sum_k \lambda_k x_k)$$

但因　$\sum_k \lambda_k x_k = \sum_k p(\beta_k) p(\alpha_i | \beta_k) = \sum_k p(\alpha_i, \beta_k) = p(\alpha_i)$

故得　$\sum_k p(\beta_k)[-p(\alpha_i | \beta_k) \log p(\alpha_i | \beta_k)] \leq -p(\alpha_i) \log p(\alpha_i)$

上式可簡化爲

$$-\sum_k p(\alpha_i, \beta_k) \log p(\alpha_i | \beta_k) \leq -p(\alpha_i) \log p(\alpha_i)$$

$$-\sum_i \sum_k p(\alpha_i, \beta_k) \log p(\alpha_i | \beta_k) \leq -\sum_i p(\alpha_i) \log p(\alpha_i)$$

即　$H(A|B) \leq H(A)$

定理 11-10 的 (2) 意指爲試驗 A 的隨機性僅爲當知曉試驗 B 的出象後方可減低。

11-5-3　應　用

例 **11-18**　我們要應用上節的概念回答早先所提的耶誕燈問題。如上所述，m 代表耶誕燈中燈泡的個數，設 C 表示描述壞燈位置的試驗，則 $H(C) = \log_2 m$。

早先我們把測儀的兩端引線接到線路中的兩點，以斷定兩點之間有沒有壞燈，這個做法其實也是一個試驗，它的出象可能是壞燈在兩點之間與壞燈在兩點之外。我們來算算至少要測幾次才能保證找到壞燈。先假設 k 次保證可以找到，分別用 $A_1, A_2 \cdots\cdots A_k$ 表示。

由於 A_i 只有兩個可能出象，所以 $H(A_i) \leq 1$ (定理11-8)。k 次就能保證找到壞燈的意思是

$$I(A_1 \cup \cdots\cdots \cup A_k, C) = H(C) = \log_2 m$$

由於　$I(A_1 \cup \cdots\cdots \cup A_k, C) \leq H(A_1 \cup \cdots\cdots \cup A_k)$

$$= H(A_1) + H(A_2 \cup \cdots\cdots \cup A_k | A_1)$$

$$\leq H(A_1) + H(A_2 \cup \cdots\cdots \cup A_n) \leq H(A_1) + \cdots\cdots$$

$$+H(A_k)\leq k$$

所以　$k\geq\log_2 m$

爲了使得 k 愈小愈好，就得要求 $I(A,C)$ 愈大愈好；換句話說，就是要使得 A 能夠對 r 提供愈多的訊息愈好。

假設在 A_1 中，兩根引線之中有 n 個燈，則

$$A_1=\left(\frac{n^\alpha}{m},\ \frac{m-n^\beta}{m}\right)$$

其中 α 是指壞燈在兩根引線之內的事件，β 是指在引線之外的事件，因此

$$I(A_1,C)=H(C)-H(C|A_1)=\log_2 m-H(C|A_1)$$

$$H(C|A_1)=H(C|\alpha)p(\alpha)+H(C|\beta)p(\beta)$$

$$=(\log_2 n)p(\alpha)+(\log_2(m-n))p(\beta)$$

$$=\left(\log_2\frac{n}{m}+\log_2 m\right)\times\frac{n}{m}+\left(\log_2\frac{m-n}{m}+\log_2 m\right)\frac{m-n}{m}$$

$$=\left(\log_2\frac{n}{m}\right)\frac{n}{m}+\left(\log_2\frac{m-n}{m}\right)\frac{m-n}{m}+\log_2 m$$

$$=-g\left(\frac{n}{m}\right)-g\left(\frac{m-n}{m}\right)+\log_2 m$$

所以我們得到

$$I(A_1,C)=-g\left(\frac{n}{m}\right)+g\left(\frac{m-n}{m}\right)\qquad(11\text{–}22)$$

(11–22) 式的右邊剛好是一個含有兩個出象的試驗的熵數，因此，$I(A_1,C)$ 的極大是發生在 $\frac{n}{m}=\frac{1}{2}$ 的時候。

根據這些，我們知道要使 A_1 發生最大的功用就該使 $\frac{n}{m}$ 儘量的接近 1/2。譬如說，把 A_1 的兩根引線分別接在線路的一個端點與線路的中點（或接近中點）便是合乎上列的要求了。這樣做還有一

個優點：可以使得 A_2 的情況與 A_1 類似。繼續這樣子的測下去，只要測〔$\log_2 m$〕次就能找到壞燈；其中〔$\log_2 m$〕是大於或等於 $\log_2 m$ 的最小整數。當 $m=2^k$ 時，$\log_2 m=k$，和我們起初的結論一樣。

例 11-19 設有九枚外表完全相同的金幣。其中一枚是假的。如果我們想要用天平將它找出來。並且確定它是較重或較輕，請問至少要量幾次才能辦得到？

解： 所謂用天平來找就是把相同數目的金幣分別放在天平左右的秤盤上，觀察天平的狀態，是平衡、右傾還是左傾，然後再下判斷。這是一個試驗，它是的熵數不會比 $\log_2 3$ 大。

我們把找出僞幣同時並確定它是較重或較輕的試驗用 C 來代表。因爲每一枚金幣都可能是假的，也都可能較重或較輕，而這些可能性又都一樣大，所以 $H(C)=\log_2 18=\log_2 2\times 9=1+2\log_2 3$

假設用天平秤 k 次便可找出僞幣。設這 k 次的試驗分別爲 A_1, $A_2\cdots\cdots A_k$ 則

$$I(A_1\cup\cdots\cdots\cup A_k, C)=H(C)=1+2\log_2 3$$

但是

$$I(A_1\cup\cdots\cdots\cup A_k, C)\leq H(A_1\cup\cdots\cdots\cup A_k)$$
$$\leq H(A_1)+\cdots\cdots+H(A_k)\leq k\log_2 3$$

所以

$$k\geq 2+\frac{1}{\log_2 3}$$

也就是說，至少要秤 3 次才行，我們來看看 3 次是不是眞的夠了。

首先，我們希望 $I(A, C)$ 能夠儘量的大。我們把 A_1 寫成

$$A_1=\left\langle \begin{matrix} B & L & R \\ \dfrac{9-2i}{9} & \dfrac{i}{9} & \dfrac{i}{9} \end{matrix} \right\rangle$$

其中 B，L，R 分別表示平衡，左傾與右傾事件，i 表示秤盤上各有 i 枚金幣。由於 C 可以完全確定 A_1，所以 $H(A_1|C)=0$，$I(A_1,C)=H(A_1)-H(A_1|C)=H(A_1)$。而 $H(A_1)$ 的極大是發生在 $(9-2i/9)=(i/9)$ 的時候，也就是 $i=3$ 時。因此，第一次的秤法是在左秤盤上各放 3 枚金幣，然後分別考慮：

(a) B 發生時，這時僞幣不在秤盤上，讀者不難看出再量兩次就能找出僞幣。

(b) R 發生時，這時僞幣在秤盤上。請注意，我們不能去掉天平右傾這個資料。因爲如果丢掉了它，我們從 A_1 得到的就只剩下僞幣是在天平上這個事實。這件事發生的機率是 2/3，因此它所能提供的訊息是 $\log_2\left(\frac{3}{2}\right)=\log_2 3-1$ 比 A_1 所提供的少了一拍。

現在要在 R 爲已知的條件下，儘量的把 C 的隨機性除掉（這時 C 是六枚金幣中的試驗）。設 A_2 表示第二次的量法。跟以前一樣，我們希望 $H(A_2|R)$ 儘量的大；也就是說，在 R 的條件下要求 A_2 能夠提供最多的訊息。因此，在 R 的條件下，A_2 爲平衡，右傾及左傾的機率各爲 1/3。

爲了清楚起見，我們把左邊的三枚分別叫做①、②和③，右邊的三枚分別叫做④、⑤和⑥。要使得在 R 的條件下，A_2 爲平衡，右傾及左傾的機率相同，可以安排如下：拿掉①和④；把②和⑤相互交換；保持③、⑥不動。在這樣的量法之下，倘若天平是平衡的，則僞幣便在①與④之中；倘若天平仍舊右傾，則在③與⑥之中，如果天平變爲左傾，則在②與⑤之中；而且，倘若僞幣在①、②、③之中，則僞幣比眞幣輕，否則比眞幣重。根據這些，再量一次便可完全解答原來的問題。

(*c*) L發生。論法與 (*b*) 相同。

因此測量三次確實可完成鑑定工作。

11-6 有限馬可夫鏈

如果讀者仔細觀察日常所發生的許多事件，必然會發現有些事件的未來發展或演變與該事件現階段的狀況 (state) 全然無關，而另一些事件則受到事件目前的狀況的影響， 如果將這種事件的演變 (evolution) 表成隨時間的變動的數學模式，通常稱之爲隨機過程 (stochastic process)，前者是獨立變動過程 (process of independent trials)，例如柏努利過程和波瓦松過程，後者是相依變動過程 (process of dependent trials)，例如馬可夫過程 (Markov process)。 隨機過程是機率理論中重要的一分支，本節僅專注於離散型馬可夫過程，即馬可夫鏈的討論。

馬可夫鏈是一種特殊型態的機率問題，可以推測未來的出象，而且也是一種特殊的差分方程式問題，在商業與經濟的決策抉擇問題上有重大的用途。

11-6-1 機率向量

首先我們介紹一些基本知識。

定義 11-13 列向量 $u=(u_1, u_2, \cdots\cdots, u_n)$ 若滿足下列條件，則稱 u 爲機率向量 (probability vector)。

(1) $u_i \geq 0 \qquad i=1, 2, \cdots\cdots, n$

(2) $\sum u_i = 1$

例 11-20　考慮下列諸向量

$$u=(1/2, 0, 3/4, -1/4),\quad v=(3/4, 1/2, 0, 1/4)$$

和　$w=(1/4, 1/4, 0, 1/2)$

其中僅 w 爲一機率向量，爲什麼?

讀者請注意：由於一機率向量的各分量 (component) 的總和等於 1，因此任意有 n 分量的機率向量均可用 $n-1$ 個未知數表示如下

$$(x_1, x_2, \cdots\cdots, x_{n-1}, 1-x_1-x_2-\cdots\cdots-x_{n-1})$$

尤其，任意含 2 分量和 3 分量的機率向量可分別表示如下:

$$(x, 1-x) \text{ 和 } (x, y, 1-x-y)$$

定義 11-14　若一方陣 $P=(p_{ij})$ 的每一列均爲機率向量，則該方陣稱爲隨機矩陣 (stochastic matrix)。

例 11-21 考慮下列各矩陣:

(1) $\begin{pmatrix} 1/3 & 1/3 & 1/3 \\ 1/3 & 0 & 2/3 \\ 3/4 & 1/2 & -1/4 \end{pmatrix}$

(2) $\begin{bmatrix} 1/4 & 3/4 \\ 1/3 & 1/3 \end{bmatrix}$

(3) $\begin{pmatrix} 0 & 1 & 0 \\ 1/2 & 1/6 & 1/3 \\ 1/3 & 2/3 & 0 \end{pmatrix}$

其中僅 (3) 爲隨機矩陣。爲什麼?

定理 11-11　若 A 和 B 爲二隨機矩陣，則其乘積 AB 仍爲隨機矩陣。因此 A 的所有乘冪 A^n 均爲隨機矩陣。

在以下的討論中，我們僅對具有一種性質的隨機矩陣，即正規隨機

矩陣感興趣。

定義 11-15 若一隨機矩陣 P 的 m 次乘冪 P^m 中每一元素均爲正數，則 P 稱爲正規隨機矩陣 (regular stochastic matrix)。

例 11-21 (1) 隨機矩陣 $A=\begin{pmatrix}0 & 1\\ 1/2 & 1/2\end{pmatrix}$ 爲正規，因爲

$$A^2=\begin{pmatrix}0 & 1\\ 1/2 & 1/2\end{pmatrix}\begin{pmatrix}0 & 1\\ 0 & 1/2\end{pmatrix}=\begin{pmatrix}1/2 & 1/2\\ 1/4 & 3/4\end{pmatrix}$$

其中每一元素均爲正數。

(2) $B=\begin{pmatrix}1 & 0\\ 1/2 & 1/2\end{pmatrix}$ 不爲正規隨機矩陣，因爲

$$B^2=\begin{pmatrix}1 & 0\\ 3/4 & 1/4\end{pmatrix}\quad B^3=\begin{pmatrix}1 & 0\\ 7/8 & 1/8\end{pmatrix}\quad B^4=\begin{pmatrix}1 & 0\\ 15/16 & 1/16\end{pmatrix}$$

事實上，任何次冪的 B^m 的第一列均爲 1 和 0，因此 B 不爲正規隨機矩陣。

方陣的固定點:

定義 11-16 設 A 爲一方陣，若非零列向量 $u=(u_1, u_2, \cdots\cdots, u_n)$

滿足 $uA=u$

則稱 u 爲方陣 A 的固定點 (fixed point)。

例 11-22 設 $A=\begin{pmatrix}2 & 1\\ 2 & 3\end{pmatrix}$ 則 $u=(2,-1)$ 爲 A 的固定點，因爲

$$uA=(2,-1)\begin{pmatrix}2 & 1\\ 2 & 3\end{pmatrix}=(2,-1)=u$$

向量 $2u=(4,-2)$，也是 A 的固定點

$$(4,-2)\begin{pmatrix}2 & 1\\ 2 & 3\end{pmatrix}=(4,-2)$$

定理 11-12 若 u 爲矩陣 A 的一固定點，則對於任何非零數 λ，λu 仍爲 A 的固定點，卽

$$(\lambda\mu)A=\lambda(\mu A)=\lambda\mu$$

正規隨機矩陣和固定點的主要關係表明如下:

定理 11-13　設 P 爲一正規隨機矩陣，則

(1) P 有一唯一的固定機率向量 t，同時 t 的所有分量均爲正數。

(2) P 的冪次所形成序列 $P, P^2, P^3, \cdots\cdots$ 趨近矩陣 T，其中 T 的每一列均爲固定向量 t。

(3) 若 r 爲任意機率向量，則向量序列 $rP, rP^2, \cdots\cdots$ 趨近於固定點 t。

讀者請注意: P^n 趨近於 T 意即 P^n 的每一元素（entry）趨近於相對應位置中 T 的元素，而 rP^n 趨近 t 意謂 rP^n 中每一分量趨近於相對位置的 t 分量。

例 11-23　設正規隨機矩陣 $P=\begin{pmatrix}0 & 1\\ 1/2 & 1/2\end{pmatrix}$，欲求一機率向量

$t=(x, 1-x)$ 使得 $tP=t$

$$(x, 1-x)\begin{pmatrix}0 & 1\\ 1/2 & 1/2\end{pmatrix}=(x, 1-x)$$

$$\left(\frac{1}{2}-\frac{1}{2}x,\ \ \frac{1}{2}+\frac{1}{2}x\right)=(x, 1-x)$$

$$\begin{cases}\dfrac{1}{2}-\dfrac{1}{2}x=x\\[2ex] \dfrac{1}{2}+\dfrac{1}{2}x=1-x\end{cases}\qquad x=1/3$$

因此 $t=(1/3, 2/3)$ 爲 P 的唯一固定機率向量。

根據定理 11-13，序列 $P, P^2, P^3, \cdots\cdots$ 趨近於矩陣 T，其中 T 的每一列均爲向量 t

$$T=\begin{pmatrix}1/3 & 2/3\\ 1/3 & 2/3\end{pmatrix}=\begin{pmatrix}0.33 & 0.67\\ 0.33 & 0.67\end{pmatrix}$$

上述事實可由下列計算看出

$$P^2=\begin{pmatrix}1/2 & 1/2\\ 1/4 & 3/4\end{pmatrix}=\begin{pmatrix}0.5 & 0.5\\ 0.25 & 0.75\end{pmatrix}$$

$$P^3=\begin{pmatrix}1/4 & 3/4\\ 3/8 & 5/8\end{pmatrix}=\begin{pmatrix}0.25 & 0.75\\ 0.37 & 0.63\end{pmatrix}$$

$$P^4=\begin{pmatrix}3/8 & 5/8\\ 5/16 & 11/16\end{pmatrix}=\begin{pmatrix}0.37 & 0.63\\ 0.31 & 0.69\end{pmatrix}$$

$$P^5=\begin{pmatrix}5/16 & 11/16\\ 11/32 & 21/32\end{pmatrix}=\begin{pmatrix}0.31 & 0.69\\ 0.34 & 0.66\end{pmatrix}$$

馬可夫鏈

定義 11-17 考慮一序列的試行，其出象滿足下列兩大性質：

(1) 每一出象均爲有限出象集合 $S=\{a_1,a_2,\cdots\cdots a_m\}$ 中之一，S 稱爲系統（system）的狀況空間（state space）。

例如第 n 次試行的出象爲 a_i，則稱系統於時間 n 或第 n 步在狀況 a_i。

(2) 任何試行的出象與其緊鄰的前一試行（immediately preceding trial）的出象相關，而與其他任何以前出象無關。對於每一對狀況 (a_i,a_j) 有一已知機率 p_{ij} 表示前一試行的出象爲 a_i 時，其緊鄰後一試行的出象爲 a_j 的機率，稱爲轉移機率(transition probability)。

滿足上述條件的隨機過程稱爲馬可夫鏈。轉移機率能安排成一矩陣

$$P=\begin{pmatrix}p_{11} & p_{12}\cdots\cdots p_{1m}\\ p_{21} & p_{22}\cdots\cdots p_{2m}\\ \vdots & \vdots \qquad\quad \vdots\\ p_{m1} & p_{m2}\cdots\cdots p_{mm}\end{pmatrix}$$

稱爲轉移矩陣（transition matrix）。

另一種表示轉移機率的方法爲利用轉移圖形（transition diagram）例如

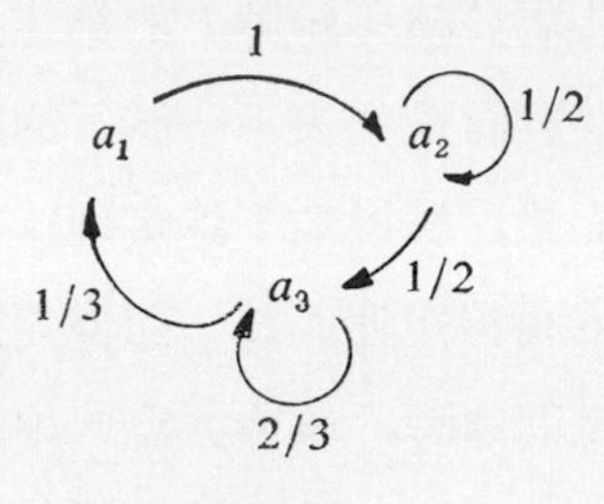

圖 **11-7**

上圖可以轉移矩陣表示如下:

$$P=\begin{matrix} & a_1 & a_2 & a_3 \\ a_1 & 0 & 1 & 0 \\ a_2 & 0 & 1/2 & 1/2 \\ a_3 & 1/3 & 0 & 2/3 \end{matrix}$$

例 **11-24**　將 n 黑球和 n 白球混合後分置二袋，每袋含 n 球。設若每次由二袋中隨機各抽取一球，而後將由袋 I 中取出的球置入袋 II，反之亦然。現以袋 I 中的黑球數表狀況。在任何時間只要知道該數，則我們全然清楚每袋中黑球與白球的數目。換句話說，若袋 I 中有 $n-j$ 個白球，袋 II 有 j 個白球。設若目前在狀況 j，倘若由袋 I 中取到黑球，袋 II 中取到白球則交換後，變成狀況 $j-1$，倘若由二袋中分別取到同色球，則爲下一步仍在狀況 j，若由袋 I 取出白球，袋 II 取出黑球，則下一步爲在狀況 $j+1$，則轉移機率爲

$$p_{j,j-1}=\left(\frac{j}{n}\right)^2,\quad j>0$$

$$p_{j,j}=\frac{2j(n-j)}{n^2}$$

$$p_{j,j+1}=\left(\frac{n-j}{n}\right)^2,\quad j<n$$

$$p_{jk}=0 \qquad \text{其他}$$

對於每一狀況 a_i，相對於轉移矩陣 P 的第 i 列 $(p_{i1}, p_{i2}, \cdots\cdots, p_{im})$，若系統爲在狀況 a_i，則該列向量代表下一試行的所有可能出現的機率，因此該列向量爲一機率向量，所以有下述定理：

定理 11-14　馬可夫鏈的轉移矩陣 P 爲一隨機矩陣。

在研究馬可夫鏈問題時，最令人感興趣的問題之一是假如系統現在是在狀況 a_i，則走了 n 步之後會在狀況 a_j 的機率爲若干？這種機率以 $p_{ij}{}^{(n)}=P(a_{n+k}=j|a_k=i)$ 表示，注意這並非 p_{ij} 的 n 次冪，事實上我們對由所有任一起點狀況 a_i，n 步後到所有任一終點 a_j 的機率均相當關切。

我們可簡捷地將這些機率以矩陣表示，例如三個狀況的馬可夫鏈，其 n 步後的機率爲

$$P^{(n)}=\begin{pmatrix} p_{11}{}^{(n)} p_{12}{}^{(n)} p_{13}{}^{(n)} \\ p_{21}{}^{(n)} p_{22}{}^{(n)} p_{23}{}^{(n)} \\ p_{31}{}^{(n)} p_{32}{}^{(n)} p_{33}{}^{(n)} \end{pmatrix}$$

例 11-25　設已知馬可夫鏈的轉移機率如圖11-7所示，試求由狀況a_1開始 3 步後至各狀況的機率。

首先建造以 a_1 爲起點的樹形圖，並且標明各轉移機率，如圖 11-8

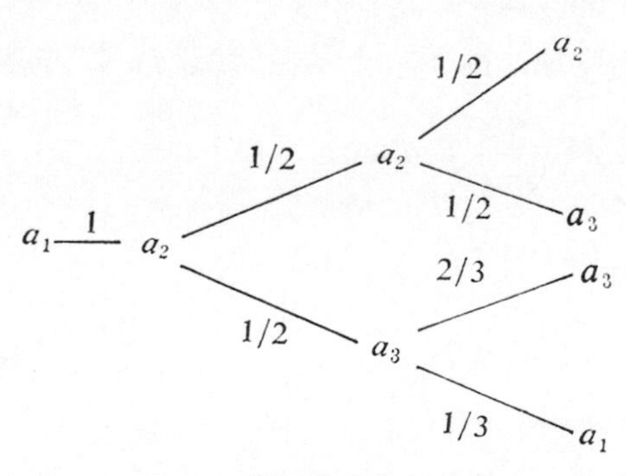

圖 **11-8**

$P_{13}{}^{(3)}$ 的值爲所有由 a_1 開始而終止於 a_3 的路徑（path）的各機率之和，即

$$p_{13}{}^{(3)}=1\cdot\frac{1}{2}\cdot\frac{1}{2}+1\cdot\frac{1}{2}\cdot\frac{2}{3}=7/12$$

同法可得　$p_{12}{}^{(3)}=1\cdot\frac{1}{2}\cdot\frac{1}{2}=1/4$，$p_{11}{}^{(3)}=1\cdot\frac{1}{2}\cdot\frac{1}{3}=1/6$

同法可建造以 a_2 和 a_3 爲起點的樹形圖， 計算出 $p_{21}{}^{(3)}$，$p_{22}{}^{(3)}$，$p_{23}{}^{(3)}$ 和 $p_{31}{}^{(3)}, p_{32}{}^{(3)}, p_{33}{}^{(3)}$ 而得轉移矩陣

$$P^{(3)}=\begin{matrix} & a_1 & a_2 & a_3 \\ a_1 & 1/6 & 1/4 & 7/12 \\ a_2 & 7/36 & 7/24 & 37/72 \\ a_3 & 4/27 & 7/18 & 25/54 \end{matrix}$$

在以下說明中，我們以有三個狀況的馬可夫鏈爲例。爲了要得到一個馬可夫鏈，我們必須確定系統的起點，假設啓始狀況是由一機遇工具選出， 而選取狀況 a_j 爲起點的機率爲 $p_j{}^{(0)}$ 則這些啓始機率可以向量 $\overline{P}^0=(p_1{}^{(0)}, p_2{}^{(0)}, p_3{}^{(0)})$ 表示。 設 $p_j{}^{(n)}$ 爲系統於 n 步後在狀況 a_j 的機率，則 $\overline{P}^{(n)}=(p_1{}^{(n)}, p_2{}^{(n)}, p_3{}^{(n)})$，$\overline{P}^{(0)}$ 和 $\overline{P}^{(n)}$ 的關係可表示如下:

$$p_1{}^{(n)}=p_1{}^{(n-1)}p_{11}+p_2{}^{(n-1)}p_{21}+p_3{}^{(n-1)}p_{31}$$

$$p_2{}^{(n)}=p_1{}^{(n-1)}p_{12}+p_2{}^{(n-1)}p_{22}+p_3{}^{(n-1)}p_{32}$$

$$p_3{}^{(n)}=p_1{}^{(n-1)}p_{13}+p_2{}^{(n-1)}p_{23}+p_3{}^{(n-1)}p_{33}$$

上列式子可以簡潔地表示如下:

$$\overline{P}^{(n)}=\overline{P}^{(n-1)}P$$

若將 n 值代入，則可得

$$\overline{P}^{(1)}=\overline{P}^{(0)}P$$

$$\overline{P}^{(2)}=\overline{P}^{(1)}P=\overline{P}^{(0)}P^2$$

$$\overline{P}^{(3)}=\overline{P}^{(2)}P=\overline{P}^{(0)}P^3 \quad 等等$$

一般而言，其通式爲

$$\overline{P^{(n)}}=\overline{P}^{(0)}P^n$$

換句話說，若要求 n 步後的機率，只須將啓始向量和轉移矩陣的 n 次冪相乘。

尤其若選 $\overline{P}^{(0)}=(1,0,0)$，即令系統始於狀況 a_1 則由上式可知 $P^{(n)}$ 恰爲 P^n 的第一列，意即 P^n 的第一列表示啓始於 a_1 的 n 步後在各狀況的機率。另一表示方式爲

$$(p_{11}{}^{(n)},p_{12}{}^{(n)},p_{13}{}^{(n)})=(1,0,0)P^n=P^n\text{ 的第一列}$$

同理，若以 a_2 和 a_3 爲起點的狀況，則

$$(p_{21}{}^{(n)},p_{22}{}^{(n)},p_{23}{}^{(n)})=(0,1,0)P^n=P^n\text{ 的第二列}$$

$$(p_{31}{}^{(n)},p_{32}{}^{(n)},p_{33}{}^{(n)})=(0,0,1)P^n=P^n\text{ 的第三列}$$

所以
$$P^{(n)}=\begin{pmatrix}p_{11}{}^{(n)} & p_{12}{}^{(n)} & p_{13}{}^{(n)}\\ p_{21}{}^{(n)} & p_{22}{}^{(n)} & p_{23}{}^{(n)}\\ p_{31}{}^{(n)} & p_{32}{}^{(n)} & p_{33}{}^{(n)}\end{pmatrix}=P^n$$

定理 11-15　設 P 爲馬可夫鏈的轉移矩陣，則 n 步轉移矩陣等於 P 的 n 次冪：$P^{(n)}=P^n$

例 11-26　已知轉移矩陣 $P=\begin{pmatrix}1 & 0\\ 1/2 & 1/2\end{pmatrix}$及啓始機率分配$\overline{P}^{(0)}=(1/3,2/3)$

試定義及求得（i）$p_{21}{}^{(3)}$　（ii）$\overline{P}^{(3)}$　（iii）$p_2{}^{(3)}$

解：（i）$p_{21}{}^{(3)}$ 爲由狀況 2 經移動 3 步到狀況 1 的機率，因

$$P^2=\begin{pmatrix}1 & 0\\ 3/4 & 1/4\end{pmatrix},\quad P^3=\begin{pmatrix}1 & 0\\ 7/8 & 1/8\end{pmatrix}$$

因此 $p_{21}{}^{(3)}=7/8$

（ii）$\overline{P}^{(3)}$ 爲系統於移動 3 步後的機率分布

$$\overline{P}^{(3)}=P^{(0)}P^3=\left(\frac{1}{3},\ \frac{2}{3}\right)\begin{pmatrix}1 & 0\\ 7/8 & 1/8\end{pmatrix}=(11/12,\ 1/12)$$

(iii)　$p_2{}^{(3)}$ 爲系統於移動 3 步後在狀況 2 的機率，

即 $\overline{P}^{(3)}$ 的第二分量，$p_2{}^{(3)}=1/12$。

正規馬可夫鏈的定置分布

定義 11-18　設若馬可夫鏈的轉移矩陣 P 爲正規，則稱該馬可夫鏈爲正規馬可夫鏈 (regular Markov chain)。

依據定理 11-13 可知當 n 越來越大時，n 步轉移矩陣 P^n 會趨近矩陣 T，該矩陣的每一列均爲 P 的唯一固定機率向量 t，因此當 n 相當大時，狀況 a_j 發生的 n 步轉移機率 $p_{ij}{}^{(n)}$ 與起始狀況 a_i 相獨立而趨近於向量 t 的分量 t_j,換句話說

定理 11-16　設馬可夫鏈的轉移矩陣爲正規，則在長期情形之下，任何狀況 a_j 發生的機率大約等於 P 的固定機率向量 t 的分量 t_j。

由上述現象可知啓始狀況或系統的啓始機率分布的影響力隨着步數的增加而減弱。另外，每一機率分布系列趨近於 P 的固定機率向量 t，稱爲馬可夫鏈的定置分布 (stationary distribution)。

例 11-27　假設某地僅 A, B, C 三種不同品牌的牙膏應市，經過一段期間，由於受廣告，價格或對原品牌牙膏的不滿意，有些顧客會從原品牌改爲使用其他品牌，假設每月各品牌顧客變動率爲固定，其變動情形如下矩陣所示:

$$A=\begin{pmatrix} 0.8 & 0.1 & 0.1 \\ 0.2 & 0.7 & 0.1 \\ 0.1 & 0.3 & 0.6 \end{pmatrix}$$

設 $X_i=(X_{i1}, X_{i2}, X_{i3})$ 爲第 i 個月底各品牌所佔市場比率，

$i=0, 1, 2, 3, \cdots\cdots$

若已知 $X_0=(0.2, 0.3, 0.5)$ 則

$X_1=X_0A=(0.27,\ 0.38,\ 0.35)$

$$X_2 = X_1 A = (0.327,\ 0.398,\ 0.275)$$

$$\vdots$$

在每一階段的計算，都是進位爲小數點後三位

$$X_4 = (0.397,\ 0.384,\ 0.219)$$

$$X_8 = (0.442,\ 0.357,\ 0.201)$$

$$X_{16} = (0.450,\ 0.350,\ 0.200)$$

$$X_{17} = X_{16} A = (0.450,\ 0.350,\ 0.200) = X_{16}$$

即 $X_i = (0.450,\ 0.350,\ 0.200) \qquad i \geq 16 \qquad (11\text{-}23)$

換句話說，經過一段時間，A, B, C 所佔市場比率趨於穩定狀態。

設 $X = (x, y, z)$ 爲穩定狀態時 A, B, C 三品牌的顧客佔有比率，則 $X_{i-1} = X_i = X$ 亦即 $X = XA$，或 $X(I - A) = 0$

$$\begin{cases} 0.2x - 0.2y - 0.1z = 0 \\ -0.1x + 0.3y - 0.3z = 0 \\ -0.1x - 0.1y + 0.4z = 0 \end{cases}$$

同時，$x + y + z = 1$

解以下聯立方程式

$$\begin{cases} x + y + z = 1 \\ 0.2x - 0.2y - 0.1z = 0 \\ -0.1x + 0.3y - 0.3z = 0 \end{cases}$$

可得 $x = 0.45$，$y = 0.35$，$z = 0.20$ 與 (11-23) 式相同。

另法：利用固有值與固有向量的觀念解題，

$$A = \begin{pmatrix} 0.8 & 0.1 & 0.1 \\ 0.2 & 0.7 & 0.1 \\ 0.1 & 0.3 & 0.6 \end{pmatrix}$$

$$A - \lambda I = \begin{pmatrix} 0.8 - \lambda & 0.1 & 0.1 \\ 0.2 & 0.7 - \lambda & 0.1 \\ 0.1 & 0.3 & 0.6 - \lambda \end{pmatrix}$$

$$\det(A-\lambda I) = -\lambda^3 + 2.1\lambda^2 - 1.4\lambda + 0.3$$
$$= -(\lambda-0.5)(\lambda-0.6)(\lambda-1.0)$$
$$= 0$$

即固有值 $\lambda=0.5$, $\lambda=0.6$, $\lambda=1.0$

設 $X=(x, y, z)$ 當 $\lambda=0.5$, 將 $X(A-\lambda I)=0$ 展開

$$\begin{cases} 0.3x+0.2y+0.1z=0 \\ 0.1x+0.2y+0.3z=0 \\ 0.1x+0.1y+0.1z=0 \end{cases}$$

解之可得其所相關的固有向量爲 $(1, -2, 1)$

同法可得 $\lambda=0.6$, 和 $\lambda=1$ 時所相關的固有向量分別爲

$$(1, -1, 0) \text{ 和 } (0.45, 0.35, 0.2)$$

由於 x, y, z 分別表 A, B, C 三品牌市場佔有率，因此負値並無意義，因此當 $\lambda=1$ 時的固有向量有意義，即穩定狀況下 $(XA=X)$, A, B, C 的市場佔有率分別爲 45%, 35%, 20%。

例 11-28　王先生上班有三種不同交通工具：自家車、公路局車和火車，每種交通工具絕不連續採用兩次。

若昨天自己開車，則今天搭公路局車的機率爲 1/2,

若昨天搭公路局車，則今天搭火車的機率爲 1/4,

若昨天搭火車，則今天自己開車的機率爲 1/8,

試問長此以往，那一種交通工具使用得最多，其機率爲多少?

解: 由於

$$P=\begin{pmatrix} 0 & 1/2 & 1/2 \\ 3/4 & 0 & 1/4 \\ 1/8 & 7/8 & 0 \end{pmatrix}$$

爲一正規轉移矩陣，因此由定理 11-13， 我們可直接求出長期以後各種交通工具分別使用之比率。

$$(w_1, w_2, w_3)\begin{pmatrix} 0 & 1/2 & 1/2 \\ 3/4 & 0 & 1/4 \\ 1/8 & 7/8 & 0 \end{pmatrix} = (w_1, w_2, w_3)$$

$$\begin{cases} 3/4w_1 + 1/8 \;\; w_3 = w_1 \\ 1/2w_1 + 7/8 \;\; w_3 = w_2 \\ 1/2w_1 + 1/4 \;\; w_2 = w_3 \\ w_1 + w_2 + w_3 = 1 \end{cases}$$

解得 $w_1 = 1/3$， $w_2 = 2/5$， $w_3 = 4/15$

即長期以往，王先生搭公路局車的機率最大。

吸收性馬可夫鏈

在本節中，我們將討論一種具有特殊性質的馬可夫鏈。

定義 11-19 馬可夫鏈中的狀況若進入後卽不會脫離，則稱此狀況爲吸收性狀況 (absorbing state)。

由定義可知，一狀況 a_j 爲吸收性狀況的充要條件爲轉移矩陣 P 有 1 在主對角線位置，而其他位置均爲 0 。

定義 11-19 具有下列二性質的馬可夫鏈稱爲吸收性馬可夫鏈

(1) 至少含有一個吸收性狀況。

(2) 由任何非吸收性狀況開始轉移，均可能到達吸收性狀況（不限於一步卽可到達）。

例 11-29 設若矩陣 P 爲馬可夫鏈的轉移矩陣

$$P = \begin{matrix} & a_1 & a_2 & a_3 & a_4 & a_5 \\ a_1 & 1/4 & 0 & 1/4 & 1/4 & 1/4 \\ a_2 & 0 & 1 & 0 & 0 & 0 \\ a_3 & 1/2 & 0 & 1/4 & 1/4 & 0 \\ a_4 & 0 & 1 & 0 & 0 & 0 \\ a_5 & 0 & 0 & 0 & 0 & 1 \end{matrix}$$

則 a_2 和 a_5 均爲吸收性狀況。

設 P 爲一馬可夫鏈的一轉移矩陣，若 a_i 爲一吸收性狀況，則當 $i \neq j$，對每一個 n，n 步轉移機率 $p_{ij}^{(n)}=0$，因此，P 的每個冪次必有 0 元素，卽 P 並非正規矩陣。

例 11-30　假設有甲、乙、丙三家製造電子錶的公司，其第 k 年國內市場佔有率以 $X_{k-1}=(x_{k-1}, y_{k-1}, z_{k-1})$ 表示。若已知平均每年市場變動的情形以轉移矩陣 A 表示如下

$$A=\begin{pmatrix} 2/5 & 3/10 & 3/10 \\ 3/5 & 3/10 & 1/10 \\ 3/5 & 1/10 & 3/10 \end{pmatrix}$$

則第 k 年各公司市場佔有率爲

$$X_k=(x_k, y_k, z_k)=X_{k-1}A$$

但

$$X_k=X_{k-1}A=X_{k-2}A^2=\cdots\cdots=X_0A^k$$

因此若已知 X_0，卽今年各公司的市場佔有率，則可計算出 k 年後的市場佔有率，但是在計算過程之中，將矩陣 A 自乘 k 次得出矩陣 A^k 可能相當繁瑣乏味，解決的方法之一爲設法將矩陣對角化，如下所示

設

$$B=\begin{pmatrix} 4 & 3 & 3 \\ 6 & 3 & 1 \\ 6 & 1 & 3 \end{pmatrix}, \quad \text{卽} \quad B=10A,$$

則矩陣 B 的特徵方程式爲

$$\det(B-\lambda I)=\begin{vmatrix} 4-\lambda & 3 & 3 \\ 6 & 3-\lambda & 1 \\ 6 & 1 & 3-\lambda \end{vmatrix}$$

$$=-\lambda^3+10\lambda^2+4\lambda-40$$

$$=(\lambda-10)(\lambda-2)(\lambda+2)$$
$$=0$$

得出固有值　$\lambda_1=10$，$\lambda_2=2$，$\lambda_3=-2$

分別求得矩陣 B 關於上述三固有值的固有向量爲

$$X_1=(2,1,1),\ X_2=(0,-1,1),\ X_3=(-2,1,1)$$

由於 $A=\dfrac{1}{10}B$，所以矩陣 A 的固有值爲 $\dfrac{1}{10}\lambda_1$，$\dfrac{1}{10}\lambda_2$，$\dfrac{1}{10}\lambda_3$ 即 1, 1/5, −1/5，並且 X_1, X_2, X_3 仍然分別爲矩陣 A 關於固有值 1, 1/5, −1/5 的固有向量，因此 A 可表爲

$$A=\begin{pmatrix}2 & 1 & 1\\ 0 & -1 & 1\\ -2 & 1 & 1\end{pmatrix}^{-1}\begin{pmatrix}1 & 0 & 0\\ 0 & 1/5 & 0\\ 0 & 0 & -1/5\end{pmatrix}\begin{pmatrix}2 & 1 & 1\\ 0 & -1 & 1\\ -2 & 1 & 1\end{pmatrix}$$

$$=\begin{pmatrix}1/4 & 0 & -1/4\\ 1/4 & -1/2 & 1/4\\ 1/4 & 1/2 & 1/4\end{pmatrix}\begin{pmatrix}1 & 0 & 0\\ 0 & 1/5 & 0\\ 0 & 0 & -1/5\end{pmatrix}\begin{pmatrix}2 & 1 & 1\\ 0 & -1 & 1\\ -2 & 1 & 1\end{pmatrix}$$

因此

$$A^{k+1}=\begin{pmatrix}1/4 & 0 & -1/4\\ 1/4 & -1/2 & 1/4\\ 1/4 & 1/2 & 1/4\end{pmatrix}\begin{pmatrix}1 & 0 & 0\\ 0 & (1/5)^{k+1} & 0\\ 0 & 0 & (1/5)^{k+1}\end{pmatrix}\begin{pmatrix}2 & 1 & 1\\ 0 & -1 & 1\\ -2 & 1 & 1\end{pmatrix}$$

以上式求 A^{k+1} 要簡便得多了。

定理 11-17　若一隨機矩陣 P 有一個 1 在對角線位置，則 P 必非正規（除非 P 爲 1×1 矩陣）

當一系統到達一吸收性狀況，則稱其被吸收。

定理 11-18　對一吸收性馬可夫鏈而言，系統被吸收的機率等於 1。

略證：以上題爲例，設 a_j 爲非吸收狀況。從 a_i 出發的粒子至少在 n_j 步以後尚未到達吸收狀況的機率爲 p_j，則 $p_j<1$。令 n_j 中最大數爲 n，p_j 中最大機率爲 p，則在 n 步後尚沒有被吸收的機率等於 p，在 $2n$ 步後還沒有被吸收的機率等於 p^2，……。因 $p<1$，所以

$$1>p>p^2>\cdots\cdots>p^n>\cdots\cdots$$

在很多步以後尚沒有被吸收的機率等於 0。

在吸收馬可夫鏈，有三個問題很重要：

(*a*) 這個過程最後被特定的吸收狀況吸收的機率多少？

(*b*) 平均要走幾步，這個過程才會被吸收？

(*c*) 被吸收以前這個過程在各非吸收狀況平均停幾次？

對於這些問題將逐一討論。

定義 11-20　一個吸收馬可夫鏈的轉移矩陣，若有下列形式時稱爲標準形 (canonical form)

$$(1)\quad P=\begin{matrix} r \\ s \end{matrix}\left(\begin{array}{c|c} r\text{ 個吸收狀況} & s\text{ 個非吸收狀況} \\ I & O \\ \hline R & Q \end{array}\right)$$

但 I 爲 $r\times r$ 單位矩陣

O 爲 $r\times s$ 零矩陣

Q 爲 $s\times s$ 矩陣

R 爲 $s\times r$ 矩陣

若求 P 的乘冪，則得如下形式

$$P^n=\left[\begin{array}{c|c} I & O \\ \hline * & Q^n \end{array}\right]$$

但 I 爲 $r\times r$ 單位矩陣

O 爲 $r\times s$ 零矩陣

Q^n 爲 $s\times s$ 矩陣，等於 Q 矩陣的 n 次方

$*$ 爲 $r \times s$ 矩陣

其中 Q^n 表示 n 步後從非吸收矩陣到非吸收矩陣的機率 。由定理11-18，這個過程被吸收的機率等於 1，所以 n 很大時，Q^n 的各元素趨近於 0。又 Q^0 表示從非吸收狀態出發後零步的各機率。零步表示在原狀態，因此 $Q^0=1$。

因 $n \to \infty$ 時 $Q^n \to 0$（零矩陣）

所以 $I+Q+Q^2+\cdots\cdots+Q^n+\cdots\cdots$ 的極限值存在。這個極限值爲 $(I-Q)^{-1}$，稱爲基本矩陣（fundamental matrix）。

基本矩陣有如下的意義:

令 n_{ij} 爲從 a_i 出發的過程被吸收以前，平均停在非吸收狀況 a_j 的次數。但 a_i, a_j 均爲非吸收狀態。若把出發狀態算在內，a_i 開始時停在 a_i 先算 1 次。今以 d_{ij} 表示這樣的次數。$i=j$ 時 $d_{ij}=1$，$i \neq j$ 時 $d_{ij}=0$，同時 p_{ij} 爲由 a_i 至 a_j 的機率

$$n_{ij}=d_{ij}+(p_{i,r+1}n_{r+1,j}+p_{i,r+2}n_{r+2,j}+\cdots\cdots+p_{i,r+s}n_{r+s,j})$$

以 3×3 轉移矩陣爲詳細情形如下:

$$N=\begin{pmatrix} n_{11} & n_{12} & n_{13} \\ n_{21} & n_{22} & n_{23} \\ n_{31} & n_{32} & n_{33} \end{pmatrix}$$

$$n_{11}=d_{11}+(p_{11}n_{11}+p_{12}n_{21}+p_{13}n_{31})$$

$$n_{21}=d_{21}+(p_{21}n_{11}+p_{22}n_{21}+p_{23}n_{31})$$

$$n_{31}=d_{31}+(p_{31}n_{11}+p_{32}n_{21}+p_{33}n_{31})$$

$$n_{12}=d_{12}+(p_{11}n_{12}+p_{12}n_{22}+p_{13}n_{32})$$

$$n_{22}=d_{22}+(p_{21}n_{12}+p_{22}n_{22}+p_{23}n_{32})$$

$$n_{32}=d_{32}+(p_{31}n_{12}+p_{32}n_{22}+p_{33}n_{32})$$

$$n_{13}=d_{13}+(p_{11}n_{13}+p_{12}n_{23}+p_{13}n_{33})$$
$$n_{23}=d_{23}+(p_{21}n_{13}+p_{22}n_{23}+p_{23}n_{33})$$
$$n_{33}=d_{33}+(p_{31}n_{13}+p_{32}n_{23}+p_{33}n_{33})$$

若以矩陣方程式表示則

$$N=I+QN$$
$$\therefore \quad (I-Q)N=I$$

$\therefore \quad N=(I-Q)^{-1}$，則得如下定理：

定理 11-19　若吸收馬可夫鏈的基本矩陣稱爲N，則 n_{ij} 表示從 a_i 開始的過程，被吸收以前經過 a_j 狀況的平均次數。

例 11-31　以下列標準形式表示例題 11-29

$$\begin{array}{c} \\ 0 \\ 4 \\ 1 \\ 2 \\ 3 \end{array}\begin{array}{c} \begin{array}{ccccc} 0 & 4 & 1 & 2 & 3 \end{array} \\ \left(\begin{array}{cc|ccc} 1 & 0 & 0 & 0 & 0 \\ 0 & 1 & 0 & 0 & 0 \\ \hline 1/2 & 0 & 0 & 1/2 & 0 \\ 0 & 0 & 1/2 & 0 & 1/2 \\ 0 & 1/2 & 0 & 1/2 & 0 \end{array}\right) \end{array} \qquad Q=\begin{pmatrix} 0 & 1/2 & 0 \\ 1/2 & 0 & 1/2 \\ 0 & 1/2 & 0 \end{pmatrix}$$

$$I-Q=\begin{pmatrix} 1 & 0 & 0 \\ 0 & 1 & 0 \\ 0 & 0 & 1 \end{pmatrix}-\begin{pmatrix} 0 & 1/2 & 0 \\ 1/2 & 0 & 1/2 \\ 0 & 1/2 & 0 \end{pmatrix}$$

$$=\begin{pmatrix} 1 & -1/2 & 0 \\ -1/2 & 1 & -1/2 \\ 0 & -1/2 & 1 \end{pmatrix}$$

$$(I-Q)^{-1}=N=\begin{array}{c} \\ 1 \\ 2 \\ 3 \end{array}\begin{array}{c} \begin{array}{ccc} 1 & 2 & 3 \end{array} \\ \begin{pmatrix} 3/2 & 1 & 1/2 \\ 1 & 2 & 1 \\ 1/2 & 1 & 3/2 \end{pmatrix} \end{array}$$

從N的第二列可知，開始時在 a_2 的過程，被吸收以前平均經過 a_D

一次，a_2 二次，a_3 一次。

若將 N 各列的元素加起來，可以得 a_2（或 a_1, a_3）開始的過程被吸收以前所經過的非吸收狀態總數（平均值），故得如下定理。

定理 11-20　設一個吸收馬可夫鏈有 s 個非吸收狀態，又令 C 爲各元素均爲 1 的 s 分量行向量。則向量 $t=N\cdot C$ 各元素表示從各非吸收狀態開始的過程，被吸收以前所經過的非吸收狀態總次數平均值。

在例 11-31 計算 t 的結果如下：

$$t=NC=\begin{pmatrix}3/2 & 1 & 1/2\\ 1 & 2 & 1\\ 1/2 & 1 & 3/2\end{pmatrix}\cdot\begin{pmatrix}1\\1\\1\end{pmatrix}=\begin{matrix}1\\2\\3\end{matrix}\begin{pmatrix}3\\4\\3\end{pmatrix}$$

t 的解釋如下：若過程從 a_2 開始，平均經過非吸收狀態 4 次，才會被吸收，但若從 a_1 或 a_3 開始，則平均 3 次經過非吸收狀態。再者要考慮，被特定的一個吸收狀況吸收的機率。這個機率當然與這個過程是從那一個狀況開始有關。

設 $P=\left(\begin{array}{c|c}I & O\\ \hline R & Q\end{array}\right)$ 爲標準形的轉移矩陣，可得如下定理。

定理 11-21　令 b_{ij} 表從非吸收狀況 a_i 開始的過程被吸收狀況 a_{ij} 吸收的機率，而 B 爲以 b_{ij} 爲元素的矩陣，則

$$B=N\cdot R$$

但 N 爲基本矩陣，R 爲標準形左下角的矩陣。

證明：設 a_i 爲非吸收狀況，a_j 爲吸收狀況。從 a_i 可以一步走到 a_j，或經過其他非吸收狀況 a_k，再到 a_j。b_{ij} 機率應由一步走到 a_j 的機率即 p_{ij}，加上經過其他非吸收狀況所有可能性即 $\sum_k p_{ik}b_{kj}$。因此下式成立。$b_{ij}=p_{ij}+\sum_k p_{ik}b_{kj}$，$\Sigma$ 表對於所有非吸收狀況的總和。

$$\therefore\quad B=R+QB$$

$$\therefore \quad (I-Q)B=R$$

$$\therefore \quad B=(I-Q)^{-1}\cdot R=N\cdot R$$

說明：在例 11-31 B 矩陣如下

$$令\ B=\begin{pmatrix} b_{10} & b_{14} \\ b_{20} & b_{24} \\ b_{30} & b_{34} \end{pmatrix}\ 則$$

$$b_{10}=p_{10}+p_{11}b_{10}+p_{12}b_{20}+p_{13}b_{30}$$

$$b_{20}=p_{20}+p_{21}b_{10}+p_{22}b_{20}+p_{23}b_{30}$$

$$b_{30}=p_{30}+p_{31}b_{10}+p_{32}b_{20}+p_{33}b_{30}$$

$$b_{14}=p_{14}+p_{11}b_{14}+p_{12}b_{24}+p_{13}b_{34}$$

$$b_{24}=p_{24}+p_{21}b_{14}+p_{22}b_{24}+p_{23}b_{34}$$

$$b_{34}=p_{34}+p_{31}b_{14}+p_{32}b_{24}+p_{33}b_{34}$$

例題 **11-31**（續）

$$N=\begin{pmatrix} 3/2 & 1 & 1/2 \\ 1 & 2 & 1 \\ 1/2 & 1 & 3/2 \end{pmatrix} \qquad R=\begin{pmatrix} 1/2 & 0 \\ 0 & 0 \\ 0 & 1/2 \end{pmatrix}$$

$$B=N\cdot R=\begin{pmatrix} 3/2 & 1 & 1/2 \\ 1 & 1/2 & 1 \\ 1/2 & 1 & 3/2 \end{pmatrix}\begin{pmatrix} 1/2 & 0 \\ 0 & 0 \\ 0 & 1/2 \end{pmatrix}$$

$$=\begin{array}{c} \\ 1 \\ 2 \\ 3 \end{array}\begin{array}{c} \begin{array}{cc} 0 & \ \ 4 \end{array} \\ \begin{pmatrix} 3/4 & 1/4 \\ 1/2 & 1/2 \\ 1/4 & 3/4 \end{pmatrix} \end{array}$$

例如從 a_1 開始的過程，被 a_0 吸收的機率是 3/4，被 a_4 吸收的機率是 1/4。從 a_2 開始的過程被 a_0 與被 a_4 吸收的機率各爲 1/2。因此對於一個馬可夫鏈，應做下列研究。

(1) 判定這個馬可夫鏈是否吸收馬可夫鏈。

(2) 使轉移矩陣排成標準形。

(3) 求基本矩陣 $N=(I-Q)^{-1}$，則N的各元素表示從 a_i 開始的過程經過 a_j 的平均次數。

(4) $t=N\cdot C$ 表從 a_i 開始的過程，經過非吸收狀況的總次數平均值。

(5) $B=N\cdot R$ 表從 a_i 開始的過程，被某一特定吸收狀況吸收的機率。

以下我們將討論數個馬可夫鏈的應用實例，以增進對理論方面的體認。

例 11-32 （等候線問題）

顧客到達一服務站，該站僅有一服務臺，若服務員空閒，則立刻爲顧客服務，否則顧客排隊等候。這類例子很多，譬如人們到郵局寄東西或到戲院窗口購票，或者到區公所申請戶籍謄本。

爲了使問題更爲明確，我們必須表明顧客到達的情形和他們接受服務所需的時間長短，有許多假設必須給出。在這裏我們僅考慮一組簡單的假設。假設在一很短的時間區間內至多僅有一位顧客到達，顧客在該時間區間內到達的機率爲p，該機率與是否有顧客在其他時間區間到達無關。同時我們也假設若一位顧客正接受服務，則他在任一時間區間內完成被服務的機率固定爲r與在該時間區間之前已花費的被服務時間無關。設 $q=1-p$，和 $s=1-r$。

我們將這問題表成馬可夫鏈，設狀況爲在時間區間開始時排隊的人的數目（包括正在接受服務者在內）。當然該數必不會大於某一預定數值，因爲當隊伍長過某種程度許多顧客自然會調頭而去。設n爲等候線最長的長度。

我們將會看到我們的系統可用一稱為交通密度 (traffic intensity) 的量來描述其變動。交通密度，即 p 和每一顧客接受服務平均的時間的乘積，以 λ 表之。

為了求得顧客接受服務的平均時間長度，我們知道每位顧客在第 j 時間區間完成接受服務的機率為 $s^{j-1}r$，因此接受服務平均時間為

$$1\cdot r+2\cdot sr+3s^2r+\cdots\cdots=r(1+2s+3s^2+\cdots\cdots)$$

$$=r[(1+s+s^2+\cdots\cdots)+(s+s^2+s^3+\cdots\cdots)$$

$$+(s^2+s^3+\cdots\cdots)+\cdots\cdots]$$

$$=r\left(\frac{1}{1-s}+\frac{s}{1-s}+\frac{s^2}{1-s}+\cdots\cdots\right)$$

$$=r\left(\frac{1}{(1-s)^2}\right)=1/r$$

所以交通密度 $\lambda=\dfrac{p}{r}$，我們設 $p\neq r$，即 $\lambda\neq 1$（為什麼？）同時我們也必須考慮等候線無人的情況。我們假設即使無人等候，顧客到達並不立刻接受服務。以上的假設足夠我們列出轉移矩陣，我們依列隊的人數分成三大類考慮，即 0，大於 0 小於 n，或 n，

(1) 若等候線無人，則在下一時間區間有一人列隊的機率為 p，仍無人排隊的機率為 q

(2) 若已有人等候，則人數可能增加一人，維持原數或減少一人

  (i) 若正接受服務者未完成，而又來一位新顧客，則等候人數增多一人其機率為 ps

  (ii) 若正接受服務者已完成，而沒有新顧客到達，則等候人數減少一人，其機率為 qr

  (iii) 維持原數的機率為 $1-ps-qr$

(3) 若已有 n 人等候，則當正接受服務者完成，等候人數減一，若

正接受服務者仍未完成，則仍維持原數，其機率分別爲 r 和 s，任何在這階段到達的新顧客都調頭離去。

設 $n=4$，則轉移矩陣

$$P=\begin{array}{c} \\ 0\\1\\2\\3\\4\end{array}\begin{array}{c}\begin{array}{ccccc}0 & 1 & 2 & 3 & 4\end{array}\\ \begin{pmatrix} q & p & 0 & 0 & 0\\ qr & 1-qr-ps & ps & 0 & 0\\ 0 & qr & 1-qr-ps & ps & 0\\ 0 & 0 & qr & 1-qr-ps & ps\\ 0 & 0 & 0 & r & s\end{pmatrix}\end{array}$$

爲了要求得 p 的固定機率向量，我們必須利用該馬可夫鏈的一個重要性質，本馬可夫鏈爲整數狀況，同時每次至多移動一步，並且爲正規馬可夫鏈，因此對於任何狀況 a_i 必然反覆地回到該狀況。在很多時間區間內，其在狀況 a_i 的次數爲 w_i，由 i 移到 $i+1$ 的次數爲 w_i，$p_{i,i+1}$，而由 $i+1$ 移至 i 的次數爲 $w_{i+1}p_{i+1,i}$，然而上述二部份必定相等，因爲每次由 i 至 $i+1$，必然要由 $i+1$ 回到 i，因爲沒有其他的方法回到 i，因此

$$w_i p_{i,i+1}=w_{i+1}p_{i+1,i} \quad 或 \quad \frac{w_i}{w_{i+1}}=\frac{p_{i+1,i}}{p_{i,i+1}}$$

利用這一事實，可得固定機率向量爲

$$w=\frac{r-p}{rs-pqu^4}(s, u, u^2, u^3, qu^4)$$

其中 $u=ps/rq$

例如 $p=0.25$ 和 $r=0.5$，則轉移矩陣

$$P=\begin{array}{c} \\ 0\\1\\2\\3\\4\end{array}\begin{array}{c}\begin{array}{ccccc}0 & 1 & 2 & 3 & 4\end{array}\\ \begin{pmatrix} 0.75 & 0.25 & 0 & 0 & 0\\ 0.375 & 0.5 & 0.125 & 0 & 0\\ 0 & 0.375 & 0.5 & 0.125 & 0\\ 0 & 0 & 0.375 & 0.5 & 0.125\\ 0 & 0 & 0 & 0.5 & 0.5\end{pmatrix}\end{array}$$

$$w=\frac{1}{107}(54, 36, 12, 4, 1)\approx(0.505, 0.336, 0.112, 0.037, 0.009)$$

若 $p=0.8$, $r=0.4$, 則

$$P=\begin{array}{c} \\ 0 \\ 1 \\ 2 \\ 3 \\ 4 \end{array}\begin{array}{c} \begin{array}{ccccc} 0 & 1 & 2 & 3 & 4 \end{array} \\ \begin{pmatrix} 0.2 & 0.8 & 0 & 0 & 0 \\ 0.08 & 0.44 & 0.48 & 0 & 0 \\ 0 & 0.08 & 0.44 & 0.48 & 0 \\ 0 & 0 & 0.08 & 0.44 & 0.48 \\ 0 & 0 & 0.4 & 0.4 & 0.6 \end{pmatrix} \end{array}$$

$$w=\frac{1}{5178}(6, 60, 360, 2160, 2592)\approx(0.001, 0.012, 0.07, 0.417, 0.501)$$

以上兩個例子提供全然相異的長期預測，第一個例子的情況顧客很少會掉頭而去，同時服務員約有一半的時間空閒着。而在第二個例子中，服務員相當忙碌，有一半的時間顧客會離去。這兩種不同形態的變動相對於 $u<1$ 和 $u>1$。我們進一步來看一下這些條件若改以 λ 表示又如何？若

$$ps/rq<1$$

則 $ps<rq$，或 $p-pr<r-pr$，即 $p<r$ 或 $\lambda<1$

同理 $u>1$，相當於 $r<P$ 或 $\lambda>1$，所以我們所說的兩種形態相當於交通密度大於 1 或小於 1 。

現在研究一下一般情形，這裏我們設等候線長爲 n，則固定向量爲

$$w=\frac{r-p}{rs-pqu^n}(s, u, u^2, \cdots\cdots, u^{n-1}, qu^n)$$

固定向量中有兩個分量特別有意義，即 w_0 和 w_n, w_r 告訴我們在長期情況下，服務員空閒的時間部份，而 w_n 則表明顧客來掉頭離去的時間部份。固然我們不希望 w_0 太大也不希望 w_r 太大，我們看一下當 n 相當

大時，這兩個量的變動情形。若 $\lambda<1$，而 n 相當大，則 u^n 相當小，因此 w_n 很小，而 w_0 約爲

$$\frac{r-p}{rs}\cdot s=1-\lambda$$

所以交通密度告知我們平均而言服務員的忙碌情形。

同樣地，若 $\lambda>1$，n 很大，則 u^n 相當大，這時 rs 和 pqu^n 相比可與以忽略不計，w_n 的近似值約爲

$$w_n=\frac{p-r}{p}=1-\frac{1}{\lambda}$$

這時交通密度再次告訴我們在長期的情況下顧客掉頭離去的情形，當 n 相當大時，而我們的目標爲 (1) 保持服務員忙碌，(2) 使掉頭離去的人不多，則 λ 必得接近 1，注意這意味着顧客的平均等候時間相當長。倘若我們也想使顧客的等候時間不長，則不易辦到。

另一個於研究排隊問題時令人感興趣的量是當系統在均衡狀態 (equilibrium) 時，等候線的平均長度

$$\begin{aligned}\mu&=w_0\cdot 0+w_1\cdot 1+w_2\cdot 2+\cdots\cdots+w_n\cdot n\\&=\frac{r-p}{rs-pqu^n}(u+2u^2+3u^3+\cdots\cdots+(n-1)u^{n-1}+nqu^n)\end{aligned}$$

(1) 當 $\lambda<1$，而且不太接近 1，n 相當大時

$$\mu\approx\frac{r-p}{rs}(u+2u^2+3u^3+\cdots\cdots)$$

利用同樣的方法，可求得平均服務時間

$$\mu\approx\frac{r-p}{rs}\ \frac{u}{(1-u)^2}=q\cdot\frac{\lambda}{1-\lambda}$$

例 11-33　記帳帳戶問題

達嵐百貨公司實施記帳帳戶 (charge account) 方式吸引顧客，顧

客可於購物時記帳，而於數月後付款，公司將帳戶依「最久未付款」分類，我們以一個簡單的例子來說明。假設某顧客有三張未付帳單，兩個月前欠 30 元，三個月前欠 50 元，五個月前欠帳還有 16 元未付淸。若他付10元，則五個月前的尙欠 6 元，則他仍是「欠帳五個月」的帳戶，若他付 16 元，則他是「欠帳三個月」的帳戶；若他付 66 元，則成爲「欠帳兩個月」的帳戶，若付96元，則帳戶付淸。任何帳戶若超過 6 個月未付，則列入「呆帳」。

我們可將任一帳戶的身份變動視同隨機過程。在帳戶未處理之前帳戶可分成 0，1，2，3，4，5 個月等六個狀況（欠帳 0 個月表示現金交易），每月可向上移動一步，因爲欠帳每月僅淸理一次，但它可維持不動，或向下移動多步，欠帳處理的方式有二，一爲付淸，另一爲列入呆帳。前者可於任何時期發生，後者則僅發生於欠帳 5 個月者。

假設我們可將本例視爲馬可夫鏈來分析，則本隨機過程爲一吸收性馬可夫鏈，有二吸收狀況即 I（付淸）和 II（呆帳），以及六個月非吸收狀況 0，1，2，3，4，5。

轉移矩陣

$$P=\begin{array}{c} \\ \mathrm{I} \\ \mathrm{II} \\ 0 \\ 1 \\ 2 \\ 3 \\ 4 \\ 5 \end{array}\begin{array}{c}\begin{array}{cc|cccccc} \mathrm{I} & \mathrm{II} & 0 & 1 & 2 & 3 & 4 & 5 \end{array}\\ \left(\begin{array}{cc|cccccc} 1 & 0 & 0 & 0 & 0 & 0 & 0 & 0 \\ 0 & 1 & 0 & 0 & 0 & 0 & 0 & 0 \\ \hline 0.21 & 0 & 0.67 & 0.12 & 0 & 0 & 0 & 0 \\ 0.14 & 0 & 0.19 & 0.44 & 0.23 & 0 & 0 & 0 \\ 0.13 & 0 & 0.08 & 0.20 & 0.36 & 0.23 & 0 & 0 \\ 0.11 & 0 & 0.01 & 0.04 & 0.17 & 0.29 & 0.38 & 0 \\ 0.15 & 0 & 0.02 & 0 & 0.09 & 0.20 & 0.42 & 0.12 \\ 0.08 & 0.21 & 0.01 & 0.02 & 0.01 & 0.10 & 0.11 & 0.46 \end{array}\right)\end{array}$$

利用計算機，得到如下的約略數值

$$N=\begin{array}{c} \\ 0\\1\\2\\3\\4\\5\end{array}\begin{array}{c}\begin{matrix}0 & 1 & 2 & 3 & 4 & 5\end{matrix}\\ \begin{pmatrix}3.68 & 0.94 & 0.40 & 0.16 & 0.11 & 0.03\\ 1.80 & 2.60 & 1.10 & 0.45 & 0.31 & 0.07\\ 1.33 & 1.20 & 2.34 & 0.97 & 0.66 & 0.15\\ 0.86 & 0.74 & 1.08 & 2.24 & 1.53 & 0.34\\ 0.73 & 0.55 & 0.85 & 1.07 & 2.53 & 0.56\\ 0.47 & 0.39 & 0.46 & 0.67 & 0.82 & 2.04\end{pmatrix}\end{array}$$

$$t=\begin{array}{c}0\\1\\2\\3\\4\\5\end{array}\begin{pmatrix}5.33\\6.32\\6.05\\6.80\\6.29\\4.85\end{pmatrix}\qquad B=\begin{array}{c} \\ 0\\1\\2\\3\\4\\5\end{array}\begin{array}{c}\begin{matrix}\text{I} & \text{II}\end{matrix}\\ \begin{pmatrix}0.995 & 0.005\\ 0.99 & 0.01\\ 0.97 & 0.03\\ 0.93 & 0.07\\ 0.88 & 0.12\\ 0.57 & 0.43\end{pmatrix}\end{array}$$

t 的意義很簡單，即帳戶處理的平均月數（付淸或爲呆帳），讀者或許注意到所有狀況均爲 5 個月或 6 個月，差異並不大。B 的意義也很有意思，例如吸收於Ⅱ的機率，即變成爲呆帳的機率，欠帳越久的帳戶變成呆帳的機率越大，並不會令人驚異，但是其機率增加速度之快都頗值得注意。

我們將依據定理 11-22 的結果，利用上例來解說矩陣 N 的一個新的應用。

假設在一馬可夫鏈的各狀況均有若干人而每移動一步則各狀況增加一些人，即在每一階段各狀況均保有原先人數（除非有些人被吸收）和一些新加入的人，我們對長期以往每一狀況的人數感興趣。

定理 11-22 設 P 爲一吸收性馬可夫鏈的轉移矩陣，Q 爲其非吸收性狀況部分，設於時間 0 在狀況 i 有 z_i 個人，而於往後每移動一步在狀況 i 增加 x_i 人，則向量 x，y 和 z 的分量分別爲 x_i, y_i, z_i

(1) 在狀況 i 的平均人數趨近 y，其中 $y=xN$, y 與 z 無關。

(2) $y=z$ 爲使系統均衡的惟一啓始分布。

證明: (1) 設 $z^{(n)}$ 爲 n 步後的分布，則 $z^{(n+1)}=z^{(n)}Q+x$，因此

$$z^{(1)}=zQ+x$$

$$z^{(2)}=zQ^2+x(I+Q)$$

$$\vdots$$

$$z^{(n)}=zQ^n+x(I+Q+\cdots\cdots+Q^{n-1})$$

因爲 $Q^n\to 0$，所以 $zQ^n\to 0$，並且 $I+Q+\cdots\cdots+Q^{n-1}$ 收斂至 N，因此 $z^{(n)}$ 趨近 xN。

(2) 一系統若滿足 $z^{(1)}=z$（因此所有 $z^{(n)}$ 均爲同值），則稱該系統爲均衡狀況，即

$$z=zQ+x \text{ 或 } z(I-Q)=x$$

將上式左右均乘以 $N=(I-Q)^{-1}$，即得 $z=xN$ 得證。

設若達嵐公司每月增加 m 個新帳戶，嚴格地說，m 爲欠帳顧戶的人數，因爲若舊帳戶已付淸，則當他再次欠帳時實與我們模式的新帳戶無異。因此 $x=(m,0,0,0,0,0)$，定理 11-22 告訴我們無論現階段帳戶的分布情況如何，該分布在長期情況下，會趨近 $xN=mN_1$，N_1 爲矩陣 N 的第一行，設每月增加 1000 新帳戶，則長期以往，各狀況人數如下表所示

欠帳月數	0	1	2	3	4	5
帳戶數	3680	940	400	160	110	30

長期以往，總帳戶數約爲 5320，因爲一個新帳戶平均欠帳 5.33 個月，我們期望有 1000×5.330 個帳戶，所得數値與 5320 相近。同樣地，由 B 可知每月約有 995 個帳戶付淸，有 5 個成爲呆帳。同時上表所示分配

爲本模式的均衡狀態，即目前帳戶的分布應恰爲 $y=xN$，並且每月增加 1000 新帳戶，則每一狀況的帳戶數在未來應與目前相同（即在舊帳戶中每月有 1000 人被吸收，其中 995 人付清，5 人成呆帳，與每月增加 1000 新帳戶恰好抵消）。

最後我們研究一下總欠帳的金額數，該店發現在長期情況下，欠 0 或 1 月帳戶平均欠 40 元，欠 2 或 3 月帳戶平均欠 60 元，其他帳戶平均欠 80 元，以這些數與 y 向量相加權，則在長期而言，各狀況的欠帳金額爲

$$(147.2, 37.6, 24, 9.6, 8.8, 2.4)\text{千元}$$

即長期而言，欠帳的總錢數約 229,600 元，上一向量乘以 R 得（41864, 504）前一數值爲每月付清金額，後一數值爲新的呆帳。

參 考 書 目

1. H. Bierman, Jr., C. P. Bonini, W. H. Hausman
   Quantitative analysis for business decisions 6th ed. Richard D. Irwin, 1981
2. P. J. Ewart, J. S. Ford, Lin
   Probability for statistical decision making Prentice-Hall, 1974
3. A. J. Duncan
   Quality control and industrial statistics 4th ed. Richard D. Irwin, 1974
4. E. L. Grant & R. S. Leavenworth
   Statistical Quality Control 5th ed. McGraw-Hill, 1980
5. P. L. Meyer
   Introductory probability and statistical applications 2nd ed. Addison-Wesley, 1970
6. W. A. Thompson Jr.
   Applied Probability Holt Rinehart and Winston, 1969
7. S. Ross
   A first course in probability 華泰書局翻印　1976
8. J. G. Kemeny, A. Schleifer Jr., J. L. Snell G. L. Thompson
   Finite Mathematics with Business Applications 2nd ed. Prentice-Hall, 1972

附錄1 集合的應用

我們在 1-3 節對集合理論簡介了一番，以下數個例子向讀者例示其應用。

例 1 某小社區地方報紙對社區內 4800 戶的銀行帳戶有如下報導:

3500 戶在郵局 (P) 有帳戶

3200 戶在銀行 (B) 有帳戶

2000 戶在郵局及銀行均有帳戶

試問多少家庭 (1) 至少有一帳戶

(2) 僅在郵局有帳戶

(3) 僅在銀行有帳戶

(4) 均無帳戶

解:

$$n(U)=4800$$

$$n(P)=3500$$

$$n(B)=3200$$

$$n(P\cap B)=2000$$

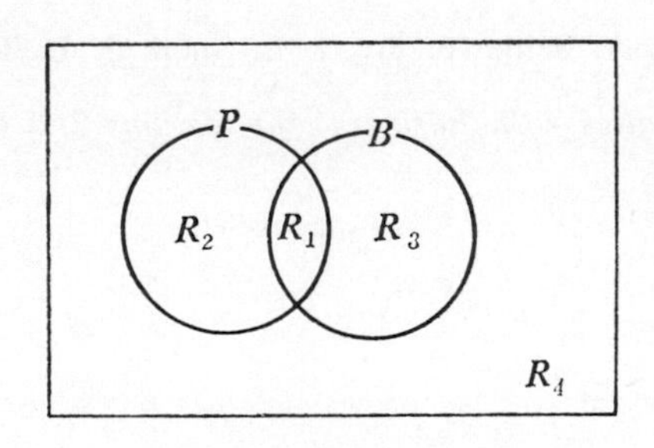

圖 1

$$R_1 = P \cap B \qquad n(R_1) = n(P \cap B) = 2000$$

$$P = R_1 \cup R_2 \qquad n(R_2) = n(P) - n(R_1) = 1500$$

$$B = R_1 \cup R_3 \qquad n(R_3) = n(B) - n(R_1) = 1200$$

$$U = R_1 \cup R_2 \cup R_3 \cup R_4$$

$$\begin{aligned} n(R_4) &= n(U) - n(R_1) - n(R_2) - n(R_3) = 4800 - 2000 \\ &\quad - 1500 - 1200 \\ &= 100 \end{aligned}$$

因此

(1) $$\begin{aligned} n(P \cup B) &= n(R_1) + n(R_2) + n(R_3) \\ &= 2000 + 1500 + 1200 \\ &= 4700 \end{aligned}$$

(2) $n(P \cup B') = n(R_2) = 1500$

(3) $n(P' \cup B) = n(R_3) = 1200$

(4) $n(P' \cup B') = n(R_4) = 100$

例 2　雲達商業徵信社調查民衆對三家電視臺的收視情形，共隨機抽取 100 個家庭，結果如下

42 家收看 *ABC*

48 家收看 *NBC*

41 家收看 *CBS*

15 家收看 *ABC* 和 *NBC*

17 家收看 *ABC* 和 *CBS*

18 家收看 *NBC* 和 *CBS*

10 家收看三臺

試問有多少家庭三臺都不看（例如專收看 *PBS*）

解:

已知 $n(U)=100$

$n(A)=42$

$n(N)=48$

$n(C)=41$

$n(A\cap N)=15$

$n(A\cap C)=17$

$n(N\cap C)=18$

$n(A\cap N\cap C)=10$

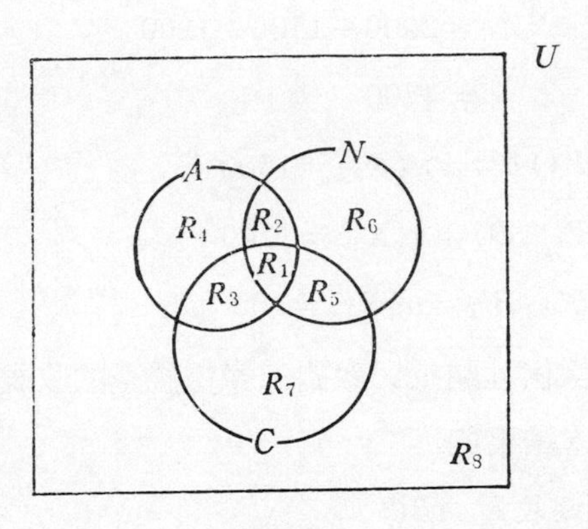

圖 2

$R_1=A\cap N\cap C \qquad n(R_1)=n(A\cap N\cap C)=10$

因 $n(A\cap N)=15$ 又 $A\cap N=R_1\cup R_2$

$n(R_2)=n(A\cap N)-n(R_1)=15-10=5$

同理 $n(A\cap C)=17 \qquad n(N\cap C)=18$

可得 $n(R_3)=7 \qquad n(R_5)=8$

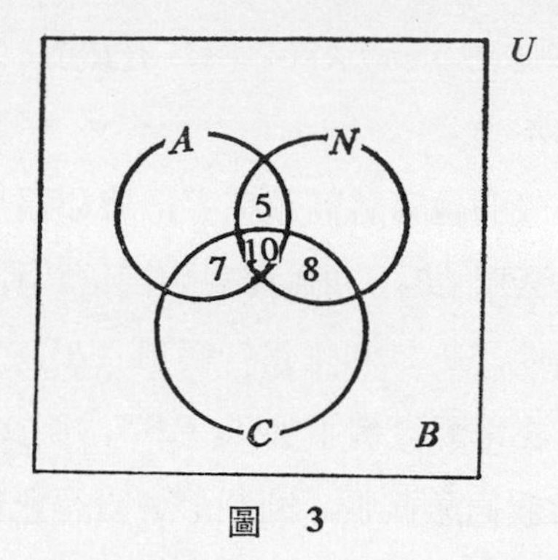

圖　3

$$n(A)=42$$

$$A=R_1\cup R_2\cup R_3\cup R_4$$

$$n(R_4)=n(A)-n(R_1)-n(R_2)-n(R_3)$$

$$=42-10-5-7$$

$$=20$$

同理　$n(N)=48$　　$n(C)=41$

分別可得

$$n(R_6)=25 \qquad n(R_7)=16$$

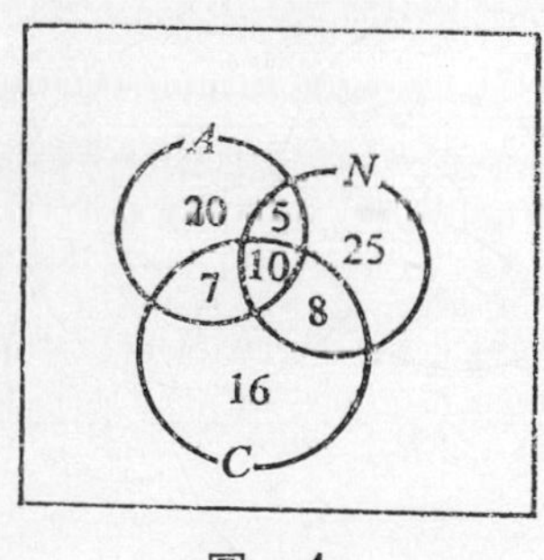

圖　4

因　　$n(U)=100$ 而 $U=R_1\cup R_2\cup\cdots\cdots\cup R_8$

所以　　$n(R_8)=n(U)-n(R_1)\cdots\cdots-n(R_7)=9$

即有 9 家三臺都不看。

對於以上二例，我們也可將問題擴張，譬如帳戶問題可將郵局帳戶再細分爲定期（P_1）活期（P_2）和無郵局帳戶（P'），同時也將銀行帳戶分爲定期（B_1），活期（B_2）和無銀行帳戶（B'）。因此，文氏圖分爲 $3^2=9$ 個區域。或者在電視臺例中加入 PBS，則文氏圖分成 $2^4=16$ 個區域。很顯然地，當我們愈擴張，則圖形會變得愈複雜，因此有必要採用其他方法解題。

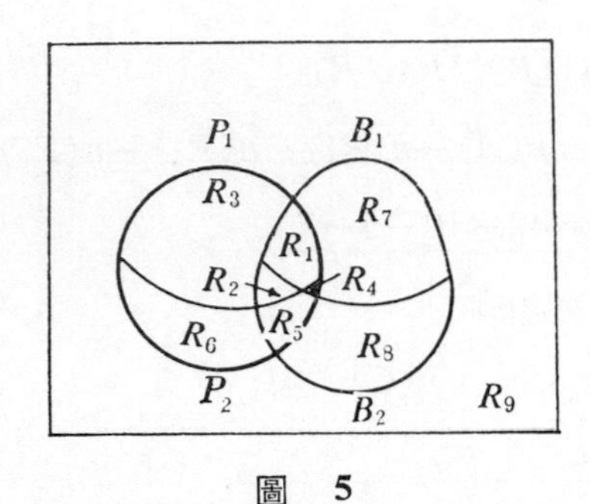

圖　5

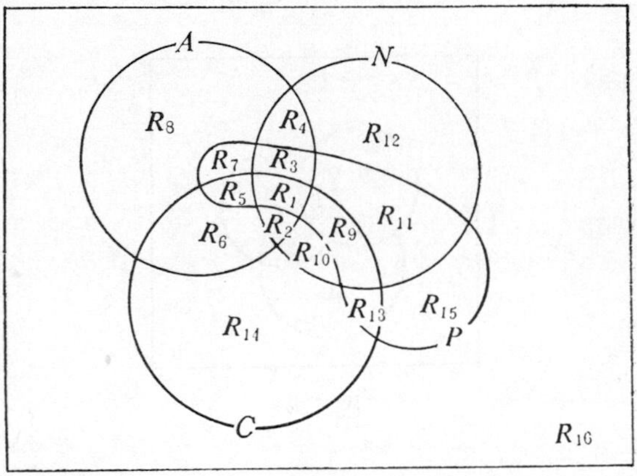

圖　6

表格式解法 (**tabular solution**)

上節所用文氏圖法解決問題，當分類變得很細時，會變得非常繁瑣，因此本節中我們介紹一種表格式解法，首先我們再次看一下前節的第一個例題，我們把兩個基本子集 P 和 B 列出如表一所示其，元素個數如表二所示。

表　一

U	B	B'
P	$R_1 = P \cap B$	$R_2 = P \cap B'$
P'	$R_3 = P' \cap B$	$R_4 = P' \cap B'$

表　二

U	B	B'	總　計
P	$n(P \cap B)$	$n(P \cap B')$	$n(P)$
P'	$n(P' \cap B)$	$n(P' \cap B')$	$n(P')$
總　計	$n(B)$	$n(B')$	$n(U)$

根據已知資料填入表二中適當位置，結果如表三所示

U	B	B'	總　計
P	2000		3500
P'			
總　計	3200		4800

由表三我們輕易地就可將空格填入，得到表四

表 四

U	B	B'	總 計
P	2000	1500	3500
P'	1200	100	1300
總 計	3200	1600	4800

接着我們看電視臺例

表 五

U	NBC 及 CBS			
ABC	NBC		$(NBC)'$	
	CBS	$(CBS)'$	CBS	$(CBS)'$
ABC	$R_1=A\cap N\cap C$	$R_2=A\cap N\cap C'$	$R_3=A\cap N'\cap C$	$R_4=A\cap N'\cap C'$
$(ABC)'$	$R_5=A'\cap N\cap C$	$R_6=A'\cap N\cap C'$	$R_7=A'\cap N'\cap C$	$R_8=A'\cap N'\cap C'$

表 六

U	NBC 及 CBS				總計
ABC	NBC		$(NBC)'$		
	CBS	$(CBS)'$	CBS	$(CBS)'$	
ABC	$n(A\cap N\cap C)$	$n(A\cap N\cap C')$	$n(A\cap N'\cap C)$	$n(A\cap N'\cap C')$	$n(A)$
$(ABC)'$	$n(A'\cap N\cap C)$	$n(A'\cap N\cap C')$	$n(A'\cap N'\cap C)$	$n(A'\cap N'\cap C')$	$n(A')$
總 計	$n(N\cap C)$	$n(N\cap C')$	$n(N'\cap C)$	$n(N'\cap C')$	$n(U)$

已知　$n(U)=100$　$n(A\cap N)=15$

$n(A)=42$　$n(A\cap C)=17$

$n(N)=48$　$n(N\cap C)=18$

$n(C)=41$　$n(A\cap N\cap C)=10$

因此可得表七

表　七

U	NBC 及 CBS				總　計
ABC	NBC		$(NBC)'$		
	CBS	$(CBS)'$	CBS	$(CBS)'$	
ABC	10				42
$(ABC)'$					
總　計	18				100

既然 $n(A\cap N)=15$ 而 $A\cap N=R_1\cup R_2$

$$n(R_2)=n(A\cap N)-n(R_1)$$
$$=15-10$$
$$=5$$

同樣地，因 $n(A\cap C)=17$，而 $A\cap C=R_1\cup R_3$

可得　$n(R_3)=7$

而 $n(N)=48$，$N=(N\cap C)\cup(N\cap C')$

$$n(N\cap C')=n(N)-n(N\cap C)$$
$$=48-18$$
$$=30$$

同法，因 $n(C)=41$，$C=(N\cap C)\cup(N'\cap C)$

$$n(N' \cap C) = 23$$

得到表八

表 八

U	NBC 與 CBS				總　計
ABC	NBC		$(NBC)'$		
	CBS	$(CBS)'$	(CBS)	$(CBS)'$	
ABC	10	5	7		42
(ABC)					
總　計	18	30	23		100

表八的空白部分，可輕易地填入。

表 九

U	NBC 與 CBS				總　計
ABC	NBC		$(NBC)'$		
	CBS	$(CBS)'$	CBS	$(CBS)'$	
ABC	10	5	7	20	42
$(ABC)'$	8	25	16	9	58
總　計	18	30	25	29	100

若將帳戶問題細分種類，可得表格如下

表　十

U / 郵局帳戶	銀行帳戶 B_1	B_2	$(B_1 \cup B_2)'$	總　計
P_1	R_1	R_2	R_3	
P_2	R_4	R_5	R_6	
$(P_1 \cup P_2)$	R_7	R_8	R_9	
總　計				

又若將電視臺例中加入 *PBS*，則其表格形式如下

表　十一

U		CBS 與 PBS				總　計
(ABC) 與 (NBC)		CBS		(CBS)'		
		PBS	(PBS)'	PBS	(PBS)'	
ABC	NBC	R_1	R_2	R_3	R_4	
	(NBC)'	R_5	R_6	R_7	R_8	
(ABC)'	NBC	R_9	R_{10}	R_{11}	R_{12}	
	(NBC)'	R_{13}	R_{14}	R_{15}	R_{16}	
總　計						

附錄2 常用數表

1. 指數函數
2. 二項機率個別值
3. 二項分布函數
4. 波瓦松機率總和 $\sum_{x=0}^{r} P(x;\lambda)$
5. 超幾何機率與分布函數
6. 負二項機率與分布函數
7. 標準常態分布函數

表　一　指數函數

x	e^x	e^{-x}	x	e^x	e^{-x}
0.00	1.0000	1.0000	2.5	12.182	0.0821
0.05	1.0513	0.9512	2.6	13.464	0.0743
0.10	1.1052	0.9048	2.7	14.880	0.0672
0.15	1.1618	0.8607	2.8	16.445	0.0608
0.20	1.2214	0.8187	2.9	18.174	0.0550
0.25	1.2840	0.7788	3.0	20.086	0.0498
0.30	1.3499	0.7408	3.1	22.198	0.0450
0.35	1.4191	0.7047	3.2	24.533	0.0408
0.40	1.4918	0.6703	3.3	27.113	0.0369
0.45	1.5683	0.6376	3.4	29.964	0.0334
0.50	1.6487	0.6065	3.5	33.115	0.0302
0.55	1.7333	0.5769	3.6	36.598	0.0273
0.60	1.8221	0.5488	3.7	40.447	0.0247
0.65	1.9155	0.5220	3.8	44.701	0.0224
0.70	2.0138	0.4966	3.9	49.402	0.0202
0.75	2.1170	0.4724	4.0	54.598	0.0183
0.80	2.2255	0.4493	4.1	60.340	0.0166
0.85	2.3396	0.4274	4.2	66.686	0.0150
0.90	2.4596	0.4066	4.3	73.700	0.0136
0.95	2.5857	0.3867	4.4	81.451	0.0123
1.0	2.7183	0.3679	4.5	90.017	0.0111
1.1	3.0042	0.3329	4.6	99.484	0.0101
1.2	3.3201	0.3012	4.7	109.95	0.0091
1.3	3.6693	0.2725	4.8	121.51	0.0082
1.4	4.0552	0.2466	4.9	134.29	0.0074
1.5	4.4817	0.2231	5	148.41	0.0067
1.6	4.9530	0.2019	6	403.43	0.0025
1.7	5.4739	0.1827	7	1096.6	0.0009
1.8	6.0496	0.1653	8	2981.0	0.0003
1.9	6.6859	0.1496	9	8103.1	0.0001
2.0	7.3891	0.1353	10	22026	0.00005
2.1	8.1662	0.1225			
2.2	9.0250	0.1108			
2.3	9.9742	0.1003			
2.4	11.023	0.0907			

表 二 二項機率個別值

$$\binom{n}{x} p^x (1-p)^{n-x} \quad \text{for } n=2, \cdots\cdots, 10$$

n	x	p .01	.05	.10	.15	.20	.25	.30	$\frac{1}{3}$	.35	.40	.45	.49	.50
2	0	.9801	.9025	.8100	.7225	.6400	.5625	.4900	.4444	.4225	.3600	.3025	.2601	.2500
	1	.0198	.0950	.1800	.2550	.3200	.3750	.4200	.4444	.4550	.4800	.4950	.4998	.5000
	2	.0001	.0025	.0100	.0225	.0400	.0625	.0900	.1111	.1225	.1600	.2025	.2401	.2500
3	0	.9703	.8574	.7290	.6141	.5120	.4219	.3430	.2963	.2746	.2160	.1664	.1327	.1250
	1	.0294	.1354	.2430	.3251	.3840	.4219	.4410	.4444	.4436	.4320	.4084	.3823	.3750
	2	.0003	.0071	.0270	.0574	.0960	.1406	.1890	.2222	.2389	.2880	.3341	.3674	.3750
	3	.0000	.0001	.0010	.0034	.0080	.0156	.0270	.0370	.0429	.0640	.0911	.1176	.1250
4	0	.9606	.8145	.6561	.5220	.4096	.3164	.2401	.1975	.1785	.1296	.0915	.0677	.0625
	1	.0388	.1715	.2916	.3685	.4096	.4219	.4116	.3951	.3845	.3456	.2995	.2600	.2500
	2	.0006	.0135	.0486	.0975	.1536	.2109	.2646	.2963	.3105	.3456	.3675	.3747	.3750
	3	.0000	.0005	.0036	.0115	.0256	.0469	.0756	.0988	.1115	.1536	.2005	.2400	.2500
	4	.0000	.0000	.0001	.0005	.0016	.0039	.0081	.0123	.0150	.0256	.0410	.0576	.0625
5	0	.9510	.7738	.5905	.4437	.3277	.2373	.1681	.1317	.1160	.0778	.0503	.0345	.0312
	1	.0480	.2036	.3280	.3915	.4096	.3955	.3602	.3292	.3124	.2592	.2059	.1657	.1562
	2	.0010	.0214	.0729	.1382	.2048	.2637	.3087	.3292	.3364	.3456	.3369	.3185	.3125
	3	.0000	.0011	.0081	.0244	.0512	.0879	.1323	.1646	.1811	.2304	.2757	.3060	.3125
	4	.0000	.0000	.0004	.0022	.0064	.0146	.0284	.0412	.0488	.0768	.1128	.1470	.1562
	5	.0000	.0000	.0000	.0001	.0003	.0010	.0024	.0041	.0053	.0102	.0185	.0283	.0312
6	0	.9415	.7351	.5314	.3771	.2621	.1780	.1176	.0878	.0754	.0467	.0277	.0176	.0156
	1	.0571	.2321	.3543	.3993	.3932	.3560	.3025	.2634	.2437	.1866	.1359	.1014	.0938
	2	.0014	.0305	.0984	.1762	.2458	.2966	.3241	.3292	.3280	.3110	.2780	.2437	.2344
	3	.0000	.0021	.0146	.0415	.0819	.1318	.1852	.2195	.2355	.2765	.3032	.3121	.3125
	4	.0000	.0001	.0012	.0055	.0154	.0330	.0595	.0823	.0951	.1382	.1861	.2249	.2344
	5	.0000	.0000	.0001	.0004	.0015	.0044	.0102	.0165	.0205	.0369	.0609	.0864	.0938
	6	.0000	.0000	.0000	.0000	.0001	.0002	.0007	.0014	.0018	.0041	.0083	.0139	.0156

7	0	.9321	.6983	.4783	.3206	.2097	.1335	.0824	.0585	.0490	.0280	.0152	.0090	.0078
	1	.0659	.2573	.3720	.3960	.3670	.3115	.2471	.2048	.1848	.1306	.0872	.0603	.0547
	2	.0020	.0406	.1240	.2097	.2753	.3115	.3177	.3073	.2985	.2613	.2140	.1740	.1641
	3	.0000	.0036	.0230	.0617	.1147	.1730	.2269	.2561	.2679	.2903	.2918	.2786	.2734
	4	.0000	.0002	.0026	.0109	.0287	.0577	.0972	.1280	.1442	.1935	.2388	.2676	.2734
	5	.0000	.0000	.0002	.0012	.0043	.0115	.0250	.0384	.0466	.0774	.1172	.1543	.1641
	6	.0000	.0000	.0000	.0001	.0004	.0013	.0036	.0064	.0084	.0172	.0320	.0494	.0547
	7	.0000	.0000	.0000	.0000	.0000	.0001	.0002	.0005	.0006	.0016	.0037	.0068	.0078
8	0	.9227	.6634	.4305	.2725	.1678	.1001	.0576	.0390	.0319	.0168	.0084	.0046	.0039
	1	.0746	.2793	.3826	.3847	.3355	.2670	.1977	.1561	.1373	.0896	.0548	.0352	.0312
	2	.0026	.0515	.1488	.2376	.2936	.3115	.2965	.2731	.2587	.2090	.1569	.1183	.1094
	3	.0001	.0054	.0331	.0839	.1468	.2076	.2541	.2731	.2786	.2787	.2568	.2273	.2188
	4	.0000	.0004	.0046	.0185	.0459	.0865	.1361	.1707	.1875	.2322	.2627	.2730	.2734
	5	.0000	.0000	.0004	.0026	.0092	.0231	.0467	.0683	.0808	.1239	.1719	.2098	.2188
	6	.0000	.0000	.0000	.0002	.0011	.0038	.0100	.0171	.0217	.0413	.0703	.1008	.1094
	7	.0000	.0000	.0000	.0000	.0001	.0004	.0012	.0024	.0033	.0079	.0164	.0277	.0312
	8	.0000	.0000	.0000	.0000	.0000	.0000	.0001	.0002	.0002	.0007	.0017	.0033	.0039
9	0	.9135	.6302	.3874	.2316	.1342	.0751	.0404	.0260	.0207	.0101	.0046	.0023	.0020
	1	.0830	.2985	.3874	.3679	.3020	.2253	.1556	.1171	.1004	.0605	.0339	.0202	.0176
	2	.0034	.0629	.1722	.2597	.3020	.3003	.2668	.2341	.2162	.1612	.1110	.0776	.0703
	3	.0001	.0077	.0446	.1069	.1762	.2336	.2668	.2731	.2716	.2508	.2119	.1739	.1641
	4	.0000	.0006	.0074	.0283	.0661	.1168	.1715	.2048	.2194	.2508	.2600	.2506	.2461
	5	.0000	.0000	.0008	.0050	.0165	.0389	.0735	.1024	.1181	.1672	.2128	.2408	.2461
	6	.0000	.0000	.0001	.0006	.0028	.0087	.0210	.0341	.0424	.0743	.1160	.1542	.1641
	7	.0000	.0000	.0000	.0000	.0003	.0012	.0039	.0073	.0098	.0212	.0407	.0635	.0703
	8	.0000	.0000	.0000	.0000	.0000	.0001	.0004	.0009	.0013	.0035	.0083	.0153	.0176
	9	.0000	.0000	.0000	.0000	.0000	.0000	.0000	.0001	.0001	.0003	.0008	.0016	.0020
10	0	.9044	.5987	.3487	.1969	.1074	.0563	.0282	.0173	.0135	.0060	.0025	.0012	.0010
	1	.0914	.3151	.3874	.3474	.2684	.1877	.1211	.0867	.0725	.0404	.0207	.0114	.0098
	2	.0042	.0746	.1937	.2759	.3020	.2816	.2335	.1951	.1757	.1209	.0763	.0495	.0439
	3	.0001	.0105	.0574	.1298	.2013	.2503	.2668	.2601	.2522	.2150	.1665	.1267	.1172
	4	.0000	.0010	.0112	.0401	.0881	.1460	.2001	.2276	.2377	.2508	.2384	.2130	.2051
	5	.0000	.0001	.0015	.0085	.0264	.0584	.1029	.1366	.1536	.2007	.2340	.2456	.2461
	6	.0000	.0000	.0001	.0012	.0055	.0162	.0368	.0569	.0689	.1115	.1596	.1966	.2051
	7	.0000	.0000	.0000	.0001	.0008	.0031	.0090	.0163	.0212	.0425	.0746	.1080	.1172
	8	.0000	.0000	.0000	.0000	.0001	.0004	.0014	.0030	.0043	.0106	.0229	.0389	.0439
	9	.0000	.0000	.0000	.0000	.0000	.0000	.0001	.0003	.0005	.0016	.0042	.0083	.0098
	10	.0000	.0000	.0000	.0000	.0000	.0000	.0000	.0000	.0000	.0001	.0003	.0008	.0010

表三　二項分布函數

$$1-F(x-1)=\sum_{r=x}^{r=n}\binom{n}{r}p^r q^{n-r}$$

$n=10$ $x=10$	$n=10$ $x=9$	$n=10$ $x=8$	$n=10$ $x=7$	p
0.0000000	0.0000000	0.0000000	0.0000000	0.01
.0000000	.0000000	.0000000	.0000000	.02
.0000000	.0000000	.0000000	.0000000	.03
.0000000	.0000000	.0000000	.0000000	.04
.0000000	.0000000	.0000000	.0000001	.05
.0000000	.0000000	.0000000	.0000003	.06
.0000000	.0000000	.0000000	.0000008	.07
.0000000	.0000000	.0000001	.0000020	.08
.0000000	.0000000	.0000002	.0000045	.09
.0000000	.0000000	.0000004	.0000091	.10
.0000000	.0000000	.0000008	.0000173	.11
.0000000	.0000000	.0000015	.0000308	.12
.0000000	.0000001	.0000029	.0000525	.13
.0000000	.0000002	.0000051	.0000856	.14
.0000000	.0000003	.0000087	.0001346	.15
.0000000	.0000006	.0000142	.0002051	.16
.0000000	.0000010	.0000226	.0003042	.17
.0000000	.0000017	.0000350	.0004401	.18
.0000001	.0000027	.0000528	.0006229	.19
.0000001	.0000042	.0000779	.0008644	.20
.0000002	.0000064	.0001127	.0011783	.21
.0000003	.0000097	.0001599	.0015804	.22
.0000004	.0000143	.0002232	.0020885	.23
.0000006	.0000207	.0003068	.0027228	.24
.0000010	.0000296	.0004158	.0035057	.25
.0000014	.0000416	.0005362	.0044618	.26
.0000021	.0000577	.0007350	.0056181	.27
.0000030	.0000791	.0009605	.0070039	.28
.0000042	.0001072	.0012420	.0086507	.29
.0000059	.0001437	.0015904	.0105921	.30
.0000082	.0001906	.0020179	.0128637	.31
.0000113	.0002505	.0025384	.0155029	.32
.0000153	.0003263	.0031673	.0185489	.33
.0000206	.0004214	.0039219	.0220422	.34
.0000276	.0005399	.0048213	.0260243	.35
.0000366	.0006865	.0058864	.0305376	.36
.0000481	.0008668	.0071403	.0356252	.37
.0000628	.0010871	.0086079	.0413301	.38
.0000814	.0013546	.0103163	.0476949	.39
.0001049	.0016777	.0122946	.0547619	.40
.0001342	.0020658	.0145738	.0625719	.41
.0001708	.0025295	.0171871	.0711643	.42
.0002161	.0030809	.0201696	.0805763	.43
.0002720	.0037335	.0235583	.0908427	.44
.0003405	.0045022	.0273918	.1019949	.45
.0004242	.0054040	.0317105	.1140612	.46
.0005200	.0064574	.0365560	.1270655	.47
.0006493	.0076828	.0419713	.1410272	.48
.0007979	.0091028	.0480003	.1559607	.49
.0009766	.0107422	.0546875	.1718750	.50

$n=10$ $x=6$	$n=10$ $x=5$	$n=10$ $x=4$	$n=10$ $x=3$	$n=10$ $x=2$	$n=10$ $x=1$	p
0.0000000	0.0000000	0.0000020	0.0001138	0.0042662	0.0956179	0.01
.0000000	.0000007	.0000305	.0008639	.0161776	.1829272	.02
.0000001	.0000054	.0001471	.0027650	.0345066	.2625759	.03
.0000007	.0000218	.0004426	.0062137	.0581538	.3351674	.04
.0000028	.0000637	.0010285	.0115036	.0861384	.4012631	.05
.0000079	.0001517	.0020293	.0188378	.1175880	.4613849	.06
.0000193	.0003139	.0035761	.0283421	.1517299	.5160177	.07
.0000415	.0005857	.0058013	.0400754	.1878825	.5656115	.08
.0000810	.0010096	.0088338	.0540400	.2254471	.6105839	.09
.0001469	.0016349	.0127952	.0701908	.2639011	.6513216	.10
.0002507	.0025170	.0177972	.0884435	.3027908	.6881828	.11
.0004069	.0037161	.0239388	.1086818	.3417250	.7214990	.12
.0006332	.0052967	.0313048	.1307642	.3803692	.7515766	.13
.0009505	.0073263	.0399642	.1545298	.4184400	.7786984	.14
.0013832	.0098741	.0499698	.1798035	.4557002	.8031256	.15
.0019593	.0130101	.0613577	.2064005	.4919536	.8250988	.16
.0027098	.0168038	.0741472	.2341305	.5270412	.8448396	.17
.0036694	.0213229	.0883411	.2628010	.5608368	.8625520	.18
.0048757	.0266325	.1039261	.2922204	.5932435	.8784233	.19
.0063694	.0327935	.1208739	.3222005	.6241904	.8926258	.20
.0081935	.0398624	.1391418	.3525586	.6536289	.9053172	.21
.0103936	.0478897	.1586739	.3831197	.6815306	.9166422	.22
.0130167	.0569196	.1794024	.4137173	.7078843	.9267332	.23
.0161116	.0669890	.2012487	.4441949	.7326936	.9357111	.24
.0197277	.0781269	.2241249	.4744072	.7559748	.9436865	.25
.0239148	.0903542	.2479349	.5042200	.7777550	.9507601	.26
.0287224	.1036831	.2725761	.5335112	.7980705	.9570237	.27
.0341994	.1181171	.2979405	.5621710	.8169646	.9625609	.28
.0403932	.1336503	.3239164	.5901015	.8344869	.9674476	.29
.0473490	.1502683	.3503893	.6172172	.8506917	.9717525	.30
.0551097	.1679475	.3772433	.6434445	.8656366	.9755381	.31
.0637149	.1866554	.4043626	.6687212	.8793821	.9788608	.32
.0732005	.2063514	.4316320	.6929966	.8919901	.9817716	.33
.0835979	.2269866	.4589388	.7162304	.9035235	.9843166	.34
.0949341	.2485045	.4861730	.7383926	.9140456	.9865373	.35
.1072304	.2708415	.5132284	.7594627	.9236190	.9884708	.36
.1205026	.2939277	.5400038	.7794292	.9323056	.9901507	.37
.1347603	.3176870	.5664030	.7982887	.9401661	.9916070	.38
.1500068	.3420385	.5923361	.8160453	.9472594	.9928666	.39
.1662386	.3668967	.6177194	.8327102	.9536426	.9939534	.40
.1834452	.3921728	.6424762	.8483007	.9593705	.9948888	.41
.2016092	.4177749	.6665372	.8628393	.9644958	.9956920	.42
.2207058	.4436094	.6898401	.8763538	.9690684	.9963797	.43
.2407033	.4695813	.7123307	.8888757	.9731358	.9969669	.44
.2615627	.4955954	.7339621	.9004403	.9767429	.9974670	.45
.2832382	.5215571	.7546952	.9110859	.9799319	.9978917	.46
.3056772	.5473730	.7744985	.9208530	.9827422	.9982511	.47
.3288205	.5729517	.7933480	.9297839	.9852109	.9985544	.48
.3526028	.5982047	.8112268	.9379222	.9873722	.9988096	.49
.3769531	.6230469	.8281250	.9453125	.9892578	.9990234	.50

表 四 波瓦松機率總和 $\sum_{x=0}^{r} P(x;\lambda)$

r	λ								
	0.1	0.2	0.3	0.4	0.5	0.6	0.7	0.8	0.9
0	0.9048	0.8187	0.7408	0.6730	0.6065	0.5488	0.4966	0.4493	0.4066
1	0.9953	0.9825	0.9631	0.9384	0.9098	0.8781	0.8442	0.8088	0.7725
2	0.9998	0.9989	0.9964	0.9921	0.9856	0.9769	0.9659	0.9526	0.9371
3	1.0000	0.9999	0.9997	0.9992	0.9982	0.9966	0.9942	0.9909	0.9865
4		1.0000	1.0000	0.9999	0.9998	0.9996	0.9992	0.9986	0.9977
5				1.0000	1.0000	1.0000	0.9999	0.9998	0.9997
6							1.0000	1.0000	1.0000

r	λ								
	1.0	1.5	2.0	2.5	3.0	3.5	4.0	4.5	5.0
0	0.3679	0.2231	0.1353	0.0821	0.0498	0.0302	0.0183	0.0111	0.0067
1	0.7358	0.5578	0.4060	0.2873	0.1991	0.1359	0.0916	0.0611	0.0404
2	0.9197	0.8088	0.6767	0.5438	0.4232	0.3208	0.2381	0.1736	0.1247
3	0.9810	0.9344	0.8571	0.7576	0.6472	0.5366	0.4335	0.3423	0.2650
4	0.9963	0.9814	0.9473	0.8912	0.8153	0.7254	0.6288	0.5321	0.4405
5	0.9994	0.9955	0.9834	0.9580	0.9161	0.8576	0.7851	0.7029	0.6160
6	0.9999	0.9991	0.9955	0.9858	0.9665	0.9347	0.8893	0.8311	0.7622
7	1.0000	0.9998	0.9989	0.9958	0.9881	0.9733	0.9489	0.9134	0.8666
8		1.0000	0.9998	0.9989	0.9962	0.9901	0.9786	0.9597	0.9319
9			1.0000	0.9997	0.9989	0.9967	0.9919	0.9829	0.9682
10				0.9999	0.9997	0.9990	0.9972	0.9933	0.9863
11				1.0000	0.9999	0.9997	0.9991	0.9976	0.9945
12					1.0000	0.9999	0.9997	0.9992	0.9980
13						1.0000	0.9999	0.9997	0.9993
14							1.0000	0.9999	0.9998
15								1.0000	0.9999
16									1.0000

表　四　波瓦松機率總和　$\sum_{x=0}^{r} P(x;\lambda)$　（續）

r	λ								
	5.5	6.0	6.5	7.0	7.5	8.0	8.5	9.0	9.5
0	0.0041	0.0025	0.0015	0.0009	0.0006	0.0003	0.0002	0.0001	0.0001
1	0.0266	0.0174	0.0113	0.0073	0.0047	0.0030	0.0019	0.0012	0.0008
2	0.0884	0.0620	0.0430	0.0296	0.0203	0.0138	0.0093	0.0062	0.0042
3	0.2017	0.1512	0.1118	0.0818	0.0591	0.0424	0.0301	0.0212	0.0149
4	0.3575	0.2851	0.2237	0.1730	0.1321	0.0996	0.0744	0.0550	0.0403
5	0.5289	0.4457	0.3690	0.3007	0.2414	0.1912	0.1496	0.1157	0.0385
6	0.6860	0.6063	0.5265	0.4497	0.3782	0.3134	0.2562	0.2068	0.1649
7	0.8095	0.7440	0.6728	0.5987	0.5246	0.4530	0.3856	0.3239	0.2687
8	0.8944	0.8472	0.7916	0.7291	0.6620	0.5925	0.5231	0.4557	0.3918
9	0.9462	0.9161	0.8774	0.8305	0.7764	0.7166	0.6530	0.5874	0.5218
10	0.9747	0.9574	0.9332	0.9015	0.8622	0.8159	0.7634	0.7060	0.6453
11	0.9890	0.9799	0.9661	0.9466	0.9208	0.8881	0.8487	0.8030	0.7520
12	0.9955	0.9912	0.9840	0.9730	0.9573	0.9362	0.9091	0.8758	0.8364
13	0.9983	0.9964	0.9929	0.9872	0.9784	0.9658	0.9486	0.9261	0.8981
14	0.9994	0.9986	0.9970	0.9943	0.9897	0.9827	0.9726	0.9585	0.9400
15	0.9998	0.9995	0.9988	0.9976	0.9954	0.9918	0.9862	0.9780	0.9665
16	0.9999	0.9998	0.9996	0.9990	0.9980	0.9963	0.9934	0.9889	0.9823
17	1.0000	0.9999	0.9998	0.9996	0.9992	0.9984	0.9970	0.9947	0.9911
18		1.0000	0.9999	0.9999	0.9997	0.9994	0.9987	0.9976	0.9957
19			1.0000	1.0000	0.9999	0.9997	0.9995	0.9989	0.9980
20					1.0000	0.9999	0.9998	0.9996	0.9991
21						1.0000	0.9999	0.9998	0.9996
22							1.0000	0.9999	0.9999
23								1.0000	0.9999
24									1.0000

表 四 波瓦松機率總和 $\sum_{x=0}^{r} P(x;\lambda)$ （續）

r	λ								
	10.0	11.0	12.0	13.0	14.0	15.0	16.0	17.0	18.0
0	0.0000	0.0000	0.0000						
1	0.0005	0.0002	0.0001	0.0000	0.0000				
2	0.0028	0.0012	0.0005	0.0002	0.0001	0.0000	0.0000		
3	0.0103	0.0049	0.0023	0.0010	0.0005	0.0002	0.0001	0.0000	0.0000
4	0.0293	0.0151	0.0076	0.0037	0.0018	0.0009	0.0004	0.0002	0.0001
5	0.0671	0.0375	0.0203	0.0107	0.0055	0.0028	0.0014	0.0007	0.0003
6	0.1301	0.0786	0.0458	0.0259	0.0142	0.0076	0.0040	0.0021	0.0010
7	0.2202	0.1432	0.0895	0.0540	0.0316	0.0180	0.0100	0.0054	0.0029
8	0.3328	0.2320	0.1550	0.0998	0.0621	0.0374	0.0220	0.0126	0.0071
9	0.4579	0.3405	0.2424	0.1658	0.1094	0.0699	0.0433	0.0261	0.0154
10	0.5830	0.4599	0.3472	0.2517	0.1757	0.1185	0.0774	0.0491	0.0304
11	0.6968	0.5793	0.4616	0.3532	0.2600	0.1848	0.1270	0.0847	0.0549
12	0.7916	0.6887	0.5760	0.4631	0.3585	0.2676	0.1931	0.1350	0.0917
13	0.8645	0.7813	0.6815	0.5730	0.4644	0.3632	0.2745	0.2009	0.1426
14	0.9165	0.8540	0.7720	0.6751	0.5704	0.4657	0.3675	0.2808	0.2081
15	0.9513	0.9074	0.8444	0.7636	0.6694	0.5681	0.4667	0.3715	0.2867
16	0.9730	0.9441	0.8987	0.8355	0.7559	0.6641	0.5660	0.4677	0.3750
17	0.9857	0.9678	0.9370	0.8905	0.8272	0.7489	0.6593	0.5640	0.4686
18	0.9928	0.9823	0.9626	0.9302	0.8826	0.8195	0.7423	0.6550	0.5622
19	0.9965	0.9907	0.9787	0.9573	0.9235	0.8752	0.8122	0.7363	0.6509
20	0.9984	0.9953	0.9884	0.9750	0.9721	0.9170	0.8682	0.8055	0.7307
21	0.9993	0.9977	0.9939	0.9859	0.9712	0.9469	0.9108	0.8615	0.7991
22	0.9997	0.9990	0.9970	0.9924	0.9833	0.9673	0.9418	0.9047	0.8551
23	0.9999	0.9995	0.9985	0.9960	0.9907	0.9805	0.9633	0.9367	0.8989
24	1.0000	0.9998	0.9993	0.9980	0.9950	0.9888	0.9777	0.9594	0.9317
25		0.9999	0.9997	0.9990	0.9974	0.9938	0.9869	0.9748	0.9554
26		1.0000	0.9999	0.9995	0.9987	0.9967	0.9925	0.9848	0.9718
27			0.9999	0.9998	0.9994	0.9983	0.9959	0.9912	0.9827
28			1.0000	0.9999	0.9997	0.9991	0.9978	0.9950	0.9897
29				1.0000	0.9999	0.9996	0.9989	0.9973	0.9941
30					0.9999	0.9998	0.9994	0.9986	0.9967
31					1.0000	0.9999	0.9997	0.9993	0.9982
32						1.0000	0.9999	0.9996	0.9990
33							0.9999	0.9998	0.9995
34							1.0000	0.9999	0.9998
35								1.0000	0.9999
36									0.9999
37									1.0000

表 五 超幾何機率與分布函數

$$f(x;N,n,k)=\frac{\binom{k}{x}\binom{N-k}{n-x}}{\binom{N}{n}},\quad F(x;N,n,k)=\sum_{r=0}^{x}\frac{\binom{k}{r}\binom{N-k}{n-r}}{\binom{N}{n}}$$

N	n	k	x	F(x)	f(x)	N	n	k	x	F(x)	f(x)
2	1	1	0	0.500000	0.500000	6	2	2	2	1.000000	0.066667
2	1	1	1	1.000000	0.500000	6	3	1	0	0.500000	0.500000
3	1	1	0	0.666667	0.666667	6	3	1	1	1.000000	0.500000
3	1	1	1	1.000000	0.333333	6	3	2	0	0.200000	0.200000
3	2	1	0	0.333333	0.333333	6	3	2	1	0.800000	0.600000
3	2	1	1	1.000000	0.666667	6	3	2	2	1.000000	0.200000
3	2	2	1	0.666667	0.666667	6	3	3	0	0.050000	0.050000
3	2	2	2	1.000000	0.333333	6	3	3	1	0.500000	0.450000
4	1	1	0	0.750000	0.750000	6	3	3	2	0.950000	0.450000
4	1	1	1	1.000000	0.250000	6	3	3	3	1.000000	0.050000
4	2	1	0	0.500000	0.500000	6	4	1	0	0.333333	0.333333
4	2	1	1	1.000000	0.500000	6	4	1	1	1.000000	0.666667
4	2	2	0	0.166667	0.166667	6	4	2	0	0.066667	0.066667
4	2	2	1	0.833333	0.666667	6	4	2	1	0.600000	0.533333
4	2	2	2	1.000000	0.166667	6	4	2	2	1.000000	0.400000
4	3	1	0	0.250000	0.250000	6	4	3	1	0.200000	0.200000
4	3	1	1	1.000000	0.750000	6	4	3	2	0.800000	0.600000
4	3	2	1	0.500000	0.500000	6	4	3	3	1.000000	0.200000
4	3	2	2	1.000000	0.500000	6	4	4	2	0.400000	0.400000
4	3	3	2	0.750000	0.750000	6	4	4	3	0.933333	0.533333
4	3	3	3	1.000000	0.250000	6	4	4	4	1.000000	0.066667
5	1	1	0	0.800000	0.800000	6	5	1	0	0.166667	0.166667
5	1	1	1	1.000000	0.200000	6	5	1	1	1.000000	0.833333
5	2	1	0	0.600000	0.600000	6	5	2	1	0.333333	0.333333
5	2	1	1	1.000000	0.400000	6	5	2	2	1.000000	0.666667
5	2	2	0	0.300000	0.300000	6	5	3	2	0.500000	0.500000
5	2	2	1	0.900000	0.600000	6	5	3	3	1.000000	0.500000
5	2	2	2	1.000000	0.100000	6	5	4	3	0.666667	0.666667
5	3	1	0	0.400000	0.400000	6	5	4	4	1.000000	0.333333
5	3	1	1	1.000000	0.600000	6	5	5	4	0.833333	0.833333
5	3	2	0	0.100000	0.100000	6	5	5	5	1.000000	0.166667
5	3	2	1	0.700000	0.600000	7	1	1	0	0.857143	0.857143
5	3	2	2	1.000000	0.300000	7	1	1	1	1.000000	0.142857
5	3	3	1	0.300000	0.300000	7	2	1	0	0.714286	0.714286
5	3	3	2	0.900000	0.600000	7	2	1	1	1.000000	0.285714
5	3	3	3	1.000000	0.100000	7	2	2	0	0.476190	0.476190
5	4	1	0	0.200000	0.200000	7	2	2	1	0.952381	0.476190
5	4	1	1	1.000000	0.800000	7	2	2	2	1.000000	0.047619
5	4	2	1	0.400000	0.400000	7	3	1	0	0.571429	0.571429
5	4	2	2	0.000000	0.600000	7	3	1	1	1.000000	0.428571
5	4	3	2	0.600000	0.600000	7	3	2	0	0.285714	0.285714
5	4	3	3	1.000000	0.400000	7	3	2	1	0.857143	0.571429
5	4	4	3	0.800000	0.800000	7	3	2	2	1.000000	0.142857
5	4	4	4	1.000000	0.200000	7	3	3	0	0.114286	0.114286
6	1	1	0	0.833333	0.833333	7	3	3	1	0.628571	0.514286
6	1	1	1	1.000000	0.166667	7	3	3	2	0.971428	0.342857
6	2	1	0	0.666667	0.666667	7	3	3	3	1.000000	0.028571
6	2	1	1	1.000000	0.333333	7	4	1	0	0.428571	0.428571
6	2	2	0	0.400000	0.400000	7	4	1	1	1.000000	0.571429
6	2	2	1	0.933333	0.533333	7	4	2	0	0.142857	0.142857

N	n	k	x	$F(x)$	$f(x)$	N	n	k	x	$F(x)$	$f(x)$
8	7	1	0	0.125000	0.125000	9	5	3	1	0.404762	0.357143
8	7	1	1	1.000000	0.875000	9	5	3	2	0.880952	0.476190
8	7	2	1	0.250000	0.250000	9	5	3	3	1.000000	0.119048
8	7	2	2	1.000000	0.750000	9	5	4	0	0.007936	0.007936
8	7	3	2	0.375000	0.375000	9	5	4	1	0.166667	0.158730
8	7	3	3	1.000000	0.625000	9	5	4	2	0.642857	0.476190
8	7	4	3	0.500000	0.500000	9	5	4	3	0.960317	0.317460
8	7	4	4	1.000000	0.500000	9	5	4	4	1.000000	0.039683
8	7	5	4	0.625000	0.625000	9	5	5	1	0.039683	0.039683
8	7	5	5	1.000000	0.375000	9	5	5	2	0.357143	0.317460
8	7	6	5	0.750000	0.750000	9	5	5	3	0.833333	0.476190
8	7	6	6	1.000000	0.250000	9	5	5	4	0.992063	0.158730
8	7	7	6	0.875000	0.875000	9	5	5	5	1.000000	0.007936
8	7	7	7	1.000000	0.125000	9	6	1	0	0.333333	0.333333
9	1	1	0	0.888889	0.888889	9	6	1	1	1.000000	0.666667
9	1	1	1	1.000000	0.111111	9	6	2	0	0.083333	0.083333
9	2	1	0	0.777778	0.777778	9	6	2	1	0.583333	0.500000
9	2	1	1	1.000000	0.222222	9	6	2	2	1.000000	0.416667
9	2	2	0	0.583333	0.583333	9	6	3	0	0.011905	0.011905
9	2	2	1	0.972222	0.388889	9	6	3	1	0.226190	0.214286
9	2	2	2	1.000000	0.027778	9	6	3	2	0.761905	0.535714
9	3	1	0	0.666667	0.666667	9	6	3	3	1.000000	0.238095
9	3	1	1	1.000000	0.333333	9	6	4	1	0.047619	0.047619
9	3	2	0	0.416667	0.416667	9	6	4	2	0.404762	0.357143
9	3	2	1	0.916667	0.500000	9	6	4	3	0.880952	0.476190
9	3	2	2	1.000000	0.083333	9	6	4	4	1.000000	0.119048
9	3	3	0	0.238095	0.238095	9	6	5	2	0.119048	0.119048
9	3	3	1	0.773809	0.535714	9	6	5	3	0.595238	0.476190
9	3	3	2	0.988095	0.214286	9	6	5	4	0.952381	0.357143
9	3	3	3	1.000000	0.011905	9	6	5	5	1.000000	0.047619
9	4	1	0	0.555556	0.555556	9	6	6	3	0.238095	0.238095
9	4	1	1	1.000000	0.444444	9	6	6	4	0.773809	0.535714
9	4	2	0	0.277778	0.277778	9	6	6	5	0.988095	0.214286
9	4	2	1	0.833333	0.555556	9	6	6	6	1.000000	0.011905
9	4	2	2	1.000000	0.166667	9	7	1	0	0.222222	0.222222
9	4	3	0	0.119048	0.119048	9	7	1	1	1.000000	0.777778
9	4	3	1	0.595238	0.476190	9	7	2	0	0.027778	0.027778
9	4	3	2	0.952381	0.357143	9	7	2	1	0.416667	0.388889
9	4	3	3	1.000000	0.047619	9	7	2	2	1.000000	0.583333
9	4	4	0	0.039683	0.039683	9	7	3	1	0.083333	0.083333
9	4	4	1	0.357143	0.317460	9	7	3	2	0.583333	0.500000
9	4	4	2	0.833333	0.476190	9	7	3	3	1.000000	0.416667
9	4	4	3	0.992063	0.158730	9	7	4	2	0.166667	0.166667
9	4	4	4	1.000000	0.007936	9	7	4	3	0.722222	0.555556
9	5	1	0	0.444444	0.444444	9	7	4	4	1.000000	0.277778
9	5	1	1	1.000000	0.555556	9	7	5	3	0.277778	0.277778
9	5	2	0	0.166667	0.166667	9	7	5	4	0.833333	0.555556
9	5	2	1	0.722222	0.555556	9	7	5	5	1.000000	0.166667
9	5	2	2	1.000000	0.277778	9	7	6	4	0.416667	0.416667
9	5	3	0	0.047619	0.047619	9	7	6	5	0.916667	0.500000

N	n	k	x	F(x)	f(x)	N	n	k	x	F(x)	f(x)
7	4	2	1	0.714286	0.571429	8	3	3	2	0.982143	0.267857
7	4	2	2	1.000000	0.285714	8	3	3	3	1.000000	0.017857
7	4	3	0	0.028571	0.028571	8	4	1	0	0.500000	0.500000
7	4	3	1	0.371429	0.342857	8	4	1	1	1.000000	0.500000
7	4	3	2	0.885714	0.514286	8	4	2	0	0.214286	0.214286
7	4	3	3	1.000000	0.114286	8	4	2	1	0.785714	0.571429
7	4	4	1	0.114286	0.114286	8	4	2	2	1.000000	0.214286
7	4	4	2	0.628571	0.514286	8	4	3	0	0.071429	0.071429
7	4	4	3	0.971428	0.342857	8	4	3	1	0.500000	0.428571
7	4	4	4	1.000000	0.028571	8	4	3	2	0.928571	0.428571
7	5	1	0	0.285714	0.285714	8	4	3	3	1.000000	0.071429
7	5	1	1	1.000000	0.714286	8	4	4	0	0.014286	0.014286
7	5	2	0	0.047619	0.047619	8	4	4	1	0.242857	0.228571
7	5	2	1	0.523809	0.476190	8	4	4	2	0.757143	0.514286
7	5	2	2	1.000000	0.476190	8	4	4	3	0.985714	0.228571
7	5	3	1	0.142857	0.142857	8	4	4	4	1.000000	0.014286
7	5	3	2	0.714286	0.571429	8	5	1	0	0.375000	0.375000
7	5	3	3	1.000000	0.285714	8	5	1	1	1.000000	0.625000
7	5	4	2	0.285714	0.235714	8	5	2	0	0.107143	0.107143
7	5	4	3	0.857143	0.571429	8	5	2	1	0.642857	0.535714
7	5	4	4	1.000000	0.142857	8	5	2	2	1.000000	0.357143
7	5	5	3	0.476190	0.476190	8	5	3	0	0.017857	0.017857
7	5	5	4	0.952381	0.476190	8	5	3	1	0.285714	0.267857
7	5	5	5	1.000000	0.047619	8	5	3	2	0.821429	0.535714
7	6	1	0	0.142857	0.142857	8	5	3	3	1.000000	0.178571
7	6	1	1	1.000000	0.857143	8	5	4	1	0.071429	0.071429
7	6	2	1	0.285714	0.285714	8	5	4	2	0.500000	0.428571
7	6	2	2	1.000000	0.714286	8	5	4	3	0.928571	0.428571
7	6	3	2	0.428571	0.428571	8	5	4	4	1.000000	0.071429
7	6	3	3	1.000000	0.571429	8	5	5	2	0.178571	0.178571
7	6	4	3	0.571429	0.571429	8	5	5	3	0.714286	0.535714
7	6	4	4	1.000000	0.428571	8	5	5	4	0.982143	0.267857
7	6	5	4	0.714286	0.714286	8	5	5	5	1.000000	0.017857
7	6	5	5	1.000000	0.285714	8	6	1	0	0.250000	0.250000
7	6	6	5	0.857143	0.857143	8	6	1	1	1.000000	0.750000
7	6	6	6	1.000000	0.142857	8	6	2	0	0.035714	0.035714
7	1	1	0	0.875000	0.875000	8	6	2	1	0.464286	0.428571
7	1	1	1	1.000000	0.125000	8	6	2	2	1.000000	0.535714
7	2	1	0	0.750000	0.750000	8	6	3	1	0.107143	0.107143
7	2	1	1	1.000000	0.250000	8	6	3	2	0.642857	0.535714
8	2	2	0	0.535714	0.535714	8	6	3	3	1.000000	0.357143
8	2	2	1	0.964286	0.428571	8	6	4	2	0.214286	0.214286
8	2	2	2	1.000000	0.035714	8	6	4	3	0.785714	0.571429
8	3	1	0	0.625000	0.625000	8	6	4	4	1.000000	0.214286
8	3	1	1	1.000000	0.375000	8	6	5	3	0.357143	0.357143
8	3	2	0	0.357143	0.357143	8	6	5	4	0.892857	0.535714
8	3	2	1	0.892857	0.535714	8	6	5	5	1.000000	0.107143
8	3	2	2	1.000000	0.107143	8	6	6	4	0.535714	0.535714
8	3	3	0	0.178571	0.178571	8	6	6	5	0.964286	0.428571
8	3	3	1	0.714286	0.535714	8	6	6	6	1.000000	0.035714

N	n	k	z	F(x)	f(x)	N	n	k	z	F(x)	f(x)
9	7	6	6	1.000000	0.083333	10	5	1	0	0.500000	0.500000
9	7	7	5	0.583333	0.583333	10	5	1	1	1.000000	0.500000
9	7	7	6	0.972222	0.388889	10	5	2	0	0.222222	0.222222
9	7	7	7	1.000000	0.027778	10	5	2	1	0.777778	0.555556
9	8	1	0	0.111111	0.111111	10	5	2	2	1.000000	0.222222
9	8	1	1	1.000000	0.888889	10	5	3	0	0.083333	0.083333
9	8	2	1	0.222222	0.222222	10	5	3	1	0.500000	0.416667
9	8	2	2	1.000000	0.777778	10	5	3	2	0.916667	0.416667
9	8	3	2	0.333333	0.333333	10	5	3	3	1.000000	0.083333
9	8	3	3	1.000000	0.666667	10	5	4	0	0.023810	0.023810
9	8	4	3	0.444444	0.444444	10	5	4	1	0.261905	0.238095
9	8	4	4	1.000000	0.555556	10	5	4	2	0.738095	0.476190
9	8	5	4	0.555556	0.555556	10	5	4	3	0.976190	0.238095
9	8	5	5	1.000000	0.444444	10	5	4	4	1.000000	0.023810
9	8	6	5	0.666667	0.666667	10	5	5	0	0.003968	0.003968
9	8	6	6	1.000000	0.333333	10	5	5	1	0.103175	0.099206
9	8	7	6	0.777778	0.777778	10	5	5	2	0.500000	0.396825
9	8	7	7	1.000000	0.222222	10	5	5	3	0.896825	0.396825
9	8	8	7	0.888889	0.888889	10	5	5	4	0.996032	0.099206
9	8	8	8	1.000000	0.111111	10	5	5	5	1.000000	0.003968
10	1	1	0	0.900000	0.900000	10	6	1	0	0.400000	0.400000
10	1	1	1	1.000000	0.100000	10	6	1	1	1.000000	0.600000
10	2	1	0	0.800000	0.800000	10	6	2	0	0.133333	0.133333
10	2	1	1	1.000000	0.200000	10	6	2	1	0.666667	0.533333
10	2	2	0	0.622222	0.622222	10	6	2	2	1.000000	0.333333
10	2	2	1	0.977778	0.355556	10	6	3	0	0.033333	0.033333
10	2	2	2	1.000000	0.022222	10	6	3	1	0.333333	0.300000
10	3	1	0	0.700000	0.700000	10	6	3	2	0.833333	0.500000
10	3	1	1	1.000000	0.300000	10	6	3	3	1.000000	0.166667
10	3	2	0	0.466667	0.466667	10	6	4	0	0.004762	0.004762
10	3	2	1	0.933333	0.466667	10	6	4	1	0.119048	0.114286
10	3	2	2	1.000000	0.066667	10	6	4	2	0.547619	0.428571
10	3	3	0	0.291667	0.291667	10	6	4	3	0.928571	0.380952
10	3	3	1	0.816667	0.525000	10	6	4	4	1.000000	0.071429
10	3	3	2	0.991667	0.175000	10	6	5	1	0.023810	0.023810
10	3	3	3	1.000000	0.008333	10	6	5	2	0.261905	0.238095
10	4	1	0	0.600000	0.600000	10	6	5	3	0.738095	0.476190
10	4	1	1	1.000000	0.400000	10	6	5	4	0.976190	0.238095
10	4	2	0	0.333333	0.333333	10	6	5	5	1.000000	0.023810
10	4	2	1	0.866667	0.533333	10	6	6	2	0.071429	0.071429
10	4	2	2	1.000000	0.133333	10	6	6	3	0.452381	0.380952
10	4	3	0	0.166667	0.166667	10	6	6	4	0.880952	0.428571
10	4	3	1	0.666667	0.500000	10	6	6	5	0.995238	0.114286
10	4	3	2	0.966667	0.300000	10	6	6	6	1.000000	0.004762
10	4	3	3	1.000000	0.033333	10	7	1	0	0.300000	0.300000
10	4	4	0	0.071429	0.071429	10	7	1	1	1.000000	0.700000
10	4	4	1	0.452381	0.380952	10	7	2	0	0.066667	0.066667
10	4	4	2	0.880952	0.428571	10	7	2	1	0.533333	0.466667
10	4	4	3	0.995238	0.114286	10	7	2	2	1.000000	0.466667
10	4	4	4	1.000000	0.004762	10	7	3	0	0.008333	0.008333

表 六 負二項機率與分布函數

$$f(x;r,\theta)=\binom{x+r-1}{r-1}\theta^r(1-\theta)^x,\quad F(x;r,\theta)=\sum_{x'=0}^{x}\binom{x'+r-1}{r-1}\theta^r(1-\theta)^{x'}$$

$\theta = 0.900,\ r = 1$

$x+r$	$f(x)$	$F(x)$
1	0.90000	0.9000
2	0.09000	0.9900

$\theta = 0.900,\ r = 2$

$x+r$	$f(x)$	$F(x)$
2	0.81000	0.8100
3	0.16200	0.9720
4	0.02430	0.9963

$\theta = 0.900,\ r = 3$

$x+r$	$f(x)$	$F(x)$
3	0.72900	0.7290
4	0.21870	0.9477
5	0.04374	0.9914

$\theta = 0.900,\ r = 4$

$x+r$	$f(x)$	$F(x)$
4	0.65610	0.6561
5	0.26244	0.9185
6	0.06561	0.9841
7	0.01312	0.9973

$\theta = 0.900,\ r = 5$

$x+r$	$f(x)$	$F(x)$
5	0.59049	0.5905
6	0.29524	0.8857
7	0.08857	0.9743
8	0.02067	0.9950

$\theta = 0.900,\ r = 6$

$x+r$	$f(x)$	$F(x)$
6	0.53144	0.5314
7	0.31886	0.8503
8	0.11160	0.9619
9	0.02976	0.9917

Source: William H. Beyer, ed. *Handbook of Tables for Probability and Statistics*. Cleveland: The Chemical Rubber Company, 1966

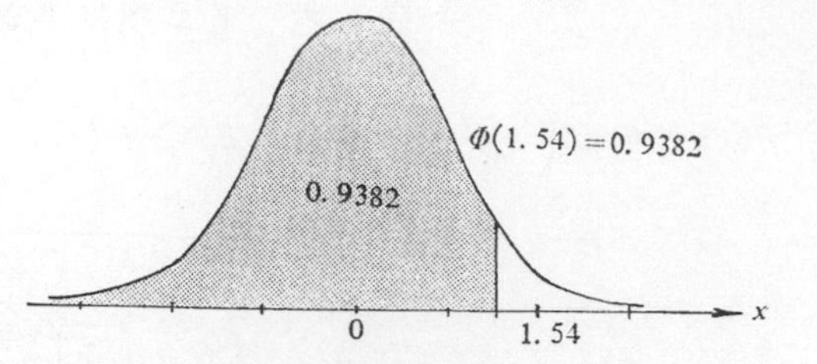

表 七 標準常態分布函數

$$\Phi(x)=\int_{-\infty}^{x}\frac{1}{\sqrt{2\pi}}e^{-t^2/2}dt$$

x	.00	.01	.02	.03	.04	.05	.06	.07	.08	.09
.0	.5000	.5040	.5080	.5120	.5160	.5199	.5239	.5279	.5319	.5359
.1	.5398	.5438	.5478	.5517	.5557	.5596	.5636	.5675	.5714	.5753
.2	.5793	.5832	.5871	.5910	.5948	.5987	.6026	.6064	.6103	.6141
.3	.6179	.6217	.6255	.6293	.6331	.6368	.6406	.6443	.6480	.6517
.4	.6554	.6591	.6628	.6664	.6700	.6736	.6772	.6808	.6844	.6879
.5	.6915	.6950	.6985	.7019	.7054	.7088	.7123	.7157	.7190	.7224
.6	.7257	.7291	.7324	.7357	.7389	.7422	.7454	.7486	.7517	.7549
.7	.7580	.7611	.7642	.7673	.7704	.7734	.7764	.7794	.7823	.7852
.8	.7881	.7910	.7939	.7967	.7995	.8023	.8051	.8078	.8106	.8133
.9	.8159	.8186	.8212	.8238	.8264	.8289	.8315	.8340	.8365	.8389
1.0	.8413	.8438	.8461	.8485	.8503	.8531	.8554	.8577	.8599	.8621
1.1	.8643	.8665	.8686	.8708	.8729	.8749	.8770	.8790	.8810	.8830
1.2	.8849	.8869	.8888	.8907	.8925	.8944	.8962	.8980	.8997	.9015
1.3	.9032	.9049	.9066	.9082	.9099	.9115	.9131	.9147	.9162	.9177
1.4	.9192	.9207	.9222	.9236	.9251	.9265	.9279	.9292	.9306	.9319
1.5	.9332	.9345	.9357	.9370	.9382	.9394	.9406	.9418	.9429	.9441
1.6	.9452	.9463	.9474	.9484	.9495	.9505	.9515	.9525	.9535	.9545
1.7	.9554	.9564	.9573	.9582	.9591	.9599	.9608	.9616	.9625	.9633
1.8	.9641	.9649	.9656	.9664	.9671	.9678	.9686	.9693	.9699	.9706
1.9	.9713	.9719	.9726	.9732	.9738	.9744	.9750	.9756	.9761	.9767
2.0	.9772	.9778	.9783	.9788	.9793	.9798	.9803	.9808	.9812	.9817
2.1	.9821	.9826	.9830	.9834	.9838	.9842	.9846	.9850	.9845	.9857
2.2	.9861	.9864	.9868	.9871	.9875	.9878	.9881	.9884	.9887	.9890
2.3	.9893	.9896	.9898	.9901	.9904	.9906	.9909	.9911	.9913	.9916
2.4	.9918	.9920	.9922	.9925	.9927	.9929	.9931	.9932	.9934	.9936
2.5	.9938	.9940	.9941	.9943	.9945	.9946	.9948	.9949	.9951	.9952
2.6	.9953	.9955	.9956	.9957	.9959	.9960	.9961	.9962	.9963	.9964
2.7	.9965	.9966	.9967	.9968	.9969	.9970	.9971	.9972	.9973	.9974
2.8	.9974	.9975	.9976	.9977	.9977	.9978	.9979	.9979	.9980	.9981
2.9	.9981	.9982	.9982	.9983	.9984	.9984	.9985	.9985	.9986	.9986
3.0	.9987	.9987	.9987	.9988	.9988	.9989	.9989	.9989	.9990	.9990
3.1	.9990	.9991	.9991	.9991	.9992	.9992	.9992	.9992	.9993	.9993
3.2	.9993	.9993	.9994	.9994	.9994	.9994	.9994	.9995	.9995	.9995
3.3	.9995	.9995	.9995	.9996	.9996	.9996	.9996	.9996	.9996	.9997
3.4	.9997	.9997	.9997	.9997	.9997	.9997	.9997	.9997	.9997	.9998

x	1.282	1.645	1.960	2.326	2.576	3.090	3.291	3.891	4.417
$\Phi(x)$	.90	.95	.975	.99	.995	.999	.9995	.99995	.999995

英漢名詞索引

D

E

F

G

H

I

J

L

Q

R

S

T

U

V

W

鸚鵡螺
數學叢書介紹

微積分的歷史步道

蔡聰明／著

微積分如何誕生？微積分是什麼？

微積分研究兩類問題：

求切線與求面積，分別發展出微分學與積分學。

微積分最迷人的特色是涉及無窮步驟，落實於無窮小的演算與極限操作，所以極具深度、難度與美。